高等职业教育教学改革系列精品教材

自动识别技术及应用

靳　智　张　鑫　主　编

黄　睿　罗小辉　易国键　副主编

徐　欣　向凤云　敬　勇　周　俊　李建芳　参　编

電子工業出版社

Publishing House of Electronics Industry

北京 · BEIJING

内 容 简 介

本书以条码识别、射频识别、生物识别、图像识别等自动识别技术为主线，以探索自动识别技术、条码技术在供应链管理中的应用、智能园区门禁与智能停车场管理系统的设计与实施4个项目为载体，在【职业能力目标】【引导案例】的统领下，由【任务描述与要求】【任务资讯】【任务实施】【任务工单】【任务拓展】构成各个任务，充分体现“学生中心、能力本位、任务驱动、工学一体”的职业教育特色。

本书可作为高等职业院校物联网相关专业的教材，也可作为电子信息工程领域从业人员培训或自学用书。

图书在版编目（CIP）数据

自动识别技术及应用 / 靳智，张鑫主编. —北京：电子工业出版社，2023.4
ISBN 978-7-121-45402-8

Ⅰ. ①自… Ⅱ. ①靳… ②张… Ⅲ. ①自动识别－职业教育－教材 Ⅳ. ①TP391.4

中国国家版本馆 CIP 数据核字（2023）第 062459 号

责任编辑：王艳萍
印　　刷：三河市鑫金马印装有限公司
装　　订：三河市鑫金马印装有限公司
出版发行：电子工业出版社
　　　　　北京市海淀区万寿路 173 信箱　邮编 100036
开　　本：787×1 092　1/16　印张：17.75　字数：477.12 千字
版　　次：2023 年 4 月第 1 版
印　　次：2024 年 11 月第 5 次印刷
定　　价：59.00 元

凡所购买电子工业出版社图书有缺损问题，请向购买书店调换。若书店售缺，请与本社发行部联系，联系及邮购电话：（010）88254888，88258888。

质量投诉请发邮件至 zlts@phei.com.cn，盗版侵权举报请发邮件至 dbqq@phei.com.cn。

本书咨询联系方式：wangyp@phei.com.cn。

前　言

“身份识别、交易支付”是自动识别技术的应用特征，其作为物联网感知层关键技术之一，将计算机、光、电、通信和网络技术融为一体，与互联网、移动通信等技术相结合，实现了全球范围内的物品跟踪与信息共享，从而给物体赋予智能，实现人与物体以及物体与物体之间的沟通和对话，其广泛应用促进了物联网产业向“更快、更广、更深”方向发展。为适应新时代职业教育特点，解决技术与应用分离的问题，更好地为教育教学服务，特组织编写本教材。

“自动识别技术及应用”是高职院校物联网及相关专业所开设的专业核心课程之一。为推进教师、教材、教学方法“三教”同步改革，特编写“符合学生认知规律，遵循教育教学规律，满足行业企业对人才培训需求”的理论与实践相结合、教学资源数字化、教学过程信息化的教材，实现“岗课赛证”立体交融。

本书专注于物联网感知层的自动识别技术的理论知识及工程应用，具有6个方面的特色：

（1）紧扣自动识别技术产业链，支撑行业工作岗位群

通过对条码识别、射频识别、生物识别、图像识别等技术产业链的分析，使学生能通过“产业链——工作领域——岗位任职资格——岗位职责”这条主线发掘所感兴趣的岗位，尽早树立职业理想。

（2）选取典型应用项目为载体，紧跟行业步伐

选取探索自动识别技术、条码技术在供应链管理中的应用、智慧园区门禁管理系统的设计与实施、智能停车场管理系统的设计与实施4个典型项目为载体，融入行业技术标准，与行业企业工程师共同设计与开发教材内容。

项目1探索自动识别技术，使学生认知自动识别技术及相关工作岗位，尽早树立职业理想；项目2条码技术在供应链管理中的应用，使学生熟悉常见的条码编码原理及应用，能借助相应的工具生成条码并加以应用；项目3智慧园区门禁管理系统的设计与实施，使学生熟悉工程项目实施流程，能够结合常用自动识别技术设计满足不同场景需求的门禁方案，并进行工程实施；项目4智能停车场管理系统的设计与实施，使学生熟悉自动识别技术在交通领域的工程应用，拓展视野，加深对工程项目的理解。

（3）以“标准”引领，以“赛、证”导航

按照《高等职业学校物联网应用技术专业教学标准》的要求，以《物联网安装调试员国家职业技能标准》《物联网工程技术人员国家职业技术技能标准》为指导对教材中的专业知识与技能进行重组。

归纳总结全国职业院校技能大赛——物联网技术应用赛项中关于自动识别技术的应用要求，参照《物联网工程实施与运维职业技能等级标准》关于工作领域、工作任务中的职业技能要求，设计各学习任务间的逻辑关系，并将职业技能融入各个任务。

（4）以任务驱动，落实“工学一体”

按照项目实施流程，将各工程项目划分为典型的工作任务，通过任务工单引导，使学生自主查阅技术资料，掌握理论知识，真正实现以“学生为中心”，落实“工学一体”。

（5）选取社会热点作为引导案例，融入思政元素

为培养具有理想信念，热爱学习、立志科技报国的青年人才，挖掘课程所蕴含的思政元素，并选取融入思政元素的案例嵌入项目引导案例，达到思政教育“润物细无声”的目的。

（6）配套线上资源，利于混合教学

自动识别技术应用日新月异，本书配套线上资源并及时更新，有利于教师开展线上、线下混合教学。

本书的编者来自重庆电子工程职业学院的专业教师团队、成都卡德智能科技有限公司、成都卓物科技有限公司。其中，项目 1，项目 3 的任务 3.1、任务 3.2、任务 3.3、任务 3.5、任务 3.6 由靳智编写；项目 2 由黄睿编写；项目 3 的任务 3.4、项目 4 由张鑫编写。易国键、周俊、徐欣参与了全书结构设计与内容研讨，李建芳负责全书思政元素的挖掘与案例收集，罗小辉、向凤云负责全书微课资源的开发。本书所涉及的工程项目实训方案、实训软件由张鑫、成都卓物科技有限公司敬勇开发。在本书的编写过程中，成都工业职业技术学院曾宝国提出了宝贵意见，在此表示衷心感谢！

本书的编写得到了重庆电子工程职业学院 2020 年课程思政示范课项目的支持，同时参考了相关专业文章、书籍、技术标准中部分内容，在此一并致谢！

由于编者水平有限，书中难免有疏漏之处，恳请读者批评指正。

编者

目　录

项目 1　探索自动识别技术

【职业能力目标】

伴随着物联网技术的广泛应用，作为物联网感知层的自动识别技术在生产、生活中得到普及。本项目通过对自动识别的类型及工作原理进行分析，使学生能辨识各类自动识别技术，并挖掘自动识别技术的典型应用案例，能根据自动识别技术产业链收集企业及岗位信息，帮助学生树立职业理想，激发学习热情。

【引导案例】

（1）拍照识物

随着经济的发展，网上购物已经成为大家日常生活中不可或缺的一部分。网上购物相对于线下购物，其商品的种类更多，选择面更广。目前，京东和淘宝等 App 都支持拍照识物（见图 1.0.1），可以帮助顾客快速搜索商品，提升购物体验。与此类似，市面上已经出现了专门的拍照识别 App，有的可以识别多个国家的文字，有的可以识别植物、动物、菜品、车型、商标等，操作简单，识别快速准确。

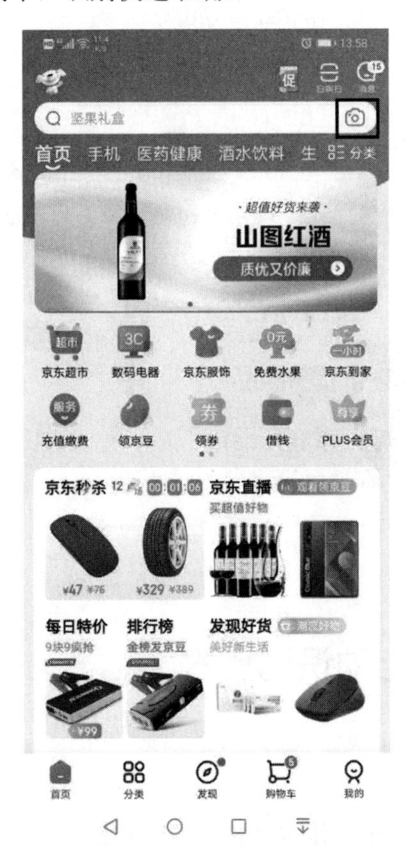

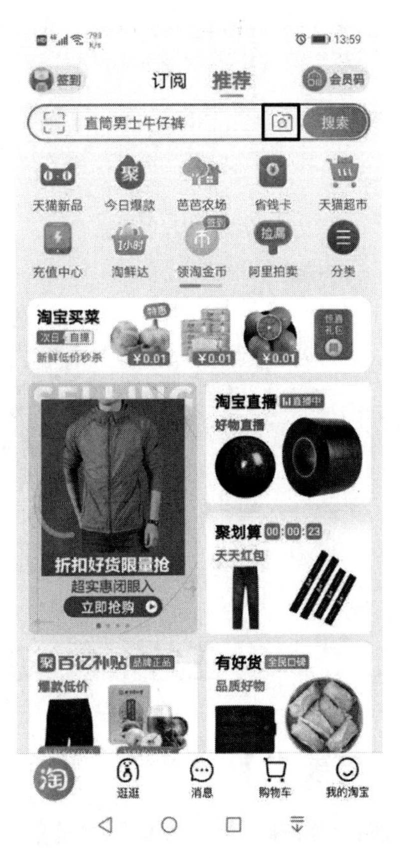

图 1.0.1　App 拍照识物

图 1.0.2 刷卡公交

（2）刷卡公交

“低碳环保、绿色出行”已成为一种被倡导的理念，上下班或日常出行时，我们一般会优先选择乘坐公共交通工具，各大城市也针对使用公交卡支付推出了相应的折扣措施。刷卡公交（见图 1.0.2）不仅便捷、高效，也因不需要设置收费员而降低了公交运营成本。

（3）“码”上生活

二维码可印刷于各种介质上，在杂志、户外广告、宣传海报、报纸、网站等多个媒体领域均可使用，因此其在生活中被广泛应用。伴随着智能移动终端的普及，加上相应的 App 生成和识读二维码越来越便捷，二维码的应用范围也越来越广。用户只要使用智能手机扫描二维码图片，即可实现订票、购物、比价、阅读、签到等多种功能。据了解，二维码已经推广到了食品溯源、电子购物、电子票务、商品防伪等应用领域，二维码创新应用如图 1.0.3 所示。未来将会诞生更多关于二维码的创新应用场景，二维码的应用范围也将更广阔，二维码已经成为生活中不可或缺的一项技术。

（4）人脸识别

人脸识别（见图 1.0.4）技术已广泛应用在楼宇门禁、公司考勤、机场车站安检等场景中。同时，其也应用于执法和刑事案件侦破中，可以极大程度地提高执法效率。

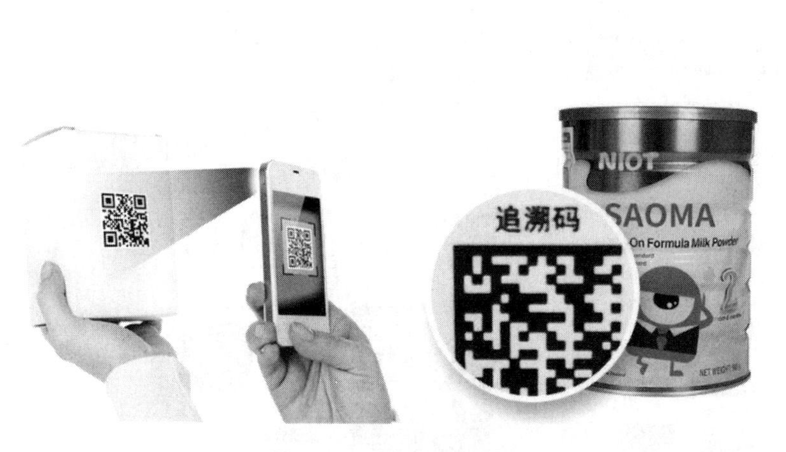

图 1.0.3 二维码创新应用

图 1.0.4 人脸识别

任务 1.1 初识自动识别技术

【任务描述与要求】

任务描述：近年来，随着物联网产业的迅猛发展，作为物联网感知层的自动识别技术的应用范围越来越广、越来越深入，这就要求未来行业应用的从业者，能够辨识自动识别技术的种类及其特点，绘制思维导图予以呈现，并在此基础上对各类自动识别技术进行综合比较、分析。

任务要求：

- 绘制自动识别技术分类思维导图；
- 通过合理的途径查阅自动识别技术资料；
- 召集团队成员进行自动识别技术综合比较、分析讨论；
- 收集、整理生活中自动识别技术的典型应用案例。

【任务资讯】

1.1.1 自动识别技术的概念

自动识别技术（AIDC）是应用一定的识别装置，通过被识别物品和识别装置之间的接近活动，自动获取被识别物品的相关信息，并提供给后台的计算机处理系统来完成相关后续处理的一种技术。

自动识别技术是信息数据自动识读、自动输入计算机的重要方法和手段，其将计算机、光、电、通信和网络技术融为一体，与互联网、移动通信等技术相结合。通过自动识别技术，可以实现全球范围内物品的跟踪与信息的共享，实现人与物品以及物品与物品之间的沟通和对话。

例如：商场的条形码扫描系统应用的就是一种典型的自动识别技术，售货员通过扫描仪扫描商品的条码，获取商品的名称、价格后，再输入数量，后台 POS 系统即可计算出该批商品的价格，从而完成结算。当然，顾客也可以采用银行卡进行支付，银行卡支付过程本身也是自动识别技术的一种应用形式。

近几十年，自动识别技术在全球范围内得到了迅猛发展，目前已形成了一个包括条码识别、磁识别、光学字符识别、射频识别、生物识别及图像识别等集计算机、光、电、通信技术为一体的综合性产业。

1.1.2 自动识别系统的工作原理

一般来讲，在一个信息系统中，数据采集（识别）完成了原始数据采集工作，解决了人工输入速度慢、误码率高、劳动强度大、工作简单重复等问题，为计算机信息处理提供了快速、准确地进行数据采集输入的有效手段，因此，自动识别技术作为一种高新技术，正迅速为人们所接受。自动识别系统通过中间件或者接口（包括软件和硬件）将数据传输给后台计算机，由后台计算机对所采集到的数据进行处理或者加工，最终形成对人们有用的信息。在有些场合，中间件本身就具有数据处理的功能。中间件还可以支持单一系统不同协议的产品的工作。

完整的自动识别计算机管理系统包括自动识别系统（AIDS），应用程序接口（API）或者中间件和应用系统软件。也就是说，自动识别系统完成系统的采集和存储工作，应用系统软件对自动识别系统所采集的数据进行应用处理，而应用程序接口则提供自动识别系统和应用系统软件之间的通信接口，包括数据格式，将自动识别系统采集的数据信息转换成应用软件系统可以识别和利用的信息，并进行数据传递。

1.1.3 自动识别技术的分类

自动识别技术具有多种分类方式，根据识别对象的特征可以分为两大类，数据采集技术和特征提取技术。这两大类自动识别技术的基本功能都是完成物品的自动识别和数据的自动采集。

数据采集技术的基本特征是需要被识别物品具有特定的识别特征载体（如标签等，光学字符识别例外），而特征提取技术则根据被识别物品本身的行为特征（包括静态、动态和属性特征）

来完成数据的自动采集。数据采集技术分为光识别技术、磁识别技术、电识别技术和无线识别技术等。特征提取技术分为静态特征识别技术、动态特征识别技术和属性特征识别技术等。

按照应用领域和具体特征的分类标准，自动识别技术可以分为条码识别技术、生物识别技术、图像识别技术、磁卡识别技术、IC 卡识别技术、光学字符识别技术和射频识别技术等。

各类自动识别技术具有如下共同特点：

准确性——自动采集数据，彻底消除人为错误；

高效性——实时进行信息交换；

兼容性——自动识别技术以计算机技术为基础，可与信息管理系统无缝连接。

1. 条码识别技术

（1）什么是条码识别技术

条码识别技术是集条码理论、光电技术、计算机技术、通信技术、电子机械技术于一体的综合性技术。条码具有制作简单、信息收集速度快、准确率高、信息量大、成本低和识读设备方便易用等优点。

（2）条码识别技术的起源与发展历史

条码最早产生在 20 世纪，诞生于 Westinghouse 的实验室，Kermode 发明了最早的条码标识，设计方案非常简单，即一个“条”表示数字“1”，两个“条”表示数字“2”，以此类推。Kermode 将信封做条码标记，条码中的信息是收信人的地址。

在 20 世纪 40 年代，美国乔・伍德兰德和伯尼・西尔沃两位工程师就开始研究用代码表示食品项目及相应的自动识别设备，并于 1949 年获得了美国专利。该图案很像微型射箭靶，被叫作“公牛眼”代码，如图 1.1.1 所示。

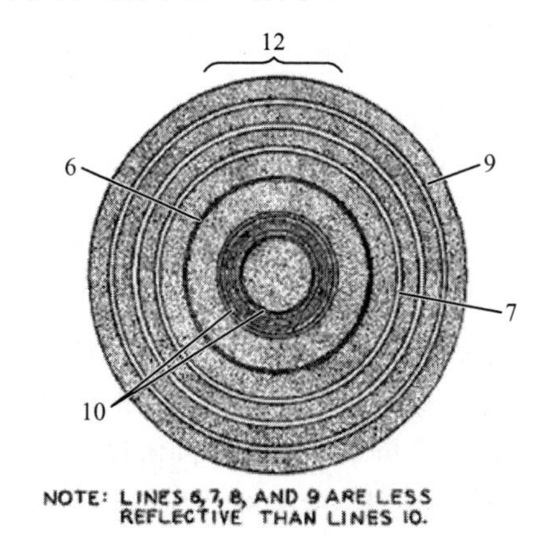

神秘“机器之眼”

INVENTORS:
NORMAN J. WOODLAND
BERNARD SILVER
BY THEIR ATTORNEYS
Howson & Howson

图 1.1.1 “公牛眼”代码

1970 年，美国超级市场 AdHoc 委员会制定了通用商品代码——UPC 码（商品统一编号码），许多团体也提出了各种条码符号方案。UPC 码首先在杂货零售业中试用，这为以后条码的统一和广泛应用奠定了基础。次年，布莱西公司研制出布莱西码及相应的自动识别系统，用以库存验算，这是条码技术第一次在仓库管理系统中实际应用。1972 年，蒙那奇・马金等人研制出库德巴码，至此美国的条码技术进入新的发展阶段。

1973 年，美国统一代码委员会（UCC）建立了 UPC 条码系统，实现了该码制的标准化。同年，食品杂货业把 UPC 码作为该行业的通用标准码制，为条码技术在商业流通销售领域里的

广泛应用起到了积极的推动作用。1974 年，Intermec 公司的戴维・阿利尔博士研制出 39 码，很快被美国国防部所采纳，作为军用条码。39 码是第一个字母、数字式相结合的条码，后来广泛应用于工业领域。

1976 年，在美国和加拿大超级市场上，UPC 码的成功应用给人们以很大的鼓舞，尤其是欧洲人对此产生了极大兴趣。次年，欧洲共同体在 UPC-A 码的基础上制定出欧洲物品编码 EAN-13 码和 EAN-8 码，签署了“欧洲物品编码”协议备忘录，并正式成立了欧洲物品编码协会，简称 EAN。到 1981 年，由于 EAN 已经发展成为一个国际性组织，故改名为“国际物品编码协会”。2004 年的 EAN 全会通过了 EAN 更名战略，将“EAN”更改为“GS1”。

日本从 1974 年开始着手建立 POS 系统，研究标准化以及信息输入方式、印制技术等。在 EAN 基础上，于 1978 年制定出日本物品编码 JAN。同年加入了国际物品编码协会，开始进行厂家登记注册，开展条码技术及其系列产品的开发工作，并于 10 年之后成为 EAN 最大的用户。

目前使用频率最高的几种码制是 EAN 码、UPC 码、39 码、交叉 25 码和 EAN 128 码，其中 UPC 码主要用于北美地区，EAN 码是国际通用符号体系，这两种都是定长、无含义的条码，主要用于商品标识。EAN 128 码是由国际物品编码协会和美国统一代码委员会联合开发、共同采用的一种特定的条码符号，其是一种连续型、非定长、有含义的高密度代码，用以表示生产日期、批号、数量、规格、保质期、收货地等众多的商品信息。另有一些码制主要用于适应特殊需要的应用，如库德巴码用于血库、图书馆、包裹等的跟踪管理，25 码用于包装、运输和国际航空系统，为机票进行顺序编号，还有类似 39 码的 93 码，其密度更高些，可代替 39 码。

（3）条码的类型

目前，条码主要分为一维码和二维码两大类，如图 1.1.2 所示。

图 1.1.2　一维码与二维码

一维码是在一个方向（一般是水平方向）上由一组按照一定编码规则排列、宽度不等的条和空及其对应的字符组成的标识，用以表示一定的信息。常用的一维码编码规则有 EAN 码、UPC 码、EAN 128 码、39 码、库德巴码等。一维码简单直观，管理方案成熟，应用广泛。

二维码是在一维码的基础上发展而来的，可在水平和垂直方向的平面二维空间中存储信息。相比一维码，二维码信息容量大，在一个二维码中可以存储 1000 字节以上信息；信息密度高，同样面积的二维码的信息密度可以是一维码信息密度的 100 倍以上；识别率极高。

（4）条码识别技术原理

主要通过识读设备中的光学系统对条码进行扫描，再通过译码软件将图形标识信息翻译成相应的数据，从而实现对条码所包含信息的读取。根据扫描及译码方式的差异，条码识别技术主要包括激光扫描技术和影像扫描技术两大类，其基本情况如下：

① 激光扫描技术。

激光扫描系统由扫描系统、信号整形、译码三部分组成，其结构框图如图 1.1.3 所示。

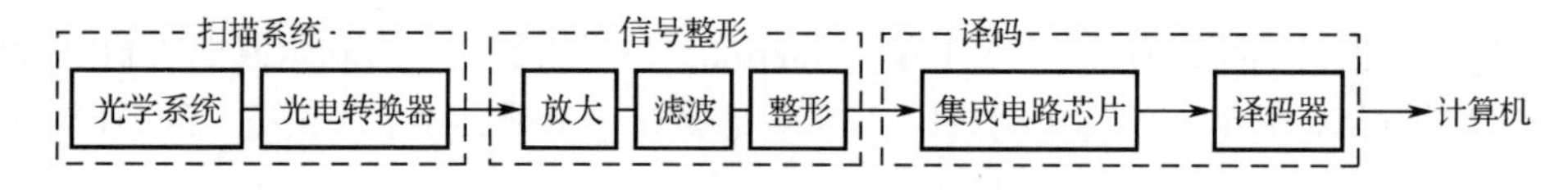

图 1.1.3　激光扫描系统结构框图

扫描系统主要通过激光二极管产生光束，通过摆动镜的摆动将激光折射到条码表面，条码表面反射的漫射光被感光元件接收后，通过光电转换器转化为电信号；信号整形部分由信号放大、滤波、整形组成，它的功能在于将电信号处理成与条码条、空宽度相对应的高、低电平的矩形方波信号；译码部分由集成电路芯片和译码器实现，它的功能是对得到的条码矩形方波信号进行译码，并将结果输出到条码应用系统的数据采集终端。

激光扫描技术相比其他条码识别技术，具有扫描景深大、扫描角度宽、扫描速度快、识别率高、技术方案成熟等优点，目前在一维码识读设备中占据主导地位。但是，激光扫描技术无法扫描手机屏等由自主光源材质显示的条码。同时，激光扫描由于只有水平一个扫描维度，因而无法扫描二维码。

② 影像扫描技术。

根据图像扫描维度的差异，影像扫描技术可进一步分为线性影像扫描技术和面阵影像扫描技术。线性影像扫描技术只可识读一维码，面阵影像扫描技术对一维码和二维码均可识读。影像扫描系统基本结构框图如图 1.1.4 所示。

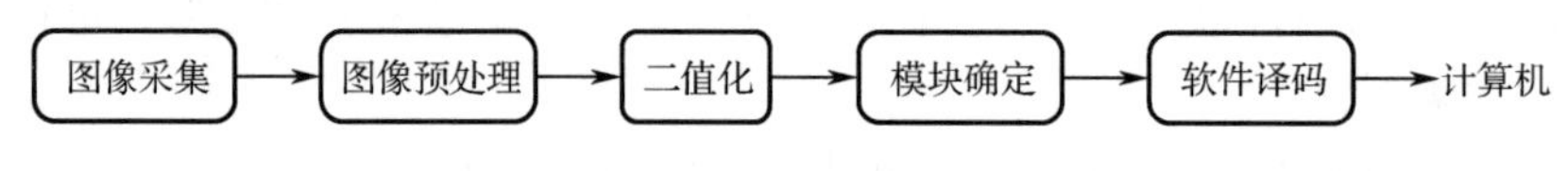

图 1.1.4　影像扫描系统基本结构框图

目前，面阵影像扫描技术是影像扫描技术的主要发展趋势。影像扫描技术的图像采集系统主要包括 CCD、CMOS 等图像传感器，条码识读设备通过图像传感器对条码图像进行采集。其中，线性影像扫描技术一般采用 CCD 图像传感器，而面阵影像扫描技术普遍采用 CMOS 图像传感器。图像预处理主要对采集的图像进行降噪、背景分离、图像校正等。二值化和模块确定环节将预处理后的图像信息还原为黑、白两色的图像，然后定位、分割为条码黑白模块，再由译码软件根据条码编码规则进行比对，确定条码字符值，进而读取二维码所包含的信息。

相比激光扫描技术，影像扫描技术的成本较高，技术较复杂，但适用领域更广泛，面阵影像扫描技术对一维码和二维码均可识读。同时，影像扫描技术利用先进的图像处理技术，可对有污染、残缺、产生几何畸变的条码图像进行预处理，再进行条码识别，相比激光扫描技术，进一步提高了识读率，优势明显。因此，影像扫描技术是未来条码识别技术的主要发展方向。

（5）条码识别技术在中国落地生根

从 20 世纪 80 年代中期开始，我国一些高等院校、科研部门及一些出口企业，把条码技术的研究和推广应用逐步提到议事日程。一些行业，如图书、邮电等已开始使用条码技术。1988 年 12 月 28 日，经国务院批准，国家技术监督局成立了“中国物品编码中心”（ANCC）。该中心的任务是研究、推广条码技术；组织、开发、协调、管理我国的条码工作。1991 年 4 月，中国物品编码中心代表我国加入国际物品编码协会（EAN），为全面开展条码工作创造了先决条件。

（6）条码识别技术在我国的应用情况

条码识别技术自诞生以来，凭借着其在信息采集上灵活、高效、可靠、成本低的特点，逐渐成为了现代社会最常见的信息管理手段之一。而条码识读设备作为信息采集的前端设备，是

条码识别技术应用的前提和基础，伴随条码识别技术的不断发展，目前已成为商品零售、物流仓储、产品溯源、工业制造、医疗健康、电子商务和交通等领域信息化系统建设必不可少的基础设备。近年来，“互联网+”战略下，O2O、物联网等领域得到了极大的发展，进一步推动了条码识别产业的发展。我国条码识读设备主要应用领域的发展情况如下：

① 零售、物流、仓储等领域。

条码识读设备是零售、物流、仓储等领域中的主要信息采集设备，被广泛应用于物资存储、运输、分发、销售、派送等各个环节。近年来，随着我国人均国民收入的提高和网络购物等消费方式的兴起，我国的零售市场及与之相适应的物流、仓储服务产业得到了极大的发展。未来，我国零售、物流、仓储等领域对条码识读设备的需求将继续保持平稳增长。

② 产品溯源领域。

产品溯源即在产品生产和销售过程中，对每个环节进行记录，并将相应信息汇总后，通过条码等技术在产品上做出相应的质量状态标识，生产管理者或消费者可通过该标识直接查询产品的生产、流转、存储记录。

③ 工业制造领域。

工业智能生产模式的基础是生产设备的自动化和智能化。条码识别技术及在其基础之上的机器视觉是现代工业设备实现检测、感知、通信和响应的主要路径之一，自动化生产中的物料调配管理、零件识别及分拣、动态生产控制、产品检测和追踪均需运用到条码识别技术，而机器视觉系统更是减少人为误差、提升生产流水线的柔性和自动化程度的重要途径。因此，在工业制造领域，条码识读设备具有巨大的市场潜力。

随着技术的不断进步，我国工业制造领域将迎来新的一轮生产设备自动化、智能化的升级改造，将会带动包括条码识读设备在内的各类智能生产设备的投资。

④ 医疗健康领域。

医疗移动信息化解决方案以数据交互和移动处理为核心，利用条码识别技术，标示和识别包括药品、生化标本、医疗设备、医疗工作人员以及病人身份等在内的信息，通过智能移动终端在核心业务流程中进行信息采集，并与医院管理信息化系统及临床管理信息化系统进行信息交互，搭建移动医疗作业平台。

⑤ O2O 运营领域。

随着智能手机等移动终端和移动网络的快速普及，消费者的信息获取方式和消费习惯出现了较大的变化。在移动互联网时代，消费者和企业都需要更直接的接入方式，而不再仅仅满足于 APP 或网页内容，而条码，尤其是二维码，凭借其简单可靠、易于传播和信息容量大的优点，逐渐成为了 O2O 运营模式中连接线下、线上的入口。二维码与 O2O 运营模式的交织，将形成一个多点触控式的销售环境，消费体检更加动态化，线下的产品、服务及用户信息能随时随地线上化，并且依托手机支付等途径形成集移动营销、消费者渗透、数据采集、产品服务、支付结算、后续服务于一体的良性商业循环。

2. 图像识别技术

在人类认知的过程中，图像识别指图像刺激作用于感觉器官，人们辨认出该图像是什么的过程，也叫图像再认。在信息化领域，图像识别是利用计算机对图像进行处理、分析和理解，以识别各种不同模式的目标和对象的技术。

图像识别包括信息获取、预处理、特征抽取和选择、分类器设计、分类决策五个过程，如图 1.1.5 所示。

信息获取：通过传感器，将光或声音等信息转化为电信息。信息可以是二维的图像，如文字、图像等；可以是一维的波形，如声波、心电图、脑电图；也可以是物理量与逻辑值。

预处理：包括 A/D 转换，二值化，图像的平滑、变换、增强、恢复、滤波等，主要指图像处理。

特征抽取和选择：在模式识别中，需要进行特征的抽取和选择，这种在测量空间中的原始数据通过变换获得在特征空间中最能反映分类本质的特征，就是特征提取和选择的过程。

分类器设计：分类器设计的主要功能是通过训练确定判决规则，使按此判决规则分类时，错误率最低。

分类决策：在特征空间中对被识别对象进行分类。

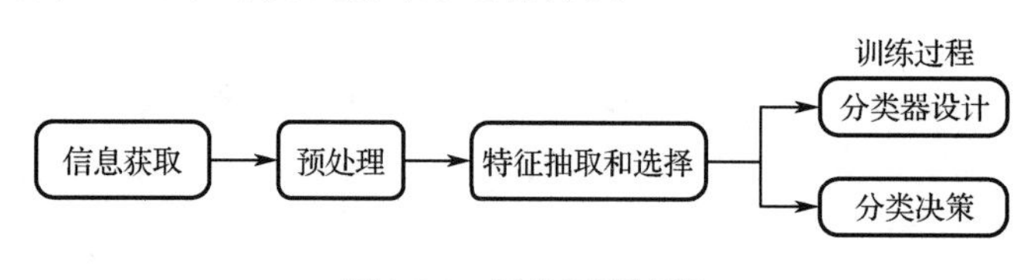

图 1.1.5　图像识别过程

3. 光学字符识别技术

光学字符识别（OCR）是指对文本资料的图像文件进行分析、识别处理，获取文字及版面信息的过程，即将图像中的文字进行识别，并以文本的形式返回。

根据识别场景,可大致将OCR分为识别特定场景的专用OCR和识别多种场景的通用OCR。通用 OCR 可以用于更复杂的场景，也具有更大的应用潜力。但由于通用图片的场景不固定，文字布局多样，因此难度更高。根据所识别图片的内容，可将场景分为清晰且具有固定模式的简单场景和更为复杂的自然场景。自然场景文本识别的难度极高，原因包括：图片背景极为丰富，经常面临亮度低、对比度低、光照不均、透视变形和残缺遮挡等问题，而且文本的布局可能存在扭曲、褶皱、换向等问题，其中的文字也可能存在字体多样、颜色不一的问题。因此自然场景中的文字识别技术，也经常被单列为场景文字识别技术。

典型的 OCR 技术原理如图 1.1.6 所示。其中影响识别准确率的技术瓶颈是文字检测和文本识别，而这两部分也是 OCR 技术的重中之重。

图 1.1.6　典型的 OCR 技术原理

在传统 OCR 技术中，图像预处理通常是指针对图像的成像问题进行修正。常见的预处理过程包括：几何变换（透视、扭曲、旋转等）、畸变校正、去除模糊、图像增强和光线校正等。

文字检测即检测文本所在的位置、范围及其布局，通常包括版面分析和文字行检测等。文字检测主要解决的问题是哪里有文字，文字的范围有多大。

文本识别是在文字检测的基础上，对文字内容进行识别，将图像中的文字信息转化为文本信息。文本识别主要解决的问题是每个文字是什么。识别出的文本通常需要再次核对以保证其正确性，文本校正也属于这一环节。当识别的内容由词库中的词汇组成时，将其称作有词典识别，反之称作无词典识别。

4. 磁卡识别技术

磁卡是一种卡片状的磁性记录介质，利用磁性载体记录字符与数字信息，用来标识身份或做其他用途。磁卡由高强度、耐高温的塑料或纸质涂覆塑料制成，能防潮、耐磨且有一定的韧性，携带方便，使用较为稳定可靠，例如银行卡就是一种常见的磁卡。

磁卡可划分为 3 个磁道，按照 ISO7811 国际标准规定，磁卡上的磁带有 3 个磁道，分别为 Track1，Track2 和 Track3，3 个磁道可被编码的最多字符数分别为 79、40、107，其中包括起始和结束标记。每个磁道都记录着不同的信息，这些信息有着不同的应用。Track1 和 Track2 是只读磁道，在使用时磁道上记录的信息只能读出而不允许写或修改。Track3 为读写磁道，在使用时可以读出，也可以写入。磁卡如图 1.1.7 所示。

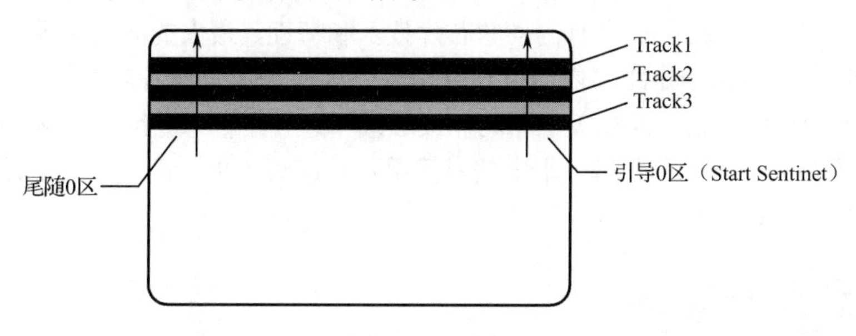

图 1.1.7　磁卡

磁卡的读取方法与以前广泛使用的磁带机相似，磁卡和磁带都使用磁场来保存变化的信号，也都是通过磁道与磁头的相对运动来实现磁场到电场的转换的。

磁卡采用接触识读，其与条码有三点不同：一个是其数据可做部分读写操作，一个是给定面积编码容量比条码大，另一个是对于物品逐一标识成本比条码高。接触识读最大的缺点就是灵活性差，很容易磨损，磁卡不能折叠，数据量较小。

5. IC 卡识别技术

银行卡进入“芯”时代

（1）IC 卡的概念

IC 卡（集成电路卡），也称智能卡、智慧卡、微电路卡或微芯片卡等。其外观是一个塑料卡片，通常印有各种图案、文字和号码，称为“卡基”，在“卡基”的固定位置上嵌装一种特定的 IC 芯片。将一个微电子芯片嵌入符合 ISO 7816 标准的卡基中，做成卡片形式，IC 卡结构如图 1.1.8 所示。

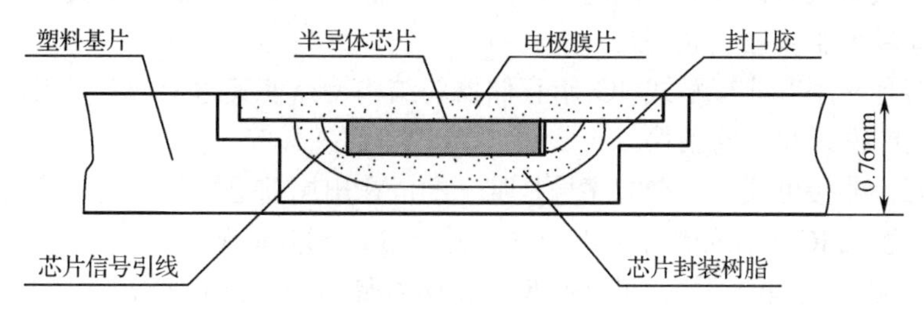

图 1.1.8　IC 卡结构

IC 卡的概念是在 20 世纪 70 年代初提出的，法国的布尔公司于 1976 年首先制造出了 IC 卡产品。由于 IC 卡具有体积小、便于携带、存储容量大、可靠性高、使用寿命长、保密性强、安全性高等优点，现已广泛应用于金融、交通、医疗等领域。

（2）IC 卡的分类

根据与读写器之间的通信方式不同，IC 卡可以分为接触式 IC 卡和非接触式 IC 卡两种。

① 接触式 IC 卡。

所谓接触式 IC 卡，就是在使用时通过有形的金属电极触点将卡的集成电路与外部接口设备直接连接，提供集成电路工作的电源并进行数据交换的卡片，如图 1.1.9 所示。接触式 IC 卡表面有 8 个或 6 个镀金触点，用于与读写器接触，通过电流信号完成读写。读写操作（也称为刷卡）时须将 IC 卡插入读写器，读写完毕，卡片自动弹出，或人为抽出。接触式 IC 卡读写速度相对较慢，但可靠性高，多用于存储信息量大、读写操作复杂的场合。

② 非接触式 IC 卡。

非接触式 IC 卡与接触式 IC 卡有同样的芯片技术和特性，最大的区别在于其卡上设有射频信号或红外线收发器，在一定距离内即可收发信号，因而和读写设备之间无机械接触。在 IC 卡的电路基础上带有射频收发及相关电路的非接触式 IC 卡称作“射频卡”或“RF 卡”。这种 IC 卡常用于身份验证、电子门禁等。卡上信息简单，对读写要求不高，卡型较灵活，可以做成各种形式，如图 1.1.10 所示。

图 1.1.9　接触式 IC 卡

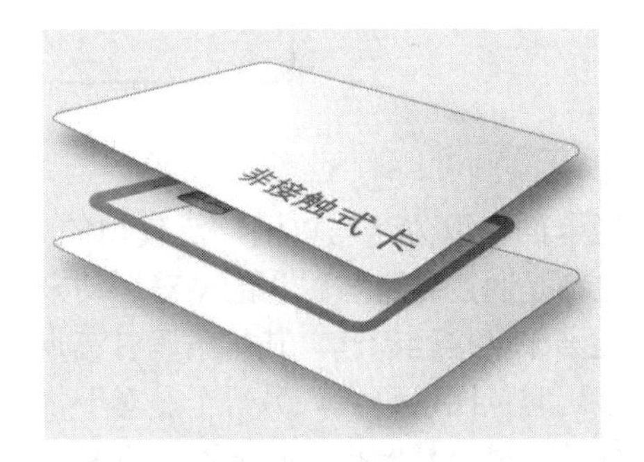

图 1.1.10　非接触式 IC 卡

非接触式 IC 卡与接触式 IC 卡相比有以下特点：

可靠性高。由于其读写操作无机械接触，避免了由于接触读写而产生的各种故障；且非接触式 IC 卡表面无裸露的芯片，无芯片脱落、静电击穿、弯曲损坏等问题。

操作方便。无接触通信使读写器在 10cm 的范围内就可以对卡片进行操作，且非接触式 IC 卡在使用时无方向性，卡片可以以任意方向掠过读写器表面完成操作，既方便又提高了速度。

防冲突。非接触式 IC 卡中有快速防冲突机制，能防止卡片之间出现数据干扰，读写器可以“同时”处理多张非接触式 IC 卡。

可以适应多种应用。非接触式 IC 卡存储器的结构特点使其适于一卡多用，可以根据不同的应用设定不同的密码和访问条件。

加密性能好。非接触式 IC 卡的序号是唯一的，在出厂前已固化，其与读写器之间有双向验证机制；非接触式 IC 卡在处理前要与读写器进行 3 次相互认证。

根据 IC 卡内芯片类型的不同，可以把 IC 卡分为存储器卡、逻辑加密卡和 CPU 卡 3 种。

① 存储器卡。

存储器卡是一种用电可擦除的可编程只读存储器（EEPROM）为核心的，能多次重复使用的 IC 卡。其没有任何的加密保护措施，卡片上的数据可以任意改写，不具备对卡内数据进行加密的功能。这种卡一般仅用于数据的存储，应用场合包括露天停车场、洗衣房等。此类卡的优势在于

价格低，制造简单，其结构框图如图 1.1.11 所示。

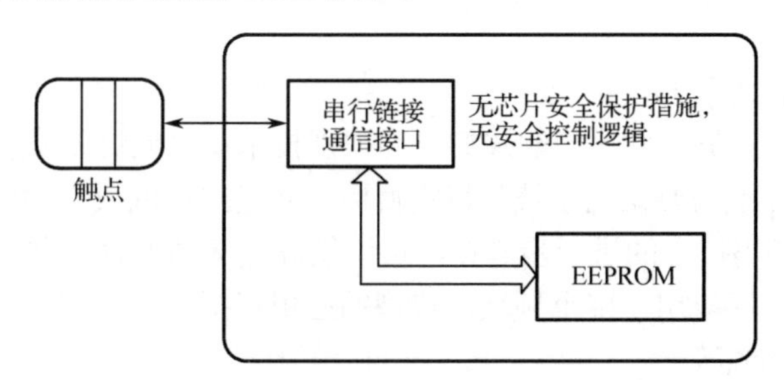

图 1.1.11 存储器卡结构框图

② 逻辑加密卡。

逻辑加密卡的内嵌芯片在存储区外增加了控制逻辑，在访问存储区前需要核对密码，只有密码正确，才能进行存取操作。逻辑加密卡的信息保密性较好，应用场合与普通存储器卡类似。逻辑加密卡结构框图如图 1.1.12 所示。

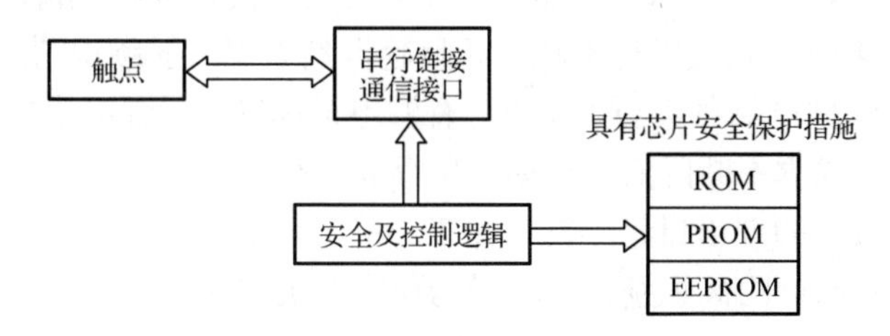

图 1.1.12 逻辑加密卡结构框图

逻辑加密卡的内部存储空间，根据不同的应用需要，通常可分为以下 4 个功能区域：

制造商代码区：此区域存储不可更改的芯片制造商、IC 卡制造商及 IC 卡发行商等数据，该数据用于识别、跟踪有关制造商信息及有关用户的应用情况，在数据管理上增强了安全性。

个人化区：与应用相关的区域，该区域中的相关数据控制着对卡片的个人化过程，并对个人化操作提供安全保证，如使用次数限制、重复使用限制等。

安全区：用以存放不可读取的有关安全数据，如个人密码等。

应用区：用以存储有关应用数据信息。

由于逻辑加密卡具有一定的加密功能，且价格较 CPU 卡低，因此在需要加密但对安全性要求不是太高的场合，逻辑加密卡得以大量应用，如电话卡、网吧上网卡、停车卡等，其已成为目前 IC 卡在非金融领域最主要的应用形式之一。

③ CPU 卡。

CPU 卡内的集成电路中带有微处理器 CPU、存储单元（包括随机存储器 RAM、程序存储器 ROM（Flash）、用户数据存储器 EEPROM），以及芯片操作系统 COS。装有 COS 的 CPU 卡相当于一台微型计算机，不仅具有数据存储功能，同时具有命令处理和数据安全保护等功能，如图 1.1.13 所示。

图 1.1.13 CPU 卡

CPU 卡可适用于金融、保险等多个领域，具有用户空间大、读取速度快、支持一卡多用等特点，并已经通过中国人民银行的认证。

6．射频识别技术

（1）射频识别的概念与发展历史

射频识别（RFID），是一种非接触式的自动识别技术，可通过无线电信号识别特定目标对象并读写相关数据，而不需要识别系统与特定目标之间建立机械或光学接触，适用于各种恶劣环境。RFID 技术是条码技术的进一步延拓，可识别高速运动的物体并可同时识别多个标签，操作快捷方便。目前广泛应用于多个领域，典型的应用包括仓库物流、防伪识别、智能交通、身份识别、食品安全溯源等。

射频识别技术的发展可按 10 年期划分如下：

1941—1950 年：雷达的改进和应用催生了射频识别技术。

1951—1960 年：早期射频识别技术的探索阶段，主要为实验室研究。

1961—1970 年：射频识别技术的理论得到了发展，开始了一些应用尝试。

1971—1980 年：射频识别技术与产品研发处于大发展时期，出现了最早的射频识别应用。

1981—1990 年：射频识别技术及产品进入商业应用阶段，各种规模应用开始出现。

1991—2000 年：射频识别技术标准化问题日趋得到重视，射频识别产品得到广泛应用。

2000 年后：射频识别产品种类更加丰富，有源电子标签、无源电子标签及半无源电子标签均得到发展，电子标签成本不断降低，规模应用行业逐渐扩大。

至今，射频识别技术的理论日趋丰富和完善。单芯片电子标签、多电子标签识读、无线可读可写、无源电子标签的远距离识别，正在成为现实并走向应用。

（2）RFID 系统的工作原理

RFID 系统的工作原理是利用空间电感耦合或电磁反向散射耦合来进行通信，以达到自动识别被标识物体的目的。如图 1.1.14 所示，将 RFID 标签安装在被标识物体上（粘贴、插放、植入等），当被标识物体进入无线射频识别系统的阅读范围时，标签和读写器之间进行非接触式通信，标签向读写器发送携带的信息，读写器接收这些信息并解码，再传输给后台计算机进行处理。

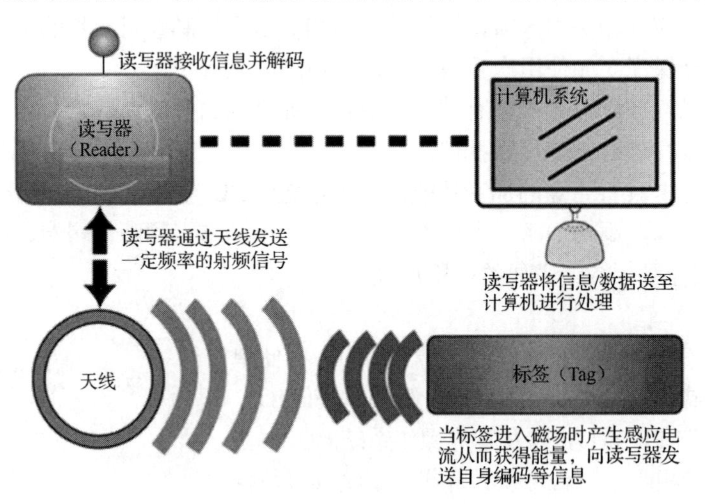

图 1.1.14　RFID 系统的工作原理

目前 RFID 系统中读写器与标签之间的耦合工作方式主要有两种。

① 电感耦合。

电感耦合通过空间高频交变磁场实现耦合，依据的是电磁感应定律。电感耦合方式的标签

几乎都是无源工作的，标签中的微芯片工作所需的全部能量由读写器发送的电磁感应能量提供。高频的强电磁场由读写器的天线线圈产生，并穿越线圈横截面和线圈的周围空间，使附近的电子标签产生电磁感应，如图 1.1.15 所示。

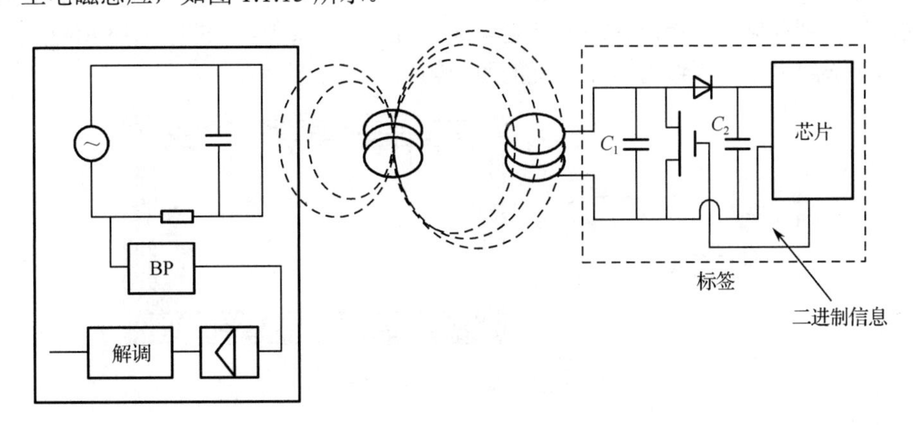

图 1.1.15 电感耦合原理

② 电磁反向散射耦合。

电磁反向散射耦合，即雷达原理模型，发射出去的电磁波碰到目标后发生反射，同时携带目标信息，依据的是电磁波的空间传播规律，如图 1.1.16 所示。

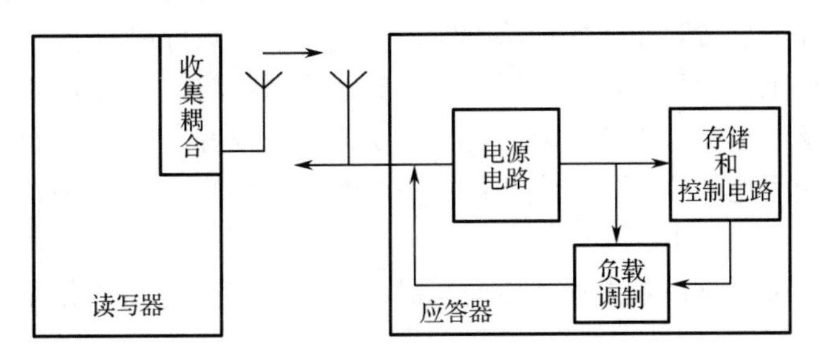

图 1.1.16 电磁反向散射耦合原理

（3）RFID 系统的组成

RFID 系统在具体的应用过程中，根据不同的应用目的和应用环境，其组成会有所不同，但从 RFID 系统的工作原理来看，一般由电子标签、读写器、中间件、应用软件组成，如图 1.1.17 所示。

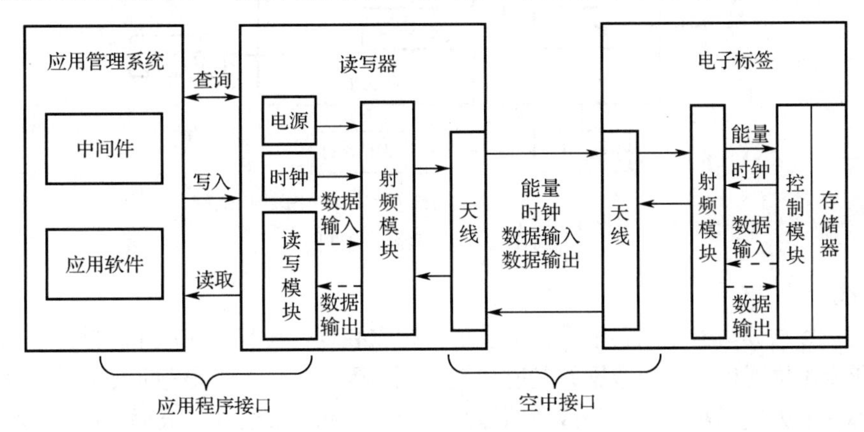

图 1.1.17 RFID 系统的组成

① 电子标签。

电子标签又称应答器，是 RFID 系统的数据载体，每个电子标签具有唯一的电子编码，附着在物体上标识目标对象。其主要由天线（或线圈）、射频模块、存储器与控制模块的低电集成电路组成，通常把存储器和控制模块的低电集成电路用芯片实现，如图 1.1.18 所示，天线以简单的电偶极子天线表示。天线通过芯片上的两个触角与芯片相接。

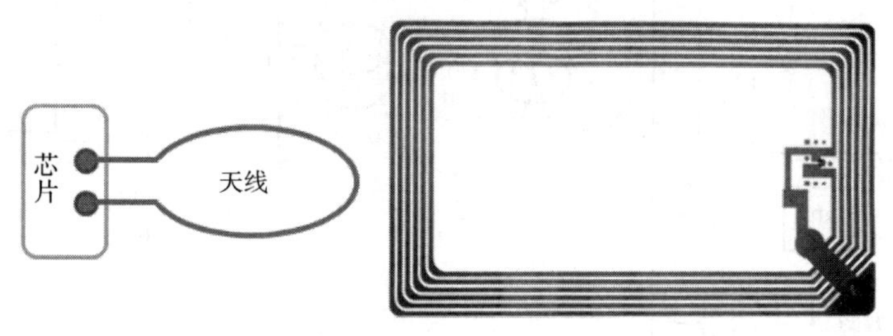

图 1.1.18　电子标签结构示意图

② 读写器。

在 RFID 系统中，读写器（Reader，又称阅读器）也可称为信号接收机。根据支持的标签类型不同与实现的功能不同，读写器的复杂程度是显著不同的。读写器的基本功能是提供与标签进行数据传输的途径。另外，读写器还提供相当复杂的信号状态控制、奇偶错误校验与更正功能等。标签中除了存储需要传输的信息，还必须含有一定的附加信息，如错误校验信息等。识别数据信息和附加信息按照一定的结构编制在一起，并按照特定的顺序向外发送。读写器通过接收到的附加信息来控制数据流的发送。一旦到达读写器的信息被正确接收和译解，读写器就会通过特定的算法决定是否需要发射机再发一次信号，或者指导发射机停止发信号，这就是“命令响应协议”。使用这种协议，即便在很短的时间、很小的空间内阅读多个标签，也可以有效地防止“欺骗问题”的产生。

读写器的硬件部分通常由收发机、微处理器、存储器、输入/输出接口、通信接口及电源等组成，如图 1.1.19 所示。

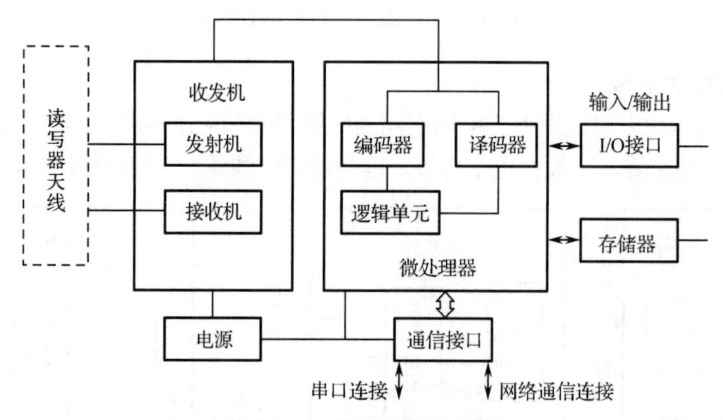

图 1.1.19　读写器结构框图

③ 天线。

天线是标签与读写器之间传输数据的发射与接收装置。在实际应用中，除了系统功率，天线的形状和相对位置也会影响数据的发射和接收，需要专业人员对系统的天线进行设计、安装。

电子标签的天线通常与它的集成电路芯片封装在一起，安装在其表面。图 1.1.20 所示为几种常用的被动标签及其天线设置，图 1.1.21 所示为常见 RFID 读写器天线。

电子标签和读写器之间的通信受很多因素的影响。首先，虽然传输的是数字信号，但天线的传输采用模拟方式，传输质量很容易受到各种环境因素的影响。其次，通信过程会受到各种RF噪声源的干扰，处理干扰的能力对于RFID系统的性能有着重要影响。因此，将每个RFID部件安装到最理想的位置也是非常必要的。在系统设计中，不仅要在物理上克服外界的影响和限制，同时，要采用软件方法实现纠错和容错功能，从而有效提高识读精确性和系统可靠性。

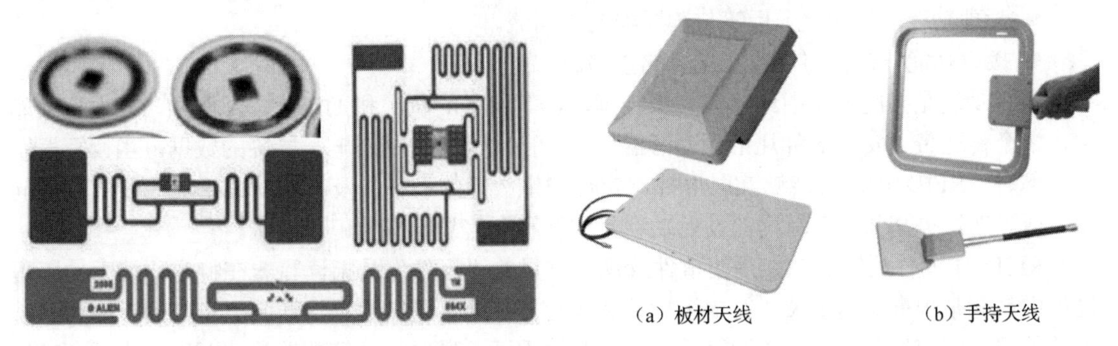

（a）板材天线　　（b）手持天线

图1.1.20 几种常用的被动标签及其天线设置　　图1.1.21 常见RFID读写器天线

【小知识】RFID天线制造工艺

为了适应不同应用场景对RFID性能参数的不同要求，出现了各类RFID天线的制作工艺。目前，最常用的RFID天线制作工艺有线圈绕制法、蚀刻法和印刷法三种。

（1）线圈绕制法

用线圈绕制法（见图1.1.22）制作RFID天线时，要在一个绕制工具上绕制线圈并进行固定，要求天线线圈的匝数较多，线圈既可以是圆形环的，也可以是矩形环的。这种方法一般用于频率为125～134kHz的RFID标签。用这种加工方式制作天线的缺点很明显，主要可以概括为成本高、生产效率低、加工后产品的一致性不够好等。

（2）蚀刻法

蚀刻法（见图1.1.23）常用铜或铝来制作天线，这种方法在生产工艺上与挠性印制电路板的蚀刻工艺接近。蚀刻法可以应用于大量制造13.56MHz、UHF频宽的电子标签，其具有线路精细、电阻率低、耐候性好、信号稳定等优点。不过这种方法的缺点也很明显，如制作程序繁琐、产能低下等。

（3）印刷法

印刷法（见图1.1.24）是指直接用导电油墨在绝缘基板（或薄膜）上印刷导电线路，形成天线的方法。主要的印刷方法已从只用丝网印刷扩展到胶印、柔性板印刷、凹印等制作方法。印刷法适合用于大量制作13.56MHz和RFID超高频频段的电子标签，其特点是生产效率高，但由于导电油墨形成的电路电阻较大，使其应用范围受到一定的限制。印刷天线技术的进步，使RFID标签的成本得到有效降低，推动了RFID的应用普及。

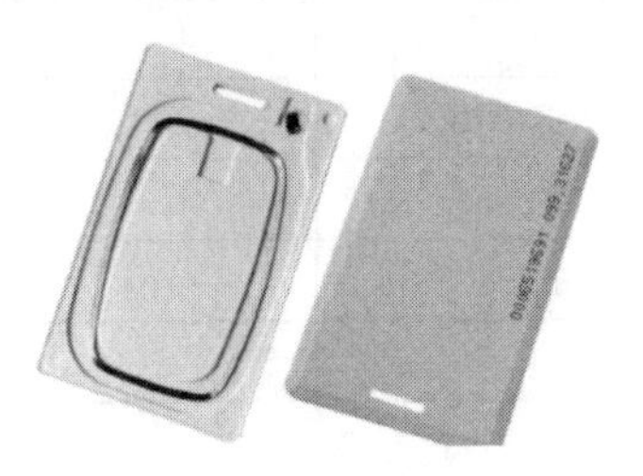

图1.1.22 线圈绕制法

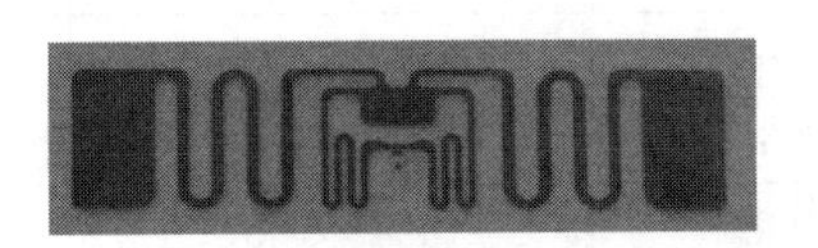

图1.1.23 蚀刻法

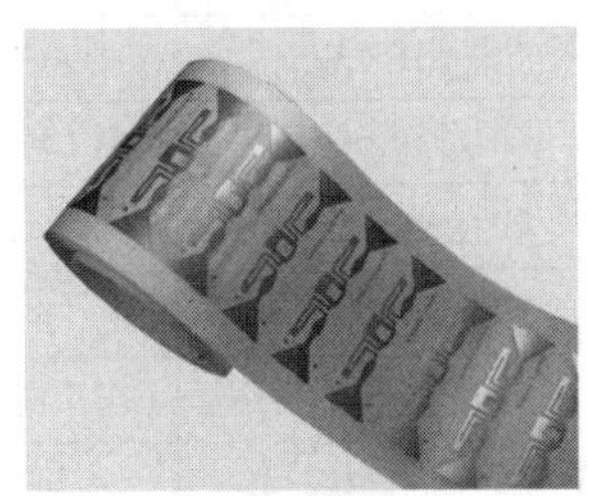

图1.1.24 印刷法

④ RFID 中间件。

RFID 中间件是在读写器和主机之间运行的一组软件，是在标签和读写器上运行的 RFID 系统软件与在主机上运行的应用软件之间的桥梁。

RFID 中间件的主要功能包括：

- 监视功能：控制 RFID 系统的基础设备，监视设备的工作状态。
- 管理功能：管理电子标签与读写器的数据流。
- 接口功能：提供与设备、主机的接口。

监视功能是指能够集中地监视和报告读写器等设备的状况和工作状态。例如，在大型仓库中，多个传送带上安装配备几十台读写器，可以自动收集货物上电子标签的数据。当读写器发生故障时，RFID 中间件能够实时监控并定位发生故障的设备，及时自动或手动修复出现的问题，或者通过提高邻近读写器的发射功率，弥补和覆盖故障机的识读区域。

RFID 中间件的管理功能是指事件管理。这里的“事件”是指读写器在特定环境下的工程过程中具有某种意义的记录。在电子标签和读写器之间传送的数据将送到主机，用于应用系统中的数据集成和处理。但是在读写器持续不断地识读大量电子标签数据的情况下，为保证工作秩序、系统稳定性和数据可靠性，中间件需要对电子标签数据进行预处理，例如，去除重复或者有误的数据，根据预先定义的规则收集数据，过滤出对应用程序有意义的事件，并提交到应用程序进行处理。

接口的功能是实现数据标准化。在标准不完善时，读写器的数据格式和与主机的通信协议都是专用的，为了更好地适应软件环境和共享数据，需要 RFID 中间件将各种读写器数据格式转换为标准化格式，以便于在主机的应用程序、应用系统中进行集成。

RFID 中间件向下与读写器接口，可使不同厂商、不同类型的读写器通过中间件连接到系统中；RFID 中间件向上与主机的应用程序接口，可以提供面向服务的接口和 Web 服务器，提供远程的监视管理和查询服务。

⑤ RFID 应用软件。

RFID 应用软件是针对特定的应用需求开发的，可以直接或通过 RFID 中间件控制读写器对电子标签进行读写，并且对收集的电子标签信息进行集中的统计、分析和处理。RFID 应用软件可以集成到其他大型软件中，有利于行业应用整合，提高效率。

（4）RFID 系统的分类

RFID 系统的分类方法很多，如表 1.1.1 所示。

表 1.1.1　RFID 系统的特征及其分类

分类特征	系统分类			
能量供应	有源系统	无源系统	半有源系统	
工作频率	低频系统	高频系统	超高频系统	微波系统
耦合方式	电感耦合系统	电磁反向散射耦合系统		
通信距离	密耦合系统	遥耦合系统	远距离系统	
技术实现方式	主动式系统	被动式系统	半主动式系统	
工作方式	全双工系统	半双工系统	时序系统	
数据量	1 比特系统	多比特系统		
可否编程	可编程系统	不可编程系统		

续表

分 类 特 征	系 统 分 类			
数据载体	IC 系统	表面波系统		
运行状态	状态机系统	微处理器系统		
标签可读性	只读系统	一次写入多次读出系统	可读和写系统	
信息注入方式	集成电路固化式系统	现场有线改写式系统	现场无线改写式系统	
读取信息手段	广播发射式系统	倍频式系统	反射调制式系统	

电子标签与读写器是组成 RFID 系统的核心部件，直接反映了一个 RFID 系统的主要特征，为此，以下将详细阐述其分类信息。

① 按能量供应方式分类。

能量供应是指电子标签获取工作电源的方式，可以分为有源电子标签、半有源电子标签和无源电子标签。

有源电子标签又称主动标签，标签的工作电源完全由内部电池供给，同时标签电池的能量也部分转换为电子标签与读写器通信所需的射频能量，有源电子标签如图 1.1.25 所示。

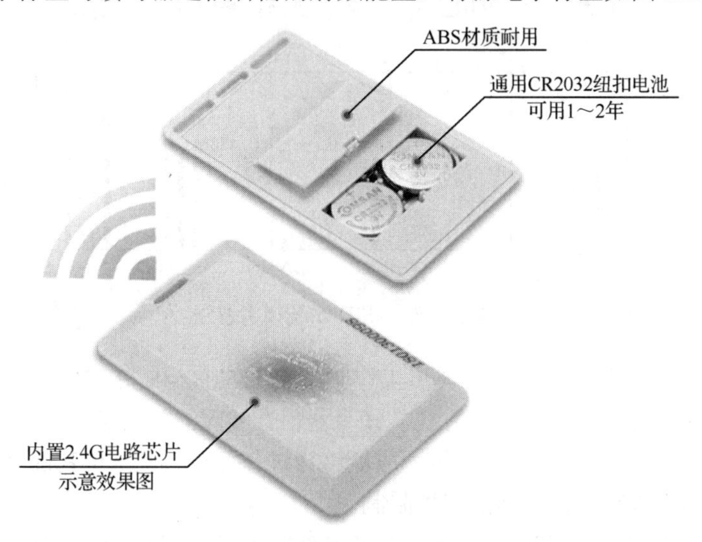

图 1.1.25　有源电子标签

半有源电子标签内的电池供电，仅对标签内要求供电维持数据的电路或者标签芯片工作提供辅助支持，或对本身耗电很少的标签电路供电。标签未进入工作状态前，一直处于休眠状态，相当于无源电子标签，电子标签内部电池能量消耗很少，因而电池的寿命可维持几年，甚至长达 10 年；当电子标签进入读写器的读出区域，受到读写器发出的射频信号激励，进入工作状态时，电子标签与读写器之间信息交换以读写器供应的射频能量支持为主（反射调制方式），电子标签内部电池的作用主要在于弥补电子标签所处位置的射频场强的不足，电子标签内部电池的能量并不转换为射频能量。

无源电子标签（被动标签）没有内装电池，在读写器的读出范围外时，电子标签处于无源状态；在读写器的读出范围内时，电子标签从读写器发出的射频能量中提取其工作所需的电压。无源电子标签一般采用反射调制的方式来完成电子标签信息向读写器的传送，如图 1.1.26 所示。

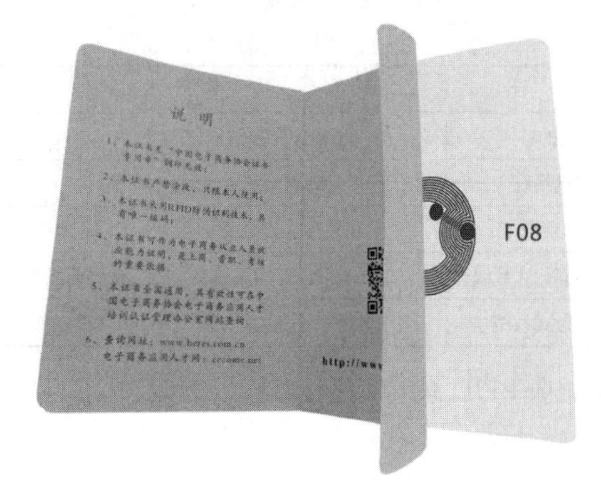

图 1.1.26　无源电子标签

② 按工作频率分类。

工作频率是 RFID 系统的一个很重要的参数指标，其决定了工作原理、通信距离、设备成本、天线形状和应用领域等因素。RFID 系统频率划分如图 1.1.27 所示。

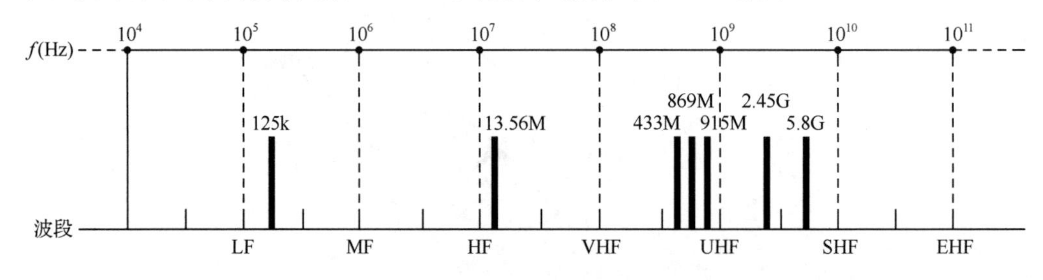

图 1.1.27　RFID 系统频率划分

低频（LF）范围为 30～300kHz，典型工作频率有 125kHz 和 134.2kHz。低频标签一般为无源标签，其工作能量通过电感耦合的方式从读写器耦合线圈的辐射场中获得，通信范围一般小于 1m。除金属材料的影响外，低频信号一般能够穿过任意材料制成的物品而不缩短读取距离，工作在低频的读写器没有任何特殊的许可限制。

高频（HF）范围为 3～30MHz，典型工作频率为 13.56MHz，该频率的电子标签采用电感耦合的方式从读写器辐射场中获取能量，通信距离一般小于 1m。除金属材料外，该频率的波长可以穿过大多数的材料，但是往往会使读取距离缩短。同低频一样，该频段在全球都得到了认可，没有任何特殊的限制，能够产生相对均匀的读写区域。高频标签具有防碰撞特性，可以同时读取多个电子标签，并把数据信息写入电子标签中。另外，高频标签的数据传输速率比低频标签高，价格也相对便宜。

超高频（UHF）范围为 300MHz～3GHz，3GHz 以上为微波范围。采用超高频和微波的 RFID 系统一般统称为超高频 RFID 系统，典型的工作频率为 433MHz、860～960MHz、2.45GHz、5.8GHz。超高频标签可以是有源的，也可以是无源的，通过电磁反向散射耦合方式与读写器通信。通信距离一般大于 1m，典型情况为 4～6m，最大距离可超过 10m。超高频频段的电波不能穿过很多材料，特别是水、灰尘、雾等悬浮颗粒物质。超高频读写器有很高的数据传输速率，在很短的时间内可以读取大量的电子标签。

③ 按通信距离分类。

根据电子标签与读写器之间的通信距离差异，RFID 系统可分为密耦合系统、遥耦合系统、远距离耦合系统。

密耦合系统的典型工作距离为 0～1cm，系统是利用电子标签与读写器天线无功近场区之间的电感耦合（闭合磁路）所构成无接触的空间信息传输射频通道工作的。由于密耦合方式的电磁泄漏很少、耦合获得的能量较大，因而其适合安全性要求较高、对作用距离无要求的应用系统。

遥耦合系统的典型工作距离可达 1m，遥耦合系统又可细分为近耦合系统（典型工作距离为 15cm）与疏耦合系统（典型工作距离为 1m）两类。遥耦合系统利用的是电子标签与读写器天线无功近场区之间的电感耦合（闭合磁路）所构成无接触的空间信息传输射频通道工作的。

远距离耦合系统的典型工作距离为 10m，个别系统具有更远的作用距离。所有的远距离耦合系统均是利用电子标签与读写器天线辐射远场区之间的电磁耦合（电磁波发射与反射）所构成无接触的空间信息传输射频通道工作的。

通常可根据观测点距天线的距离，将天线周围的电磁场区域划分为近场区和远场区。RFID 天线场区分布如图 1.1.28 所示，d 为观测点到天线的距离，λ为电磁波的波长。

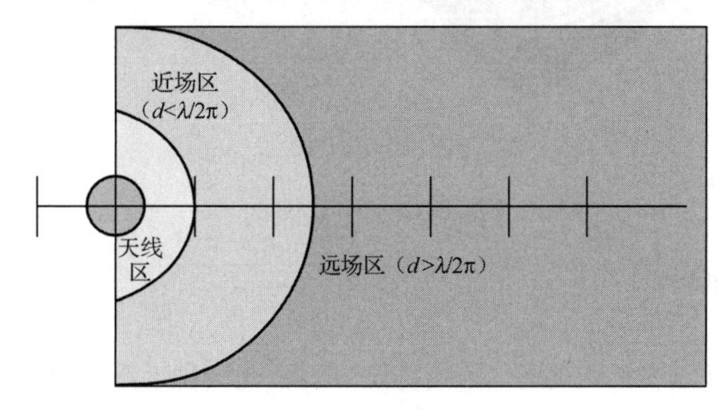

图 1.1.28 RFID 天线场区分布

④ 按工作方式分类。

射频识别系统的基本工作方式分为全双工（FD）和半双工（HD）系统及时序（SEQ）系统。全双工表示射频标签与读写器之间可在同一时刻互相传送信息；半双工表示射频标签与读写器之间可以双向传送信息，但在同一时刻只能向一个方向传送信息。

在全双工和半双工系统中，射频标签的响应是在读写器发出电磁场或电磁波的情况下发送出去的。因为与读写器本身的信号相比，射频标签的信号在接收天线上是很弱的，所以必须使用合适的传输方法，以便把射频标签的信号与读写器的信号区别开来。在实践中，对从射频标签到读写器的数据传输，一般采用负载反射调制技术将射频标签数据加载到反射回波上（尤其是无源射频标签系统）。

时序方法则与之相反，读写器辐射出的电磁场短时间周期性地断开，这些间隔被射频标签识别出来，并用于从射频标签到读写器的数据传输。其实，这是一种典型的雷达工作方式。时序方法的缺点是：在读写器发送间歇，射频标签的能量供应中断，必须通过装入足够大的辅助电容器或辅助电池进行补偿。

7. NFC 技术

近场通信（NFC）又称近距离无线通信，是一种短距离高频无线通信技术，允许电子设备之间进行非接触式点对点数据传输（在 10cm 内），主要用于手持设备的短距离数据通信，如图 1.1.29 所示。NFC 技术可以提供短距离无线连接，实现电子设备间的双向交互通信。NFC 由 RFID 演变而来，并向下兼容 RFID。NFC 与 RFID 看似相似，但其实有很多区别，因为 RFID 本质上属于识别技术，而 NFC 属于通信技术。

NFC 拉近生活的距离

图 1.1.29　NFC 技术

（1）NFC 技术的特点

① 安全性。

相比蓝牙或 WiFi 这些远距离通信连接协议，NFC 是一种近距离通信技术，设备必须靠得很近，从而提高数据传输过程的安全性。

② 连接快、功耗低。

连接速度更快，功耗更低，且支持无电读取。NFC 设备之间采取自动连接，不需要执行手动配置，只需晃动一下，就能迅速与可信设备建立连接。

③ 私密性好。

在可信的身份验证框架内，NFC 技术为设备之间的信息交换、数据共享提供安全保障。

（2）NFC 技术的业务应用模式

基于 NFC 技术的业务支持三种固定模式：卡模式、读卡器模式、点对点模式。

① 卡模式。

将 NFC 芯片安装到卡上，相当于一张采用 RFID 技术的 IC 卡，可以替代大量的 IC 卡，如商场刷卡、门禁卡、公交卡、车票等。此模式的优点是卡片通过非接触式读卡器的 RF 域来供电。卡模式如图 1.1.30 所示。

② 读卡器模式。

读卡器模式的 NFC 芯片作为非接触读卡器使用，可以从 NFC 标签上读取相关信息。读卡器模式的 NFC 手机可以从标签中采集数据资源，按照一定的应用需求完成信息处理功能，有些应用功能可以直接在本地完成。读卡器模式如图 1.1.31 所示。

图 1.1.30　卡模式

图 1.1.31　读卡器模式

③ 点对点模式。

这个模式下，任意两个具备 NFC 功能的设备都可以连接通信，实现点对点数据传输，只是传输距离较短，但传输创建速度较快，功耗低，可以实现电子名片交换、数据通信、蓝牙连接等功能。点对点模式如图 1.1.32 所示。

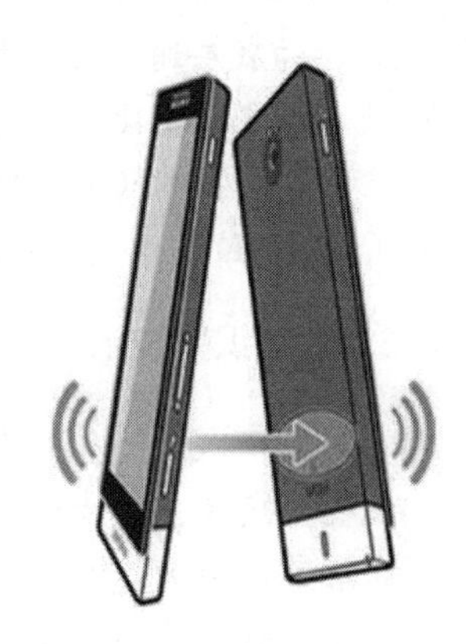
图 1.1.32　点对点模式

（3）NFC 技术的主要应用

NFC 是搭载在手机内部的一块芯片，其主要用来当作手机与其他设备交换数据的通道，比如可以作为电子门禁卡、公交卡，也可以实现移动支付。

① 手机移动支付领域。

手机移动支付是 NFC 最有前景的一项应用，消费者在购买商品时，采用 NFC 技术通过手机等设备即可完成支付，支付可在线下进行，不需要使用移动网络，使用 NFC 射频通道即可实现与 POS 机或自动售货机等设备的通信，是一种新兴的移动支付方式。

② 交通领域。

将城市交通卡的功能集成到 NFC 设备上，通过卡模式实现公交卡的功能，只需 NFC 设备触碰闸机口的读卡区域，即可自动打开闸机。

③ 防伪领域。

NFC 防伪技术突破了以往防伪技术的思路，采用了一种新的举措，使其具有难以伪造性、易于识别性、信息反馈性、密码唯一性、保密性及使用唯一性等特点。目前已在白酒、茶叶等产品中得到了广泛应用。使用具有 NFC 功能的手机靠近产品的 NFC 标签，即可显示出产品的一系列信息。

④ 广告领域。

NFC 标签因其可重复读写、可记录读取次数等特点，相比传统广告，在互动、读取数据、收集数据、广告效果等方面具有明显的优势。

【小知识】NFC 与 RFID 技术的区别

NFC 技术起源于 RFID，但是与 RFID 相比有一定的不同，主要包括以下方面。

① 工作频率。

NFC 的工作频率为 13.56MHz，而 RFID 有低频、高频（13.56MHz）及超高频。

② 工作距离。

NFC 的工作距离理论上为 0～20cm，但是在产品的实现上，由于采用了特殊功率抑制技术，使其工作距离只有 0～10cm，从而更好地保证业务的安全性。而 RFID 由于具有不同的频率，其工作距离为几厘米到几十米不等。

③ 工作模式。

NFC同时支持读写模式和卡模式。而在RFID中，读写器和非接触卡是独立的两个实体，不能切换。

④ 点对点通信。

NFC支持P2P模式，RFID不支持P2P模式。

⑤ 应用领域。

RFID多应用在生产、物流、跟踪和资产管理上，而NFC则应用在门禁、公交卡、手机支付等领域。

⑥ 标准协议。

NFC的底层通信协议兼容高频RFID的底层通信标准，即兼容ISO14443/ISO15693标准。NFC技术还定义了比较完整的上层协议，如LLCP、NDEF和RTD等。

综上，尽管NFC和RFID技术有区别，但是NFC技术，尤其是底层的通信技术，是完全兼容高频RFID技术的。因此在高频RFID的应用领域中，同样可以使用NFC技术。

8. 生物识别技术

（1）生物识别技术的概念

生物识别技术是一种利用数理统计方法对人类生物特征进行身份认证的技术，人类的生物特征通常具有唯一、可测量或可自动识别和验证、遗传或终身不变等特点。

生物识别技术的主要研究对象包括语音、人脸、指纹、掌纹、虹膜、视网膜、体形、个人习惯（包括敲击键盘的力度和频率、笔迹）等，与之相应的识别技术包括语音识别、人脸识别、指纹识别、掌纹识别、虹膜识别等，可以将生物识别技术分为生理特征和行为特征两大类。常见的生物识别技术如图1.1.33所示。

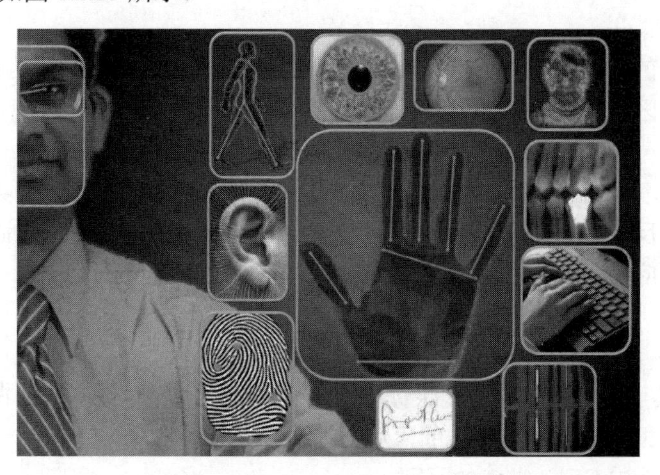

图1.1.33　常见的生物识别技术

生物识别技术的历史悠久，发展到现在包含了对各种不同人体生物特征的识别。从各种生物识别技术的出现顺序看，指纹识别是较早被人们发现并加以有效利用的，因此也获得较长时间的发展、演变。而人脸识别近年来则有着较快的发展，已成为产业发展中重要的一个分支，未来将拥有更广泛的应用前景。

生物识别的最小系统包含传感器、处理器和存储器3个部分。传感器是用户生物信息的采

集机构；处理器负责信息预处理、特征提取、特征训练、特征比对和特征识别；存储器负责特征提取和训练结果的存放。生物识别的工作过程包括用户注册和身份认证两个阶段，主要包含生物信息采集、信息预处理、特征提取、特征比对及特征识别，如图 1.1.34 所示。

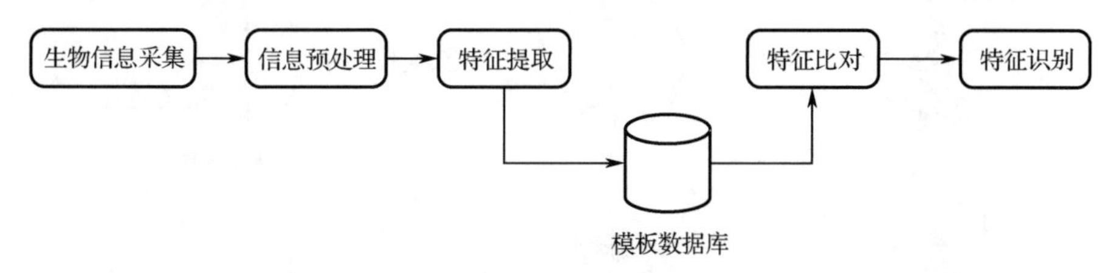

图 1.1.34 生物识别的工作过程

（2）指纹识别

指纹识别作为目前应用最广泛、技术最成熟、公众接受度最高的生物识别技术之一，其应用发展历史最为悠久。

指纹是指人的手指末端皮肤上的一些凹凸不平的乳突线，每个指纹都有几十个独一无二、可测量的特征点，而每个特征点有 5～7 个特征。因此，10 个手指指纹图像便至少可产生数千个独立可测量的特征，指纹图像的类型如图 1.1.35 所示。

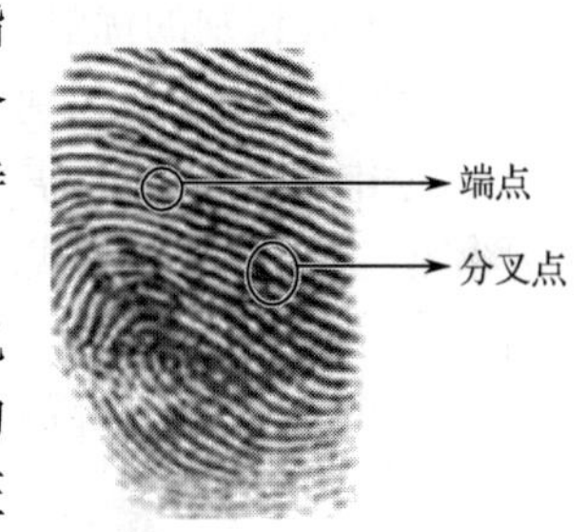

图 1.1.35 指纹图像的类型

指纹识别的过程：首先通过传感器，如最常见的光学传感器、电容传感器、超声传感器和射频传感器等获得指纹图像，接着对获得的指纹图像进行增强细化的处理得到更清晰的纹理，然后提取细节特征点，如脊线与谷线，最后和指纹库保存的指纹进行细节特征匹配，如图 1.1.36 所示。

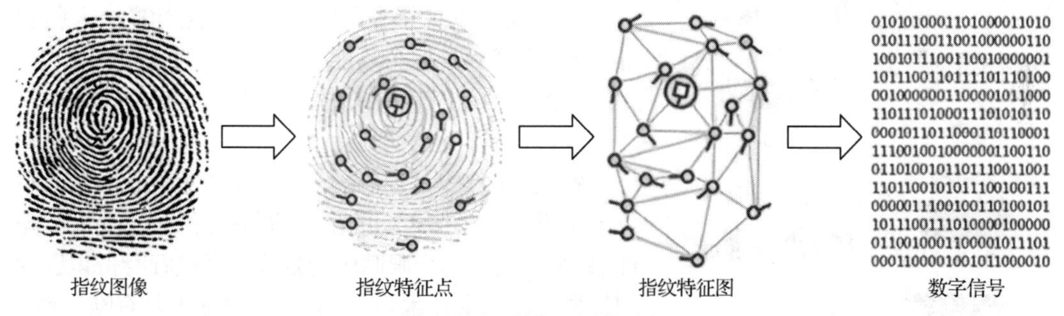

图 1.1.36 指纹识别的过程

我国第二代身份证便实现了指纹采集，且各大智能手机纷纷实现了指纹解锁功能。与其他生物识别技术相比，指纹识别早已经在消费电子、安防等产业中广泛应用，通过时间和实践的检验，技术方面也在不断革新。指纹识别技术虽然成熟，成本较低，使用广泛，但也可能被伪造。

（3）人脸识别

① 人脸识别的概念。

人脸识别是用照相机采集含有人脸的图像或视频流，并自动在图像中检测和跟踪人脸，进而对检测到的人脸进行匹配的一系列相关技术，通常也叫作人像识别、面部识别。

② 人脸识别的过程。

人脸识别系统需要先产生人脸的特征模板并存储在数据库中，这些模板将被用于与提交、比对的模板一一匹配，如果相似程度超过系统预先的设定值，系统就认为比对成功。人脸识别的过程如图 1.1.37 所示。

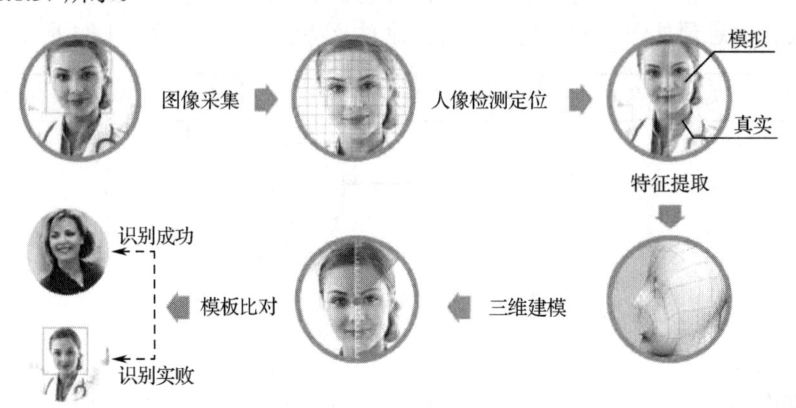

图 1.1.37　人脸识别的过程

③ 人脸识别的优势。

人脸识别和其他识别模式相比存在不少的优势。

非强制性。用户不需要专门配合人脸采集设备，几乎可以在无意识的状态下就可获取到人脸图像，这样的取样方式没有“强制性”，相比虹膜识别需要特定姿势，大大提高了人脸识别的便捷性。

非接触性。用户不需要和设备直接接触就能获取人脸图像，这和指纹识别需要接触才能实现的特点大不相同，指纹识别这种接触识别的方式在手上有汗渍或者油渍时经常会出现无法解锁的问题。

并发性。在实际应用场景下可以进行多个人脸的分拣、判断及识别。这个功能多应用在公共安全领域中，比如通过监控实现对目标人员的识别与追踪等。

（4）虹膜识别

虹膜是瞳孔与巩膜之间的环形可视部分，是人眼中位于角膜和晶状体之间的生物体，具有终生不变性和差异性。虹膜识别是基于眼睛中的虹膜特征进行身份识别的一种生物特征识别技术。虹膜作为身份标识具有唯一性、稳定性、非接触性和防伪性等优点，但虹膜识别也存在受识别距离限制及依赖光学设备等问题。经过 20 多年的深入研究，虹膜识别已日趋发展成熟，在小型化、微型化、距离识别、速度及成本等方面取得了较大突破。

虹膜识别是通过对比虹膜图像特征之间的相似性来确定人的身份的。虹膜识别技术的过程一般来说包括虹膜图像获取、图像预处理、特征提取和选择、特征匹配和识别四个步骤。虹膜识别的过程如图 1.1.38 所示。

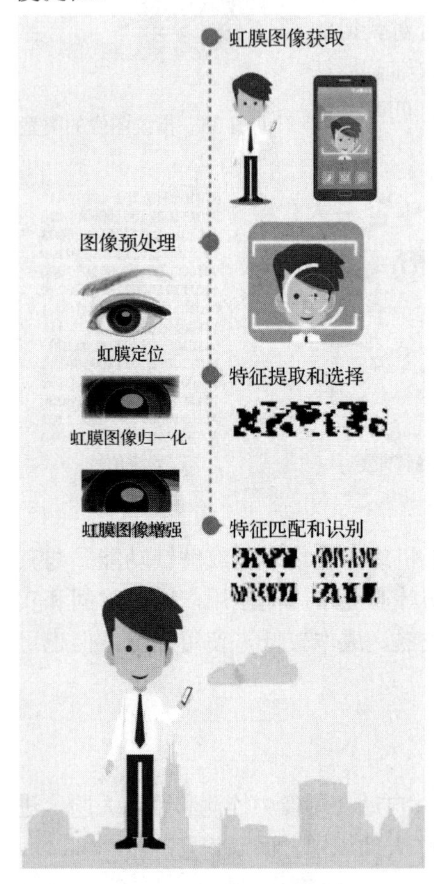

图 1.1.38　虹膜识别的过程

虹膜识别高度防伪，具有极强的生物活性，安全性居于首位，但采集虹膜时可能会产生图像畸变，而使其可

靠性降低。

（5）指静脉识别

① 指静脉识别的概念。

静脉识别是指基于静脉血管中的纹理特征进行身份识别的一种生物特征识别技术，主要包括指静脉识别和掌静脉识别。静脉识别一般有穿透和反射两种成像方式，其中指静脉识别通常使用穿透方式成像，掌静脉识别通常使用反射方式成像。指静脉成像图如图 1.1.39 所示。

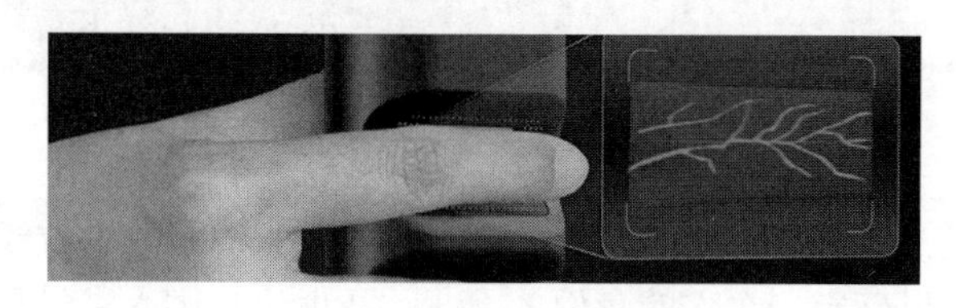

图 1.1.39　指静脉成像图

② 指静脉识别的工作原理。

指静脉是由血液流动构成的动态图像，指静脉识别是一种活体识别技术，主要依靠红外光照射手指取得血管纹路，靠血液流动形成一种活体密码，脱离人体后这种特征就会消失，很难被窃取。

指静脉识别的过程与其他生物识别技术类似，主要包括指静脉图像采集、预处理、特征提取、匹配等环节，识别过程如图 1.1.40 所示。

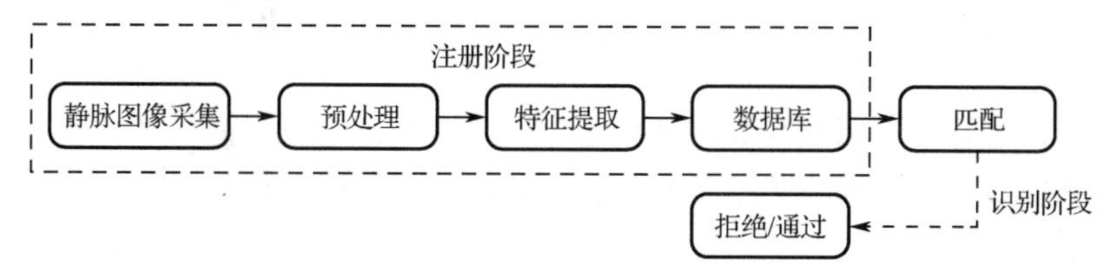

图 1.1.40　指静脉识别过程

指静脉识别高度防伪、简便易用、可快速识别且准确度高。但手指静脉可能随着年龄和生理的变化而发生变化，永久性尚未得到证实；仍然存在无法成功注册的可能；采集方式受自身特点的限制，产品难以小型化；对采集设备有特殊要求，设计相对复杂，制造成本高。

【小知识】指静脉识别与指纹识别的区别

与指纹识别相比，指静脉隐藏在身体内部，被复制或盗用的机会很小，使用者心理抗拒性低，受生理和环境因素的影响小，克服了皮肤干燥、油污、灰尘、皮肤表面异常等因素的影响，原始手指静脉影像从被捕获到数字化处理，整个过程不到 1s，使其在使用安全和便捷上远胜于指纹识别。

（6）掌纹识别

掌纹是指手指末端到手腕部分的手掌图像，其中很多特征可以用来进行身份识别，如主线、皱纹、细小的纹理、脊末梢、分叉点等。掌纹的形态由遗传基因控制，即使由于某种原因表皮剥落，新生的掌纹线仍保持原来的结构。掌纹识别也是一种非侵犯性的识别方法，用户比较容易接受，对采集设备要求不高，并且在低分辨率和低质量的图像中仍能够清晰辨认，掌纹图像如图 1.1.41 所示。

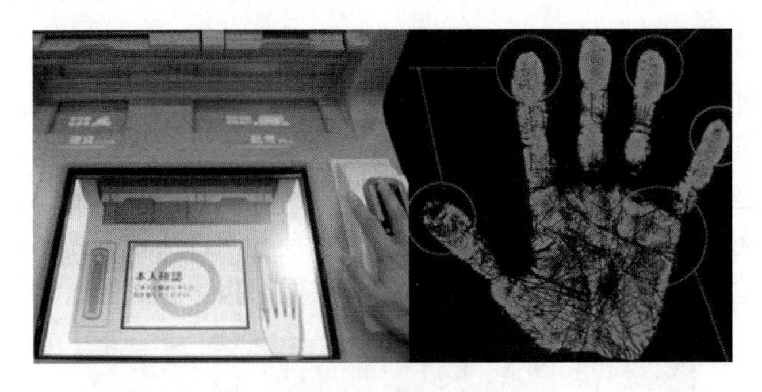

图 1.1.41　掌纹图像

掌纹中所包含的信息远比一枚指纹包含的信息丰富，利用掌纹的纹线特征、点特征、纹理特征、几何特征完全可以确定一个人的身份。因此，从理论上讲，掌纹具有比指纹更好的分辨性和更高的鉴别性，但用于掌纹识别的机器维护率高，磨损后易产生误差。

掌纹识别过程：首先对采集的掌纹训练样本进行预处理，然后进行特征提取，把提取的掌纹特征存入特征数据库中留待与被分类样本进行匹配。测试样本分类是指将获取的测试样本经过与训练样本相同的预处理、特征提取后，送入分类器中进行分类。

掌纹识别包括以下三步：掌纹图像采集、预处理以及特征提取。

① 掌纹图像采集。

掌纹图像采集的目的是利用某种数字设备把掌纹转换成可以用计算机处理的矩阵数据，一般采集的是二维灰度图像。

② 预处理。

预处理的目的是使所采集的掌纹图像方便进行后续处理，如去除噪声使图像更清晰，对输入测量引起或其他因素所造成的退化现象进行复原，并对图像进行归一化处理。

③ 特征提取。

经过预处理的信息数据往往十分庞大，因此需要对信息数据进行特征提取和选择，即用某种方法把数据从模式空间转换到特征子空间，使得在特征空间中，数据具有很好的区分能力。掌纹识别过程如图 1.1.42 所示。

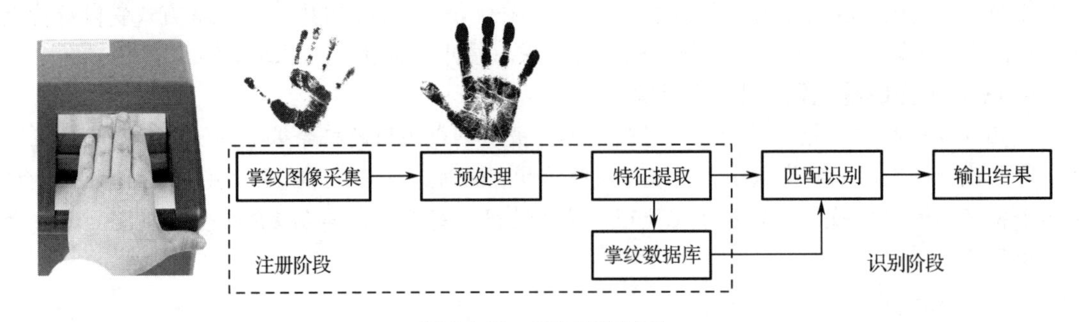

图 1.1.42　掌纹识别过程

（7）声纹识别

声纹是对语音中所蕴含的、能表征和标识人的语音特征的总称。声纹识别是根据待识别语音的声纹特征识别该段语音所对应的说话人的过程。声纹识别一般由训练（建模）和识别（认证）两个过程组成。声纹识别过程如图 1.1.43 所示。

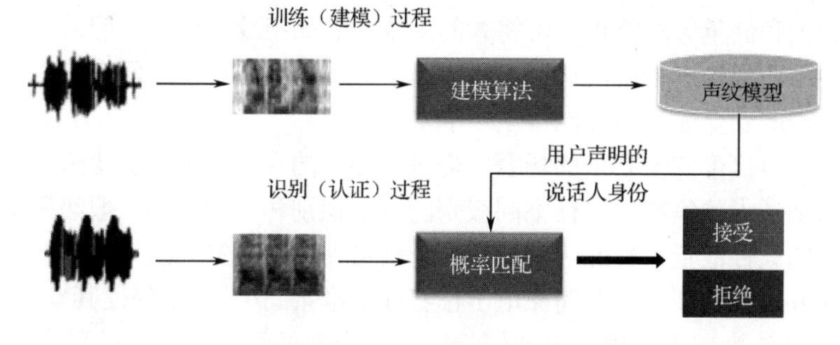

图 1.1.43 声纹识别过程

声纹识别易与语音识别等人机交互方式结合，从而获得良好的用户体验。声纹采集成本低、使用简单，适用于远程身份认证，语音信号的唯一性使得声纹识别容易预防假体攻击。但声纹识别易受到说话人身体状况、情感、语速等因素的影响，也易受到噪声和信道等因素的干扰。目前，声纹识别技术已支持对千万级以上容量的声纹库开展秒级检索识别。

【小知识】语音识别、声纹识别、语义识别的区别

声纹识别和语音识别在原理上相同，都是通过对采集到的语音信号进行分析和处理，提取相应的特征或建立相应的模型，然后据此做出判断。但二者的根本目的、提取的特征、建立的模型是不同的。

语音识别的目的：识别语音的内容，并通过计算机自动将人类的语音内容转换为相应的文字。

声纹识别的目的：识别说话人的身份。又称说话人识别，是生物识别技术的一种。

语义识别的目的：对语音识别出来的内容进行语义理解和纠正，如同声翻译。

1.1.4 自动识别技术的发展趋势

自动识别技术包含多个技术研究领域，由于这些技术都具有辨认或分类识别的特性，且工作过程大同小异，故而可构成一个技术体系，即自动识别技术体系。自动识别技术体系是各种技术发展到一定阶段的综合体，这也从侧面印证了现代科学正在由近代的“分析时代”向现代的“分析综合时代”转变。自动识别技术体系中各种技术的发展历程各不相同，但其共同点都是随着社会信息化进程的需求而发展起来的。

目前，自动识别技术发展很快，相关技术产品正向多功能、远距离、小型化、软硬件并举、高效传递、安全可靠、经济适用等方向发展，涌现了多种新型技术和设备。自动识别技术的应用也正在向纵深方向发展，面向企业信息化管理的深度定制集成是未来应用发展的趋势。随着人们对自动识别技术认识的加深，其应用领域的日益扩大、应用层次的提高以及我国市场巨大的增长潜力，为自动识别技术产业的发展带来了商机。

自动识别技术具有广阔的市场前景，面对各行业的信息化应用，自动识别技术将形成互补的局面，并将更广泛地应用于各行各业。

1. 多种识别技术的集成化应用

市场的需求往往是多样性的，而一种技术的优势往往只能满足某一方面。为满足市场需求，必然形成多种技术的综合集成应用。

例如，智能卡密码较容易被破译，会造成财产的损失。而新兴的生物特征识别技术与条码识别技术、射频识别技术集成，诞生了一种新的具有广泛生命力的交叉识别系统。利用二维条码、电子标签数据存储量大的特点，可将人的生物特征如指纹、虹膜、照片等信息存储在二维条码、电子标签中，现场进行脱机认证，既提高了效率，又节省了联网在线查询的成本，同时极大地提高了财产的安全性，更好地实现一卡多用功能。

又如，对一些有高度安全要求的场合，需进行必要的身份识别，防止未经授权的出入，此时可采用多种识别技术的集成，实行不同级别的身份识别和管理。如一般级别身份的识别可采用带有二维条码的证件检查，特殊级别身份的识别可使用在线签名的笔迹鉴定，绝密级别身份的识别则可运用虹膜识别技术（存储在电子标签或二维条码中），来保证其安全性。

条码识别技术作为成本低廉、方便快捷、技术成熟的识别方式，已形成了成熟的配套产品和产业链，条码识别技术仍将是人们在多个领域选用自动识别技术的首选。RFID 和 EPC 技术的出现及应用引起了人们对自动识别高新技术的关注和认识，从而进一步扩大了对自动识别方式和效率的需求。国内相关企业和专家正在研究 EPC 的编码技术与二维条码相结合的应用，将 EPC 代码存储到二维条码中，在不需要快速、多目标同时识读的条件下，完成单个产品的唯一标识和数据的携带，或将 EPC 编码存储于 RFID 电子标签中，实现高速度、远距离、多目标的同时识读。未来几年，EPC 将带动条码、电子标签市场的广泛应用和快速发展。

2. 自动识别技术与无线通信相结合

在大数据时代的背景下，行业和企业需要管理传输的数据量日趋庞大，并要求实现跨行业、跨平台的数据交换。结合现代通信技术和网络技术搭建的数据管理和增值服务通信平台，将成为行业、企业数据管理之间的桥梁和依托，并将形成政府和企业在信息化应用中的有关数据传输、通信可靠性以及网络差异性等一系列问题的快速解决方案。

3. 自动识别技术应用于智能控制

目前，自动识别技术的主要目的是取代人工录入数据和提供人工决策信息，用于进行“实时”控制的应用还未普及。但是，随着近年来市场对自动识别的需求越来越迫切，自动识别技术需要与人工智能技术紧密结合。目前，自动识别技术仅仅初步具有处理语法信息的能力，不能理解已识别出的信息意义。要真正实现智能化自动识别系统，就要求该系统不仅具备处理语法信息（涉及处理对象形式因素的信息部分）的能力，还必须具备处理语义信息（涉及处理对象含义因素的信息部分）和语用信息（涉及处理对象效用因素的信息部分）的能力，否则就谈不上对信息的理解，而只能停留在感知物体信息的水平上。因此，提高对信息的理解能力，从而提高自动识别系统处理语义信息和语用信息的能力，是自动识别技术向智能化发展的一个重要趋势。

4. 自动识别技术的融合和拓展

自动识别技术中的条码识别技术最早应用于零售业，此后不断向其他领域延伸和拓展。例如，目前条码识别技术的应用主要集中在物流运输、商品零售和工业制造这三个领域，并呈上升趋势。近年来，一些新兴的条码识别应用市场正在悄然兴起，如医疗、商业、服务业、金融等领域的条码应用每年均以较高的速度增长。

在条码的应用领域中，各国特别是发达国家把条码识别技术的发展重点倾向于生产自动化、交通运输现代化、金融贸易国际化、医疗卫生高效化、民生工程普及化、安全防盗防伪保密化等领域。

射频识别技术的应用领域正在迅速拓展。低频段 RFID 系统如电子防盗在商场、超市等已

得到了广泛应用；在远距离 RFID 系统应用方面，以 915MHz 为代表的 RFID 系统在机动车辆的自动识别方面得到了较好的应用。

推广和普及 RFID 技术在我国具有重大的意义。一方面，以出口为目的的制造业产品必须符品关于电子标签的强制性国际标准；另一方面，RFID 的技术优势使得人们有理由相信，该技术在物流、资产管理、制造业、安防和出入控制等诸多领域的应用将改变上述领域信息采集手段落后、信息传递不及时和管理效率低下的现状，并产生巨大的经济效益。

从应用发展的趋势来看，两大主流自动识别技术，即条码识别技术与射频识别技术，有相互融合发展的趋势（条码与 EPC 相结合）。

5. 自动识别技术标准体系日趋完善

近年来，条码识别技术作为信息自动采集的基本手段，在物流、产品追溯、供应链、电子商务等开放环境中得到了广泛应用。新厂商、新产品、新应用的不断涌现，对条码识别技术的标准化提出了更高更准确的要求。目前，企业的需求成为标准制定的动力，全球已形成标准化组织与企业共同制定国际条码识别技术标准的格局。近年来，国际标准化组织 ISO/IEC 的专业技术委员会发布了多个条码识别技术码制标准和应用标准。

无论国内还是国外，射频识别技术都是自动识别技术中最引人注目的。当前，射频识别技术的标准化工作在国际上正在逐步走向规范。国内在 RFID 方面的标准化工作也正走在合作开发的道路上，相关的产品已经有了协会标准，并公布实施。但从现状来看，标准的制定工作还远不能满足技术开发与市场应用的需求，相关标准体系的建立将是我国 RFID 产业发展面临的重大挑战。

【任务实施】

根据任务实施单，按照步骤及要求，完成任务。

任务实施单

项目名称	探索自动识别技术	
任务名称	自动识别技术辨识	
序　　号	实 施 步 骤	步 骤 说 明
1	查阅自动识别技术资料	通过中国自动识别网、中国自动识别技术协会、中国物品编码中心、中国条码技术与应用协会、RFID 世界网等查阅自动识别技术相关资料
2	绘制自动识别技术分类思维导图	（1）绘制自动识别技术分类思维导图，要求分类正确、图形美观； （2）召集团队成员审定分类思维导图，并进行修改、完善
3	自动识别技术综合比较、分析	（1）设计进行自动识别技术比较、分析所需表格； （2）组织团队成员进行研讨，填写比较、分析表格； （3）团队就自动识别技术综合比较、分析内容进行集中审定、完善
4	自动识别技术典型应用案例收集	收集并整理各类自动识别技术在生活中的典型应用案例

【任务工单】

根据任务描述，需要先厘清自动识别技术的具体种类及其工作原理，完成自动识别技术分类思维导图绘制，并通过查阅资料对其进行综合比较、分析，收集其应用案例。具体任务要求请参照下面的任务工单。

任务工单

项目	探索自动识别技术		
任务	自动识别技术辨识		
班级		小组	
团队成员			
得分			

（一）关键知识引导

1. 自动识别技术是应用一定的识别装置，通过被识别物品和识别装置之间的接近活动，自动获取被识别物品的相关信息，并提供给后台的计算机处理系统来完成相关后续处理的一种技术。

2. 完整的自动识别计算机管理系统包括自动识别系统、应用程序接口或者中间件和应用系统软件。

3. 自动识别技术具有多种分类方式，根据识别对象的特征可以分为两大类，数据采集技术和特征提取技术。

4. 按照应用领域和具体特征，自动识别技术分类如图 1.1.44 所示。

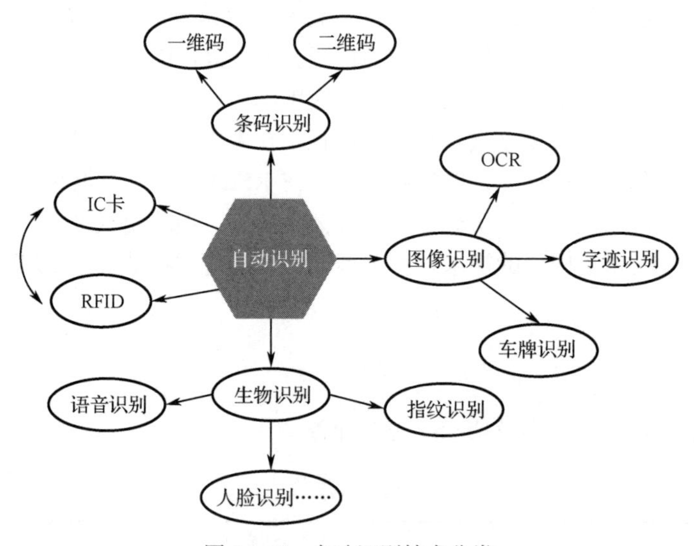

图 1.1.44　自动识别技术分类

（二）任务实施完成情况

步　骤	任 务 内 容	完 成 情 况
梳理自动识别技术工作原理	借助生活中的自动识别场景进行理解	
理解各类自动识别技术	（1）熟悉自动识别技术分类方式	
	（2）明确光、磁、电、无线、生物、图像识别分别对应的具体识别技术	
	（3）理解各类自动识别技术的工作原理	
绘制自动识别技术分类思维导图	借助思维导图工具进行绘制，并审定	
自动识别技术综合比较、分析	（1）从原理、特点、主要应用领域等方面设计综合比较、分析表格	
	（2）填写比较、分析表格，并审定	
自动识别技术典型应用案例收集	收集生活中各类自动识别技术的典型应用案例	

续表

（三）任务检查与评价

评价项目	评 价 内 容		配分	评 价 方 式		
				自我评价	互相评价	教师评价
方法能力（20分）	能够明确任务要求，掌握关键引导知识		5			
	能够准备好任务实施所需设备或资源		5			
	掌握任务实施步骤，制订实施计划，合理分配时间		5			
	能够正确分析任务实施过程中遇到的问题并及时协调解决		5			
专业能力（60分）	能够通过合理的途径查阅技术资料		10			
	自动识别技术分类思维导图正确、美观		15			
	自动识别技术比较、分析表格设计合理		10			
	自动识别技术综合分析正确、全面		15			
	自动识别技术应用案例具有代表性		10			
职业素养（20分）	安全操作与工作规范	规范使用计算机，不引入病毒	5			
		严格执行6S管理规范，积极主动完成工具和设备的整理	5			
	学习态度	认真参与教学活动，课堂上积极互动	3			
		严格遵守学习纪律，按时出勤	3			
	合作与展示	小组之间交流顺畅，合作成功	2			
		语言表达能力强，能够正确陈述基本情况	2			
合　计			100			

（四）任务自我总结

任务实施过程中遇到的问题	解 决 方 式

【任务拓展】

1．自动识别技术与自动化有什么区别？
2．自动识别技术与传感器技术有何区别与联系？
3．光学字符识别技术与图像识别技术有何区别？
4．一套完整的RFID系统由哪些部分组成？
5．有源电子标签、无源电子标签在与读写器进行通信时，有什么区别？
6．IC卡与磁卡相比较，有哪些优点？
7．射频识别技术与IC卡识别技术有什么区别与联系？
8．请根据自动识别技术的分类，绘制思维导图。

任务 1.2　自动识别技术类职业岗位需求调研

【任务描述与要求】

任务描述：作为自动识别技术的学习者和未来的从业者，在学习各类自动识别技术的基础上，以各类自动识别技术产业链为引导，完成相关企业自动识别技术类职业岗位需求的调研，有助于尽早进行职业规划，树立学习信心。

任务要求：

- 能够根据自动识别技术产业链查询相关企业岗位设置情况；
- 采用恰当的途径对相关岗位需求情况进行调研；
- 能够对调研信息进行有效梳理，编制岗位需求调研报告。

【任务资讯】

1.2.1　自动识别技术产业链

1．条码识别技术产业链

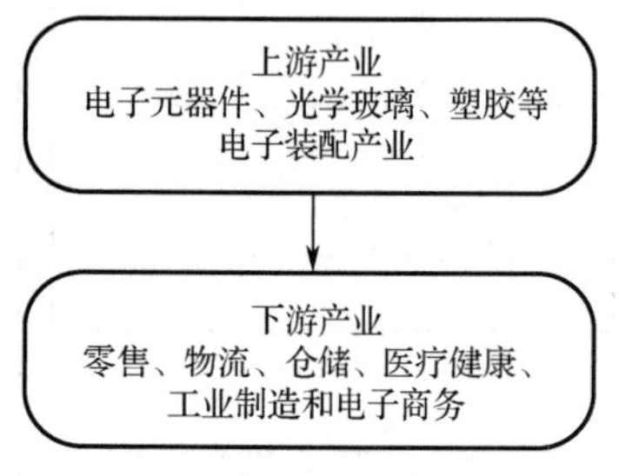

图 1.2.1　条码识别技术产业链

条码识别技术产业的上游产业主要为电子元器件、光学玻璃、塑胶等电子装配产业。下游产业主要包括零售、物流、仓储、医疗健康、工业制造及电子商务等条码技术的终端应用领域，其产业链如图 1.2.1 所示。

由于条码识别技术涉及光学设计技术、芯片设计技术、软件开发技术、通信技术、计算机技术等，具有较高的技术门槛，而霍尼韦尔、得利捷、康耐视等大型跨国企业在条码识别领域发展多年，在技术储备、产品研发和品牌影响力等方面优势明显，是国际条码识读设备领域的领先企业。

2．二维码产业链

二维码产业链主要涉及码制研究、二维码生成、识读及应用，产业链如图 1.2.2 所示。

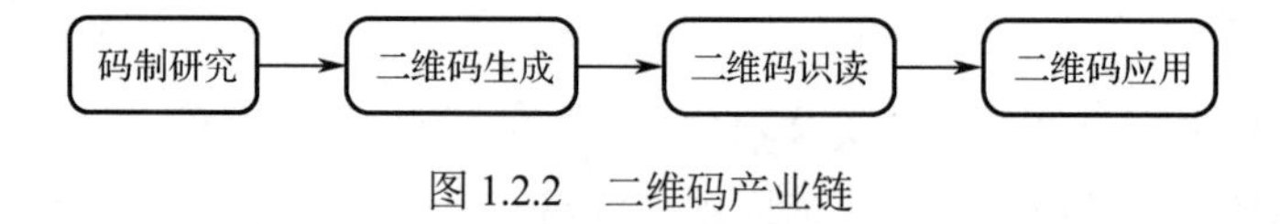

图 1.2.2　二维码产业链

目前全球已研制出多种二维码，比如日本 Denso 公司的 QR 码，美国 SYMBOL 公司的 PDF417 码，我国自主研制的汉信码、龙贝码等。

可生成二维码的厂家很多，除通用的草料二维码外，还有 Label mx、BarTender 等。

二维码识读主要涉及霍尼韦尔、得利捷等国外厂商，国内的厂商有新大陆、基恩士等。

3．图像识别技术产业链

图像识别属于人工智能产业的一个具体领域，其产业链是与人工智能的结构层级对应的。

上游是技术支撑层的硬件提供商，主要为图像识别提供高清摄像头、芯片以及传感器，来进行数据之间的传送；中游是技术应用层的图像识别软件商，在某一具体领域提供技术和应用的平台；下游是方案集成层的解决方案提供商和维修保养等服务。

图像识别技术产业链如图 1.2.3 所示。

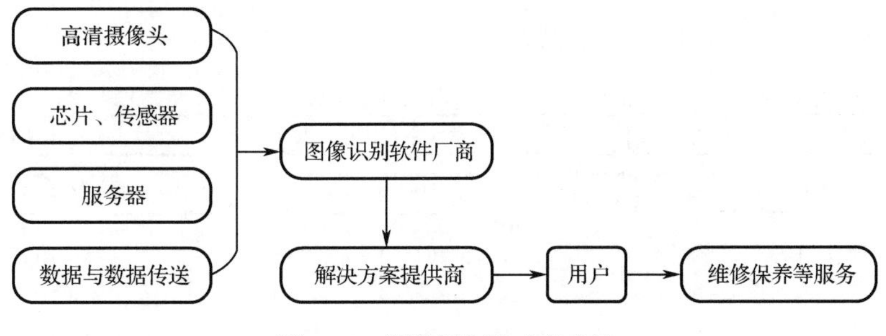

图 1.2.3　图像识别技术产业链

从产业链上游分析，硬件是图像识别行业的重要组成部分。国内有部分企业涉足高性能图像传感器的生产，比如图漾科技和海康威视。

图漾科技：图漾科技的核心产品是深度摄像头，其在技术上采用“双目+结构光”的方案，可以将现实的物理世界经过处理转化为 3D 信息和模型，在此基础上，又可以延伸出更多的应用，比如环境感知、建模以及配合算法进行行为识别等。具体的应用场景包括 VR/AR、工业检测、人机交互、体感娱乐、智能安防、机器人视觉等。

海康威视：作为监控硬件巨头，海康威视也推出了工业相机产品——工业立体相机和工业面阵相机。这两款相机作为机器视觉领域的核心产品，主要应用于智能产品和智能装备，给机器人、自动化设备装上视觉系统，使机器具备感知和自主判断思考的能力。工业立体相机除了能够提供色彩图像数据，还能够提供深度信息数据，利用深度信息数据可以对物体进行三维建模，实现物体的三维感知。工业面阵相机能够实时输出高清数字图像，满足复杂严苛的工业应用环境和质量标准要求，可与运动控制、智能处理系统等结合，助力现代化工厂高效生产、柔性制造。

目前，除了部分硬件厂商，图像识别行业的大部分企业集中在技术应用层和方案集成层，也就是处于产业链的中下游。其具体的应用场景涵盖了人脸识别、物体与场景识别、视频对象提取与分析等。这部分企业主要以创业公司为主，大多处在快速发展期。企业以自己掌握的相关算法为核心，提供软件或软硬件一体化的产品。

4．OCR 技术产业链

早期受限于技术发展水平，OCR 厂商通常从特定应用切入，如车牌识别等，形成了一系列专用设备。近年来，越来越多的终端设备及应用均嵌入了 OCR 技术，并逐渐形成了从基础设施、基础能力到终端的完整产业链生态，也衍生出了卡证、票据等一系列细分 OCR 能力，通过组合的方式服务于各个行业。OCR 技术产业生态如图 1.2.4 所示。

在各行各业数字化转型的浪潮中，OCR 技术逐渐“下沉”为一项基本的功能，为上层不同的业务应用提供底层技术支撑。以腾讯、阿里、华为、百度等为代表的国内科技巨头和云计算厂商，研发了各类在线或离线 OCR 技术产品服务于自身业务，同时也对外开放服务。

① 标准化场景下文字识别相对成熟。

标准化场景下 OCR 应用相对成熟，主要包括名片、身份证、护照、港澳通行证、驾驶证、行驶证、银行卡等卡证的识别，以及增值税发票、银行票据、营业执照等票据的识别。由于这一类应用场景下获取的图像较为规整，且文字内容格式化程度高，因此在金融、政务等领域已经得到广泛应用。

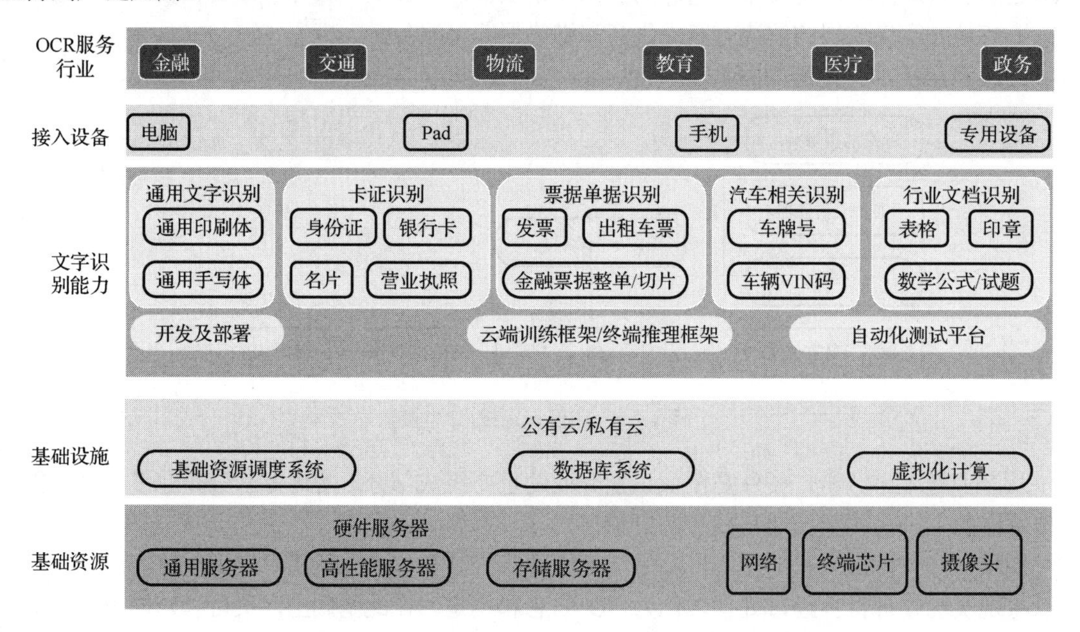

图 1.2.4　OCR 技术产业生态

② 手写文字识别应用范围逐步扩大。

由于不同人手写的文字之间存在广泛的差异，且相比印刷体通常存在文字黏连问题，提升手写文字的识别能力依然具有一定挑战。近年来，手写文字的识别能力逐步提升，在教育、物流等行业的应用不断扩大。例如在教育行业，手写文字识别能帮助机器识别学生作业，辅助教师进行标准答案比对；在物流行业，手写文字识别能够帮助实现手写运单的自动识别。

③ 复杂场景下文字识别开始探索。

目前，虽然特定场景下的 OCR 技术已经相对成熟，但是随着 OCR 应用领域的不断拓展，通用 OCR 技术成为业界研究的重点。一方面追求自适应识别不同的图片以及图片上的文字，如在银行、财务等相关业务场景下自动识别各类证照卡票；另一方面追求在不同光照、不同拍摄角度等方面识别的性能，如无人摄像机对拍摄内容的自适应识别。

5．IC 卡识别技术产业链

经过多年的发展，我国已建立了较为完整的 IC 卡产业链。根据目前智能卡产业的运作情况，其上游行业主要包括芯片设计与制造、卡基材料、智能卡制造和发行设备、智能卡读写终端制造等；下游行业则为智能卡应用行业及各部门，应用于银行、电信、社保、交通、安全证件、教育、居民健康等领域。IC 卡产业链如图 1.2.5 所示。

6．RFID 技术产业链

前瞻产业研究院的资料显示，国内在电子标签及读写器、系统集成方面具有较大优势，企业数量较多，重点企业有远望谷、中兴通信、上海秀派、航天信息、深圳先施、坤锐电子等。芯片设计封装、软件/中间商方面，重点企业有 NXP、TI、IBM、SAP 等。RFID 产业链重点企业如表 1.2.1 所示。

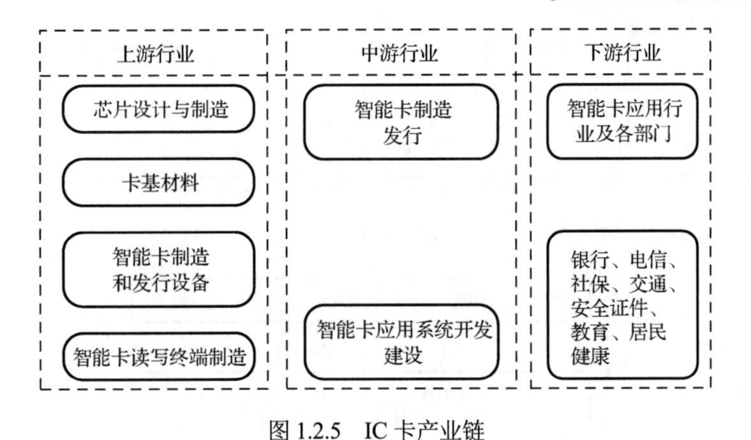

图 1.2.5　IC 卡产业链

表 1.2.1　RFID 产业链重点企业

产　品	代 表 厂 商
芯片设计封装	NXP、TI、Alien、同方国芯、华虹电子等
电子标签及读写器	低、高频领域企业有上百家，超高频领域企业有远望谷、上海秀派、深圳先施、坤锐电子等
软件/中间商	IBM、SAP、甲骨文等
系统集成	远望谷、中兴通讯、航天信息、阿法迪、北京维深、同方智能等

（资料来源：前瞻产业研究院，安信证券研究中心）

从应用上来看，国内企业已涉足 RFID 众多领域，包括智慧物流及仓储、零售业、铁路交通、图书馆、服装、身份识别等。各领域均有重点企业，未来行业将可能面临激烈的竞争，各企业要注重打造特色产品，避免同质化。RFID 细分领域竞争格局如表 1.2.2 所示。

表 1.2.2　RFID 细分领域竞争格局

细 分 领 域	代 表 厂 商
智慧物流及仓储	远望谷、中瑞思创、新大陆、达华智能、万达信息、华宁软件
零售业	中瑞思创、远望谷
铁路交通	远望谷
图书馆	远望谷、阿法迪
服装行业	信达物联
身份识别	方卡科技
公共事业	航天信息、东信和平

综合来看，一套 RFID 方案需要芯片设计、读写器、天线、标签、支架或机柜、应用软件、软件集成服务等多方面，其产业链划分极细，每个环节的厂商非常多。RFID 技术产业链如图 1.2.6 所示。

芯片设计与制造处于产业链最上游，是 RFID 的核心技术所在。RFID 芯片包括标签芯片和读写器芯片。标签芯片集成了除标签天线以外的所有电路，由射频前端、模拟前端、数字基带和存储器单元等模块组成。行业对于芯片的要求为轻、薄、小、稳定性高和价格低。未来，功耗低、距离远、读写速度快、可靠性和安全性高，并且持续降低成本是其发展方向。国内 RFID 厂商需要进一步提升芯片的稳定性并改良生产工艺。国内在芯片设计与制造领域的重点企业有复旦微电子、江苏芯云科技等。国外 RFID 芯片厂商主要有 Alien、NXP、赛普拉斯、Atmel 等。

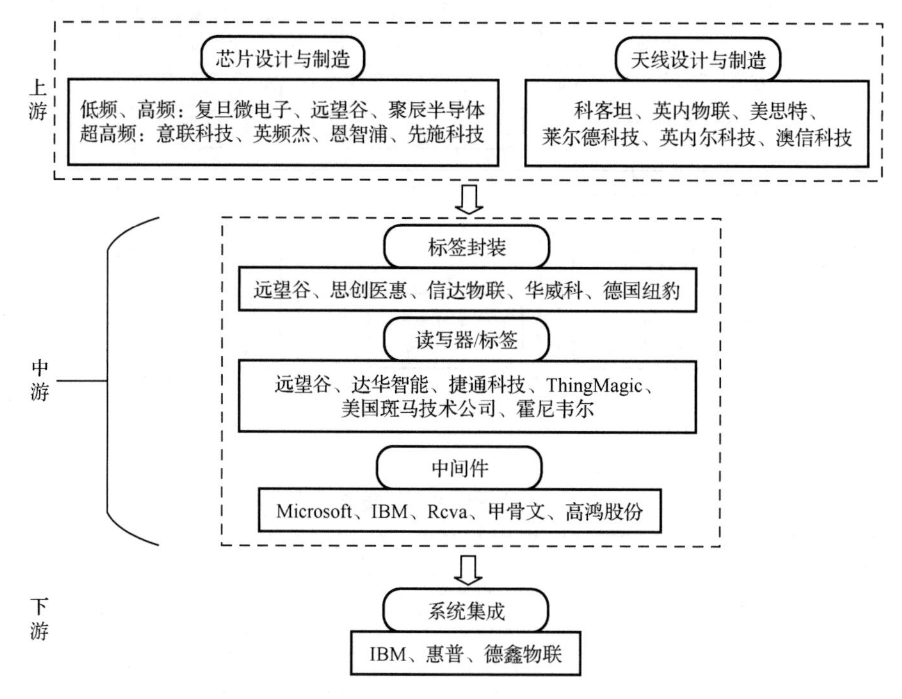

图 1.2.6 RFID 技术产业链

天线是信号传输的重要载体，在产业链上游。RFID 天线分为标签天线和读写器天线。标签天线负责获取能量，读写器天线负责发射能量。RFID 天线最重要的功能是传输最大的能量进出标签芯片，因此，天线与标签芯片之间的匹配问题非常重要。从技术角度来看，适用不同领域的天线体积要求不同，天线信号传输能力要强，与芯片匹配度要好。国内生产天线的重点企业有英内尔科技和澳信科技。

标签封装处于产业链的中游，封装是指将芯片粘在天线上，经过一系列工序后制成电子标签或智能卡。我国大部分 RFID 厂商处于标签封装行业，国内厂商已经熟练掌握了低频、高频标签的封装技术，但在超高频封装技术方面仍需加强。目前，国内标签封装的重点企业包括远望谷、思创医惠等。

读写器的设计与制造也处于产业链中游。RFID 读写器从射频频率上分为低频读写器、高频读写器、超高频读写器、双频读写器等。目前较为常见的主要为超高频读写器，其应用于仓储物流管理、资产管理、图书管理、交通管理、服装管理、零售行业、生产线自动化、人员管理等领域。市面上较为常见的超高频读写器主要有分体式固定读写器、一体式固定读写器、AGV 小车读写器、工业嵌入式读写器、桌面发卡器、便携式手持读写器等。生产 RFID 读写器的国际知名企业有 HSM、美国斑马技术公司、ThingMagic 等，国内企业中远望谷、德生科技、中兴智联等逐步占领市场。

RFID 中间件是 RFID 标签和应用程序之间的中间角色，在软件端使用中间件可提供一组通用的应用程序接口，即能连接到读写器，读取与改写 RFID 数据。该应用系统包含用于监视和维护 RFID 系统的工具，其可以提高 RFID 项目的开发进度，使系统在更短时间内投入使用，可以整合不同型号 RFID 的数据，提升 RFID 的灵活性，还可以过滤无效的射频数据。

系统集成处于产业链下游，是 RFID 产业化、规模化、标准化的关键。目前国内系统集成商众多，其中德鑫物联规模最大，国外知名厂商有 IBM 和惠普等。

7. NFC 产业链

NFC 产业链主要包括内容提供商、终端制造商、设备制造商、电信运营商、应用机构，NFC 产业链如图 1.2.7 所示。

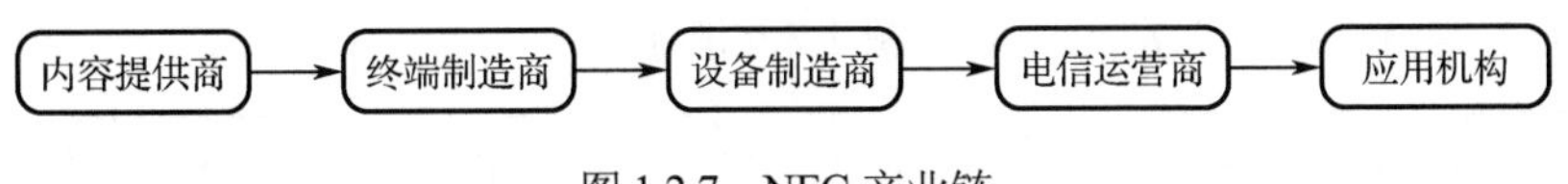

图 1.2.7 NFC 产业链

内容提供商：NFC 内容提供商为移动用户提供所需服务，使其可以访问海报、杂志中的数字内容。此外，NFC 内容提供商还为电信运营商提供增值内容，使其增值业务平台能够为用户提供可供查询的商业信息。

终端制造商：芯片厂商提供 NFC 芯片及相关接口附件，终端制造商在此基础上研发、制造 NFC 手机，之后出售给用户或电信运营商。在技术和市场需求的双重推动下，NFC 手机具备了越来越多的功能。目前 NFC 芯片的国际厂商包括 NXP、英飞凌、ST、瑞萨、高通、联发科等，国内厂商有华虹、同方微电子、复旦微电子、大唐电信等；NFC 天线的主要国际供应商有 TDK、村田等，国内厂商有顺络电子、信维通信、硕贝德、瑞声科技等。

设备制造商：地铁、公交和电影院等场所安装的专用 NFC 手机支付识读设备由 NFC 设备制造商提供，如深圳西莫罗科技、东莞心意通电子、华为、苹果、小米、三星等。

电信运营商：为用户提供移动网络，实现身份鉴定、空中充值及手机搜索等功能。

应用机构：主要指一些和电信运营商合作的金融机构，与电信运营商共同商讨共赢的商业模式，并参与到业务发展中。

8. 生物识别产业链

生物识别产业链分为上游的基础器件、基础硬件、基础软件，中游的模组、算法、识别系统，下游的识别产品、解决方案。生物识别产业链如图 1.2.8 所示。

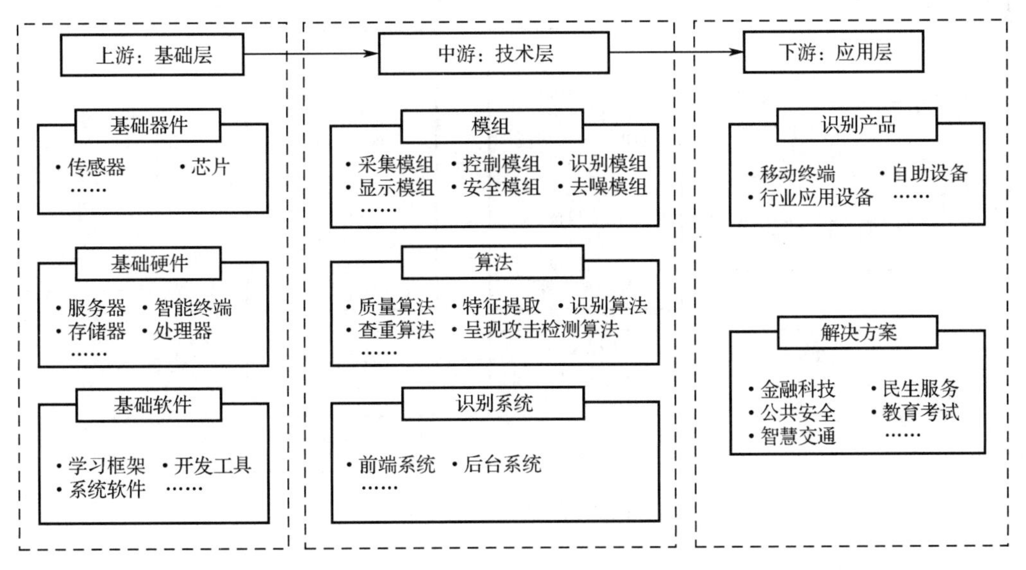

图 1.2.8 生物识别产业链

（1）指纹识别产业链

指纹识别是一项复杂的系统工程，整个产业链可以分成模组和应用两大部分，下游的应用厂商又可分为面向个人消费的，如手机厂商和门锁厂商等；面向商业用户的系统方案商，即结合指纹识别搭建系统级应用。而模组产业链由芯片设计、制造、封测、组装和零部件（盖板、金属环等）环节构成。指纹识别产业链如图 1.2.9 所示。

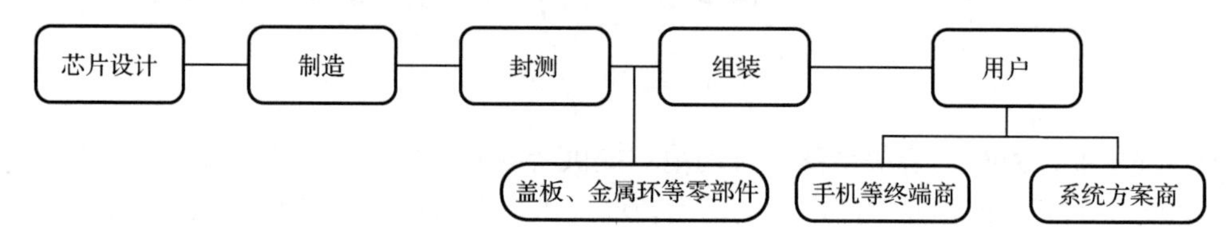

图 1.2.9　指纹识别产业链

（2）人脸识别产业链

人脸识别产业的上游是硬件基础，包括高清摄像头、芯片（CPU、GPU、TPU）/传感器、服务器、数据与视频传送设备。在摄像头方面海康威视、大华股份等企业的产品较为先进；芯片方面英伟达、英特尔和 AMD 等国际巨头占据领先地位；而在服务器、数据与视频传送设备方面，我国华为、阿里等厂商发展迅速。

产业链中游主要是人脸识别算法和软件服务，在算法和软件方面我国腾讯、百度、旷视科技、云从科技、商汤科技等企业已处在全球领先地位；软硬件集成方面安防巨头海康威视、大华股份、汉王科技、川大智胜等企业之间的竞争较为激烈。

下游主要为人脸识别在各领域的应用。

人脸识别产业链如图 1.2.10 所示。

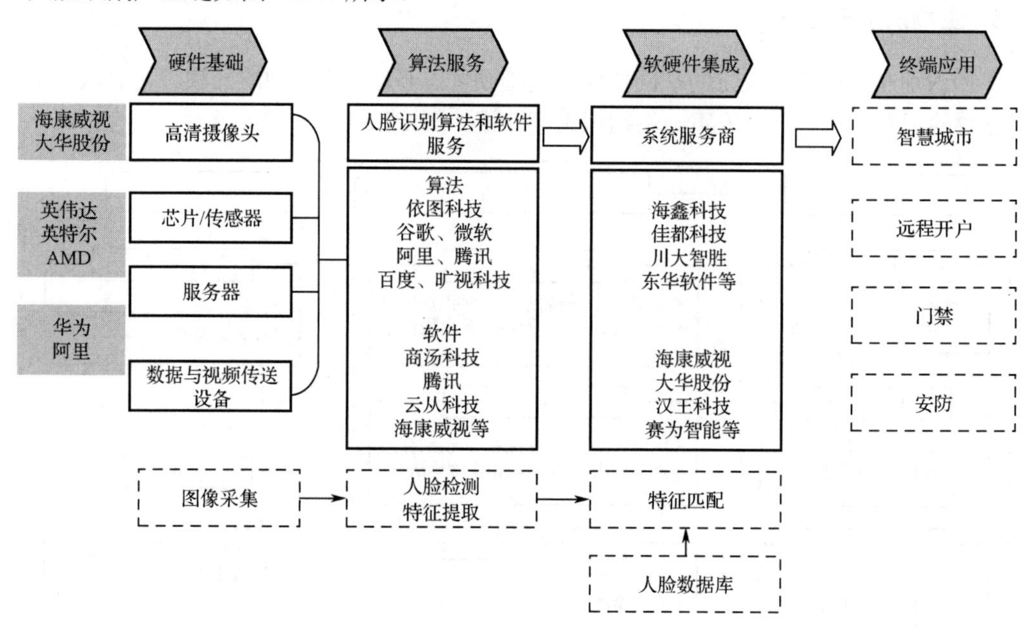

图 1.2.10　人脸识别产业链

（3）虹膜识别产业链

虹膜识别产业链由红外摄像机、红外 LED、虹膜识别算法、镜头模组组装和系统集成方案构成，技术难度主要体现在算法和系统集成方案上。

在虹膜识别领域，算法和软件起着至关重要的作用，原因在于虹膜识别最大的难度在于信息采集和比对的准确性，这很大程度上取决于自身算法的先进程度。目前该领域的国内公司包括聚虹光电、中科虹霸、释码大华、武汉虹识、思源科安、天诚盛业等，其中聚虹光电与中科虹霸的产品较为领先，尤其是聚虹光电近年来发展迅速。虹膜识别产业链如图 1.2.11 所示。

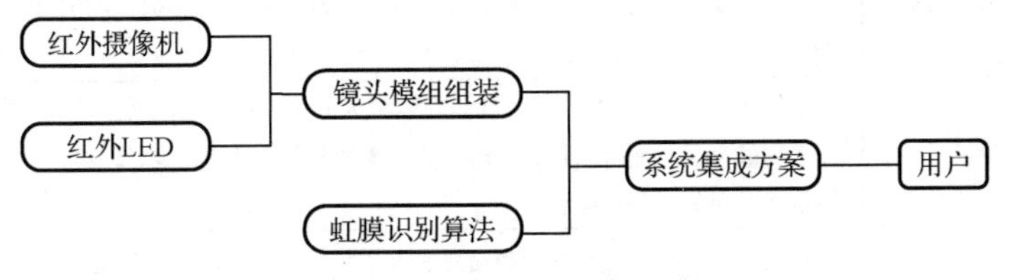

图 1.2.11　虹膜识别产业链

（4）语音识别产业链

语音识别市场已形成了包括上游的基础设施制造（芯片、传感器、算力）、中游的技术研究及服务（语音合成、语音识别、语义理解等）以及下游的众多行业应用（智能家居、客户服务、智慧教育等）的完整产业链结构，如图 1.2.12 所示。

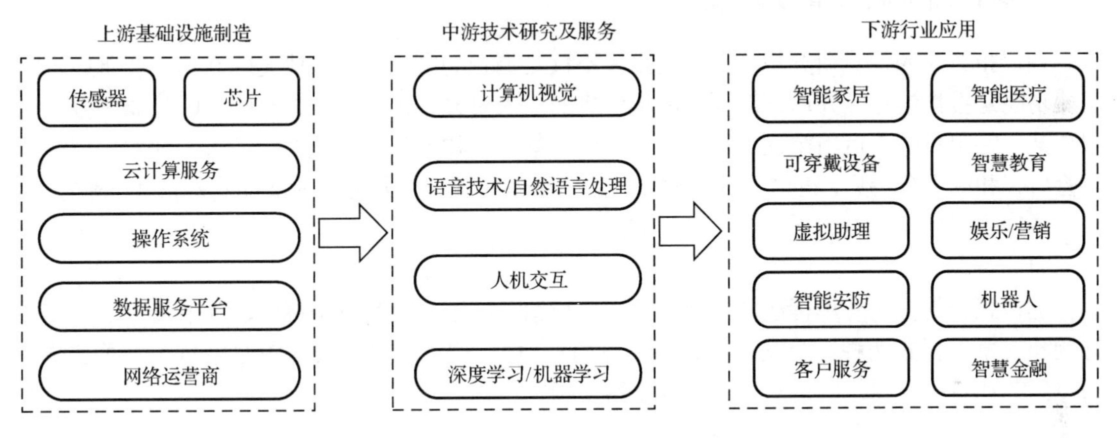

图 1.2.12　语音识别产业链

1.2.2　职业岗位需求调研途径

当今社会，人们求职的途径非常多。据调查，网络招聘和现场招聘会两种渠道占招聘会总量的 80%以上。现场招聘会包括校园招聘会和人才市场招聘会，再细分包括企业专场招聘会、行业人才招聘会、区域人才招聘会等，各有各的特点。网络招聘包括专业的招聘网站和企业官网，可通过网络渠道投递简历，但等待时间较长，也可能没有反馈信息。在本次职业岗位需求调研活动中，可以将现场招聘会与网络招聘结合起来，获取更多的岗位需求信息。

据统计，目前常见的专业招聘网站如表 1.2.3 所示。

表 1.2.3　目前常见的专业招聘网站

序　号	招 聘 网 站	简　介
1	前程无忧	国内第一个集多种媒介资源优势的专业人力资源服务机构
2	智联招聘	面向大型公司和快速发展的中小企业，提供一站式专业人力资源服务
3	新华英才网	国内最早、最专业的人才招聘网站之一

续表

序　号	招聘网站	简　介
4	中国人才热线	深圳西部人力资源市场创造和培育的国内最早的人才网站之一
5	应届生求职网	国内最早、最专业的大学生招聘网站之一，为大学生提供全方位的求职服务，提供最全、最新、最准确的校园宣讲、全职招聘、兼职实习、知名企业校园招聘、现场招聘会等信息，并为大学生提供针对性的求职就业指导
6	赶集网	赶集网成立于 2005 年，是我国目前最大的分类信息门户网站之一，为用户提供房屋租售、二手物品买卖、招聘求职、车辆买卖、宠物票务、教育培训、同城活动及交友、团购等众多本地生活及商务服务类信息
7	58 同城	定位于本地社区及免费分类信息服务，帮助人们解决生活和工作中所遇到的难题
8	中国国家人才网	人力资源和社会保障部全国人才流动中心主办的全国唯一一家国家级政府所属人才招聘网站，是中国最具权威性的人力资源专业门户网站之一
9	拉勾招聘	专为拥有 3～10 年工作经验的资深互联网从业者提供工作机会的招聘网站
10	智通人才网	一家集招聘外包、猎头咨询、教育培训三大服务体系于一体的全国大型连锁企业

1.2.3　岗位需求调研报告编制方法

调研报告又叫调查研究报告，调研报告不仅是调查的产物，更是研究的产物。调研报告的主要功能是搜集信息，并通过对调查所得信息的深入研究，提出一定的见解。因此调研报告是根据某一特定目的，运用辩证唯物论的观点，对某一事物或某一问题进行深入、细致、周密的调查研究和综合分析后，将这些调查和分析的结果系统地、如实地整理成书面文字的一种文体。

调研报告包括标题、导语、正文、结尾。

（1）标题

调研报告的标题有单标题和双标题两类。所谓单标题，就是一个标题，其中又包括公文式标题和文章式标题两种。公文式标题由“事由+文种”构成；文章式标题即标明作者通过调查所得到的观点的标题。所谓双标题，就是两个标题，即一个正题、一个副题。

（2）导语

导语又称引言。它是调研报告的前言，简洁明了地介绍有关调查的情况，或提出全文的引子，为正文写作做好铺垫。常见的导语有：①简介式导语。对调查的课题、对象、时间、地点、方式、经过等做简明的介绍；②概括式导语。对调研报告的内容（包括课题、对象、调查内容、调查结果和分析的结论等）做概括的说明；③交代式导语。对课题产生的由来做简明的介绍和说明。

（3）正文

正文是调研报告的主体。它对调查得来的事实和有关材料进行叙述，对所做出的分析进行综合议论，对调查研究的结果和结论进行说明。正文的结构有不同的框架。①根据逻辑关系安排材料的框架有：纵式结构、横式结构、纵横式结构，这三种结构中，纵横式结构常为人们采用。②按照内容表达的层次组成的框架有：“情况—成果—问题—建议”式结构，多用于反映基本情况的调研报告；“成果—具体做法—经验”式结构，多用于介绍经验的调研报告；“问题—原因—意见或建议”式结构，多用于揭露问题的调研报告；“事件过程—事件性质结论—处理意见”式结构，多用于揭示案件是非的调研报告。

（4）结尾

结尾的内容大多是调查者对问题的看法和建议，这是分析问题和解决问题的必然结果。调

研报告的结尾方式主要有补充式、深化式、建议式、激发式等。

在开展调研活动前，应明确调研的途径与方法，针对何种自动识别技术的岗位进行需求调研，收集完调研信息后，进行梳理、归纳，形成需求调研报告，报告模板如下：

自动识别技术类职业岗位需求调研报告

一、调研背景

（一）调研对象

（二）调研时间

（三）调研方式（招聘网站、招聘企业、调查问卷、访谈等）

（四）调研目的

（五）调研内容

（六）调研意义

二、调研基本信息

（一）调研企业基本信息

（二）调研企业岗位及需求信息

三、调研结果分析

（一）同类技术岗位设置情况

（二）同类岗位任职资格与岗位职责

（三）同类岗位需求数量

四、调研结论

（一）调研结果的有效性

（二）调研结果的参考性

【任务实施】

根据任务实施单，按照步骤及要求，完成任务。

任务实施单

项目名称	探索自动识别技术	
任务名称	自动识别技术类职业岗位需求调研	
序　号	实 施 步 骤	步 骤 说 明
1	熟悉各类自动识别技术的产业链	熟悉各类自动识别技术产业链上下游间的关系
2	收集产业链上企业及岗位设置情况	按照产业链挖掘各环节对应的企业，并查询系列企业所设相同或相近岗位，完成岗位任职资格、岗位职责归纳
3	对口岗位的需求调研	通过招聘会、企业官网或招聘网站，针对对口岗位进行需求调研
4	撰写岗位需求调研报告	针对收集的信息进行整理，组织团队成员进行研讨，按照调研报告的格式，合作完成编写

【任务工单】

根据任务描述，需要根据自动识别技术产业链对相关岗位进行需求调研，具体任务要求请参照下面的任务工单。

任务工单

<table>
<tr><td>项目</td><td colspan="3">探索自动识别技术</td></tr>
<tr><td>任务</td><td colspan="3">自动识别技术类职业岗位需求调研</td></tr>
<tr><td>班级</td><td></td><td>小组</td><td></td></tr>
<tr><td>团队成员</td><td colspan="3"></td></tr>
<tr><td>得分</td><td colspan="3"></td></tr>
</table>

（一）关键知识引导

1. 产业链是产业经济学中的一个概念，是各个产业部门之间基于一定的技术经济关联，并依据特定的逻辑关系和时空布局关系客观形成的链条式关联关系形态。

2. 产业链中存在着大量上下游关系和相互价值的交换，上游环节向下游环节输送产品或服务，下游环节向上游环节反馈信息。

3. 网络招聘和现场招聘会两种渠道占招聘会总量的80%以上，这给岗位需求调研指明了方向。

4. 调研报告又叫调查研究报告。调研报告的主要功能是搜集信息，并通过对调查所得信息的深入研究，提出一定的见解。调研报告的结构包括标题、导语、正文、结尾。

（二）任务实施完成情况

<table>
<tr><th>步　骤</th><th>任 务 内 容</th><th>完 成 情 况</th></tr>
<tr><td>熟悉各类自动识别技术的产业链</td><td>按照自动识别技术的类别，分别梳理产业链上下游关系</td><td></td></tr>
<tr><td rowspan="2">收集产业链上企业及岗位设置情况</td><td>收集产业链上各环节相关企业及岗位名称</td><td></td></tr>
<tr><td>对同类岗位的任职资格、岗位职责进行归纳、整合</td><td></td></tr>
<tr><td rowspan="2">对口岗位的需求调研</td><td>通过招聘会收集岗位需求信息</td><td></td></tr>
<tr><td>通过招聘网站、企业官网收集岗位需求信息</td><td></td></tr>
<tr><td rowspan="3">撰写岗位需求调研报告</td><td>岗位需求信息统计</td><td></td></tr>
<tr><td>分析、研讨岗位需求情况</td><td></td></tr>
<tr><td>编写岗位需求调研报告</td><td></td></tr>
</table>

（三）任务检查与评价

<table>
<tr><th rowspan="2">评价项目</th><th rowspan="2" colspan="2">评 价 内 容</th><th rowspan="2">配分</th><th colspan="3">评 价 方 式</th></tr>
<tr><th>自我评价</th><th>互相评价</th><th>教师评价</th></tr>
<tr><td rowspan="4">方法能力（20分）</td><td colspan="2">能够明确任务要求，掌握关键引导知识</td><td>5</td><td rowspan="4"></td><td rowspan="4"></td><td rowspan="4"></td></tr>
<tr><td colspan="2">能够正确清点、整理任务设备或资源</td><td>5</td></tr>
<tr><td colspan="2">掌握任务实施步骤，制订实施计划，合理分配时间</td><td>5</td></tr>
<tr><td colspan="2">能够正确分析任务实施过程中遇到的问题，给出有效的解决方案</td><td>5</td></tr>
<tr><td rowspan="4">专业能力（60分）</td><td colspan="2">能够梳理产业链上相关企业岗位</td><td>15</td><td rowspan="4"></td><td rowspan="4"></td><td rowspan="4"></td></tr>
<tr><td colspan="2">能够对同类岗位任职资格、岗位职责进行归纳</td><td>15</td></tr>
<tr><td colspan="2">能够筛选对口岗位进行需求调研</td><td>15</td></tr>
<tr><td colspan="2">能够规范编制需求调研报告</td><td>15</td></tr>
<tr><td rowspan="6">职业素养（20分）</td><td rowspan="2">安全操作与工作规范</td><td>规范使用计算机，不引入病毒</td><td>5</td><td rowspan="6"></td><td rowspan="6"></td><td rowspan="6"></td></tr>
<tr><td>严格执行6S管理规范，积极主动完成工具和设备的整理</td><td>5</td></tr>
<tr><td rowspan="2">学习态度</td><td>认真参与教学活动，课堂上积极互动</td><td>3</td></tr>
<tr><td>严格遵守学习纪律，按时出勤</td><td>3</td></tr>
<tr><td rowspan="2">合作与展示</td><td>小组之间交流顺畅，合作成功</td><td>2</td></tr>
<tr><td>语言表达能力强，能够正确陈述基本情况</td><td>2</td></tr>
<tr><td colspan="3">合　计</td><td>100</td><td></td><td></td><td></td></tr>
</table>

续表

（四）任务自我总结

任务实施过程中遇到的问题	解决方式

【任务拓展】

1．IC 卡、RFID、NFC 三种技术的产业链有什么相同点？

2．根据所调研的自动识别技术类岗位任职资格，结合所掌握的知识、技能，分析自身存在的差距，并制定弥补方案。

项目 2　条码技术在供应链管理中的应用

【职业能力目标】

为实现供应链管理自动化，应能根据国家标准中的商品码、店内码、储运包装商品条码的相关规定，借助条码生成软件、条码识别设备、条码管理系统，完成商品条码的识读及应用。具体包括根据编码原理辨识一维和二维条码的类型和码制，解析条码信息，按照生成规则并结合应用领域编写全球贸易项目代码、储运包装商品条码、系列货运包装箱代码，完成条码生成、标签制作工作。在工作任务中，培养学生查阅技术标准文件、有效沟通、团队协作等能力，并养成自觉尊重知识产权、求真务实的科学素养和精益求精的工匠精神。

【引导案例】

1986 年，中国粮油进出口总公司经销的罐头在某国销售时，因没有在产品上印刷商品条码而无法进入超市销售。外商要求中国粮油进出口总公司在其罐头上印刷条码，但当时我国尚未加入国际物品编码协会，还没有将国际标准条码技术引入中国。为了顺利出口，中国粮油进出口总公司不得不向该国编码组织支付 3.8 万马克的一次性费用，用以申请注册该国的商品条码。商品条码没有标准可循成为我国开展国际贸易的壁垒，严重影响了我国经济发展速度。

1988 年 12 月 28 日，经国务院批准，国家技术监督局成立了“中国物品编码中心”。该中心的任务是研究、推广条码技术，统一组织、开发、协调、管理我国的条码工作。商品条码技术从此在中国飞速发展起来。商品条码技术的应用如图 2.0.1 所示。商品条码技术对我国贸易发展、经济繁荣起着至关重要的作用。

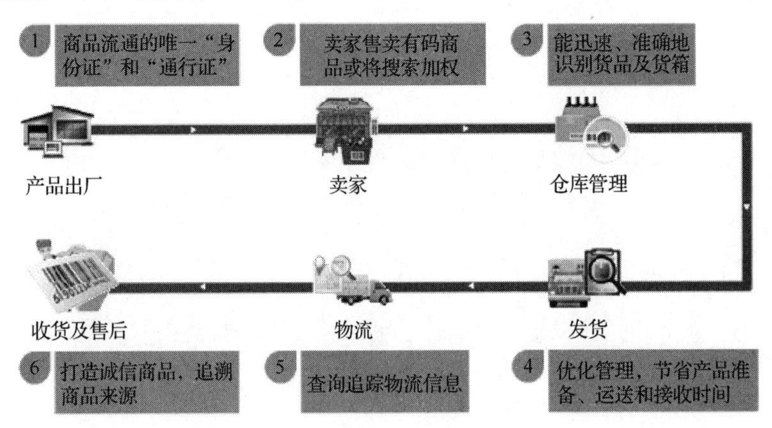

图 2.0.1　商品条码技术的应用

商品条码技术应用于社会生活的方方面面。在供应链管理中，条码技术的应用主要有以下方面。

（1）物料管理

通过将物料编码、打印条码标签，可以在生产管理中实现对物料的单件跟踪，建立完整的

产品档案；可以对仓库进行基本的进、销、存管理；通过产品编码，还可以建立物料质量检验档案，产生质量检验报告，以及与采购订单挂钩建立对供应商的评价体系。条码技术不仅便于物料跟踪管理，而且有助于做到合理的物料库存储备，提高生产效率，有利于企业资金的合理运用，物料管理如图 2.0.2 所示。

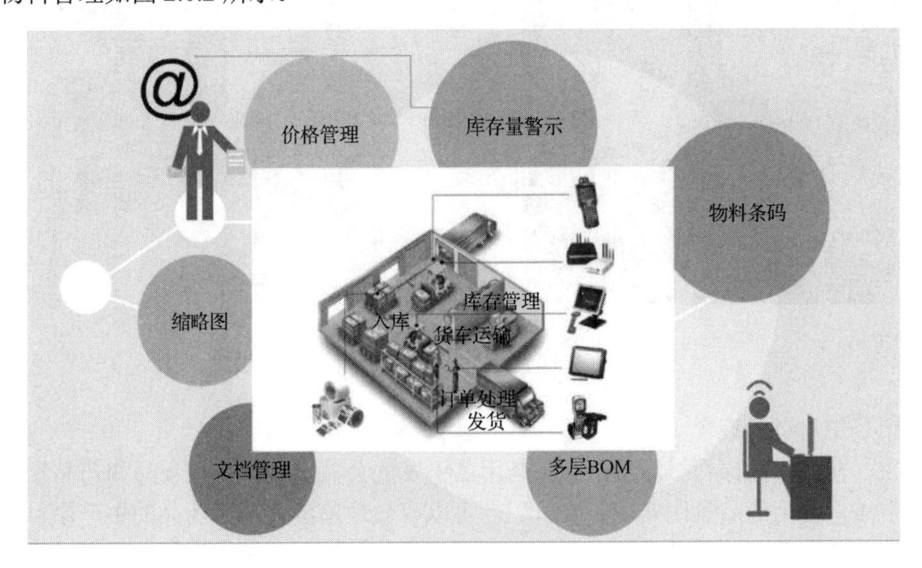

图 2.0.2　物料管理

（2）生产管理

条码生产管理是产品条码应用的基础，通过建立产品识别码，在生产中应用产品识别码监控生产，采集生产测试和质量检查数据，进行产品完工检查，建立产品档案，有序地安排生产计划，监控生产及流向，提高产品下线合格率，如图 2.0.3 所示。

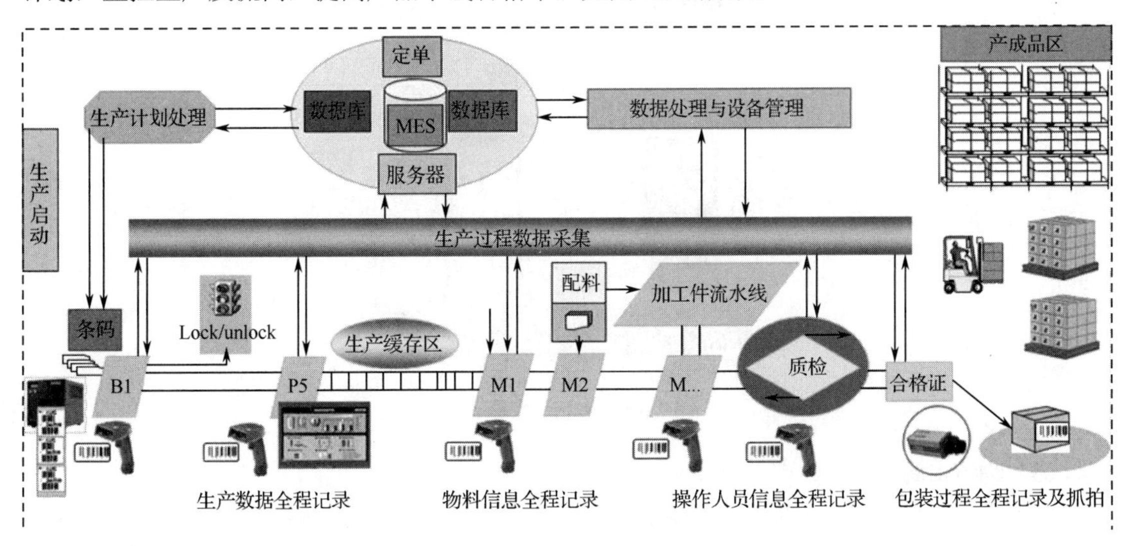

图 2.0.3　生产管理

（3）仓库管理

仓库管理是条码技术比较成熟并广泛应用的领域。数据采集系统采用条码识别技术作为数据输入手段，在进行每一项产品或原料操作（如到货清点、入库、盘点）的同时，系统自动对相关数据进行处理，能够及时发现出入库的货物单件差错（入库重号、出库无货），并且提供差错处理，为下一步操作（如财务管理、出库）做好数据准备，无停顿运行，如图 2.0.4 所示。

图 2.0.4　仓库管理

（4）市场销售链管理

近年来，非法食品原料、添加剂和医药用品引发的公共安全事件使食品和药品安全成为人们的关注重点，使用商品条码实现一物一码，可以有效地追溯食品、药品的生产原料和生产过程。使用商品条码还可以跟踪向批发商销售的产品单件信息，通过在销售、配送过程中采集产品的单品条码信息，根据产品单件标识条码记录产品销售过程，完成产品销售链跟踪，如图 2.0.5 所示。

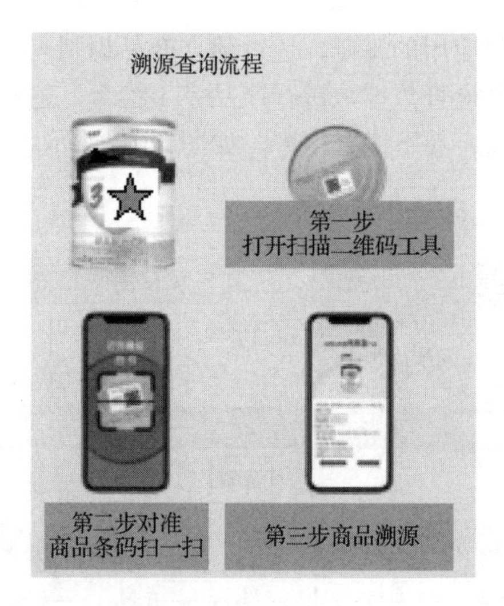

图 2.0.5　市场销售链管理

（5）物流追踪

物流条码是供应链中用以标识物流领域中具体实物的一种特殊代码，是整个供应链，包括生产厂家、配销业、运输业、消费者等环节共享的数据，如图 2.0.6 所示。其贯穿整个贸易过程，并通过物流条码数据的采集、反馈，提高整个物流系统的经济效益。

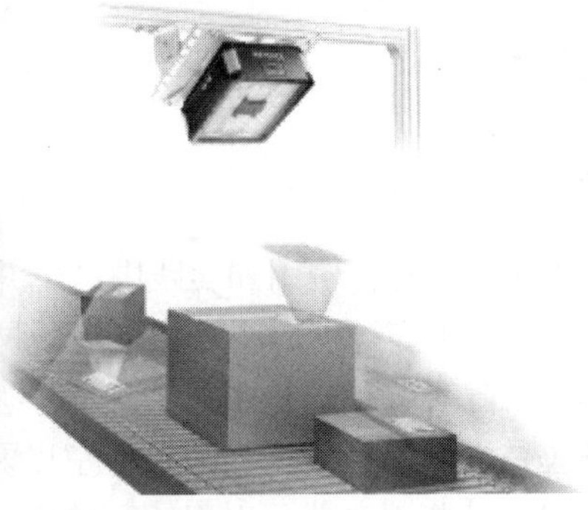

图 2.0.6　物流追踪

（6）产品售后跟踪服务——产品防伪溯源

根据产品标识码建立产品生产、销售档案，通过扫描产品上的条码即可查询与之相关的详细信息，为产品防伪溯源及售后服务提供更加便捷的渠道，如图 2.0.7 所示。

图 2.0.7　产品售后跟踪服务——产品防伪溯源

任务 2.1　条码技术的认知

【任务描述与要求】

任务描述：在商品供应链管理中，需要借助条码技术，依靠自动识别设备和系统，实现数据的快速录入和及时共享。本次任务需要初步了解一维条码技术，通过对生活中常见一维条码的学习，能根据一维条码标准文件，掌握一维条码的编码原理，能根据条码特点辨识常用一维条码的码制并阐述其对应的应用领域。

任务要求：

- 收集生活中不同类型的一维条码，存储条码图片；
- 根据一维条码的编码原理，将收集的一维条码进行分类；
- 归纳各种一维条码的特点，辨识收集的一维条码的码制；
- 选择恰当的软件生成（还原）所收集的一维条码，验证所辨识码制的正确性；
- 将一维条码的码制辨识方法绘制成图表。

【任务资讯】

2.1.1　一维条码的概念

条码技术是在计算机应用和实践中产生并发展起来的，广泛应用于商业、邮政、图书管理、物流、仓储、工业生产过程控制等领域的一种自动识别技术，具有输入速度快、准确度高、成本低等优点，在自动识别技术中占有重要的地位。

一维条码是由一组规则排列的条、空以及对应的字符组成的标记，“条”指对光线反射率较低的部分，“空”指对光线反射率较高的部分，这些条和空组成的图形表达一定的信息，并能够用特定的设备识读，转换成与计算机兼容的二进制和十进制信息。通常对于每一种物品来说，其编码是唯一的。对于普通的一维条码来说，还要通过数据库建立条码与商品信息的对应关系，当将条码数据传到计算机上时，由计算机上的应用程序对数据进行操作和处理。因此，普通的一维条码在使用过程中仅作为识别信息，它的意义是通过在计算机系统的数据库中提取相应的信息而实现的。常用的一维条码的码制包括：EAN 码、39 码、交叉 25 码、UPC 码、Code 128 码、93 码、ISBN 码及 Codabar（库德巴）码等，如图 2.1.1 所示。

图 2.1.1　常用一维条码的码制示意图

2.1.2　一维条码的编码原理

条形码中的奥秘

1. 一维条码的结构

条码信息靠条和空的不同宽度和位置来传递，信息量的大小是由条码的宽度和印刷的精度来决定的，条码越宽，包容的条和空越多，信息量越大；条码印刷的精度越高，单位长度内可以容纳的条和空越多，传递的信息量也就越大。这种条码技术只能在一个方向上通过条和空的排列组合来存储信息，所以称为一维条码。一维条码的结构如图 2.1.2 所示。

一维条码中的结构术语可做如下解释：

- 条：条码中反射率较低的部分，印刷时通常呈深色；
- 空：条码中反射率较高的部分，印刷时通常呈浅色；
- 空白区：条码两端与空颜色相似的部分；
- 起始符：位于条码起始位置的特定的条与空；
- 终止符：位于条码终止位置的特定的条与空；
- 数据符：表示特定信息的符号；
- 校验符：用于提供校验信息的符号。

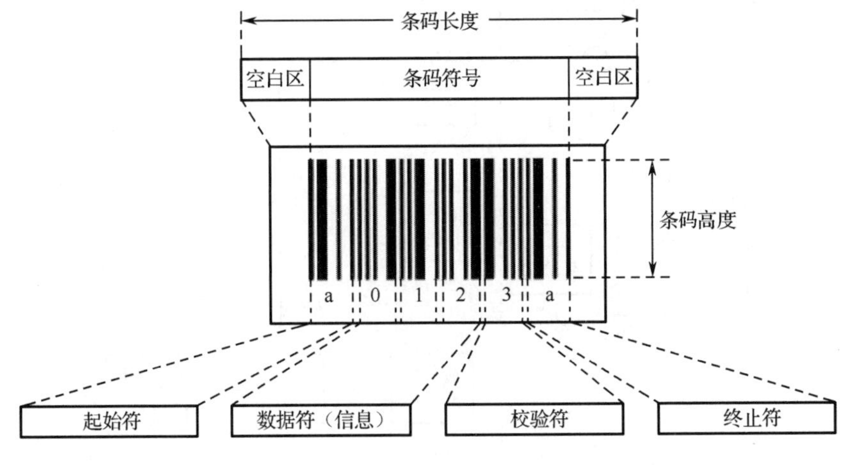

图 2.1.2 一维条码的结构

2. 一维条码的编码原理

一维条码的编码方式通常有两种：模块组合和宽度调节。

（1）模块组合

模块是指条码中最窄的条或空，模块的宽度通常以 mm 或 mil（千分之一英寸）为单位。模块组合是指条码中的条与空由标准宽度的模块组合而成，如图 2.1.3 所示。一个标准宽度的“条”表示二进制的“1”；而一个标准宽度的“空”表示二进制的“0”。例如，EAN-13 和 EAN-8 码就是模块组合编码，在 EAN 码中一个模块的宽度为 0.33mm。

（2）宽度调节

宽度调节是指条码中条与空的宽度设置是不同的，用宽单元表示二进制的“1”，用窄单元表示二进制的“0”，宽窄单元一般控制在 2～3 个。例如 Code 39 码，由 5 个条和将其分开的 4 个空构成，无论条和空，都是宽的表示 1，窄的表示 0，以此构成九位二进制编码，如图 2.1.4 所示。

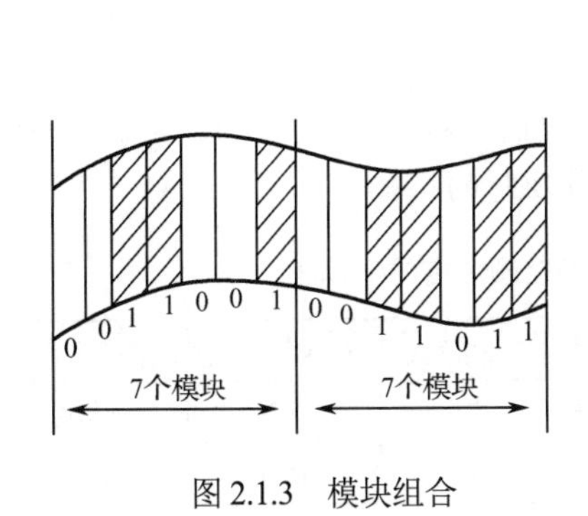

图 2.1.3 模块组合

0 0 1 0 1

0 0 0 0

图 2.1.4 宽度调节

2.1.3 一维条码的识读原理

条码符号是图形化的编码符号，对条码的识读需要借助专用设备，将条码中的编码信息转换为计算机可识别的二进制代码。条码识读系统是由条码扫描器、放大整形电路、译码接口电路和计算机系统等组成的，如图 2.1.5 所示。

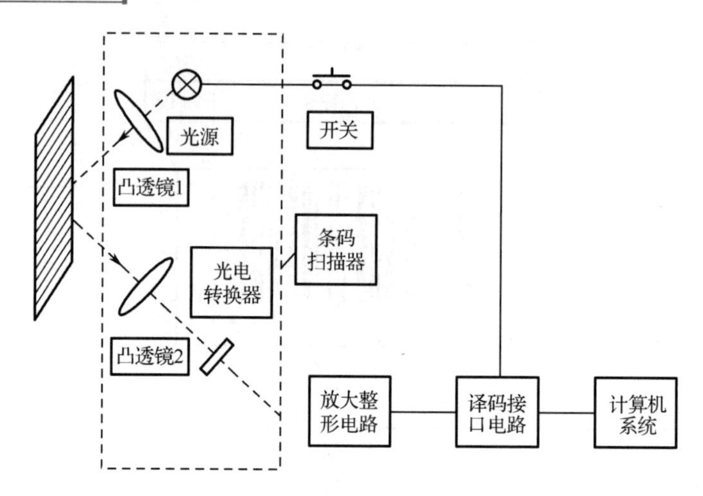

图 2.1.5　条码识读系统的组成

由于不同颜色的物体，其反射的可见光的波长不同，白色物体能反射各种波长的可见光，黑色物体则吸收各种波长的可见光，所以当条码扫描器光源发出的光经凸透镜 1 后，照射到黑白相间的条码上，反射光经凸透镜 2 聚焦后，照射到光电转换器上，于是光电转换器接收到与白条和黑条相应的强弱不同的反射光信号，并转换成相应的电信号输出到放大整形电路。白条、黑条的宽度不同，相应的电信号持续时间也不同。但是，由光电转换器输出的与条码的条和空相应的电信号一般仅为 10mV 左右，不能直接使用，因而要先将光电转换器输出的电信号送放大器放大。放大后的电信号仍然是一个模拟电信号，为了避免由条码中的疵点和污点导致错误信号，在放大电路后需加一个整形电路，把模拟电信号转换成数字电信号，以便计算机系统准确判读。

脉冲数字信号经译码器译成数字、字符信息，可通过识别起始、终止符来判别条码符号的码制及扫描方向；通过测量脉冲数字电信号 0、1 的数目来判别条和空的数目；通过测量 0、1 电信号持续的时间来判别条和空的宽度。这样便得到了条码符号的条和空的数目、相应的宽度和所用码制，根据码制所对应的编码规则，便可将条码符号换成相应的数字、字符信息，通过接口电路送给计算机系统进行数据处理与管理，便完成了条码辨读的全过程。

【小知识】条码符号条空颜色搭配

条空颜色搭配是指条码中条色与衬底空色的组合搭配，见表 2.1.1。要求条与空的颜色反差越大越好。一般来说，白色做空、黑色做条是最理想的搭配。

表 2.1.1　条码符号条空颜色搭配参考表

序　号	空　色	条　色	能否采用	序　号	空　色	条　色	能否采用
1	白色	黑色	√	17	红色	深棕色	√
2	白色	蓝色	√	18	黄色	黑色	√
3	白色	绿色	√	19	黄色	蓝色	√
4	白色	深棕色	√	20	黄色	绿色	√
5	白色	黄色	×	21	黄色	深棕色	√
6	白色	橙色	×	22	亮绿	红色	×
7	白色	红色	×	23	亮绿	黑色	×
8	白色	浅棕色	×	24	暗绿	黑色	×

续表

序　号	空　色	条　色	能否采用	序　号	空　色	条　色	能否采用
9	白色	金色	×	25	暗绿	蓝色	×
10	橙色	黑色	√	26	蓝色	红色	×
11	橙色	蓝色	√	27	蓝色	黑色	×
12	橙色	绿色	√	28	金色	黑色	×
13	橙色	深棕色	√	29	金色	橙色	×
14	红色	黑色	√	30	金色	红色	×
15	红色	蓝色	√	31	深棕色	黑色	×
16	红色	绿色	√	32	浅棕色	红色	×

注：“√”表示能采用，“×”表示不能采用。

2.1.4　一维条码的种类与特征

一维条码按照不同的分类方法、不同的编码规则可以分成许多种，现在已知的正在使用的条码就有250多种。条码的分类主要依据为条码的编码结构和条码的性质，例如，按条码的长度分，可分为定长和非定长条码；按排列方式分，可分为连续型和非连续型条码；按校验方式分，又可分为自校验型和非自校验型条码等。下面着重介绍几种常用的条码。

1. UPC码

1970年，美国超级市场AdHoc委员会制定了通用商品代码——UPC码。UPC码共有A、B、C、D、E五种版本，其应用领域见表2.1.2。

表2.1.2　UPC码应用领域

版　本	应用对象	格　式
UPC-A	通用商品	SXXXXX XXXXC
UPC-B	医药卫生	SXXXXX XXXXC
UPC-C	产业部门	XSXXXXXXXXXXCX
UPC-D	仓库批发	SXXXXXXXXXXCXX
UPC-E	商品短码	XXXXXX

注：S—系统码，X—资料码，C—检查码。

应用最多的是UPC-A码和UPC-E码，UPC-A码是标准的UPC通用商品条码版本，可存储12位数字，UPC-E码为UPC-A码的压缩版，可存储8位数字，条码符号本身没有中间分隔符，终止符也与UPC-A码不同。UPC码是长度固定的连续型编码，其字符集仅包含0～9这10个数字。

UPC-A码、UPC-E码的结构示意图如图2.1.6所示。

2. Codabar码

1972年，蒙那奇•马金等人研制出库德巴（Codabar）码，现主要用于医疗卫生（如血库）、图书情报、物资等领域数字和字母信息的自动识别。

（a）UPC-A码　　（b）UPC-E码

图 2.1.6　UPC-A 码、UPC-E 码的结构示意图

库德巴码符号由左侧空白区、一个起始符、数据符、一个终止符和右侧空白区构成，库德巴码结构示意图如图 2.1.7 所示。

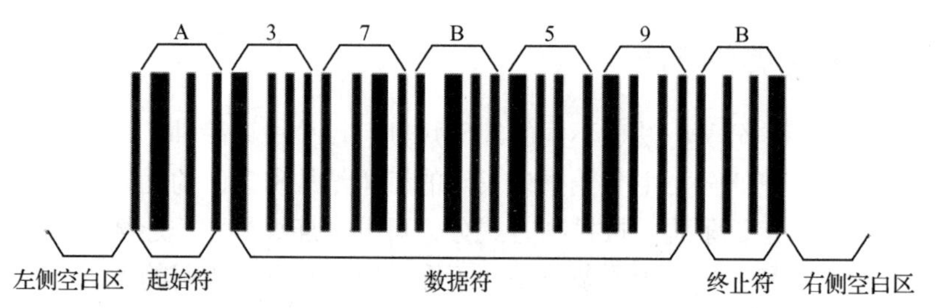

图 2.1.7　库德巴码结构示意图

库德巴码的字符集包含 20 个字符，见表 2.1.3。

表 2.1.3　库德巴码字符集

数字	0～9
字符	减号（-），美元符号（$），冒号（:），斜线（/），下位点（.），加号（+）
起始符/终止符	A、B、C、D

每个库德巴码符号只有“宽”和“窄”两种单元。每个条码字符由 4 个条单元与 3 个空单元构成。构成条码字符的条单元与空单元又分别可分为宽单元和窄单元。每个条码字符可以是 2 个宽单元加 5 个窄单元或 3 个宽单元加 4 个窄单元。宽单元表示“1”，窄单元表示“0”，每个字符都可表示为独立的 7 位二进制形式和相应的宽窄单元形式。

3. Code 39 码

Code 39 码（简称 39 码）是 Intermec 公司在 1974 年研制成功的。Code 39 码在工业领域必不可少，广泛应用于汽车、电子等行业。

完整的 Code 39 码由起始符、数据符、可选的校验符和终止符组成，如图 2.1.8 所示。Code 39 码通常情况下不需要校验符，但是对于精确度要求高的应用场合，需要在 Code 39 码后面增加一个校验符。因此，校验符为可选项。

图 2.1.8　Code 39 码结构示意图

Code 39 码是第一个同时使用数字和字母的条码，是一种可变长度的条码，其字符集见表 2.1.4。

表 2.1.4　Code 39 码字符集

大写字母	A～Z
数字	0～9
字符	连字符（-），句号（.），美元符号（$），斜线（/），加号（+），百分号（%），起、止符号（*）

每个字符由 5 个条和将其分开的 4 个空，共 9 个单元构成。条和空有宽、窄之分，宽单元表示“1”，窄单元表示“0”，9 个单元中仅有 3 个宽单元，Code 39 码因此得名。

4．ITF 码

ITF 码，又称交叉 25 码，是有别于 EAN 码、UPC 码的另一种形式的条码，1972 年美国 Intermec 公司发明的一种条、空均表示信息的连续型、非定长、具有自校验功能的双向条码，初期广泛应用于仓储及重工业领域，1981 年开始用于运输包装领域。1987 年，日本引入交叉 25 码，标准化后将其用于储运单元的识别与管理。EAN 规范中将交叉 25 码作为储运单元的标准条码。

ITF 码由左侧空白区、起始符、数据符、终止符及右侧空白区构成，其结构示意图如图 2.1.9 所示。

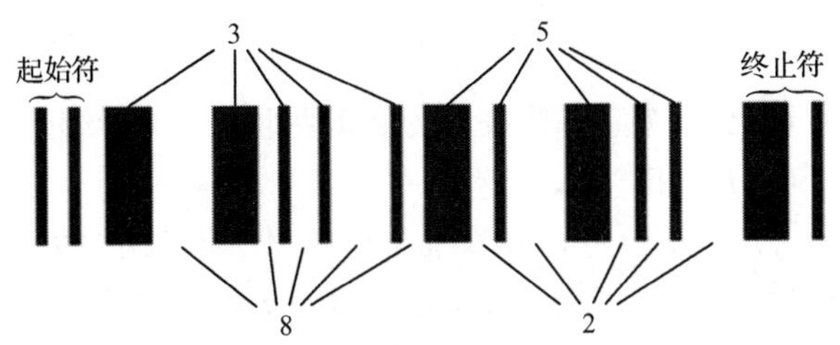

图 2.1.9　ITF 码结构示意图

TIF 码的字符集由数字 0～9 构成，它的每一个条码数据符由 5 个单元组成，其中 2 个宽单元（表示二进制的“1”），3 个窄单元（表示二进制的“0”），因此而得名。条码符号从左到右，表示奇数位数字符的条码数据符由条组成，表示偶数位数字符的条码数据符由空组成。组成条码符号的条码字符个数为偶数。当条码字符所表示的字符个数为奇数时，应在字符串左端添加“0”。

在商品运输包装上使用的主要是由 14 位数字字符组成的 ITF-14 码，其结构示意图如图 2.1.10 所示。

图 2.1.10　ITF-14 码结构示意图

5. EAN 码

EAN 码是国际物品编码协会于 1977 年在欧洲制定的一种商品条码，于全世界通用。EAN 码符号有标准版（EAN-13）和缩短版（EAN-8）两种。标准版表示 13 位数字，又称为 EAN-13 码；缩短版表示 8 位数字，又称 EAN-8 码。

EAN 码由左侧空白区、起始符、左侧数据符、中间分隔符、右侧数据符、校验符、终止符、右侧空白区及供人识别字符组成，其结构示意图如图 2.1.11 所示。

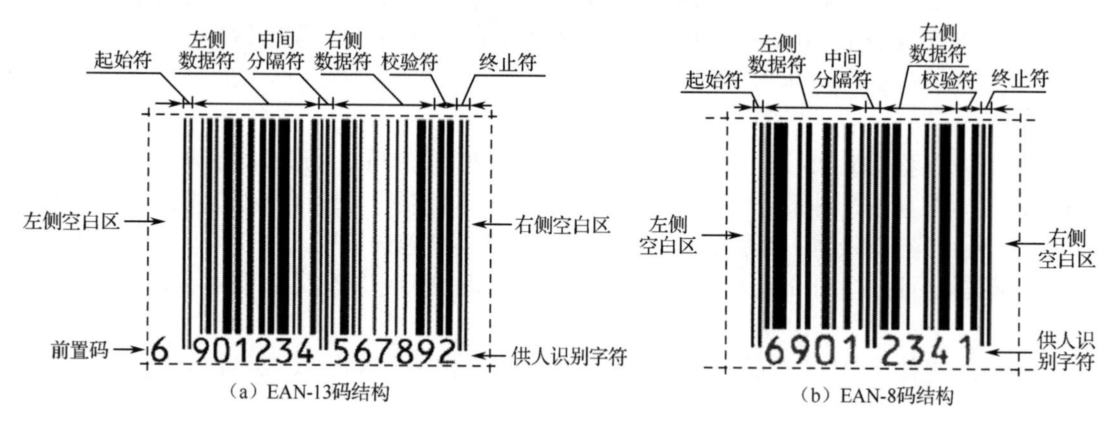

图 2.1.11　EAN 码结构示意图

EAN 码的字符集由 0～9 十个字符构成，采用模块组合法进行编码，一个模块宽度的“条”和“空”分别表示二进制“1”和“0”。

两种条码的最后一位为校验符，由前面的 12 位或 7 位数字计算得出。现以代码 690123456789X 为例说明其校验码 X 的计算方法，计算方法见表 2.1.5。

表 2.1.5　校验码的计算方法

<table>
<tr><th>步　骤</th><th>举 例 说 明</th></tr>
<tr><td>1. 按自右向左的顺序编号</td><td><table><tr><td>位置序号</td><td>13</td><td>12</td><td>11</td><td>10</td><td>9</td><td>8</td><td>7</td><td>8</td><td>5</td><td>4</td><td>3</td><td>2</td><td>1</td></tr><tr><td>代码</td><td>6</td><td>9</td><td>0</td><td>1</td><td>2</td><td>3</td><td>4</td><td>5</td><td>6</td><td>7</td><td>8</td><td>9</td><td>X</td></tr></table></td></tr>
<tr><td>2. 从序号 2 开始求出偶数位上数字之和①</td><td>9+7+5+3+1+9=34</td></tr>
<tr><td>3. ①×3=②</td><td>34×3=102②</td></tr>
<tr><td>4. 从序号 3 开始求出奇数位上数字之和③</td><td>8+6+4+2+0+6=26</td></tr>
<tr><td>5. ②+③=④</td><td>102+26=128 ④</td></tr>
<tr><td>6. 用大于或等于结果且为 10 最小整数倍的数减去④，其差值即为所求校验码的值</td><td>130−128=2
校验码 X=2</td></tr>
</table>

6. Code 128 码

Code 128 码是由 Computer Identics 公司在 1981 年研制的，广泛应用在企业内部管理、生产流程、物流控制系统方面的条码码制，由于其优良的特性，使其在管理信息系统的设计中被广泛使用，Code 128 码是应用最广泛的码制之一。

Code 128 码的结构示意图如图 2.1.12 所示，由 6 部分组成：左侧空白区、起始符、数据符、校验符、终止符、右侧空白区。

图 2.1.12　Code 128 码的结构示意图

Code 128 码可表示从 ASCII 0 到 ASCII 127 共 128 个字符，故称 128 码。Code 128 码的起始符有 A、B、C 三种类型，不同类型的字符集不完全相同，见表 2.1.6。

表 2.1.6　Code 128 码三种类型字符集

起始符类型	字　符　集
A	大写英文字母，数字字符 0～9，标点字符，控制字符（ASCII 值为 00～95）和 7 个特殊字符（ASCII 值为 96～102）
B	大写英文字母，数字字符 0～9，标点字符，小写英文字母字符（ASCII 值为 32～127）和 7 个特殊字符（ASCII 值为 96～102）
C	偶数个数字组成的字符串和 3 个特殊字符（ASCII 值为 100～102）

（1）切换字符（CODE A、B 或 C）的使用

如果使用了起始符 Start C，且数据中连在一起的数字个数为奇数，应在最后一位数字前加入切换字符 CODE A 或 CODE B。若最后一位数字后面紧跟的是 ASCII 控制字符，加入 CODE A，否则加入 CODE B。

当采用字符集 A 或 B，数据中出现 4 个或更多连在一起的数字时，若为偶数个数字则在第一个数字前插入 CODE C；若为奇数个数字则在第一个数字后插入 CODE C，切换到字符集 C。

当采用字符集 C，数据中出现一个非数字字符时，应在该字符前加入切换字符 CODE A 或 CODE B。该字符是 ASCII 控制字符，加入 CODE A，否则加入 CODE B。

（2）转换字符（SHIFT）的使用

当采用字符集 B，数据中出现 ASCII 控制字符时，若该字符后有小写英文字母，则在该字符前插入转换字符 SHIFT；否则在该字符前插入切换字符 CODE A，切换到字符集 A。

当采用字符集 A，数据中出现小写英文字母时，若该小写字母后面、另一个小写字母前有 ASCII 控制字符，则在该小写字母前插入转换字符 SHIFT；否则在该小写字母前插入切换字符 CODE B，切换到字符集 B。

Code 128 码长度可变，在实际使用时，往往可以用 A、B、C 三种格式进行组合，包括起始符和终止符不超过 232 个字符。Code 128 码的“A、B、C”起始符图案如图 2.1.13 所示。

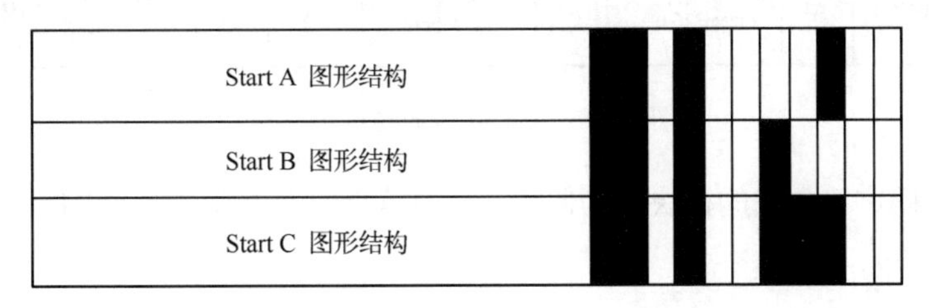

图 2.1.13　Code 128 码的“A、B、C”起始符图案

每个字符符号（终止符除外）由 6 个单元组成，包括 3 个条、3 个空，每个条（或空）的宽度为 1～4 个模块。终止符由 4 个条、3 个空共 7 个单元 13 个模块构成，3 个字符集的终止符是同一个符号。在符号字符中条的模块数的和是偶数，空的模块数的和是奇数，该奇偶特性保证字符的自校验功能。字符“35”和终止符的图案分别如图 2.1.14 和图 2.1.15 所示。

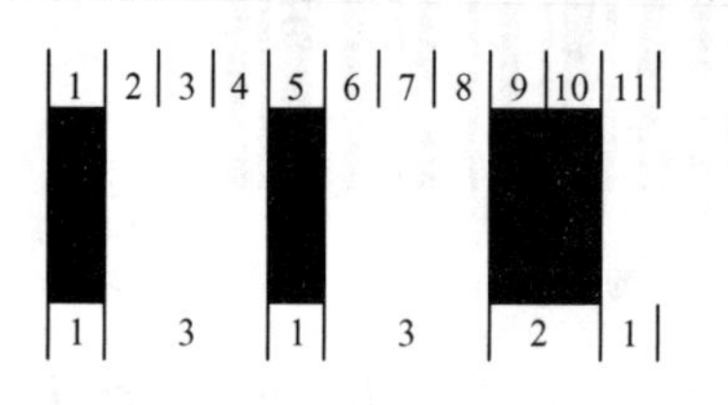

图 2.1.14　字符“35”的图案

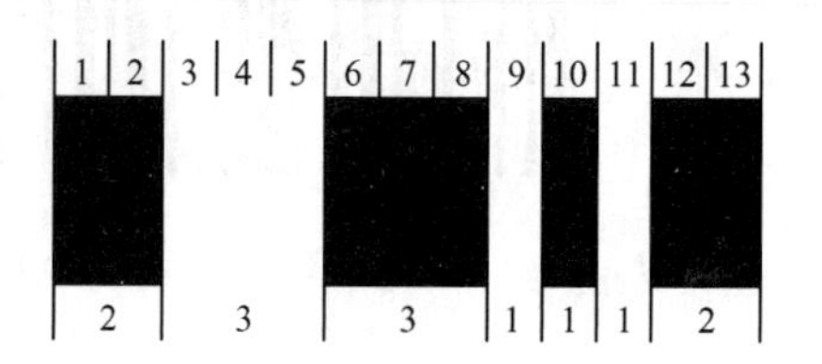

图 2.1.15　终止符的图案

7．GS1-128 码

GS1-128 码原名为 UCC/EAN-128 码，是 Code 128 字符集的一个子集，是 EAN/UCC 系统中唯一可用于表示附加信息的条码，可广泛用于非零售贸易项目、物流单元、资产、位置的标识。

GS1-128 码结构如图 2.1.16 所示，由左侧空白区、起始符、数据符、校验符、终止符、右侧空白区及供人识别字符组成。

图 2.1.16　GS1-128 码结构

其中起始符由双字符组成，即 Code 128 码的起始符（包括 A、B、C 字符集的起始符）和 FNC1 字符，在全球范围内这一双字符起始图形仅供 GS1 系统使用，这样可以将 GS1-128 码与 Code 128 码区分开来。数据符由应用标识符（AI）和数据字符串构成，即使在应用标识符后的数据位数为可变长度，也要用 FNC1 来分隔数据。GS1-128 码结构示意图如图 2.1.17 所示。

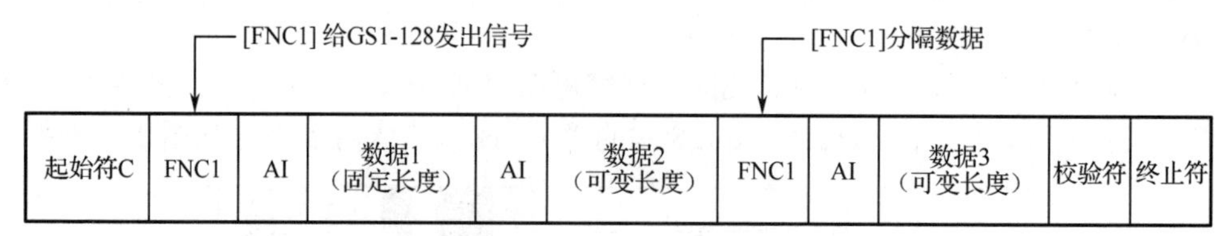

图 2.1.17　GS1-128 码结构示意图

在 GS1-128 码字符中条的模块数为偶数，空的模块数为奇数，这一奇偶特性使每个条码字符都具有自校验功能。

8. GS1 DataBar 码

GS1 DataBar 码（原名 RSS 码）也是 GS1 系统的一种条码符号。GS1 DataBar 码主要应用于医药保健行业和医疗/手术产品、消费品制造和贸易协会等。

GS1 DataBar 有三类不同的条码类型，共 7 个条码符号，其中两类 GS1 DataBar 条码能够满足不同应用要求。

第一类 GS1 DataBar 条码，用于对应用标识符 AI（01）进行编码，其有 4 种形式，全方位式 GS1 DataBar 条码、截短式 GS1 DataBar 条码、层排式 GS1 DataBar 条码，以及全向层排式 GS1 DataBar 条码。

（1）全方位式 GS1 DataBar 条码

全方位式 GS1 DataBar 条码是为全方位扫描器识读而设计的，如图 2.1.18 所示，从左到右依次为：左侧保护符、数据符 1、左侧定位符、数据符 2、数据符 4、右侧定位符、数据符 3 和右侧保护符。

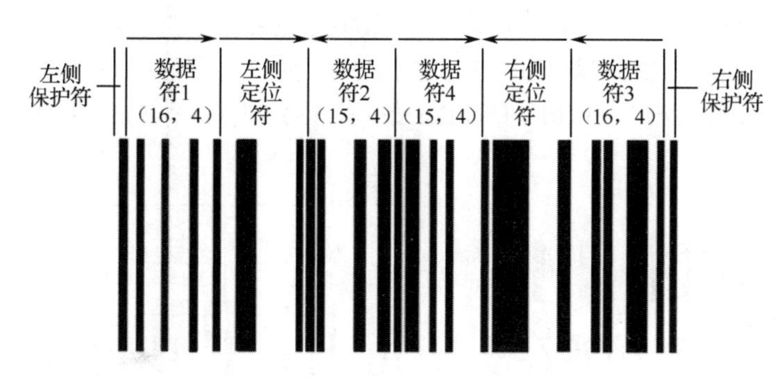

图 2.1.18 全方位式 GS1 DataBar 条码

（2）截短式 GS1 DataBar 条码

截短式 GS1 DataBar 条码是将全方位式 GS1 DataBar 条码高度减小的模式，主要是为不需要全方位扫描器识读的小项目而设计的，如图 2.1.19 所示。

图 2.1.19 截短式 GS1 DataBar 条码

截短式 GS1 DataBar 条码可以采用光笔、手持激光扫描器、线性和二维图像式扫描器识读，不能被全向式扫描器有效识读。

（3）层排式 GS1 DataBar 条码

层排式 GS1 DataBar 条码是全方位式 GS1 DataBar 条码高度减小的两行模式，当普通条码过宽时，其可以在两行中进行层排使用，主要适用于小项目标识，是为不需要全方位扫描器识读的小项目设计的，如图 2.1.20 所示。

（4）全向层排式 GS1 DataBar 条码

全向层排式 GS1 DataBar 条码是全方位式 GS1 DataBar 条码完全高度的两行模式，是为全方位扫描器识读而设计的，如图 2.1.21 所示。

图 2.1.20　层排式 GS1 DataBar 条码

图 2.1.21　全向层排式 GS1 DataBar 条码

第二类 GS1 DataBar 条码为限定式 GS1 DataBar 条码，限定式 GS1 DataBar 条码也用于对应用标识符 AI（01）的编码。AI（01）后的编码是建立在 GTIN-12、GTIN-13 和 GTIN-14 数据结构基础上的，限定式 GS1 DataBar 条码使用 GTIN-14 编码结构时，只允许指示符的值为 1，即限定式 GS1 DataBar 条码 AI（01）后的第 1 位数字为包装指示符（0 或 1）。这类 GS1 DataBar 条码主要用于不能在全方位扫描环境中扫描的小项目，如果需要使用 GTIN-14 编码且指示符数值大于 1 时，则必须使用第一种 GS1 DataBar 条码。限定式 GS1 DataBar 条码结构如图 2.1.22 所示。

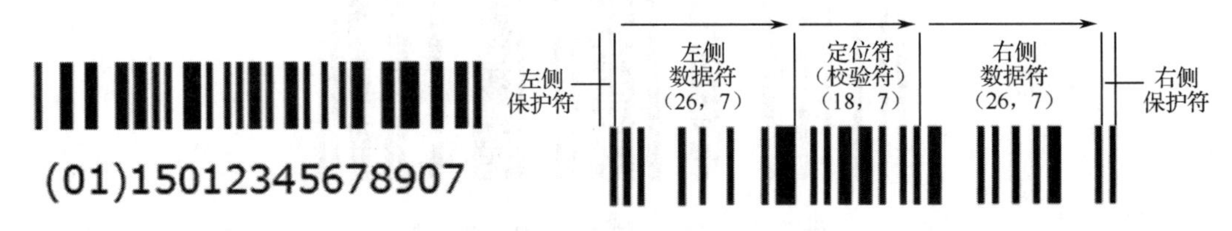

图 2.1.22　限定式 GS1 DataBar 条码结构

第三类 GS1 DataBar 条码为扩展式 GS1 DataBar 条码，长度可变，能够对 74 个数字字符或 41 个字母字符进行编码，其又分为扩展式 GS1 Databar 条码和层排扩展式 GS1 DataBar 条码。扩展式和层排扩展式 GS1 DataBar 条码分别如图 2.1.23 和图 2.1.24 所示。

图 2.1.23　扩展式 GS1 DataBar 条码

图 2.1.24　层排扩展式 GS1 DataBar 条码

扩展式 GS1 DataBar 条码尤其适用于质量可变的商品、容易变质的商品、可追踪的零售商品和优惠券等。

【小知识】GS1 DataBar 条码制选择

在实际应用中，使用全方位槽式扫描器进行条码扫描，可以考虑使用全方位式 GS1 DataBar 条码、全向层排式 GS1 DataBar 条码、扩展式 GS1 DataBar 条码或层排扩展式 GS1 DataBar 条

码。如果只对 AI（01）编码，应使用全方位式 GS1 DataBar 条码或全向层排式 GS1 DataBar 条码，选择哪种取决于条码区域的高宽比。

如果需要使用应用标识符 AI，或主标识符是除 AI（01）以外的其他 AI，那么应使用扩展式 GS1 DataBar 条码或层排扩展式 GS1 DataBar 条码，选择哪种取决于打印头的宽度或符号的可用区域。

如果用于小项目，不需要全方位扫描识别，那么应使用层排式 GS1 DataBar 条码、限定式 GS1 DataBar 条码或截短式 GS1 DataBar 条码。限定式 GS1 DataBar 条码不能用于指示符大于 1 的 GTIN-14 数据结构，否则必须使用层排式 GS1 DataBar 条码或截短式 GS1 DataBar 条码。层排式 GS1 DataBar 条码是 GS1 DataBar 条码中面积最小的，但是其行的高度非常小，很难扫描，不能用在笔式扫描器上，如果空间允许，对能够编码的数据结构，可以使用限定式 GS1 DataBar 条码；对于指示符大于 1 的 GTIN-14 数据结构，可以考虑使用截短式 GS1 DataBar 条码。

如果在实际应用中使用到 GS1 DataBar 复合码（由一维条码 GS1 DataBar 和二维条码组合成的条码），那么应尽量使用更宽的 GS1 DataBar 条码，比如截短式 GS1 DataBar 条码，而不要选用限定式 GS1 DataBar 条码，因为即使 GS1 DataBar 复合码本身稍微高一些，但更宽的二维复合组分会使 GS1 DataBar 复合码整体高度更低。

需要指出的是，GS1 DataBar 条码并不能取代 GS1 系统中的其他码制，现存的 EAN/UPC 码、ITF-14 码或 GS1-128 码如果能够满足应用需求，应继续使用，使用 GS1 DataBar 条码应遵守 GS1 系统全球应用指南。

【小知识】新大陆与霍尼韦尔的条码专利之争

2011 年 6 月，美国霍尼韦尔公司旗下码捷（苏州）科技有限公司以一件基于现有光学通用技术的无效专利为标的，向新大陆公司提出了巨额的、高限制性的专利许可要求。

在充分掌握涉案专利无效本质后，新大陆公司于 2012 年 4 月、2013 年 1 月先后两次向国家知识产权局专利复审委提出专利权无效宣告请求，之后历经专利复审委员会专利无效审查决定、北京市知识产权法院一审、北京市高级人民法院终审、最高人民法院驳回再审申请的裁定，码捷（苏州）科技有限公司涉案专利的二十项核心权利要求被宣告无效。

【任务实施】

根据任务实施单，按照步骤及要求，完成任务。

任务实施单

项目名称	条码技术在供应链管理中的应用	
任务名称	条码技术的认知	
序　号	实 施 步 骤	步 骤 说 明
1	收集一维条码的图片	拍照并注明来自何种场合
2	归纳条码的辨识方法	整理表格，列举各类条码的特点、应用领域
3	条码分类	根据编码方式将条码分为两大类
4	初判条码类型	根据特征和应用领域判断条码类型
5	验证条码类型	借助工具生成一维码，验证所辨识码制的正确性
6	整理文案、做任务总结	列出表格填写验证结果，讲述并演示分析、判断依据

【任务工单】

任务工单

项目	条码技术在供应链管理中的应用		
任务	条码技术的认知		
班级		小组	
团队成员			
得分			

（一）关键知识引导

1．一维条码是由____和_____组成的标记。

2．一维条码的编码方式有两种：一种是____法，另一种是____法。

3．我国用于零售商品的条码是_____码，其长度是____位。

4．美国和加拿大用于零售商品的条码是______码，其长度是___位。

5．字符集仅包含数字的编码有___、_____、_____、_____和____。

6．包含 128 个字符集的编码是_____码，通常用于______。

7．用“*”做起止符的是______码。

8．用大写字母 A、B、C、D 做起止符的是______码，常用在______方面。

（二）任务实施完成情况

步　骤	任 务 内 容	完 成 情 况
收集一维条码的图片	拍照并注明来自何种场合	
归纳条码的辨识方法	整理表格，列举各类条码的特点、应用领域	
条码分类	根据编码方式将条码分为两大类	
初判条码类型	根据特征和应用领域判断条码类型	
验证条码类型	用条码枪识读、验证	
整理文案、做任务总结	列出表格填写验证结果，讲述并演示分析、判断依据	

（三）任务检查与评价

评价项目	评 价 内 容	配分	评 价 方 式		
			自我评价	互相评价	教师评价
方法能力（20 分）	明确任务要求、准备任务素材（图片）	5			
	查阅文件资料，分析任务要点	5			
	归纳总结知识点（用表格或思维导图）	5			
	正确分析并对任务中的问题提出解决方案	5			
专业能力（60 分）	能用表格分析不同条码的字符集、起始符、终止符及其他特点	25			
	能分辨条码的编码方法	5			
	能正确辨识收集的条码类型	15			
	能使用条码枪识读条码	5			
	能用 PPT 演示并讲解任务过程	10			

续表

续表

评价项目	评价内容		配分	评价方式		
				自我评价	互相评价	教师评价
职业素养（20分）	安全操作与工作规范	注意网络安全，正确使用网络及计算机设备	5			
		严格执行6S管理规范，积极主动完成工具和设备的整理	5			
	学习态度	认真参与教学活动，课堂上积极互动	3			
		严格遵守学习纪律，按时出勤	3			
	合作与展示	小组之间交流顺畅，合作成功	2			
		语言表达能力强，能够正确陈述基本情况	2			
合计			100			

（四）任务自我总结

任务实施过程中遇到的问题	解决方式

【任务拓展】

1．条码识读设备有哪些？
2．如何产生条码？常用条码生成软件有哪些？
3．条码是如何实现全国甚至全世界通用的？
4．绘制GS1 DataBar条码特征图。
5．用Excel为代码690123456789生成码制为EAN-13的条码。

任务2.2 零售商品条码的生成与应用

【任务描述与要求】

任务描述：消费者在购买商品时，商家以商品的条码作为产品识别、信息录入和共享、库存盘点的载体，为实现自动识别商品、便于管理和实现商品高效流通等目的，需要为商品编制符合标准的、可通用的、可供设备自动识别的条码。同时，为便于零售商内部管理，需要为商品编制含义丰富的店内码。

某服装企业今年生产了新款服装，在进入市场流通前，需要为该款服装编制商品码，同时，为便于企业管理和追踪该款服装在全国各地的销售情况，需要为该款服装的三个型号和两种颜色编制店内码，并制作服装吊牌。

任务要求：

- 查阅资料，掌握商品码码制及特点，绘制商品码分类表；
- 根据商品码标准，掌握商品码编制方法，为指定商品编制商品码；

- 根据店内码标准，掌握店内码编制方法，为指定商品编制店内码；
- 用 BarTender 软件制作包含商品码和店内码的服装吊牌。

【任务资讯】

商品条码和店内码

2.2.1　商品条码的概念

商品条码是指由一组规则排列的条、空及其对应的代码组成的，表示商品条码的条码符号，如图 2.2.1 所示。代码即商品标识代码，是由国际物品编码协会和美国统一代码委员会规定的、用于标识商品的一组数字，条码是由商品标识代码根据特定的码制生成的规则排列的条和空。商品条码也被称为“全球贸易项目代码”（GTIN），是国际物品编码协会标准中应用最广泛的一种编码标识。

图 2.2.1　商品条码示例

【小知识】小条码、用处大

产品质量与安全，特别是食品、药品的质量与安全，是衡量人民生活质量、社会管理水平的一个重要方面。利用全球通用的商品条码技术为产品质量与安全保驾护航，已经成为国际上的通用做法。

在我们身边，商品条码作为产品流通的唯一身份标识已经随处可见，与我们的关系越来越密切。作为消费者，在购买商品时，要查验一下“商品条码”！

2.2.2　商品条码的种类

商品条码包括零售商品、非零售商品、物流单元、位置的代码和条码标识，GTIN 有四种不同的代码结构：GTIN-14（ITF-14）、GTIN-13（原称 EAN-13）、GTIN-12（原称 UPC-12）和 GTIN-8（原称 EAN-8），如图 2.2.2 所示。这四种结构可以对不同包装形态的商品进行唯一编码，每一个标识代码必须以整体形式使用。

四种结构中，GTIN-14 主要用于非零售商品标识代码，常用于包装箱上；GTIN-13、GTIN-12 和 GTIN-8 则主要用于零售商品标识代码。

2.2.3　商品条码申请流程

申请商品条码具有三个方面的好处。

（1）帮助商品顺利进驻商场、超市、便利店及大型电商平台

商品条码是实现商业现代化、商品数字化和智慧供应链的基础，是商品进入商场、超市、便利店及大型电商平台的入场券及必要条件。

GTIN-14 代码结构

包装指示符	包装内含项目的GTIN（不含校验码）	校验码
N_1	N_2 N_3 N_4 N_5 N_6 N_7 N_8 N_9 N_{10} N_{11} N_{12} N_{13}	N_{14}

GTIN-13代码结构

厂商识别代码　商品项目代码	校验码
N_1 N_2 N_3 N_4 N_5 N_6 N_7 N_8 N_9 N_{10} N_{11} N_{12}	N_{13}

GTIN-12代码结构

厂商识别代码　商品项目代码	校验码
N_1 N_2 N_3 N_4 N_5 N_6 N_7 N_8 N_9 N_{10} N_{11}	N_{12}

GTIN-8代码结构

商品项目识别代码	校验码
N_1 N_2 N_3 N_4 N_5 N_6 N_7	N_8

图 2.2.2　GTIN 代码结构图

（2）帮助商品快速销往市场

商品条码不仅是商品的“身份证”，还是全球流通的“通行证”。其能使商品在世界各地被扫描识读，并能使全球的商品和商品信息快速、高效、安全地传递。

（3）帮助企业实现商品数字化并建立全球通用的数字商品解决方案

通过中国商品信息服务平台、条码微站、条码商桥等服务平台，企业可以实现商品编码信息的在线生成、管理、通报和全网分享。

《商品条码管理办法》第六条规定：依法取得营业执照和相关合法经营资质证明的生产者、销售者和服务提供者，可以申请注册厂商识别代码。

申请企业分为系统成员和非系统成员，非系统成员首次办理可通过线上或线下方式办理，非系统成员申请商品条码流程如图 2.2.3 所示。

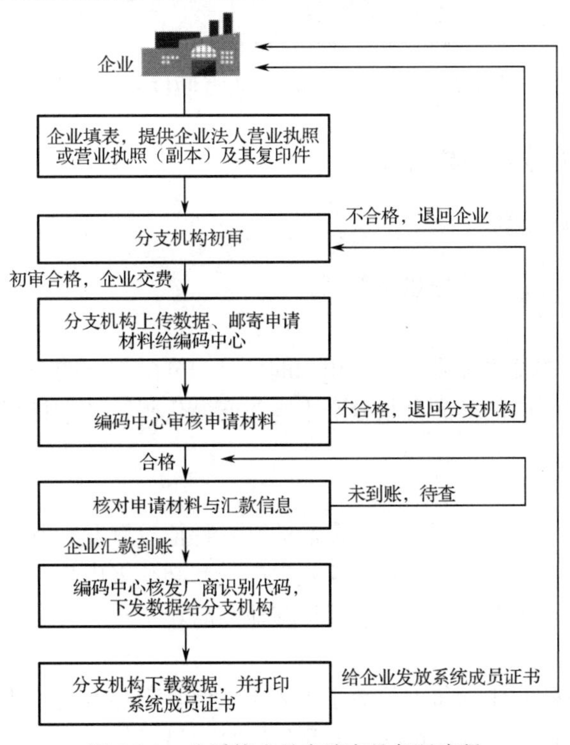

图 2.2.3　非系统成员申请商品条码流程

《商品条码管理办法》第二十八条规定：厂商识别代码有效期为 2 年。系统成员应当在厂商识别代码有效期满前 3 个月内，到所在地的编码分支机构办理续展手续。逾期未办理续展手续的，注销其厂商识别代码和系统成员资格。系统成员续展可通过线上办理，办理流程如图 2.2.4 所示。

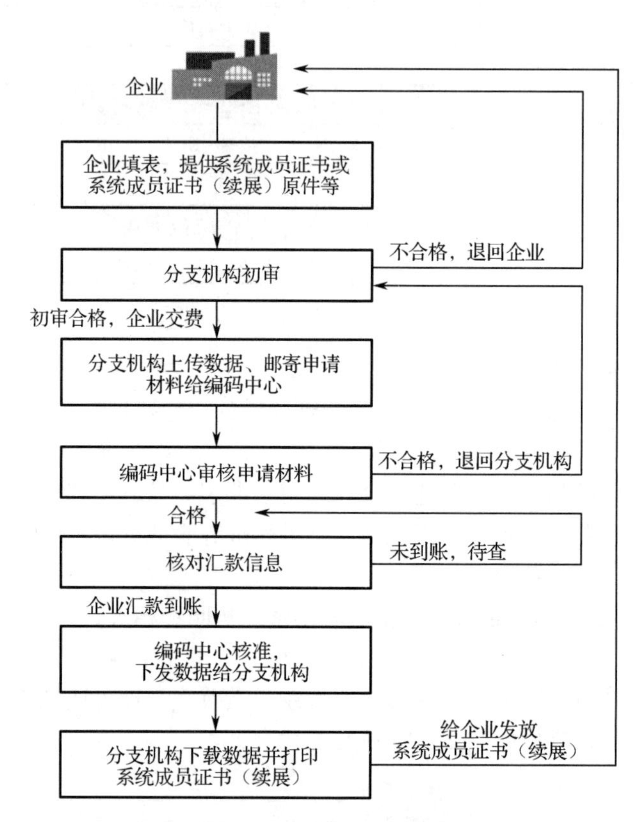

图 2.2.4　系统成员商品条码（续展）办理流程

2.2.4　商品条码的编码原则和方法

1. 商品条码的编码原则

在对商品进行编码时，应遵守以下原则。

（1）唯一性

唯一性是商品编码的基本原则，是指相同的商品应分配相同的商品代码，基本特征相同的商品视为相同的商品；不同的商品必须分配不同的商品代码，基本特征不同的商品视为不同的商品。

（2）稳定性

稳定性是指商品代码一旦分配，只要商品的基本特征没有发生变化，商品代码就应保持不变。同一商品无论是长期连续生产还是间断式生产，都必须采用相同的商品代码。即使该商品停止生产，其代码也应至少在 4 年内不能用于其他商品。

（3）无含义性

无含义性是指商品代码中的每一位数字不表示任何与商品有关的特定信息。有含义的代码通常会导致编码容量的损失。厂商在编制商品代码时，最好使用无含义的流水号。

2．商品条码的编码方法

中国商品条码采用GTIN-13（即EAN-13）码。13位代码分为3个部分，见表2.2.1。第一部分为厂商识别代码（包括3位前缀码，用来代表国家或地区，由国际物品编码协会分配），经厂商申请后，由中国物品编码中心分配使用；第二部分代表厂内商品项目代码，由生产厂商自行分配；第三部分是校验码，由前面12位数字计算得到。

表2.2.1　GTIN-13码结构

结　构	厂商识别代码	商品项目代码	校 验 码
结构一	$N_1N_2N_3N_4N_5N_6N_7$	$N_8N_9N_{10}N_{11}N_{12}$	N_{13}
结构二	$N_1N_2N_3N_4N_5N_6N_7N_8$	$N_9N_{10}N_{11}N_{12}$	N_{13}
结构三	$N_1N_2N_3N_4N_5N_6N_7N_8N_9$	$N_{10}N_{11}N_{12}$	N_{13}
结构四	$N_1N_2N_3N_4N_5N_6N_7N_8N_9N_{10}$	$N_{11}N_{12}$	N_{13}

在我国，当前缀码为690或691时，厂商识别代码为7位，为结构一，可标识100000种商品；当前缀码为692～696时，厂商识别代码为8位，为结构二，可标识10000种商品。当前缀码为697时采用结构三，698、699未启用。如果厂商生产的产品超过可编码的数量，可再申请一组新的厂商识别代码，以保证商品条码的唯一性。

【小知识】如何设计商品包装上的条码

设计商品包装上的条码要从三个方面考虑，即条码符号的尺寸设计、颜色搭配设计及位置设计。

（1）尺寸设计

条码符号的尺寸是由放大系数决定的，可根据印刷面积的大小和印刷条件在0.80～2.00的范围内选择放大系数。条码符号的放大系数越大，其印刷质量越容易得到保障。

（2）颜色搭配设计

条码符号的颜色搭配主要是指条与空的颜色搭配。条码符号的识读是通过条与空的不同颜色对红色光的反射率不同，来分辨条、空的边界和宽窄实现的。因此要求条与空的颜色反差越大越好。条色应采用深色，空色应采用浅色。空用白色、条用黑色是最理想的颜色搭配，红色绝对不能用作条的颜色。

（3）位置设计

条码符号的放置位置应以符号位置相对统一、符号不易变形、便于扫描操作和识读为准则。首选位置是商品包装的主显示面的背面右下半区。商品包装背面不宜放置条码符号时，可选择另一个适合的面的右下半区。但是对于体积大的或笨重的商品，条码符号不应放置在商品包装的底面。

2.2.5　商品条码的生成

获得商品唯一的标识代码后，可通过软件及一些在线工具生成条码图形。常用商品条码生成软件如BarTender、Label mx、Barcode等。本书以BarTender为例，介绍商品条码的生成步骤。

（1）双击 BarTender 软件快捷图标，如图 2.2.5 所示。

图 2.2.5　BarTender 软件快捷图标

（2）单击“启动新的 BarTender 文档”图标，如图 2.2.6 所示。

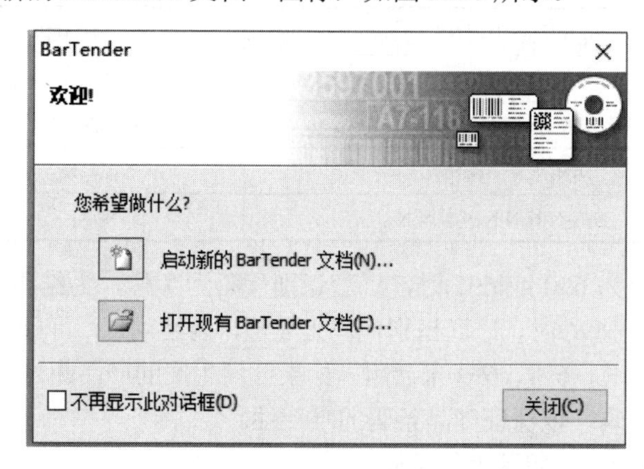

图 2.2.6　单击“启动新的 BarTender 文档”图标

（3）选择用于打印标签的打印机，如图 2.2.7 所示。

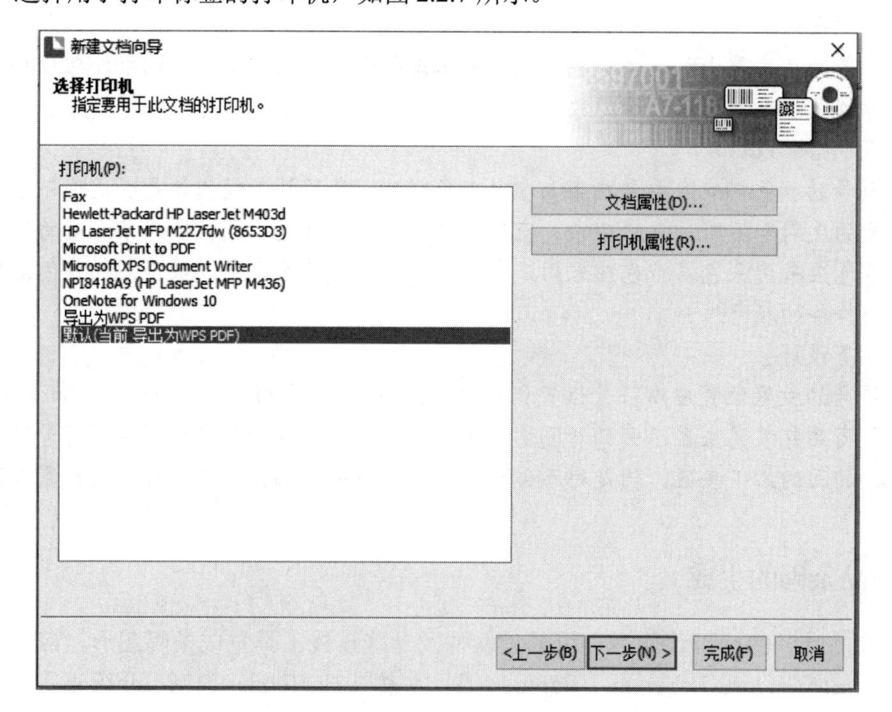

图 2.2.7　选择用于打印标签的打印机

（4）选择标签格式（只生成商品条码可以选择空白标签），如图 2.2.8 所示。

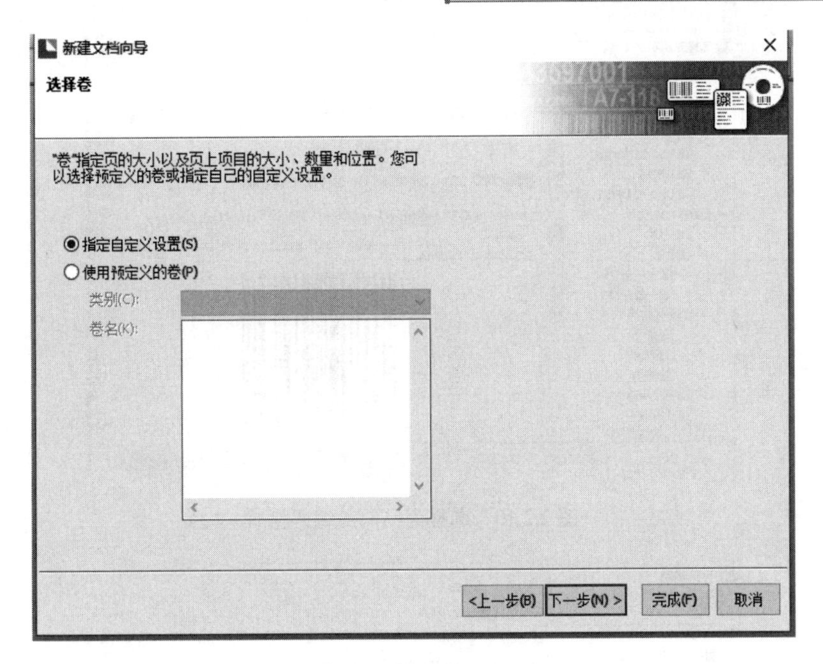

图 2.2.8　选择标签格式

（5）设置打印参数，如图 2.2.9 所示。

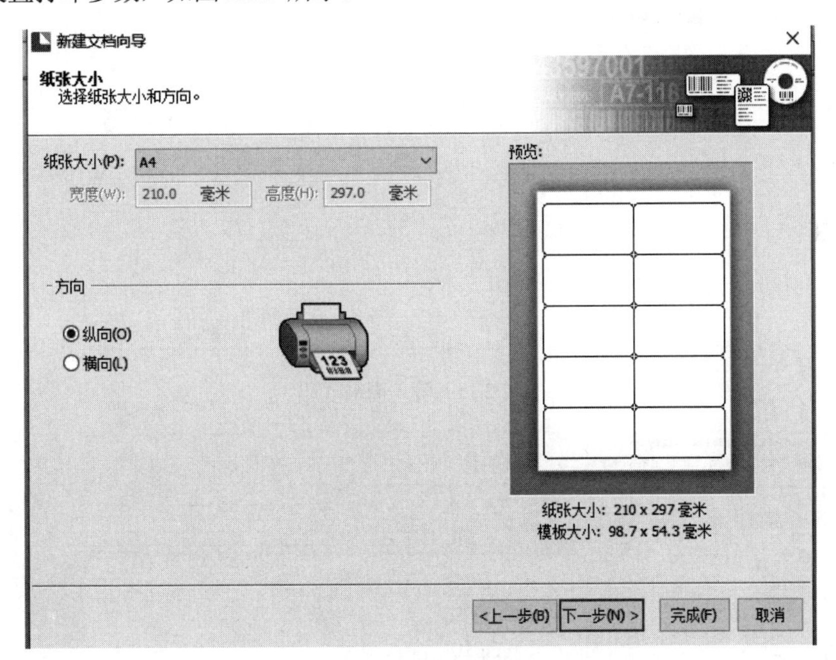

图 2.2.9　设置打印参数

（6）选择商品码的编码格式（中国选择 EAN-13），即弹出条码，如图 2.2.10 所示。

（7）双击条码，在数据源框中输入商品代码，即生成商品条码，如图 2.2.11 所示。

（8）输入文本信息，如图 2.2.12 所示。

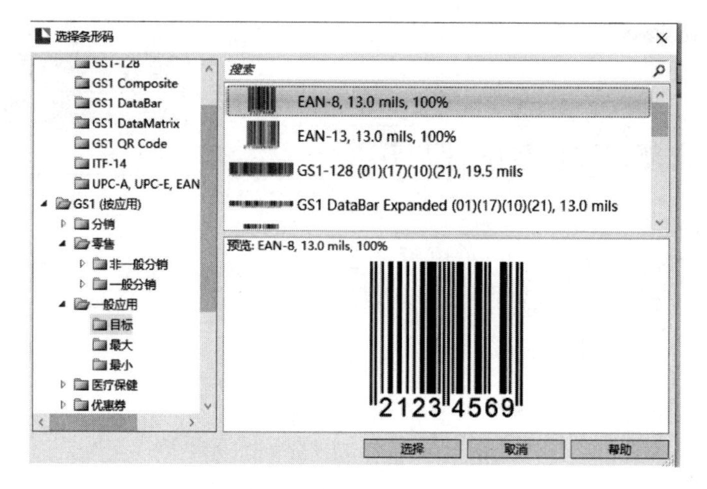

图 2.2.10　选择商品码的编码格式

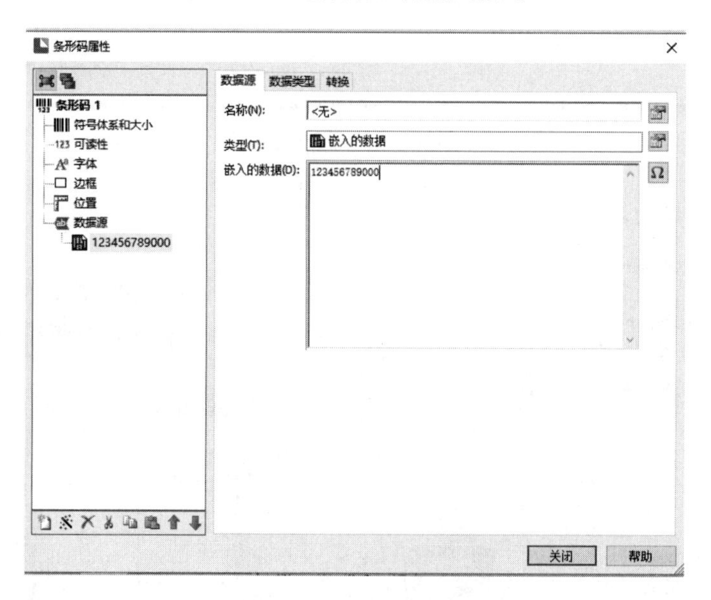

图 2.2.11　输入商品代码

图 2.2.12　输入文本信息

（9）生成标签条码后，单击“打印”图标，设置打印参数，即可输出条码，如图 2.2.13 所示。

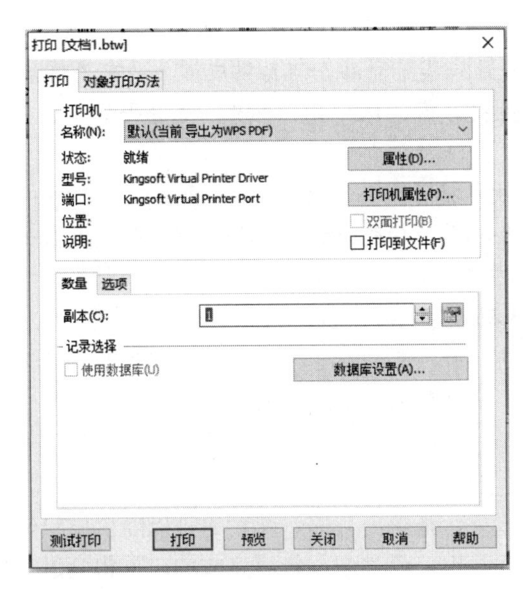

图 2.2.13　输出条码

【小知识】商品条码认识误区

误区一：看商品条码知道商品原产地

示例：从商品条码前几位数字可以确定商品是进口还是国产的？如美国产商品的商品条码以 0 开头，法国是 3，中国是 6，智利是 7，西班牙是 8，澳大利亚是 9 等。

【真相】不能。商品条码只能反映其持有者是在哪个 GS1 编码组织注册的厂商识别代码，并不表示产品的生产地。根据 GS1 国际编码组织管理准则，商品条码最好以所在销售国的条码为主，但同时也允许以原生产国条码为商品条码。我国《商品条码管理办法》也有规定：“依法取得营业执照和相关合法经营资质证明的生产者、销售者和服务提供者，可以申请注册厂商识别代码。”依照此条的规定，在中国境内具有合法经营资质的外国企业，同样可以在中国申请以 690～699 开头的厂商识别代码。因此，商品条码并不代表产品的原产地，只能反映管理该商品条码的所在国家或地区的 GS1 编码组织。

以“雪碧”牌饮料为例，若需在中国销售，其商品条码可以由美国总公司在美国境内申请，也可以由中国的代理商在中国申请。如果是美国总公司申请的，其前缀码是 000～019 或 030～039 或 060～139；若为中国大陆的代理商申请的，则其前缀码为 690～699。

此外，在中国国内生产的商品，也可以使用境外注册的商品条码。我国《商品条码管理办法》第二十五条明确规定：“在国内生产的商品使用境外注册的商品条码时，生产者应当提供该商品条码的注册证明、授权委托书等相关证明，并到所在地的编码分支机构备案，由编码分支机构将备案材料报送编码中心。”所以，商品条码并不能直接说明该商品是国产还是进口的。

误区二：看商品条码判断产品真假

示例：在超市买东西时可看到商品条码，我刚从网上买了一双鞋，没有商品条码，这双鞋肯定是假的。

【真相】商品条码的作用将商品的代码“翻译”成宽窄不同的条码，供机器识读。这个商品条码是访问计算机信息数据库的“钥匙”，通过这把“钥匙”，消费者可以查找该商品的相关信息，如生产商、规格、数量、价格、生产日期、防伪信息等，但商品条码本身是不包含这类信息的，无法直接判断商品的真假。

目前，商品条码已经在食品、药品安全追溯领域有了不少的应用。如果建立了基于商品条码技术的产品追溯系统，并且采集了商品在流转供应链上的有关信息，通过商品条码进行查询，是有助于消费者了解商品生产厂家、保质期、批号、成分等信息的，进而帮助消费者辨别商品的真伪。

误区三：看商品条码数字推算商品质量

示例：有人认为商品条码前三位能表示质量的好坏，690 是最好的，其次是 691，接着是692，692 之后的说明商品质量很差。

【真相】商品条码的代码数字与商品质量没有任何关系。实际上，商品条码本身除了指向某企业生产的某种商品信息，并没有特殊含义。但是，如果商品条码与商品上标注的生产商和委托销售商等完全不符，那么该商品一般是有问题的。

2.2.6　店内码的概念

有些商品，如鲜肉、水果、蔬菜、乳酪、熟食等是以随机质量销售的。这些商品的编码任务一般不宜由商品的生产者承担，而是由零售商完成的。零售商进货后，对商品进行包装，使用专用设备对商品称重并自动编码和制成条码，然后将条码粘贴或悬挂在商品包装上。专用设备的结构取决于编码方法，所以设备制造商必须根据与零售商签订的协议生产设备。零售商编制的商品代码，只能用于商店内部的自动化管理系统，因此称为“店内码”。

图 2.2.14　变量商品店内码

店内码的使用大致有两种情况。一种是用于商品变量消费单元的标识，如计重商品——超市里的生鲜、散装食品等，以随机数量销售，其编码只能由零售商完成，如图 2.2.15 所示。零售商根据顾客需求，对商品进行分装，用专有设备（如具有店内码打印功能的智能电子秤）对商品称重并自动编码和制成店内码标签。国家标准（GB/T 18283－2008）对店内码的定义就是针对这种情况的。另一种是用于商品定量消费单元的标识，这类规则包装商品是按商品件数计价销售的，应由生产厂家编印条码，但因厂家对其生产的商品未申请商品条码或厂家印制的商品条码质量不高而无法识读，或厂家有更多需要标识的信息而商品条码不能完全覆盖，为便于商店 POS 系统的扫描结算或打印票据，商店必须自己制作店内码并将其粘贴或悬挂在商品外包装上。

2.2.7　店内码的种类

店内码也属于商品条码，编码遵循商品条码的编码规则，店内码可分为 13 位码和 8 位码。13 位码是标准码，遵循 GTIN-13 编码规则，GS1 分配用作标准店内码的前缀码见表 2.2.2。

表 2.2.2　GS1 分配用作标准店内码的前缀码

前缀码	020～029
	040～049
	200～299

1. GTIN-13 店内码

（1）含价格等信息的 13 位编码

在编码中包含了商品的质量、价格或价格标准等商品信息。前缀码通常为 20～29；商品种类代码 4～6 位，由零售商自行编制；价格或度量值代码 4～5 位，表示商品的质量或价格；校验码 1 位，根据前述 12 位代码计算得到，见表 2.2.3。

表 2.2.3 包含价格等信息的 13 位编码结构

结构种类	前缀码	商品项目代码			校验码
		商品种类代码	价格或度量值校验码	价格或度量值代码	
结构 1	$N_{13}N_{12}$	$N_{11}N_{10}N_9N_8N_7N_6$	无	$N_5N_4N_3N_2$	N_1
结构 2	$N_{13}N_{12}$	$N_{11}N_{10}N_9N_8N_7$	无	$N_6N_5N_4N_3N_2$	N_1
结构 3	$N_{13}N_{12}$	$N_{11}N_{10}N_9N_8N_7$	N_6	$N_5N_4N_3N_2$	N_1
结构 4	$N_{13}N_{12}$	$N_{11}N_{10}N_9N_8$	N_7	$N_6N_5N_4N_3N_2$	N_1

示例：如图 2.2.15（a）所示的店内码，条码信息中的 00270 为价格信息；如图 2.2.15（b）所示的店内码，$N_5N_4N_3N_2$ 四位则为商品的质量。

西红柿

包装日期 保质日期 单价 净含量

2021.11.09 2021.11.10 5.16元/kg 0.522kg

总价

2.70

（a）含价格信息的店内码

（b）含质量信息的店内码

图 2.2.15 含价格等信息的店内码

（2）不含价格等信息的店内码

编码中不包含商品信息，零售商分配 10 位商品项目代码，见表 2.2.4。

表 2.2.4 不含价格等信息的店内码编码结构

前缀码	商品项目代码	校验码
$N_{13}N_{12}$	$N_{11}N_{10}N_9N_8N_7N_6N_5N_4N_3N_2$	N_1

示例：如图 2.2.16 所示的店内码，其店内码为顺序自编，不包含商品价格等信息。

图 2.2.16 不含价格等信息的店内码

2. GTIN-8 店内码

GTIN-8 店内码编码结构见表 2.2.5，8 位店内码的前缀码是 2，6 位商品项目代码由零售商指定。

表 2.2.5　GTIN-8 店内码编码结构

前　缀　码	商品项目代码	校　验　码
2	$N_7N_6N_5N_4N_3N_2$	N_1

3. 其他店内码

部分服装企业为了企业内部产品管理的需要，在服装产品标签上按照自定的规则编制服装编码，并采用 Code 128 码、Code 39 码、交叉 25 码等非 ANCC 系统的条码符号来表示，服装商品条码与店内码的一对多结构如图 2.2.17 所示，并且以内部编码作为识别商品的依据。

图 2.2.17　服装商品条码与店内码的一对多结构

2.2.8　店内码的编制方法

以服装行业为例，了解店内码的编制方法。服装店内码是企业为了便于管理而编制的，与一般商品码的无含义流水码不同，服装内部编码是有含义的，其结构及含义示例见表 2.2.6。

表 2.2.6　某厂商服装内部编码结构及含义示例

位数	1	2	3	4	5	6、7、8	9	10、11、12	13、14
含义	品牌	年份	季节	类别	款型	设计出款流水号	代工厂号	颜色	尺码
示例	J	5	S	2	H	A31	H	800	85
解释	卓越	2015	春	针织	内衣	款号	豪胜	白色	85 码

由于服装商品信息含义多，不仅包括常规的款式、面料、尺码、颜色等静态信息，还包括代工厂等动态信息，字符种类涉及数字、大小写字母等，因此可采用 Code 128 码制生成条码。

【任务实施】

根据任务实施单，按照步骤及要求，完成任务。

任务实施单

项目名称	条码技术在供应链管理中的应用	
任务名称	条码在零售领域的应用	
序　号	实 施 步 骤	步 骤 说 明
1	梳理商品条码的种类	EAN-13、EAN-8、UPC码的结构与含义
		从官网查询厂商识别代码
		掌握厂商识别代码申请流程
2	为服装商品编制条码	根据要求为服装商品编制EAN-13码
3	为服装商品编制店内码	查阅服装店内码的相关标准文件
		选取Code 128码制为服装编制店内码
4	为服装商品制作包含商品条码和店内码的吊牌	安装BarTender软件
		用BarTender软件生成服装商品条码和店内码
		用BarTender软件设计制作吊牌标签
		用条码枪识读标签上的条码

【任务工单】

任务工单

项目	条码技术在供应链管理中的应用		
任务	条码在零售领域的应用		
班级		小组	
团队成员			
得分			

（一）关键知识引导

1．零售商品条码中______代表国家，中国的代码是_____～______。

2．店内码的前缀码范围是______。

3．零售商品条码可分为三部分，即______、________和________。

4．厂商识别代码可通过__________________得到。

5．店内码由_________编制，仅供_________使用。

6．8位和13位店内码的码制分别是______和_________。

7．服装店内码的码制通常采用________、_________和_________。

8．服装店内码是____（有/无）含义的，服装店内码编码可参考________和________。

（二）任务实施完成情况

步　　骤	任 务 内 容	完 成 情 况
梳理商品码的种类	熟悉EAN-13码的编制方法	
	从官网查询厂商识别代码	
	掌握厂商识别代码申请流程	
为服装商品编制条码	根据要求为服装商品编制EAN-13码	
为服装商品编制店内码	查阅商品条码和服装店内码的相关标准文件	
	根据要求为服装商品编制Code128店内码	

续表

续表

步　骤	任 务 内 容	完 成 情 况
为服装商品制作包含商品码和店内码的吊牌	安装 BarTender 等条码软件	
	采用 BarTender 等条码软件设计制作标签	
	使用条码枪识读标签上的条码	

（三）任务检查与评价

评价项目		评 价 内 容	配分	评 价 方 式		
				自我评价	互相评价	教师评价
方法能力（20分）		能够明确任务要求，掌握关键引导知识	5			
		能够准备好软件安装包等任务资源	5			
		按照任务要求，确定任务实施步骤，合理分配时间和任务	5			
		能够正确分析任务实施过程中遇到的问题并及时进行协调解决	5			
专业能力（60分）		能够安装 BarTender 等条码生成软件，并熟悉其使用方法	10			
		能够通过官网查阅资料并熟悉条码申请及使用流程	10			
		能为商品编制商品条码	15			
		能为商品编制店内码	15			
		能用 BarTender 等软件设计制作商品条码标签	10			
职业素养（20分）	安全操作与工作规范	正常使用计算机和网络，不引入病毒	5			
		严格执行 6S 管理规范，积极主动完成工具和设备的整理	5			
	学习态度	认真参与教学活动，课堂上积极互动	3			
		严格遵守学习纪律，按时出勤	3			
	合作与展示	小组之间交流顺畅，合作成功	2			
		语言表达能力强，能够正确陈述基本情况	2			
合　计			100			

（四）任务自我总结

任务实施过程中遇到的问题	解 决 方 式

【拓展任务】

1. 图书条码（ISBN）是由什么构成的？
2. 图书条码的组号如何获得？
3. 图书条码如何计算校验码？
4. 根据服装行业商品条码应用指南，为一款服装编制店内码，并生成标签，服装商品信

息见表 2.2.7。

表 2.2.7 服装商品信息

商品名称	上市年份	适用季节	成分	颜色	价格	尺码
女衬衫	2020	夏	100%棉	黄	169	160

5．图 2.2.18 所示为服装吊牌，解析该服装商品条码，并设法验证。

图 2.2.18 服装吊牌

任务 2.3 储运包装商品条码的生成与应用

【任务描述与要求】

任务描述：商品在出厂后需要经过包装才能在仓储、物流阶段流通，为实现在有包装的情况下，也能通过扫码装置对商品信息进行识别，需要为储运包装商品编写新的条码，并制作箱码和物流标签。

A 地某服装企业生产的新款服装即将上市销售，该企业预备将服装的 3 个型号 2 种颜色按 10 件一小包、60 件一大包混合包装，并运往 B 地销售，为便于管理，请为这些服装包装编制储运条码并制作物流标签。

任务要求：

- 收集生活中箱码及物流码的应用案例并做展示及解说；
- 查阅资料，掌握储运包装商品条码的申办流程，绘制流程图，阐述箱码申办流程；
- 为商品的各个包装编制符合国家标准的箱码；
- 为已包装好准备运往 B 地的商品编制符合国家标准的物流单元代码；
- 根据上述代码用条码生成软件为商品包装制作符合国家标准的条码标签。

【任务资讯】

2.3.1 储运包装商品条码的概念

储运包装商品条码是在商品仓储、物流环节中广泛应用的物品标识系统，能够实现上下游企业间信息传递的“无缝”对接。储运包装商品条码包括两个部分，即箱码和物流单元条码。

（1）箱码的概念

箱码即商品外包装箱上使用的条码标识，如图 2.3.1 所示。其是在商品订货、批发、配送及仓储等流通过程中使用的条码符号，称为储运包装商品条码（详见 GB/T 16830—2008）或非零售商品条码；还有一种称为物流箱码，符合全球统一的编码和标识规则，可以在全球范围内唯一标识特定包装单元物品。箱码仅需一次编码（通常由制造商负责）和一次条码印刷，供应链上所有利益相关企业都可以使用。在应用过程中，制造商、物流商、批发商、零售商等都可以依据统一规则进行箱码数据的采集、跟踪和统计，从而在商品分拣、仓储、批发、配送等供应链各环节中实现自动化管理与无缝式信息交换，大大提高了工作效率，确保产品信息的实时性与准确性，降低运营成本。

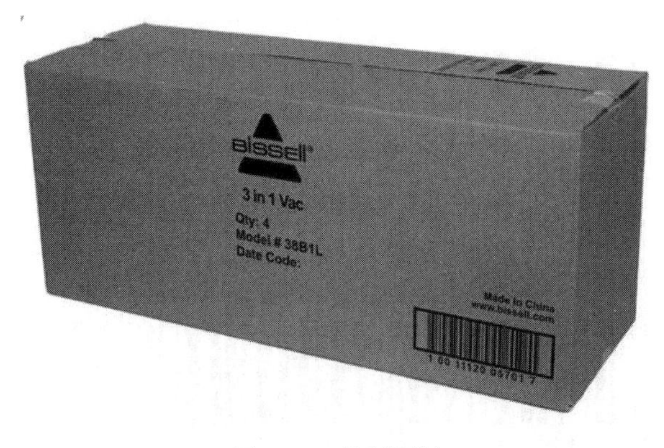

图 2.3.1　箱码图例

（2）物流单元条码的概念

物流单元条码即系列货运包装箱代码（SSCC），其是为物流单元提供唯一标识的代码，如托盘、集装箱等。在物流配送过程中，企业仅需扫描 SSCC，便可实现对整个托盘、集装箱产品信息的采集，从而大幅提升供应链效率。如图 2.3.2 所示。为实现对物流单元的有效跟踪和高效运输，每个物流单元都必须有一个唯一标识。凭借此标识可通过电子方式得到其全部必要信息，是整个供应链过程，包括生产厂家、配销商、物流商、消费者等共享的数据。SSCC 贯穿整个贸易过程，并通过对物流条码数据的采集、反馈，提高整个物流系统的经济效益。

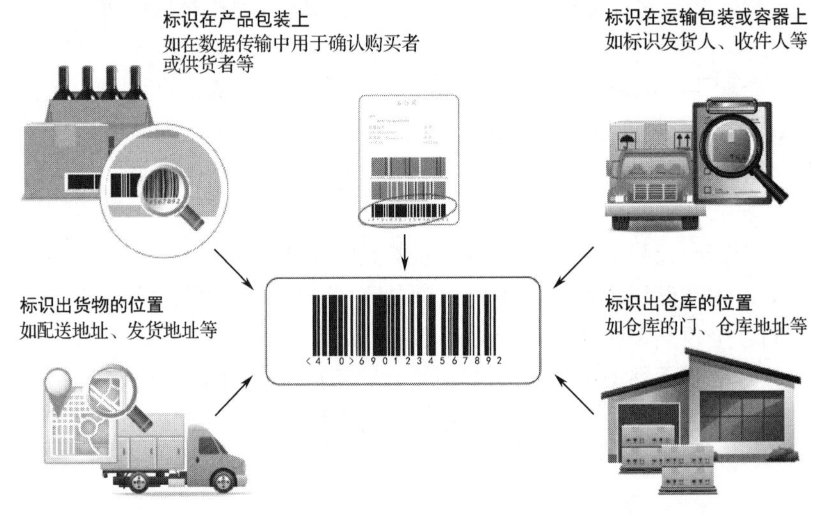

图 2.3.2　物流单元条码的应用

2.3.2 储运包装商品条码的作用

仓储和物流管理信息系统要求快速、准确、高效地对各种物流信息进行采集，要及时捕捉每一个商品在出库、入库、上架、分拣、运输等过程中的各种信息，迫切需要一种标识物品及自动采集数据的方法。对物流系统中的实体储运包装商品进行统一编码并用条码符号进行标识，便是一种有效途径。

（1）在物流供应链上，产品通常以箱为单位进行配送，采用箱码有助于提高效率，降低经营成本。

（2）箱码采用全球统一标识，可以实现整个供应链的数据共享，提高产品配送效率。

（3）箱码可以区分包装的类型和级别，提高了物流信息的准确度。

（4）箱码实现了供应链数据的自动采集，减少了企业的人工成本和数据错误率。

（5）箱码为商品数据统计和预测提供了及时、便利的信息。

2.3.3 储运包装商品条码的类型

用于储运包装商品的条码根据其码制不同可分为三种类型，如图 2.3.3 所示，在供应链各环节中具有不同的用途。

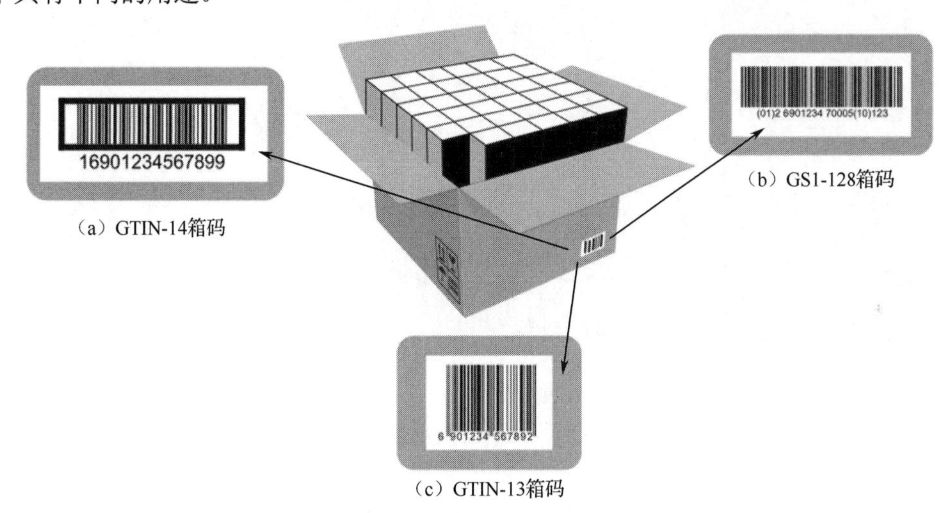

图 2.3.3 储运包装商品条码分类

（1）GTIN-13 箱码

GTIN-13 箱码通常用于商品按包装进行整体销售（POS 结算）的环节，也可以应用于产品分拣、仓储、配送等环节。GTIN-13 箱码对印刷精度要求较高，必须印制在光滑的表面上，否则影响条码识读的准确性。

（2）GTIN-14 箱码

GTIN-14 箱码是 14 位定长编码，不能用于商品结算，通常用在物流和仓储环节。GTIN-14 箱码对印刷精度要求较低，即使印刷在包装表面不够光滑、受外力后容易变形的材料上，也不影响识读。其可直接印制在瓦楞纸或纤维板上。

（3）GS1-128 箱码

GS1-128 箱码主要用于仓储和物流等供应链环节的精细化管理，系列货运包装箱代码使用的就是 GS1-128 箱码。与前两种箱码相比，GS1-128 箱码所表示的产品信息更加丰富，通过附加信息代码可以标识数量、体积、质量、有效期等储运包装商品信息，以及交货地、交付日期、路径等物流信息。GS1-128 箱码的长度可变，为适应商品形式多样的包装，其通常以印刷标签的形式粘贴在产品外箱上。

2.3.4 箱码的编制方法

物流条码

储运包装商品箱码根据其码制不同，编制方法也不相同。

1. GTIN-13 箱码的编制方法

GTIN-13 箱码通常用于可按件销售的商品，可以分为两种情况：一种是标准组合包装商品，另一种是大件商品。

（1）标准组合包装商品

标准组合包装商品是由多个相同零售商品组成的标准的组合包装商品，既可按件销售，也可按箱销售，比如盒装牛奶。此类商品的箱码是单独申请的 13 位 GTIN-13 码，该条码必须区别于单件零售商品的商品码，如图 2.3.4 所示，编码规则遵循 GB 12904—2008。

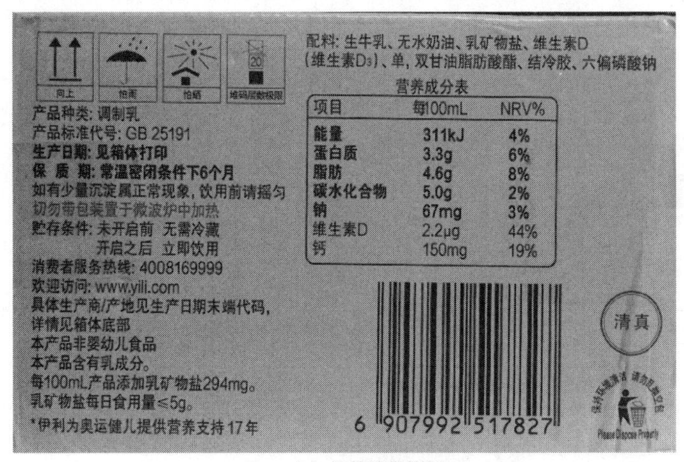

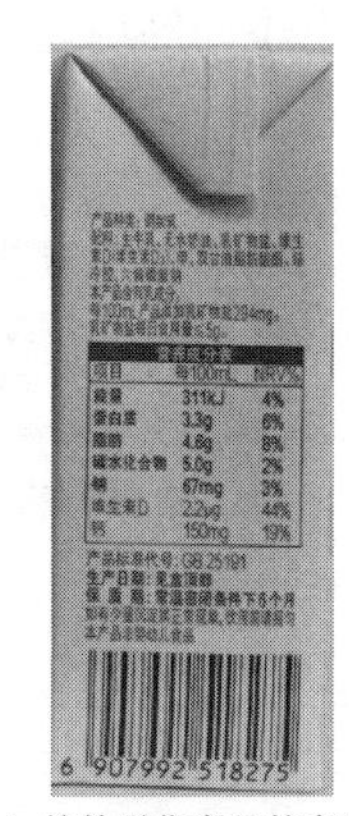

（a）按件销售箱码　　（b）单件零售商品的商品码

图 2.3.4 某品牌牛奶的箱码与商品码

（2）大件商品

对于大件商品，如电视机、冰箱、洗衣机等，一个外箱只能装一件商品，则其箱码仍采用 13 位的 GTIN-13 码，如图 2.3.5 所示。该条码与箱内商品的商品码相同，编码规则遵循 GB 12904—2008。这种类型的箱码既可用于仓储，也可用于 POS 机结算。

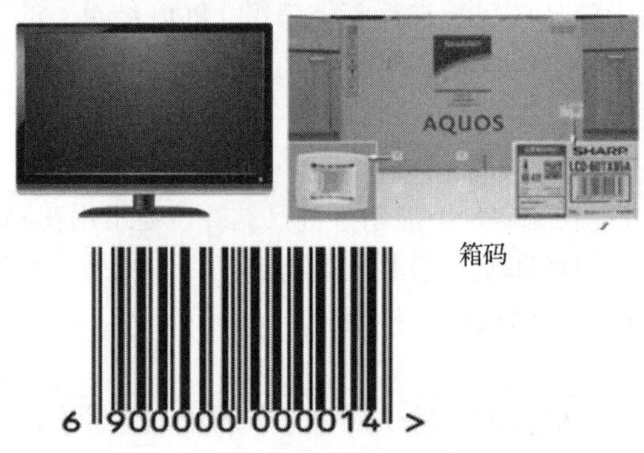

图 2.3.5 大件商品的储运包装商品箱码

2．GTIN-14 箱码的编制方法

如果标准组合式储运包装商品不用 POS 机结算，为便于管理，首选 14 位箱码标识，其代码结构见表 2.3.1。

表 2.3.1 箱码的 14 位代码结构

储运包装商品包装指示符	内部所含零售商品代码前 12 位	校 验 码
V	X_{12} X_{11} X_{10} X_9 X_8 X_7 X_6 X_5 X_4 X_3 X_2 X_1	C

储运包装商品的 GTIN-14 箱码可以按以下方法生成：

（1）用零售商品的 GTIN-13 码生成

若储运包装内是多件相同的零售商品，则可利用零售商品的 GTIN-13 码来生成 GTIN-14 箱码，即在内部所含零售商品的 GTIN-13 码的前 12 位之前增加 1 位包装指示符 V，用于指示储运包装商品的不同包装级别。V 的取值范围为 1～9，其中 1～8 用于定量包装商品，9 用于变量包装商品。由于商品的包装级别较多，包装指示符建议从内到外按 1，2，3，…，8 依次选取，如图 2.3.6 所示；最后一位 C 为重新生成的校验码，生成条码采用 GTIN-14 码制。GTIN-14 箱码可以直接印制在瓦楞纸包装箱上。

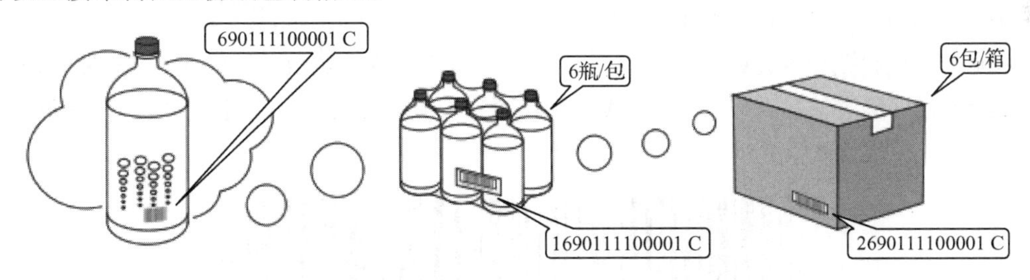

图 2.3.6 不同包装级别的包装指示符在箱码中的应用

（2）用零售商品的 GTIN-8 码生成

如果标准组合式储运包装商品内装零售商品采用的是 GTIN-8 码，其箱码的编码方法是在 GTIN-8 码前补 5 个 0，使其先转化成 13 位代码，再在这 13 位代码前加包装指示符，按前述方法生成 GTIN-14 箱码，如图 2.3.7 所示。

图 2.3.7 GTIN-8 码转换为 GTIN-14 箱码的过程

（3）生成与包装内零售商品条码无关的 GTIN-14 箱码

如果储运包装商品的包装内是由两种或以上不同的零售商品组成的，则包装箱码也可以采用与包装内任一商品码都不相同的 13 位数字代码，在前面加“0”，用 GTIN-14 码表示，如图 2.3.8 所示。

图 2.3.8　与包装内商品条码不同的 GTIN-14 箱码

3．物流单元代码的编制方法

物流单元代码主要用于物流环节，由两部分组成，即 SSCC 和附加信息代码，其中 SSCC 是物流单元的唯一标识代码。物流单元代码用 GS1-128 码表示。

（1）SSCC 的结构和编制方法

物流单元代码采用 SSCC 标识，即系列货运包装箱代码。SSCC 是无含义、定长的 18 位数字代码，不包含分类信息，整个 18 位代码标识为一个物流单元，如图 2.3.9 所示，必须与应用标识符（00）一起使用。

图 2.3.9　SSCC

SSCC 由扩展位、厂商识别代码、系列号和校验符共 18 位组成，其结构见表 2.3.2。其中，扩展位由 1 位数字组成，取值为 0～9；厂商识别代码由 7～10 位数字组成；系列号由厂商自行分配，由 6～9 位数字组成；校验符为 1 位数字。

表 2.3.2　SSCC 结构

结构类型	扩展位	厂商识别代码	系列号	校验符
结构一	N_1	$N_2N_3N_4N_5N_6N_7N_8$	$N_9N_{10}N_{11}N_{12}N_{13}N_{14}N_{15}N_{16}N_{17}$	N_{18}
结构二	N_1	$N_2N_3N_4N_5N_6N_7N_8N_9$	$N_{10}N_{11}N_{12}N_{13}N_{14}N_{15}N_{16}N_{17}$	N_{18}
结构三	N_1	$N_2N_3N_4N_5N_6N_7N_8N_9N_{10}$	$N_{11}N_{12}N_{13}N_{14}N_{15}N_{16}N_{17}$	N_{18}
结构四	N_1	$N_2N_3N_4N_5N_6N_7N_8N_9N_{10}N_{11}$	$N_{12}N_{13}N_{14}N_{15}N_{16}N_{17}$	N_{18}

（2）附加信息代码的结构和编制方法

附加信息代码是标识物流单元相关信息（如物流单元内贸易项目的 GIN、贸易与物流量度、物流单元内贸易项目的数量等）的代码，由应用标识符和编码数据组成，常见标识物流信息的应用标识符如表 2.3.3 所示。

表 2.3.3　常见标识物流信息的应用标识符

AI	编码数据含义	格　式
00	系列货运包装箱代码	n2+n18
02	物流单元内贸易项目的 GTIN	n2+n14
33nn，34nn，35nn，36nn	物流量度	n4+n6
37	物流单元内贸易项目的数量	n2+n…8
401	货物托运代码	n3+an…30
402	装运标识代码	n3+n17
403	路径代码	n3+an…30
410	交货地全球位置码	n3+n13
413	货物最终目的地全球位置吗	n3+n13
420	同一邮政地区内交货地邮政编码	n3+an…20
421	具有 3 位 ISO 国家代码的交货地邮政编码	n3+n3+an…9

注：表中 n 表示数字，a 表示字母。

例如：在批号或组号（10）的格式“n2+an…20”中，“n2”表示该应用标识符（10）是 2 位数字格式，“an…20”表示应用标识符（10）后跟数字或字母型代码，该代码是不定长格式，但最长不超过 20 位。

例如：在具有 3 位 ISO 国家代码的交货地邮政编码（421）的格式“n3+n3+an…9”中，第一个“n3”表示该应用标识符（421）是 3 位数字格式，第二个“n3”表示 3 位 ISO 国家代码，“an…9”表示应用标识符后跟变长的数字或字母代码，代码最长为 9 位。

如果使用物流单元附加信息代码，则必须与 SSCC 一并处理，不可只单独标识附加信息代码，如图 2.3.10 所示。

应用标识符由 2～4 位数字组成，标识其对应的附加信息代码的含义与格式，不同的附加信息代码可组合使用，详见 GB/T 16986—2018《商品条码 应用标识符》。

图 2.3.10　SSCC 与附加信息代码共同标识物流单元信息

（3）GS1-128 条码结构与编码规则

SSCC 和附加信息代码使用 GS1-128 码制。GS1-128，之前叫作 UCC/EAN-128，是 Code 128 字符集的子集。在 Code 128 字符集的起始符后，如果是 Code 128 字符集中的 FNC1，那么说明此条码是 GS1-128 码。GS1-128 码比较特殊，是由一个或多个应用标识符加对应格式的编码组合而成的，不能随意编制。

一个 GS1-128 码可以包括多个应用标识符和其对应的数据字符串，国家标准规定，若应用标识符是两位的，其数据字符串长度是固定的，详见表 2.3.4。如果一个 GS1-128 码，既包含固定长度的数据字符串，又包含可变长度的数据字符串，则在编码时，应遵循“先固定长度数据字符串、后可变长度数据字符串”的规则。多段链接成一个条码后，如果每一段都是长度固定的数据字符串，就可以直接连起来。如果有可变长度的数据字符串，就需要用分隔符（FNC1）把它们分开，但最后一段可变长度的数据字符串不需要分隔符。GS1-128 码的数据长度只能是偶数位。

表 2.3.4　固定长度数据字符串的应用标识符及其长度

应用标识符前两位	固 定 长 度	应用标识符前两位	固 定 长 度	应用标识符前两位	固 定 长 度
00	20	14	8	32	10
01	16	15	8	33	10
02	16	16	8	34	10
03	16	17	8	35	10
04	16	18	8	36	10
11	8	19	8	41	16
12	8	20	4		
13	8	31	10		

带有应用标识符的特定数据字段使用附加检验符。由于 GS1-128（UCC/EAN-128）码支持多数据字段，每个数据字段所属的类型都可以有其自己的校验码。校验符的生成规则示例见表 2.3.5。

表 2.3.5　校验符生成规则示例

字符	Start B	FNC1	A	I	M	Code C	12	34
字符值	104	102	33	41	45	99	12	34
权	1	1	2	3	4	5	6	7
乘积	104	102	66	123	180	495	72	238
乘积和	1380							
乘积和/103	1380/103=13 余 41							
校验符值	41							

注：该代码采用字符集 B、C 混合编码。

与条码对应的供人识别字符通常放在条码符号的下方或上方。校验符不是数据的一部分，不在供人识别字符的格式中显示。分隔符 FNC1 也不作为供人识别字符显示。供人识别字符串的应用标识符需用圆括号括起来，以明显区别于其他数据。但括号不是数据的一部分，不在条码符号中编码。

固定长度数据字符串组成的物流附加信息条码示例如图 2.3.11 所示，应用标识符 01（GTIN）的数据定长为 16，应用标识符 31（净重）的数据定长为 10，则在生成条码时不需间隔符，可直接连接，两段定长数据字符串组成的条码示例如图 2.3.12 所示。

图 2.3.11　固定长度数据字符串组成的物流附加信息条码示例

图 2.3.12　两段定长数据字符串组成的条码示例

两段可变长度数据字符串组成的条码示例如图 2.3.13 所示，组成的物流信息附加码如图 2.3.14 所示，应用标识符（8005）单价，与应用标识符（10）产品批号（最多 20 位）为可变长度数据字符串，编码时，在（8005）000365 后要加上间隔符 FNC1，而在（10）123456 后不用加间隔符，因为这已经是数据段的最后一段，不会造成数据位数识别错误。

图 2.3.13　两段可变长度数据字符串组成的条码示例

图 2.3.14　两段可变长度数据字符串组成的物流信息附加码

（4）物流标签生成方法

物流标签是用于表示物流单元有关信息的条码符号标签。物流单元条码通常不会提前印刷在包装上，而是在物流信息确定后通过粘贴标签的方法固定在物流包装上。

在物流标签上，物流单元的信息有两种基本形式：供人识读的图形信息以及为实现自动数据采集而设计的机读信息。完整的物流标签应包括供应商区段、承运商区段和客户区段，如图 2.3.15 所示。

物流标签各区段内容如下：

供应商区段所包含的信息一般是供应商在包装时确定的，SSCC 作为物流单元的唯一标识，必须与应用标识代码（00）一起使用。供应商区段也可包含商品批号、有效期或生产日期等信息。

图 2.3.15　完整的物流标签

客户区段所包含的信息，如购货订单代码、客户特定运输路线和装卸信息等，通常是在订购和供应商处理订单时确定的。

承运商区段所包含的信息，如标识目的地的邮政编码、托运代码、运输路线、货物装卸信息等，通常是在装货时确定的，此时 SSCC 信息通常位于标签底部的显眼位置。

需要注意的是，在物流标签中，表示 SSCC 的 GS1-128 码作为主符号，需单独标识，该物流信息单元的附加信息，则需要以另外的 GS1-128 码来标识。

简单的物流标签也可以只包含供应商区段或包含供应商区段与客户区段。

2.3.5　箱码的办理流程

企业使用箱码仍然需要经中国物品编码中心申报及备案，方可成为通用条码，并可追溯商品编码。企业申办箱码需遵循以下流程：

（1）在中国物品编码中心注册成为会员。

（2）中国物品编码中心分配厂商识别代码。

（3）为商品编码（包括箱码）、制作条码。

（4）网上登记商品条码备案。

（5）根据箱码应用领域确定印刷标准和印制位置。

（6）批量印刷包装箱或条码标签。

（7）条码质量验收。

（8）交经销商或配送中心完成商品包装及条码标签的粘贴。

箱码办理流程图如图 2.3.16 所示。

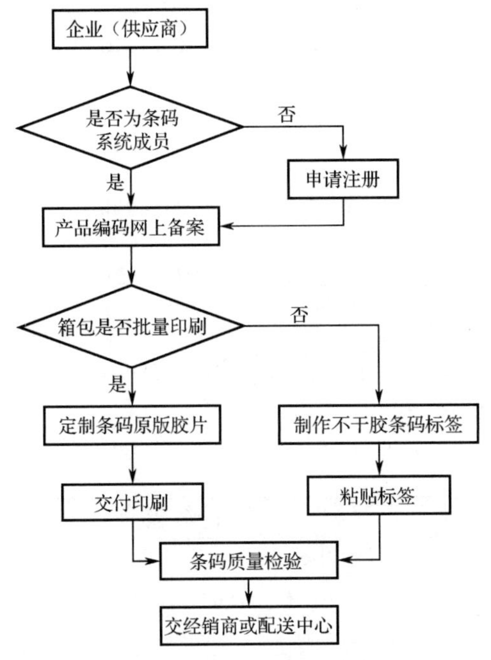

图 2.3.16　箱码办理流程图

【任务实施】

根据任务实施单，按照步骤及要求，完成任务。

任务实施单

<table>
<tr><td>项目名称</td><td colspan="2">条码技术在供应链管理中的应用</td></tr>
<tr><td>任务名称</td><td colspan="2">条码在仓储管理中的应用</td></tr>
<tr><td>序　号</td><td>实 施 步 骤</td><td>步 骤 说 明</td></tr>
<tr><td>1</td><td>收集储运包装商品条码应用实例</td><td>拍照记录并展示</td></tr>
<tr><td>2</td><td>查阅资料掌握箱码、物流条码申办流程</td><td>绘制流程图并阐述申办流程</td></tr>
<tr><td rowspan="3">3</td><td rowspan="3">查阅资料，为储运包装商品编制箱码和物流条码</td><td>查阅商品码箱码、物流码标准文件</td></tr>
<tr><td>为商品包装编制箱码</td></tr>
<tr><td>为商品包装编制物流条码</td></tr>
<tr><td>4</td><td>制作服装包装箱码和物流条码标签</td><td>用 BarTender 软件制作箱码和物流条码标签</td></tr>
<tr><td>5</td><td>储运包装商品条码识读验证</td><td>用条码枪扫码验证</td></tr>
</table>

【任务工单】

任务工单

<table>
<tr><td>项目</td><td colspan="3">条码技术在供应链管理中的应用</td></tr>
<tr><td>任务</td><td colspan="3">条码在仓储管理中的应用</td></tr>
<tr><td>班级</td><td></td><td>小组</td><td></td></tr>
<tr><td>团队成员</td><td colspan="3"></td></tr>
<tr><td>得分</td><td colspan="3"></td></tr>
</table>

续表

（一）关键知识引导

1．储运包装商品条码有哪些类型？

2．箱内包装多件不同商品时，箱码采用______码制。

3．按件销售的啤酒，件装箱码采用________码制。

4．多重包装的商品，其包装指示符应遵从内包装指示符____外包装指示符的规则。

5．箱码在使用前需经中国物品编码中心______或________。

6．物流单元代码采用 SSCC 标识，其是由____、_______的 18 位数字代码构成的。

7．SSCC 是由扩展位、____、_______ 和________构成的。

8．GS1-128 码与 Code128 码的不同之处在于______。

9．应用标识符有固定长度的，也有变长的，在用 GS1-128 码制时，遵从的规则是 ________在前、________在后。应用标识符不可单独使用，必须与_______共同标识货物。

10．完整的物流标签包括客户区段、________和________三部分。

（二）任务实施完成情况

<table>
<tr><th>步　骤</th><th>任 务 内 容</th><th>完 成 情 况</th></tr>
<tr><td>收集储运包装商品条码应用实例</td><td>拍照记录并展示</td><td></td></tr>
<tr><td>查阅资料，掌握箱码、物流条码申办流程</td><td>绘制流程图并阐述申办流程</td><td></td></tr>
<tr><td rowspan="3">查阅资料，为储运包装商品编制箱码和物流条码</td><td>查阅商品码箱码、物流码标准文件</td><td></td></tr>
<tr><td>为商品包装编制箱码</td><td></td></tr>
<tr><td>为商品包装编制物流条码</td><td></td></tr>
<tr><td>制作服装包装箱码和物流条码标签</td><td>用 BarTender 软件制作箱码和物流条码标签</td><td></td></tr>
<tr><td>储运包装商品条码识读验证</td><td>用条码枪扫码验证</td><td></td></tr>
</table>

（三）任务检查与评价

<table>
<tr><th rowspan="2">评价项目</th><th rowspan="2" colspan="2">评 价 内 容</th><th rowspan="2">配分</th><th colspan="3">评 价 方 式</th></tr>
<tr><th>自我评价</th><th>互相评价</th><th>教师评价</th></tr>
<tr><td rowspan="4">方法能力（20 分）</td><td colspan="2">能够明确任务要求，掌握关键引导知识</td><td>5</td><td rowspan="4"></td><td rowspan="4"></td><td rowspan="4"></td></tr>
<tr><td colspan="2">能够正确清点、整理任务设备或资源</td><td>5</td></tr>
<tr><td colspan="2">掌握任务实施步骤，制订实施计划，合理分配时间</td><td>5</td></tr>
<tr><td colspan="2">能够正确分析任务实施过程中遇到的问题并进行调试和排除</td><td>5</td></tr>
<tr><td rowspan="4">专业能力（60 分）</td><td colspan="2">能找到箱码和物流条码实例</td><td>10</td><td rowspan="4"></td><td rowspan="4"></td><td rowspan="4"></td></tr>
<tr><td colspan="2">能按流程申办箱码</td><td>10</td></tr>
<tr><td colspan="2">能根据标准文件为商品编制箱码和物流条码</td><td>30</td></tr>
<tr><td colspan="2">制作箱码和物流条码标签</td><td>10</td></tr>
<tr><td rowspan="6">职业素养（20 分）</td><td rowspan="2">安全与规范操作</td><td>合理使用网络和计算机，注意安全操作</td><td>5</td><td rowspan="2"></td><td rowspan="2"></td><td rowspan="2"></td></tr>
<tr><td>严格执行 6S 管理规范，积极主动完成工具和设备的整理</td><td>5</td></tr>
<tr><td rowspan="2">学习态度</td><td>认真参与教学活动，课堂上积极互动</td><td>3</td><td rowspan="2"></td><td rowspan="2"></td><td rowspan="2"></td></tr>
<tr><td>严格遵守学习纪律，按时出勤</td><td>3</td></tr>
<tr><td rowspan="2">合作与展示</td><td>小组之间交流顺畅，合作成功</td><td>2</td><td rowspan="2"></td><td rowspan="2"></td><td rowspan="2"></td></tr>
<tr><td>语言表达能力强，能够正确陈述基本情况</td><td>2</td></tr>
<tr><td colspan="3">合　计</td><td>100</td><td></td><td></td><td></td></tr>
</table>

续表

（四）任务自我总结

任务实施过程中遇到的问题	解 决 方 式

【任务拓展】

1．箱码可以直接印刷在包装箱上吗？

2．哪些箱码可以用于零售？

3．试分析物流单元条码和快递条码两者的异同。

4．一批10吨的香蕉按每箱20千克包装，10箱一个大包，要在3天内从海南运送到重庆销售，请协助包装箱设计者设计箱码和物流单元条码，制作条码标签并识读验证。

任务2.4　二维码在商品管理中的应用

【任务描述与要求】

任务描述：商品二维码是用于标识商品及商品特征属性、商品相关网址等信息的二维码。商品二维码是商品的唯一标识，可以兼容零售商品条码，并可扩展更加丰富的商品信息。商品二维码的数据结构丰富，可满足各种市场需要。商品二维码有统一的信息服务入口，可解决不同平台的兼容问题和信息安全问题，有利于商品的流通。

某服装企业为实现商品宣传、商品防伪及提供线上购物便捷通道，预备制作带信息服务的二维码印制在商品标签上。请用草料二维码模板功能帮助该企业设计并制作二维码标签。

任务要求：

- 通过调查走访，挖掘不同种类二维码的应用案例，并以图片或视频形式进行展示；
- 通过查阅资料，了解二维码的编码原理并能分辨常用二维码的类型；
- 通过查阅资料，辨析商品二维码的数据结构和信息服务；
- 用草料二维码模板，制作含有附加信息的商品二维码标签；
- 总结商品二维码的申办流程，并绘制流程图。

【任务资讯】

2.4.1　二维码的概念

二维码，又称二维条码或二维条形码，是指用某种特定的几何图形按一定规律在平面（二维方向）上分布的黑白相间的图形，用来记录数据符号信息的新一代条码技术，如图2.4.1所示。在代码编制上巧妙地利用构成计算机内部逻辑基础的“0”“1”比特流的概念，使用若干个与二进制相对应的几何形体来表示文字数值信息，通过图像输入设备或光电扫描设备自动识读，以实现信息的自动处理。二维码具有条码的一些共性：每

图2.4.1　二维码图例

种码制有其特定的字符集；每个字符占有一定的宽度；具有一定的校验功能；具有对不同行的信息自动识别的功能；具有处理图像旋转变化的能力。二维码能够在横向和纵向两个方向同时表达信息，因此能在很小的面积内表达大量的信息。

与一维条码相比，二维码具有以下特点：

（1）高密度编码，信息容量大。

可容纳多达 1850 个大写字母或 2710 个数字，或 1108 字节，或 500 多个汉字，比普通条码信息容量高约几十倍。

（2）编码范围广。

图 2.4.2　带图片的二维码示例

二维码可以将图片、声音、文字、签字、指纹等可以数字化的信息进行编码，用条码表示出来，带图片的二维码示例如图 2.4.2 所示。其还可以表示多种语言文字及图像数据。

（3）容错能力强，具有纠错功能。

二维码在因穿孔、污损等引起局部损坏时，仍然可以被正确识读，损毁面积达 30%仍可恢复信息。

（4）译码可靠性高。

二维码比普通条码译码错误率（百万分之二）要低得多，误码率不超过千万分之一。

（5）可引入加密措施：保密性、防伪性好。

（6）成本低，易制作，持久耐用。

（7）二维码符号形状、尺寸比例可变。

（8）二维码可以使用激光或 CCD 阅读器识读。

由于二维码具有这些特点，其被广泛应用于餐饮、超市、电影、购物、旅游、汽车等行业中，在这些领域中，二维码是传递信息的载体，如个人名片、产品介绍、质量跟踪等；也可以实现网络链接，如电商平台入口，顾客通过扫描商品广告的二维码，实现在线购物；移动支付是大众最熟悉的二维码应用之一，顾客扫描二维码进入支付平台，使用手机进行支付；二维码还可作为凭证，比如团购的消费凭证、会议的入场凭证等。

【小知识】二维码知识产权问题

二维码的前身是条码，起源于 1949 年。二维码的发明者当时只申请了专利权，却没有发现二维码里面蕴藏的潜在商机，所以就主动放弃了使用权。中国意锐新创公司创始人王越在日本接触到二维码后发现了商机，于 2002 年创办了意锐公司，并联合国内众多的优秀工程师，共同研发了世界上第一款手机二维码引擎；2003 年获得了具有完全自主知识产权的“二维码快速识读引擎”，并申报了条码识读方法和装置的国家专利；2005 年开发了汉信码，即中国第一个国家二维码标准，现已成为 ISO 的国际标准。

二维码编码原理

2.4.2　二维码的编码原理和种类

二维码是在一维码的基础上扩展出的另一维具有可读性的条码，与一维码仅用宽度记载数据不同，二维码的长度、宽度均记载着数据。二维码有一维码没有的“定位点”和“容错机制”。容错机制是指在即使没有辨识到全部的条码或者条码有污损时，也可以正确地还原条码上的信息。二维码的种类很多，不同的机构开发出的二维码具有不同的结构及编写、读取方法。根据其编码方式不同，二维码可以分为两类：堆叠式和矩阵式。

1. 堆叠式二维码

堆叠式二维码，又称行排式二维码、堆积式二维码或层排式二维码，其编码原理是在一维

码基础之上，按需要堆积成两行或多行。其在编码设计、校验原理、识读方式等方面继承了一维码的一些特点，识读设备和条码印刷与一维码技术兼容。但由于行数增加了，需要对行进行判定，译码算法和软件与一维码也不完全相同。

有代表性的行排式二维码有 Code 16K 码、Code 49 码、PDF417 码等。

PDF417 码是由美国 Symbol 公司发明的，PDF 的意思是“便携数据文件”。组成条码的每一个条码字符由 4 个条和 4 个空共 17 个模块构成，故称为 PDF417 码，PDF417 码符号结构如图 2.4.3 所示。

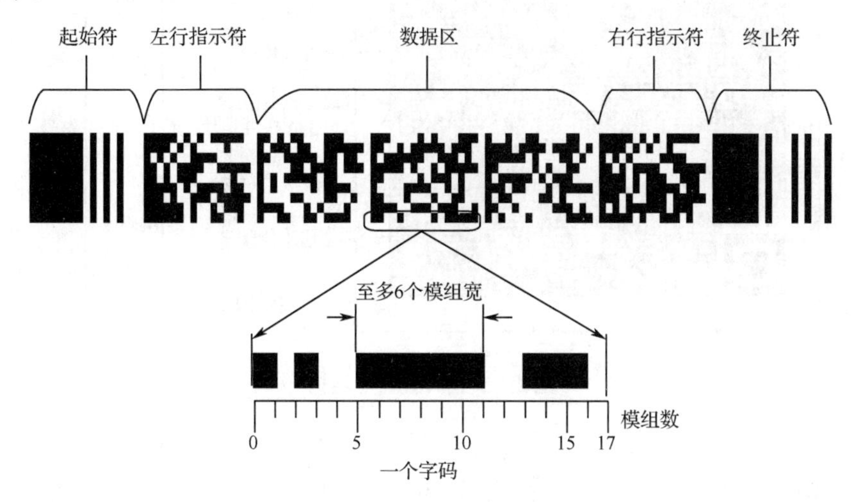

图 2.4.3　PDF417 码符号结构

PDF417 码可表示数字、字母或二进制数，也可表示汉字。一个 PDF417 码最多可容纳 1850 个字符或 1108 字节的二进制数，如果只表示数字则可容纳 2710 个数字。PDF417 码的纠错能力分为 9 级，级别越高，纠错能力越强。由于具有这种纠错能力，污损的 PDF417 码也可以被正确识读。

2．矩阵式二维码

矩阵式二维码（又称棋盘式二维码），是在一个矩形空间中，通过黑、白像素在矩阵中的不同分布来进行编码的。在矩阵相应元素的位置上，用深色的点（方形、圆形或其他形状）表示二进制的“1”，浅色的空表示二进制的“0”，点的排列组合确定了矩阵式二维码所代表的意义。

矩阵式二维码是建立在计算机图像处理技术、组合编码原理等基础上的一种新型图像符号自动识读处理码制。具有代表性的矩阵式二维码有 Code One 码、MaxiCode 码、QR 码、Data Matrix 码、汉信码、龙贝码、Grid Matrix 码等，如图 2.4.4 所示。

Data Matrix码　MaxiCode码　QR码　汉信码　龙贝码

图 2.4.4　具有代表性的矩阵式二维码

（1）QR 码

QR 码（快速响应码）是由日本 DENSO WAVE 公司于 1994 年开发的一种可高速读取的矩阵式二维码。QR 码符号结构如图 2.4.5 所示。

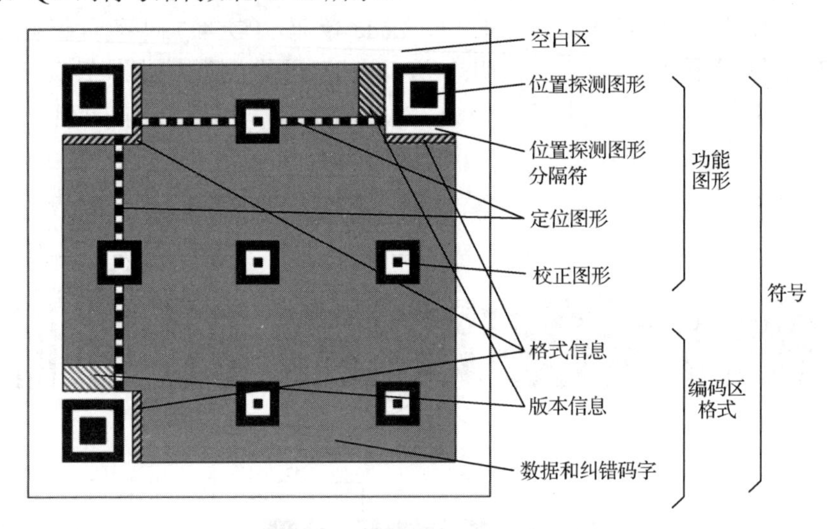

图 2.4.5　QR 码符号结构

QR 码符号共有 40 种规格，分别为版本 1、版本 2、……、版本 40。版本 1 的规格为 21 模块×21 模块，版本 2 的规格为 25 模块×25 模块，以此类推，每一版本符号比前一版本每边增加 4 个模块，直到版本 40（规格为 177 模块×177 模块）。

QR 码具有以下特点：

① 可存储大容量信息。

传统的条码只能处理 20 位左右的信息量，而 QR 码可处理条码处理的几十倍到几百倍的信息量。

另外，QR 码还支持所有类型的数据（如数字、英文字母、日文字母、汉字、符号、二进制数、控制码等）。一个 QR 码最多可以处理 7089 字节（仅用数字时）的信息量。

② 在小空间内处理数据。

QR 码使用纵向和横向两个方向处理数据，如果是相同的信息量，QR 码所占空间为条码的十分之一左右。其还支持 Micro QR 码，可以在更小空间内处理数据。

③ 可高效处理日文字母和汉字。

QR 码是日本公司开发的二维码，因此非常适合处理日文字母和汉字。QR 码字集规格定义是按照日本标准 JIS 第一级和第二级的汉字制定的，因此在日语处理方面，每一个全角字母和汉字都用 13 比特的数据处理，效率较高，与其他二维码相比，可以多存储 20%以上的信息。

④ 对变脏和破损的适应性强。

QR 码具备纠错功能，即使部分编码变脏或破损，也可以恢复数据。数据恢复以码字（组成内部数据的单位，在 QR 码中，每 8 比特代表 1 码字）为单位，最多可以纠错约 30%（根据变脏和破损程度的不同，也存在无法恢复的情况）变脏或破损的内容。

⑤ 可以从任意方向读取。

QR 码从任意方向均可快速读取。QR 码中的 3 处定位图案，可以帮助其不受背景样式的影响，实现快速稳定的读取。

⑥ 支持数据合并功能。

QR 码可以将单个数据分割为多个编码，最多支持 16 个。使用这一功能，还可以在狭长区域内打印 QR 码。另外，也可以把多个分割编码合并为单个数据。

（2）汉信码

汉信码符号是由 $n \times n$ 个正方形模块构成的正方形阵列，该正方形阵列由信息编码区、功能信息区与功能图形区组成，功能图形区主要包括寻像图形、寻像图形分隔符、校正图形与辅助校正图形。汉信码符号的四周有不少于 3 个模块宽的空白区。汉信码符号结构如图 2.4.6 所示。

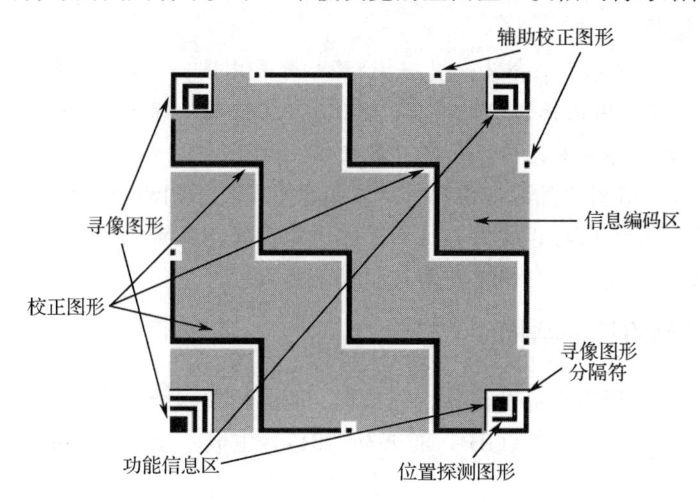

图 2.4.6　汉信码符号结构

汉信码基本技术指标及其特点如下：

① 信息容量大。

汉信码可以用来表示数字、英文字母、汉字、图像、声音、多媒体等一切可以二进制化的信息，并且在信息容量方面远远领先于其他码制。

② 具有较强的汉字表示能力和汉字压缩效率。

汉信码支持 GB 18030—2005 中规定的 160 万个汉字信息字符，并且采用 12 比特的压缩比，每个符号可表示 12～2174 个汉字字符。

③ 编码范围广。

汉信码可以将照片、指纹、掌纹、签字、声音、文字等可数字化的信息进行编码。

④ 支持加密技术。

汉信码是第一种在码制中预留加密接口的条码，其可以与各种加密算法和密码协议进行集成，因此具有极强的保密防伪性能。

⑤ 抗污损和畸变能力强。

汉信码具有很强的抗污损和畸变能力，可以被附着在常用的平面或桶装物品上，并且可以在缺失两个定位标的情况下进行识读。

⑥ 修正错误能力强。

汉信码采用太空信息传输中常采用的 Reed-Solomon 纠错算法，使得纠错能力可以达到 30%。

⑦ 可供用户选择纠错等级。

汉信码提供四种纠错等级，用户可以根据自己的需要在 8%、15%、23%和 30%的纠错等级中进行选择，从而具有高度的适应能力。

⑧ 容易制作且成本低。

利用现有的点阵、激光、喷墨、热敏/热转印等打印技术，即可在纸张、卡片、PVC，甚至金属表面上印制汉信码。由此所增加的费用仅是油墨的成本，可以真正称得上是一种“零成本”技术。

⑨ 条码符号的形状可变。

汉信码符号共有 84 个版本，分别为版本 1、版本 2、……、版本 84，可以由用户自主进行选择，最小的条码仅有指甲大小。

【小知识】汉信码

“汉信码”这个名称有两个含义，其一，“汉”代表中国，“汉信”表示中国的信息，也表示汉字信息，“汉信码”用来标识中文信息；其二，“汉信码”标志着中国开始走上国际条码技术的主要舞台，开始具有技术话语权，即“汉之信”。

“汉信码”的成功研制使我国在条码技术方面开启了自主创新的时代。“汉信码”的诞生打破了国外公司在二维码生成与识读核心技术上的商业垄断，在降低使用成本、维护信息安全、推广自动识别技术和扩大国际影响等方面具有重大意义。

2.4.3 商品二维码的数据结构

商品二维码是用于标识商品及商品特征属性、商品相关网址等信息的二维码。商品二维码是基于国家标准《商品二维码》（GB/T 33993—2017）生成，由中国物品编码中心管理、维护和运行的。

商品二维码能兼容各类线上、线下应用，可实现一批一码、一物一码、追溯防伪等功能，满足不同行业、不同应用及社会大众对商品二维码线上、线下追溯、营销、防伪等不同场景应用的需求；一码可绑定多种服务，避免一物多码，解决平台壁垒及安全疑虑，降低消费者扫码安全风险。

商品二维码的数据结构有三种形式，即编码数据结构、国家统一网址数据结构、厂商自定义网址数据结构。

二维码编码数据结构，是基于目前最广泛流行的 GS1 体系（国际物品编码体系），能够涵盖从品类到批次再到单品各个层级的商品编码，并且编码已经被国内外众多条码设备生产商支持。编码数据结构由一个或多个单元数据串按顺序组成。每个单元数据串由 GS1 应用标识符（AI）和 GS1 应用标识符数据字段组成。其中，全球贸易项目代码单元数据串为必选项，其他单元数据串为可选项，见表 2.4.1。

表 2.4.1 商品二维码的单元数据串示例

单元数据串名称	GS1 应用标识符	GS1 应用标识符数据字段的格式	是否必选
全球贸易项目代码	01	N_{14}	是
批号	10	$N_{..20}$	否
系列号	21	$N_{..20}$	否
有效期	17	N_{6}	否
扩展数据项	AI	对应 AI 数据字段的格式	否
包装扩展信息网址	8200	遵循 RFC1738 协议中关于 URL 的规定	否

批号单元数据串由GS1应用标识符“10”及商品的批号数据字段组成，批号数据字段可包含字母、数字，长度可变，最大长度为20字节，由厂商自行定义。

系列号单元数据串由GS1应用标识符“21”及商品的系列号数据字段组成，系列号数据字段为厂商定义的字母、数字字符，长度可变，最大长度为20字节。

有效期单元数据串由GS1应用标识符“17”及商品的6位有效期数据字段组成，包括两位年、两位月、两位日。

包装扩展信息网址单元数据串由GS1应用标识符“8200”及对应的包装扩展信息网址数据字段组成，网址需经厂商授权并符合RFC1738协议中的相关规定。

例如，某商品二维码代码为（01）06901234567892（17）211216，其QR二维码如图2.4.7所示。

图2.4.7　QR二维码示例

2．国家统一网址数据结构

国家统一网址数据结构，面向互联网应用，将二维码作为访问互联网的入口，承载着信息服务平台的网址信息。国家统一网址数据结构由国家二维码综合服务平台服务地址、全球贸易项目代码和标识代码三部分组成，见表2.4.2。全球贸易项目代码为16位数字代码；标识代码为国家二维码综合服务平台通过对象网络服务（OWS）分配的唯一标识商品的代码，最长16字节。

表2.4.2　国家统一网址数据结构

国家二维码 综合服务平台服务地址	全球贸易项目代码	标 识 代 码
官方网址	AI+全球贸易项目代码数据字段	长度可变，最长16字节

图2.4.8　商品二维码示例

假设某商品通过国家二维码综合服务平台OWS得到二维码，采用汉信码编码，纠错等级设置为L2（15%），得到的商品二维码如图2.4.8所示。

3．厂商自定义网址数据结构

我国大多数商品生产企业，已经在中国物品编码中心申请过商品条码，企业资质和企业信息已经备案，有自己的网络销售和商品信息展示平台。在此基础上，采用符合国家标准的商品二维码编制方案，厂商自定义网址数据结构，都是目前最广泛的互联网应用之一，二维码作为访问互联网的入口，承载着企业或信息服务平台等网址信息。厂商自定义网址数据结构由厂商或厂商授权的网络服务地址、必选参数和可选参数三部分依次连接而成，连接方式由厂商确定，应为URI格式，见表2.4.3。

表2.4.3　厂商自定义网址数据结构

网络服务地址	必 选 参 数		可 选 参 数
厂商平台网址	全球贸易项目代码 查询关键字“gtin”	全球贸易项目代码数据字段	一对或多对查询关键字与对应数据字段的组合

必选参数由查询关键字“gtin”及全球贸易项目代码两部分组成，两部分之间应以URI分隔符分隔，URI分隔符见RFC3986。

可选参数由一对或多对查询关键字与对应的 AI 数据字段的组合组成，组合之间应以 URI 分隔符分隔，每对组合由查询关键字和对应的 AI 数据字段两部分组成，两部分之间应以 URI 分隔符分隔。部分商品二维码单元数据串和解析查询关键字见表 2.4.4。

表 2.4.4　部分商品二维码单元数据串和解析查询关键字

单元数据串名称	GS1 应用标识符（AI）	GS1 应用标识符（AI）数据字段的格式	查询关键字
全球贸易项目代码	01	N_{14}[a]	gtin
批号	10	$N_{..20}$	bat
系列号	21	$N_{..20}$[b]	ser
有效期	17	N_{6}	exp
生产日期	11	N_{6}	pro
付款截止日期	12	N_{6}	due

假设基于厂商自定义网址采用汉信码编码，纠错等级设置为 L2（15%），得到的商品二维码如图 2.4.9 所示。

图 2.4.9　基于厂商自定义网址数据结构的商品二维码

2.4.4　商品二维码的信息服务

对于众多中小企业来说，自建二维码服务平台需要花费较多的人力、财力、物力，因此企业可以选择在国家二维码综合服务平台展示产品相关信息，消费者扫描二维码可以看到平台显示的产品详细信息，如果企业已经有自己的产品展示平台，也可以将已有的商品信息展示网址登记在国家二维码综合服务平台上，扫描商品二维码可以通过国家二维码综合服务平台跳转至已有的商品展示平台；当然企业也可以选择采用编码数据结构或厂商自定义网址数据结构来对产品进行展示。

《商品二维码》国家标准规定了商品二维码的三种数据结构，目前国内外大多数的条码设备生产商都支持 GS1 编码体系，以便于用户在线下通过编码数据结构实现跟踪追溯、防窜货等需求；对于厂商自定义网址数据结构，目前主流的扫码 App 都支持解析与访问互联网。同时，国家二维码综合服务平台也提供了解析 SDK，二维码服务商将此 SDK 嵌入扫码 App 中，即可实现通过 App 解析编码数据结构。

2.4.5　商品二维码的注册流程

商品二维码是由中国物品编码中心统一管理的，其注册流程如图 2.4.10 所示。

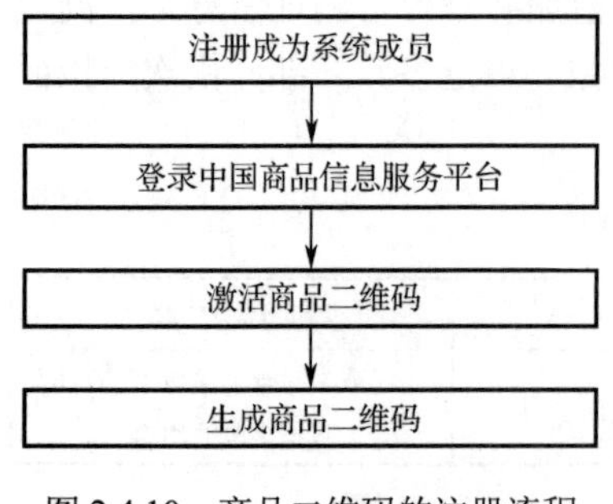

图 2.4.10　商品二维码的注册流程

【任务实施】

根据任务实施单，按照步骤及要求，完成任务。

任务实施单

项目名称	条码技术在供应链管理中的应用	
任务名称	二维码在商品标识中的应用	
序　　号	实 施 步 骤	步 骤 说 明
1	挖掘不同种类二维码的应用案例	拍照记录二维码图片，并辨识其类型
2	制作含附加信息的商品二维码	打开草料二维码网站
		进入模板库
		依次选择产品标签、商品标签、单个生码
		将红酒标签模板修改为服装产品标签
		打印带有二维码的商品标签并扫码验证
3	总结商品二维码的申办流程	绘制流程图，简述商品二维码的申办流程

【任务工单】

任务工单

项目	条码技术在供应链管理中的应用		
任务	二维码在商品标识中的应用		
班级		小组	
团队成员			
得分			

（一）关键知识引导

1．根据编码原理，二维码可以分为______式和________式。

2．商品二维码有三种数据结构，分别是_____、_______和________。

3．商品二维码的编码数据结构中，________必不可少。

4．简述三种数据结构的信息服务内容。

5．商品二维码的注册需要通过__________平台。

（二）任务实施完成情况

步　　骤	任 务 内 容	完 成 情 况
挖掘不同种类二维码的应用案例	收集商品二维码图片，辨识其类型	
制作带信息的商品二维码，熟悉商品二维码的三种数据结构及其信息服务	打开草料二维码网站	
	进入模板库	
	依次选择产品标签、商品标签、单个生码	
	将红酒标签模板修改为服装产品标签	
	打印带有二维码的商品标签	
	扫码验证	
熟悉商品二维码的申办流程	绘制流程图，简述商品二维码的申办流程	

续表

（三）任务检查与评价

评价项目	评价内容		配分	评价方式		
				自我评价	互相评价	教师评价
方法能力（20分）	能够明确任务要求，掌握关键引导知识		5			
	能够正确清点、整理任务设备或资源		5			
	掌握任务实施步骤，制订实施计划，时间分配合理		5			
	能够正确分析任务实施过程中遇到的问题并进行调试和排除		5			
专业能力（60分）	掌握二维码的编制原理及分类		20			
	能编制并生成三种数据结构的商品二维码		30			
	掌握商品二维码的申办流程		10			
职业素养（20分）	安全操作与工作规范	正确使用网络和计算机，不引入病毒	5			
		严格执行6S管理规范，积极主动完成工具和设备的整理	5			
	学习态度	认真参与教学活动，课堂上积极互动	3			
		严格遵守学习纪律，按时出勤	3			
	合作与展示	小组之间交流顺畅，合作成功	2			
		语言表达能力强，能够正确陈述基本情况	2			
合　计			100			

（四）任务自我总结

任务实施过程中遇到的问题	解 决 方 式

【任务拓展】

1．汉信码的主要技术特点是什么？
2．汉信码目前有哪些应用？
3．汉信码可以用作商品二维码吗？
4．请将QR码、汉信码进行综合比较、分析。
5．请借助草料二维码模板生成含表单信息的个人二维码。

项目3　智慧园区门禁管理系统的设计与实施

【职业能力目标】

生活中广泛应用的门禁管理系统集多种自动识别技术于一体，通过对门禁管理系统的学习，应能按照工程项目的实施流程完成不同应用场景下的门禁管理系统的需求分析、总体设计、设备选型、软件设计、系统部署与调试，以及验收与维护等工作。在工作任务中能自主查阅行业技术标准，遵守工程技术规范，培养求实创新、严谨细致的工匠精神。

【引导案例】

随着全球物联网、大数据、云计算、人工智能等新技术的迅速发展和深入应用，智慧园区建设已成为发展趋势，全球产业园区逐渐向着智慧化、创新化、科技化转变。近几年，我国智慧城市建设步伐也不断加快，2012 年至今，国家已出台多项政策推进智慧园区的建设。

智慧园区功能区域众多，从大门主出入口、办公大楼、功能单元，到联合办公室、会议室等，各类出入口人流量不一。借助现有的各类自动识别技术可助力智慧园区门禁管理迈入“智慧”时代。

（1）刷卡感应，高效便捷

感应卡可以代替园区的大门钥匙，并且具有不同的通过权限，只能在被许可的时间段进出园区，如图 3.0.1 所示。外来人员无法自行进入门禁卡管理的辖区，即使保安不在，也不会给不法分子可乘之机进入园区作案。

图 3.0.1　门禁卡

（2）生物识别，安全放心

利用生物识别技术，只需要伸出手指点一点或者露露脸，就可以轻松进出园区，再也不会为忘带或不小心丢失门禁卡而担心了，指纹识别如图 3.0.2 所示。采用人脸识别摄像头可以对具有进出权限的人群放行，并自动予以记录，人脸识别如图 3.0.3 所示。

图 3.0.2　指纹识别

图 3.0.3　人脸识别

每天进出大门时，掏门禁卡、钥匙已经成为习惯性动作了，哪天要是粗心忘带了，再拿备用的要浪费不少时间。倘若保管不当导致钥匙、门禁卡丢失，还得担心安全问题。

在科技发展如此迅速的当下，想要改造门禁系统非常容易。随着生物识别技术的进步，越来越多的相关应用进入市场，其中，以人脸识别技术为主的应用为安防领域带来了新的可能性，也在一定程度上实现了门禁系统的智能化，使得出入更加便利，安全也得以保障。

图 3.0.4　二维码门禁

（3）扫码识别，提高生活品质

随着移动智能终端的普及，二维码成为了门禁系统中的一种新型非接触式身份识别与控制方式，对于利用二维码门禁开门的用户而言，不需要携带门禁卡，用手机扫一扫就可体验快速开门，避免了“忘带门禁卡”“门禁卡丢失或损坏”而无法开门的问题，既方便又快捷；出入人员较多时也不影响出入效率，同样能实现“秒”开门，快速通行；二维码门禁采用类支付级别的活码技术，动态码系统每分钟自动更新，无法复制，安全可靠，如图 3.0.4 所示。

二维码门禁除了提供便捷、安全、高效的通行方式，还具备得天独厚的优势——访客管理。对于生活小区、办公楼、私人会所、展厅等，每天都有大量的访客进出，二维码门禁可采用全自动核验访客身份、发放通行权限的管理模式，杜绝了传统访客管理中的一系列烦琐问题及给访客带来的不便。

任务 3.1　门禁管理系统需求分析

【任务描述与要求】

任务描述：某智慧工业园区入驻了多家企业，集办公、生产、生活于一体，人员流动性较大，出于安全管理的需要，现需要对人员进出实现智能化管理，为此委托 A 公司承建园区门禁管理系统。假如你是 A 公司项目经理，现由你来负责此项目。

为搭建智慧园区门禁管理系统，依据工程项目实施流程，需要完成门禁管理系统需求分析，通过调研、现场勘查、访谈等方法，完成智慧园区门禁管理系统的功能、性能需求分析，编写《智慧园区门禁管理系统需求分析报告》。

任务要求：

- 快速辨识门禁管理系统结构、工作原理、种类及适用的场景；
- 通过研讨，制定需求信息采集实施方案；
- 通过访谈、勘查等多种方式收集需求信息；
- 整理需求分析，并编制需求分析报告。

【任务资讯】

3.1.1　门禁管理系统的概念

门禁管理系统也称为出入口控制系统（ACS），是采用现代电子设备与软件信息技术，在出入口对人或物的进出实施放行、拒绝、记录和报警等操作的控制系统。系统同时对出入人员

编号、出入时间、出入门编号等进行记录，从而确保企事业单位、学校、社区、办公室等重要场所的安全，实现智能化管理。

3.1.2 门禁管理系统的结构与工作原理

门禁管理系统主要由识读部分、传输部分、控制部分、执行部分及相应的系统软件组成。识读部分采集身份信息，传输至控制部分，由门禁控制器完成鉴权，并发出指令到执行部分。如果控制部分包括多个门禁控制器，门禁控制器还需要通过传输部分与控制部分进行信息交互，由此可通过系统软件对所有门禁控制器进行统一协调管理。门禁管理系统原理与组成如图 3.1.1 所示。

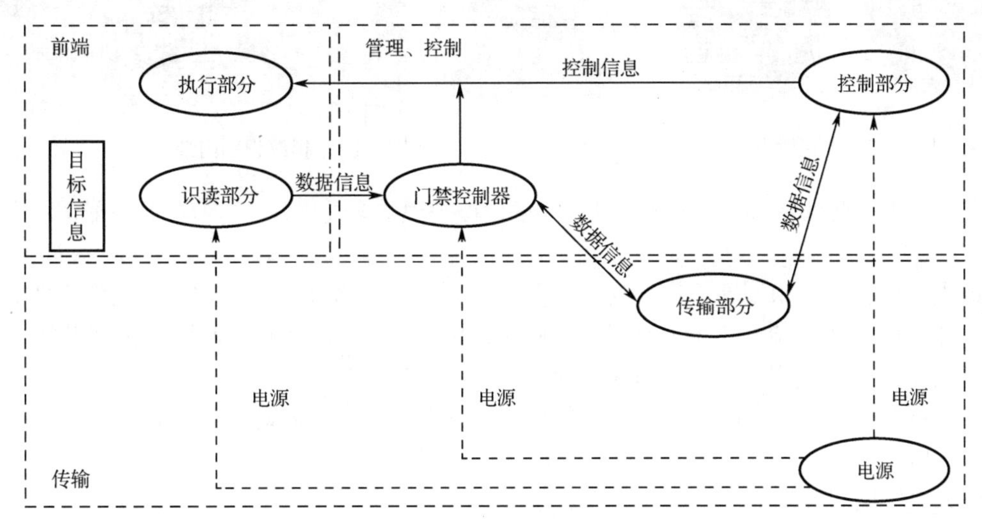

图 3.1.1 门禁管理系统原理与组成

3.1.3 门禁管理系统的分类

随着自动识别技术的发展及网络通信设施的日益完善，现有门禁管理系统呈现出多种类型，可以从身份识别方式、门禁设备硬件构成方式、控制方式、设备连接方式、网络通信方式等进行分类。

门禁管理系统的分类

1. 按照身份识别方式分类

按照身份识别方式，门禁管理系统主要分为刷卡门禁、生物识别门禁、二维码与 NFC 等。

（1）刷卡门禁

刷卡门禁根据卡片的种类可以分为接触卡门禁（磁条卡、条码卡）和非接触卡（感应卡、射频卡）门禁。

接触卡容易磨损，信息易被复制，易受外界磁场干扰使卡片失效，使用的场景已越来越少，一般只用于金融相关领域。非接触卡使用时不需要与读卡设备接触，具有使用方便、耐用性强、性价比高、读取速度快、卡片信息难以复制、安全性高等优势，是主流的门禁管理系统。非接触卡如图 3.1.2 所示。

（2）生物识别门禁

生物识别门禁是通过验证人体生物特征的方式进行身份识别的，常见的生物特征有指纹（手指表层的指纹信息，每个人的指纹纹路特征存在差异性）、掌型（每个人的手掌的骨骼形状存在差异性)、脸部（每个人的五官特征和位置不同)、虹膜（每个人的视网膜通过光学扫描存在差异性)、指静脉（每个人的手指静脉的形状及分布不同）等。指纹识别门禁如图 3.1.3 所示。

图 3.1.2　非接触卡

图 3.1.3　指纹识别门禁

优点：不需要携带卡片等介质，从识别的角度来说安全性极好，重复的几率低，不容易被复制。

缺点：成本高，识别率不高，对环境要求高，对使用者要求高（比如，指纹不能划伤，眼睛不能红肿出血，脸上不能有伤等)，使用不方便（比如，虹膜型和面部识别型的，安装高度是固定的，但使用者的身高却各不相同)，由于生物识别需要比对很多参数特征，比对速度慢，不利于人员过多的场合。人体的生物特征会随着环境和时间的变化而变化，因此容易识别失败。

（3）二维码门禁

伴随着智能移动终端的普及，以手机为载体，采用二维码作为身份认证方式的二维码门禁系统诞生了。可通过智能移动终端所安装的 App 控制手机与门禁身份采集设备进行信息交互，从而完成门禁系统控制，二维码门禁如图 3.1.4 所示。

图 3.1.4　二维码门禁

优点：不需要携带卡片介质，成本低，易于制作，构造简单，灵活实用，便于临时权限管理，如临时访客登记、预约。

缺点：若生成二维码的智能移动终端保管或使用不当，容易造成个人信息泄露。

（4）NFC 门禁

随着具备 NFC 识读功能的智能手机的普及，可以将实体非接触门禁卡与 NFC 手机绑定，开门时用手机扮演门禁卡角色。NFC 门禁如图 3.1.5 所示。

图 3.1.5　NFC 门禁

2. 按门禁设备硬件构成方式分类

从门禁设备硬件构成角度，门禁管理系统可分为一体型门禁管理系统和分体型门禁管理系统。

（1）一体型门禁管理系统

一体型门禁管理系统是由识读设备、管理/控制设备和执行设备连接、组合或集成在一起，实现门禁管理系统的身份识别和通道控制功能的。一体型门禁管理系统组成如图 3.1.6 所示。

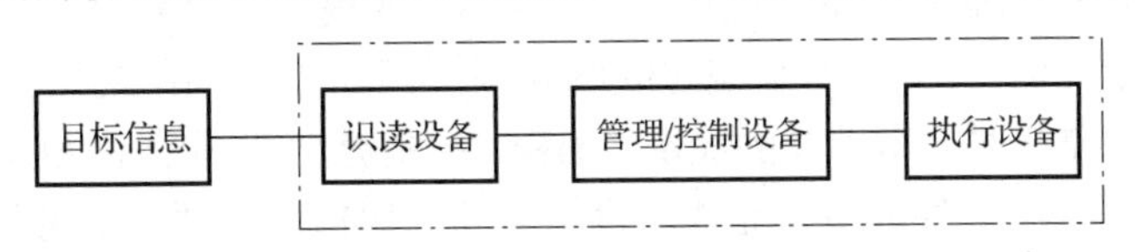

图 3.1.6　一体型门禁管理系统组成

一体型门禁管理系统的优点是成本低，适用于门数和授权用户较少、不需要计算机管理的低端用户；缺点是一体型门禁机要完成信息读取，必须放置在入口处，给非法人员提供了破坏的可能性，安全性差。

（2）分体型门禁管理系统

分体型门禁管理系统的识读设备、管理/控制设备和执行设备，在结构上有分开的部分（如图 3.1.7 所示），也有通过不同方式组合的部分（如图 3.1.8 所示）。分开部分与组合部分之间通过电子、机电等手段连接成为一个系统，实现身份识别和通道控制功能。

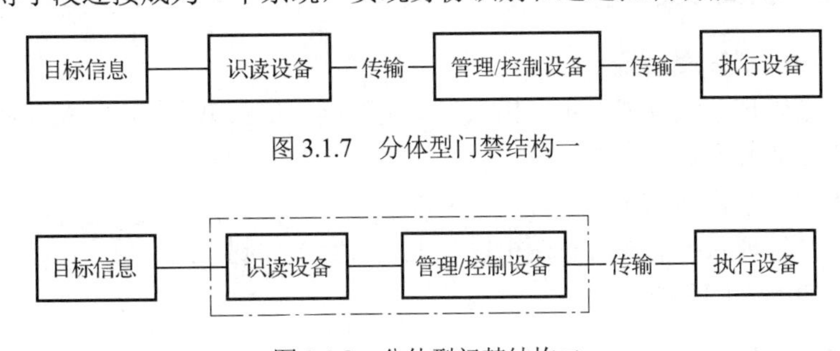

图 3.1.7　分体型门禁结构一

图 3.1.8　分体型门禁结构二

系统能够与计算机进行通信，通过门禁管理软件，进行权限设置和出入口记录查询等。分体型门禁管理系统的优点是系统安全性好，功能强大，操作方便，可以方便地扩展功能和应用。目前分体型门禁管理系统为市场主流产品。

3．按控制方式分类

按控制方式，门禁管理系统可分为独立控制型、联网控制型和数据载体传输控制型。

（1）独立控制型门禁管理系统

独立控制型门禁管理系统的管理与控制部分所涉及的显示、编程、控制等功能均在门禁控制器内完成，如图 3.1.9 所示。

（2）联网控制型门禁管理系统

联网控制型门禁管理系统的管理与控制部分所涉及的显示、编程、控制等功能不全在门禁控制器内完成。其中，显示、编程功能由另外的设备完成。设备之间的数据传输通过有线或无线数据通道及网络传输设备实现，联网控制型门禁管理系统如图 3.1.10 所示。

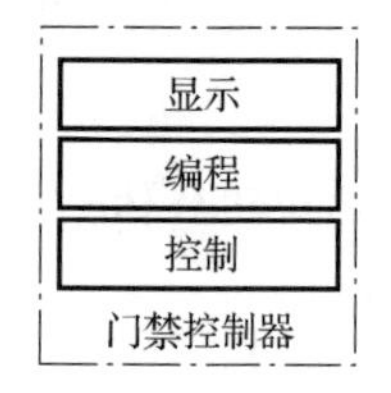

图 3.1.9　独立控制型门禁管理系统

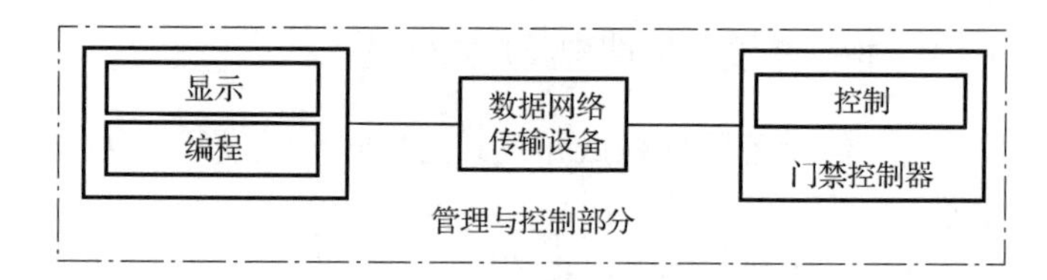

图 3.1.10　联网控制型门禁管理系统

（3）数据载体传输控制型门禁管理系统

数据载体传输控制型门禁管理系统与联网控制型门禁管理系统的区别仅在于数据传输的方式不同，其管理与控制部分所涉及的显示、编程、控制等功能不全是在门禁控制器内完成的。其中，显示、编程工作由另外的设备完成。设备之间的数据传输通过对可移动的、可读写的数据载体的输入、导出操作完成，数据载体传输控制型门禁管理系统如图 3.1.11 所示。

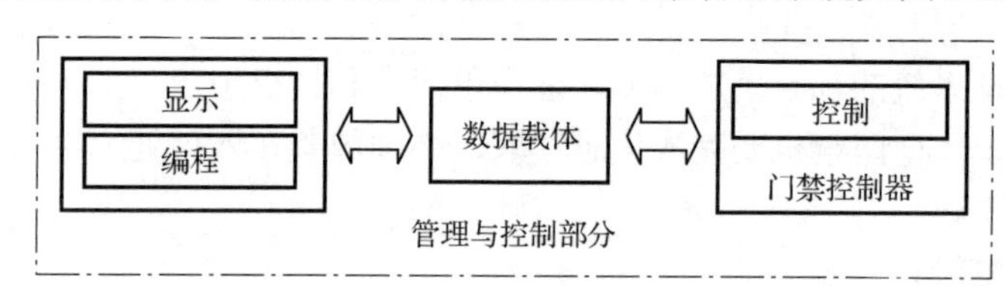

图 3.1.11　数据载体传输控制型门禁管理系统

4．按设备连接方式分类

（1）单出入口门禁管理系统

单出入口门禁管理系统仅能对单个出入口实施控制，是由单个门禁控制器所构成的门禁控制系统，如图 3.1.12 所示。

（2）多出入口门禁管理系统

多出入口门禁管理系统能同时对两个以上出入口实施控制，是由单个门禁控制器所构成的门禁控制系统，如图 3.1.13 所示。

5．按与主机的通信方式分类

按门禁管理系统与主机的通信方式分类，可分为现场总线通信方式和网络通信方式。

（1）现场总线通信方式门禁管理系统

现场总线通信方式分为普通总线和环形总线两种，如 RS-485/RS-422 现场总线和 CAN 总线。

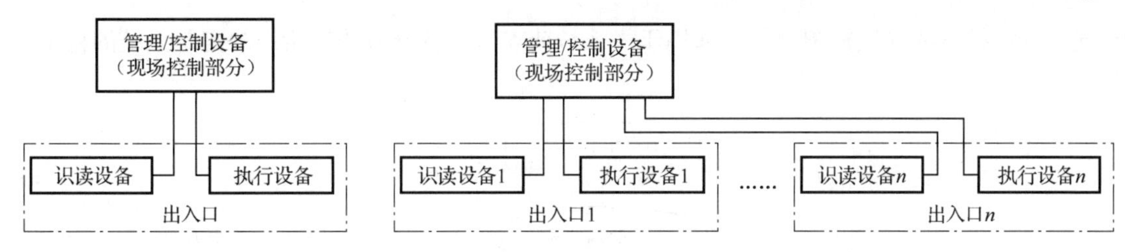

图 3.1.12 单出入口门禁管理系统　　图 3.1.13 多出入口门禁管理系统

① 普通总线制门禁管理系统。

门禁管理系统与主机之间通过总线方式通信，如图 3.1.14 所示，只有一个主机实现对总线上所有控制设备的协调管理和控制。这种门禁管理系统应用范围最广，适用于小系统或安装位置集中的场所，通常采用 RS-485 通信方式。

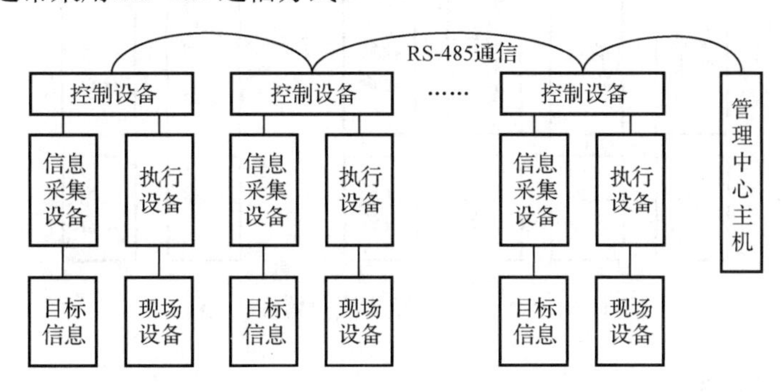

图 3.1.14 普通总线制门禁管理系统

该系统的优点是投资小，通信线路专用；缺点是管理中心安装位置确定后，不容易更换，网络控制和异地控制难以实现。

② 环形总线制门禁管理系统。

现场控制设备通过联网数据总线与出入口管理中心的显示、编程设备相连，每条总线在出入口管理中心上有两个网络接口，当总线有一处发生断线故障时，系统仍能正常工作，并可探测到故障的地点。环形总线制门禁管理系统如图 3.1.15 所示。

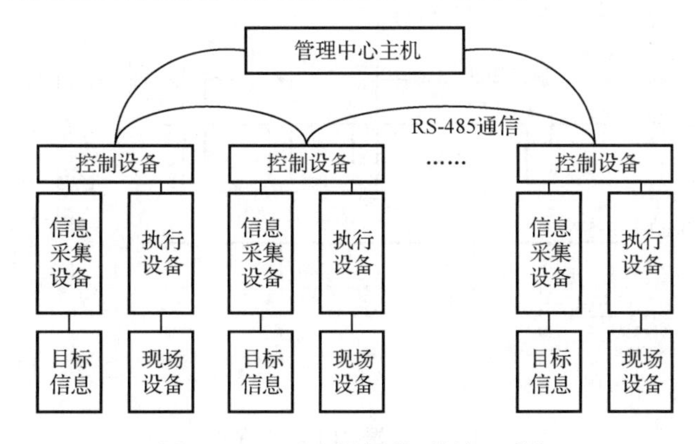

图 3.1.15 环形总线制门禁管理系统

（2）网络通信方式门禁管理系统

门禁管理系统与主机之间通过基于 TCP/IP 协议的网络通信方式通信，如图 3.1.16 所示。其优点是控制器与主机之间通过现有网络传输数据，管理中心位置可以随时变更，不需要重新布线，网络控制或异地控制容易，适用于大系统或安装位置分散的场所；缺点是系统的稳定性和安全性差。

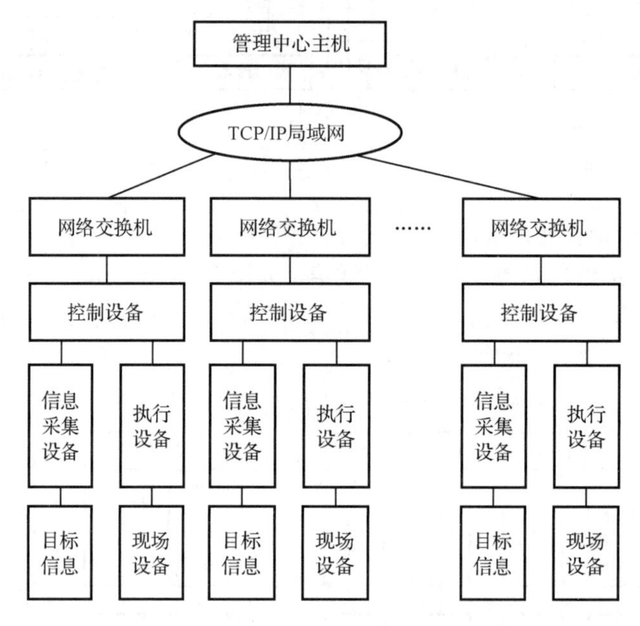

图 3.1.16　网络通信方式门禁管理系统

【小知识】韦根协议

韦根（Wiegand）协议是由摩托罗拉公司制定的一种通信协议，适用于涉及门禁管理系统的读卡器和卡片的许多特性。其有很多种格式，标准的 26-bit 是最常用的格式。标准 26-bit 格式是开放式的格式，这就意味着任何人都可以购买某一特定格式的 IC 卡，并且这些特定格式的种类是公开可选的。26-bit 格式是一个广泛使用的工业标准，并且对所有 IC 卡的用户开放。

韦根接口通常由 3 根线组成，分别是 Data0、Data1 和 GND。韦根码在数据传输中只需两条数据线，一条为 Data0，另一条为 Data1。协议规定，两条数据线在无数据时均为高电平，Data0 为低电平代表数据 0，Data1 为低电平代表数据 1（低电平信号低于 1V，高电平信号大于 4V）。例如：数据“01000”的时序如图 3.1.17 所示。

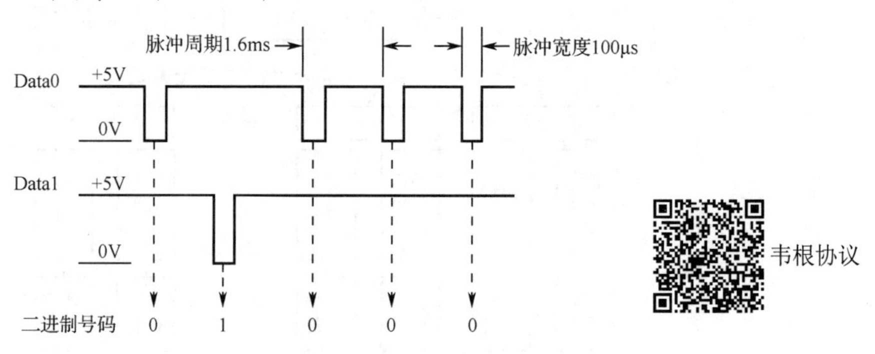

图 3.1.17　数据“01000”的时序

韦根协议通常用于门禁读卡器与门禁控制器之间的通信，读卡器传输的二进制数据帧格式有两种，即 Wiegand 26、Wiegand 34。

Wiegand 26 的数据格式见表 3.1.1。

表 3.1.1　Wiegand 26 的数据格式

位　数	含　义
第 1 位	第 2～13 位的偶校验位
第 2～9 位	ID 卡的 HID 号码的低 8 位
第 10～25 位	ID 卡的 PID 号码
第 26 位	第 14～25 位的奇校验位

Wiegand 34 的数据格式见表 3.1.2。

表 3.1.2　Wiegand 34 的数据格式

位　数	含　义
第 1 位	第 2～17 位的偶校验位
第 2～17 位	ID 卡的 HID 号码
第 18～33 位	ID 卡的 PID 号码
第 34 位	第 18～33 位的奇校验位

HID 号码即 Hidden ID code 隐含码，PID 号码即 Public ID code 公开码。PID 号码很容易在读卡器的输出结果中找到，但 HID 号码在读卡器的输出结果中部分或者全部隐掉。HID 号码非常重要，不仅存在于卡中，也存在于读卡器中。如果卡中的 HID 号码与读卡器中的 HID 号码不同，那么这张卡就无法在这个读卡器上正常工作。

3.1.4　门禁管理系统需求分析

随着自动识别技术的发展，门禁管理系统已广泛应用于园区、写字楼、物业公司、宾馆等场所。各行各业的客户，其需求也不尽相同，为了准确把握用户的真实需求，必须从专业化的角度科学、系统化地展开需求分析。

门禁管理系统需求分析主要涉及三个方面。

（1）客户数据采集内容

① 管制区域的特性，比如仓库、办公室、通道、弹药库、弱电井等。

② 需要管制门的数量及人流量，并根据门的数量选用门禁控制器类型。

③ 门禁控制器安装的位置。

④ 客户对特殊功能的要求，比如门超时未关报警、消防联动、梯控等。

⑤ 是否需要与一卡通系统（考勤、消费）关联等。

（2）部署门禁管理系统的环境信息

① 新建还是改造项目。

② 是否需要联网查看记录。如果需要联网，采用何种通信方式。

如果采用 RS-485 方式，是否需要配置 RS-485 Hub 以增加通信距离，是否需要接入更多的门禁控制器。如果采用 TCP/IP 方式，是否需要采用网络转换器等装置。

③ 是否需要分配多个用户管理权限。

④ 是否需要和系统集成联网或数据共享。

⑤ 门禁控制器与身份信息采集设备的距离有多远，这关系到供电方式、通信线材的选取。

⑥ 管制区域采用何种身份识别方式，如密码、刷卡、指纹、人脸、二维码识别等。

⑦ 门禁管制区域的安全要求有多高，主要看管制的是外部的门还是内部的门。

⑧ 门禁管理系统软件是单机版还是网络版。

（3）门锁信息

① 门的材质、质量。

② 电锁类型需求：磁力锁、电插锁（阳极锁、双向开门）、阴极锁等。

③ 门区的重要性，对管控方向的选取、单向还是双向身份认证有重要意义。

（4）用户期望实现的功能

用户根据自身的感受和对门禁管理系统的理解，期望能实现的功能。

【任务实施】

根据任务实施单，按照步骤及要求，做好任务分工并制订任务实施计划。

任务实施单

项目名称	智慧园区门禁管理系统的设计与实施	
任务名称	门禁管理系统需求分析	
序　　号	实 施 步 骤	步 骤 说 明
1	门禁管理系统类型辨识	熟悉门禁管理系统结构、工作原理及分类
2	制定需求信息调研方案	（1）调研内容；（2）调研方式：调查问卷、现场访谈、现场勘查等
3	现场需求调研	按照方案分组实施，收集信息
4	编制需求分析报告	对原始信息进行整理、研讨，编写报告

【任务工单】

按照任务工单的具体要求完成任务，并进行评价与总结。

任务工单

项目	智慧园区门禁管理系统的设计与实施		
任务	门禁管理系统需求分析		
班级		小组	
团队成员			
得分			

（一）关键知识引导

1. 门禁管理系统也称为出入口控制系统（ACS），指“门”的禁止权限，是对“门”的戒备防范。这里的“门”，广义来说，包括能够通行的各种通道，包括人和车辆通行的门等。

2. 出入口控制系统主要由识读部分、传输部分、控制部分、执行部分及相应的系统软件组成。

3. 出入口控制是一个典型的自动控制系统。从识读设备获取输入信号后，控制器（由相关软件实行管理、控制）根据预先设置的出入权限等有关信息与输入信息进行比对、判断，当符合要求时，记录该次信息（如卡号、地点、时间、出还是入等），再向执行机构输出信号使其执行开锁和闭锁工作，并将开门和关门状态反馈到控制器，就完成了一次操作。将出入口控制系统的特征识别、权限鉴别和锁定机构这三个基本要素组合起来，可以构成多种形式的出入口控制系统，其基本模式可以分为前置型和网络型两种。

4. 出入口控制系统有多种构建模式。按其硬件构成模式划分，可分为一体型和分体型；按其控制方式划分，可分为独立控制型、联网控制型和数据载体传输控制型。

5. 门禁管理系统需求分析主要包括三个方面的内容，即客户数据采集内容、环境信息、门锁信息。

续表

（二）任务实施完成情况

步　骤	任务内容	完成情况
门禁管理系统类型辨识	熟悉门禁管理系统结构、工作原理及分类	
制定需求信息调研方案	确定需求调研内容及信息获取方式	
需求调研	按照方案分组实施，收集信息	
编制需求分析报告	对原始信息进行整理、研讨，编写报告	

（三）任务检查与评价

评价项目	评价内容		配分	评价方式		
				自我评价	互相评价	教师评价
方法能力（20分）	能够明确任务要求，掌握关键引导知识		5			
	能够正确清点、整理任务设备或资源		5			
	掌握任务实施步骤，制订实施计划，时间分配合理		5			
	能够正确分析任务实施过程中遇到的问题，提出解决方法		5			
专业能力（60分）	熟悉门禁管理系统的概念		10			
	掌握门禁管理系统的结构与工作原理		10			
	掌握门禁管理系统的分类		10			
	掌握门禁管理系统需求分析		15			
	需求分析报告内容完整、格式规范		15			
职业素养（20分）	安全操作与工作规范	操作过程中严格遵守安全规范，注意断电操作	5			
		严格执行6S管理规范，积极主动完成工具和设备的整理	5			
	学习态度	认真参与教学活动，课堂互动积极	3			
		严格遵守学习纪律，按时出勤	3			
	合作与展示	小组之间交流顺畅，合作成功	2			
		语言表达能力强，能够正确陈述基本情况	2			
合　计			100			

（四）任务自我总结

任务实施过程中遇到的问题	解决方式

【任务拓展】

1．宾馆客房的门禁管理系统采用（　　）电控锁，能方便地设置门禁时间。

A．钥匙　　B．IC卡　　C．密码　　D．指纹

2. 门禁管理系统按照身份识别方式分为（　　）。

A. 密码门禁　　B. 刷卡门禁

C. 接触卡门禁　　D. 生物识别门禁

3. 什么是需求分析？需求分析各阶段的基本任务是什么？

4. 请对住宅、小区、工业园区、高铁站 4 个场景的门禁管理系统从功能、性能两个维度进行对比、分析。

任务 3.2　门禁管理系统总体设计

【任务描述与要求】

任务描述：你作为智慧园区门禁管理系统建设的项目经理，现需要根据前期的需求情况，进行总体方案设计，主要涉及门禁管理系统的功能、网络架构和系统业务流程，以便为项目后续工作开展奠定基础。

为完成门禁管理系统总体设计，依据《出入口控制系统工程设计规范》《出入口控制系统技术要求》《民用建筑电气设计标准》等要求，参考门禁管理系统现有功能和网络架构，结合智慧园区门禁管理系统需求的实际，设计出满足实际需求的功能结构框图、网络架构图和业务流程图，并编写解决方案。

任务要求：

- 查阅资料，熟悉现有各类门禁管理系统的功能设置及网络架构；
- 设计并绘制系统的功能结构框图、网络架构图、业务流程图；
- 编制门禁管理系统初步设计方案。

【任务资讯】

3.2.1　门禁管理系统设计规范

门禁管理系统的工程设计应综合应用编码与模式识别、有线/无线通信、显示记录、机电一体化、计算机网络、系统集成等技术，构成先进、可靠、经济、适用、配套的门禁管理系统。门禁管理系统设计应遵循《民用建筑电气设计标准》（GB 51348—2019）、《出入口控制系统工程设计规范》（GB 50396—2007）的相关规定，具体内容如下。

（1）根据系统功能要求、出入权限、出入时间段、通行流量等因素，确定系统设备配置。

（2）重要通道、重要部位宜设置出入口控制装置。

（3）系统应具有对强行开门、长时间不关门、通信中断、设备故障等非正常情况的实时报警功能。

（4）现场事件信息经非公共网络传送至出入口管理系统主机的响应时间不应大于 5s，另外部分主要操作的响应时间应不大于 2s，具体包括四种情形。

① 在单级网络的情况下，现场报警信息传输到出入口管理系统的响应时间。

② 除工作在异地核准控制模式外，从识读部分获取一个钥匙的完整信息起至执行部分开始启闭出入口动作的时间。

③ 在单级网络的情况下，操作（管理）员从出入口管理中心发出启闭指令起至执行部分开始启闭出入口动作的时间。

④ 在单级网络的情况下，从执行异地核准控制起到执行部分开始启闭出入口动作的时间。

（5）出入口控制系统由前端识读装置与执行机构、传输单元、处理与控制设备及相应的系统软件组成，具有放行、拒绝、记录、报警等基本功能。

（6）疏散通道上设置的出入口控制装置必须与火灾自动报警系统联动，在火灾或紧急疏散状态下，出入口控制装置应处于开启状态。

（7）系统前端的识读装置与执行机构，应保证操作的有效性和可靠性，具有防尾随、防返传措施。

（8）出入口可设定不同的出入权限。系统应对设防区域的位置、通行对象及通行时间等进行实时控制。

（9）单门出入口控制器应安装在该出入口对应的受控区内；多门出入口控制器应安装在同级别受控区或高级别受控区内。识读设备应安装在出入口附近，便于目标的识读操作，安装高度距地宜为 1.4m。

（10）识读设备与出入口控制器之间宜采用屏蔽对绞电缆，出入口控制器之间的通信总线最小截面积不应小于 1.0mm^2；多芯电缆的单芯最小截面积不应小于 0.50mm^2。

（11）系统管理主机应对系统中的有关信息进行自动记录、打印、存储，并有防篡改和防销毁等措施。

（12）当系统管理主机发生故障或通信线路故障时，出入口控制器应能独立工作。重要场合的出入口控制器应配置 UPS，当正常电源发生故障时，应保证系统能连续工作不少于 48h，并保证密钥信息及记录信息一年内不丢失。

（13）系统宜独立组网运行，并宜具有与入侵报警系统、视频监控系统联动的功能。

（14）当与一卡通联合设置时，应保证出入口控制系统的安全性。

（15）根据需要可在重要出入口处设置行李或包裹检查、金属探测、爆炸物探测等防爆安全检查设备。

3.2.2 门禁管理系统的功能与特点

1. 门禁管理系统的功能

门禁管理系统不仅具有出入口控制的基本功能，还包括对人员信息管理等功能，具体如下。

（1）基本信息管理

对内部人员的照片、个人密码及其他个人信息的综合管理。

（2）有效期限设置

可设定使用期限，可对内部人员分组管理等。

（3）门禁权限管理

对人员的权限和时限进行统一管理。

（4）信息查询

可实时查询某个门禁点的刷卡记录，查询任意时段的所有刷卡信息，方便管理；记录开门者的卡号和出入时间，可自动转换成开门者的姓名。

（5）开门方式设置

门禁管理系统可以支持刷卡、扫描二维码等方式开门。

（6）设备管理

可设置门禁设备的基本参数，如门禁控制器编号、门禁感应器名称、时间等。

（7）事件管理

门禁管理系统可对操作员事件、门禁控制器事件及各类故障事件等进行管理和查询。

（8）统计打印功能

可查询和打印某一时间段的刷卡信息，可根据日、月、自定义时间段的刷卡统计表，查询和打印任何时间段的所有门禁刷卡信息。

（9）日志管理

门禁管理系统的操作可生成日志文件。

（10）报表管理

门禁管理系统具有自定义报表功能，用户可根据实际情况自己设计报表，或对已设计好的报表进行调整。

（11）系统集成

门禁管理系统可以与安防、消防等其他系统协调联动，当门禁管理系统接到消防报警信号后，能够自动打开控制区域内的所有大门，有利于控制区域内的人员逃生。

（12）操作员管理

可建立不同级别的门禁管理系统操作员，并设置口令、权限，便于系统的管理和维护，各个操作员只能根据自己的权限进行门禁管理系统的操作和管理。

2. 门禁管理系统的特点

（1）可靠性高

门禁管理系统以预防损失、预防犯罪为主要目的，因此必须具有极高的可靠性。门禁管理系统在运行的大多数时间没有警情发生，因而不需要报警，而且出现警情需要报警的概率一般较低，即便如此，报警系统也必须可靠地工作，否则在紧急情况下会造成很大的损失。因此，门禁管理系统在设计、施工、使用的各个阶段，必须实施可靠性设计和可靠性管理，以保证产品和系统的可靠性。

另外，在系统设计、设备选取、调试、安装等环节都应严格执行国家或行业相关的标准，以及公安部门有关安全技术防范的要求。

（2）安全性强

门禁管理系统用于保护人身及财产安全，因此应保证门禁设备、系统运行的安全和操作者的安全。例如，设备和系统本身要能耐高温、耐低温、防湿、防烟雾、防霉菌、防雨淋，并能防辐射、防电磁干扰（电磁兼容性）、防冲击、防碰撞、防跌落等，设备和系统的运行安全还包括防火、防雷击、防爆、防触电等；同时，门禁系统还应具有防人为破坏的功能，如具有防破坏的保护壳体，以及具有防拆报警、防短路和开路等功能。

（3）功能多样化

随着人们对门禁管理系统各方面要求的不断提高，门禁管理系统的应用已不只局限在单一的出入口控制，还要求其不仅可应用于智慧社区的门禁控制、考勤管理、安防报警、停车场控制、电梯控制、楼宇自控等，还要与其他系统实现联动控制等。

（4）扩展性强

门禁管理系统应选择开放性的硬件平台，具有多种通信方式，为实现各种设备之间的互联和整合奠定良好的基础，另外，还要求系统具备标准化和模块化的部件，有很大的灵活性和扩展性。

3.2.3　门禁管理系统网络架构

1．刷卡门禁网络架构

刷卡门禁为日常生活中广泛应用的身份识别方式，一般情况下由门禁卡、读卡器、门禁控制器、电锁、出门按钮及电源组成。根据门禁管制区域的安全等级要求，可不设置出门按钮，采用出、入双向刷卡方式进行身份认证或者配置管理计算机，通过应用管理系统进行实时在线认证。刷卡门禁网络架构如图 3.2.1 所示。

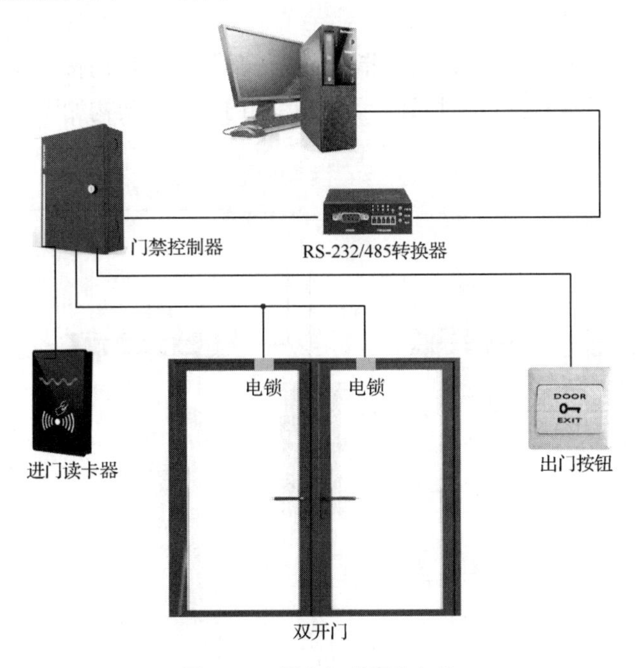

图 3.2.1　刷卡门禁网络架构

如果受控区域存在几处相邻的门禁，则可共用一个支持多门控制的门禁控制器，四门控制网络架构如图 3.2.2 所示。

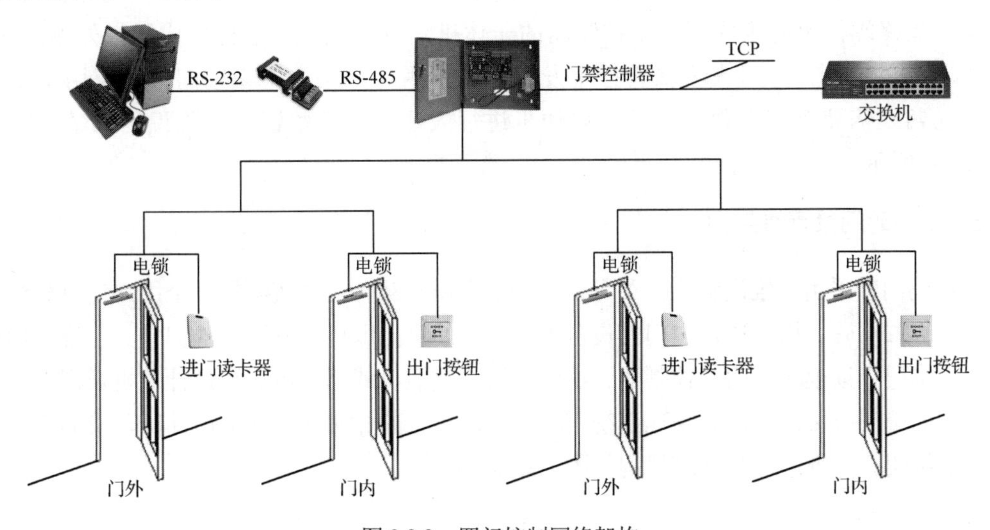

图 3.2.2　四门控制网络架构

2. 生物识别门禁网络架构

(1) 指纹识别门禁网络架构

目前，市面上使用的指纹门禁系统多为指纹识别门禁一体机，其硬件主要由微处理器、指纹识别模块、液晶显示模块、键盘、实时时钟/日历芯片、电锁和电源等组成。微处理器作为系统的上位机，控制整个系统。指纹识别模块主要完成指纹特征的采集、比对、存储、删除等功能。液晶显示模块用于显示开门记录、实时时钟和操作提示等信息，和键盘一起组成人机界面。

指纹识别门禁为单向身份认证门禁，指纹识别一体机可与出门按钮联动，直接控制电锁，也可通过网络与管理计算机进行实时通信，指纹识别门禁网络架构如图 3.2.3 所示。

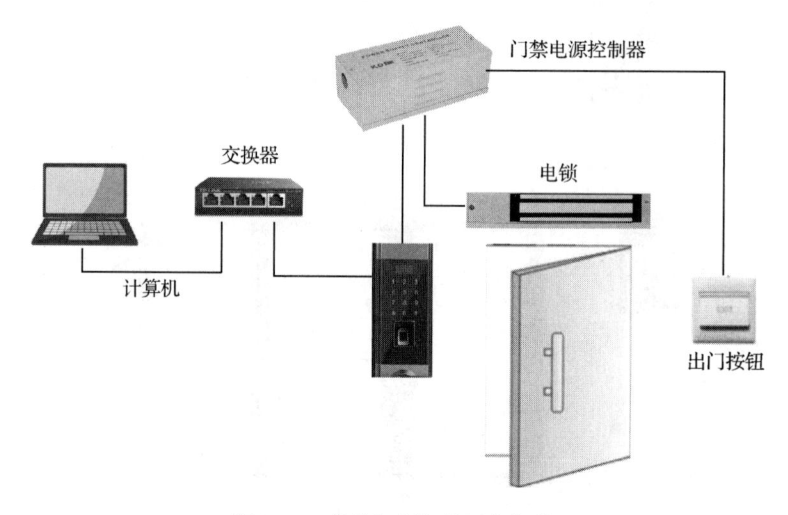

图 3.2.3　指纹识别门禁网络架构

(2) 人脸识别门禁网络架构

人脸识别门禁是一种非接触的门禁，能够快速识别进出人员的身份。市场上既有独立的人脸采集终端，也有集成了门禁控制器的一体机，目前众多设备已集成了红外测温探头，既可用于活体检测，又可在人员管控中发挥重要作用。如果人脸识别门禁通道用于车站、机场，通常还需要支持身份证识读，以便于进行人证一致性验证。人脸识别门禁网络架构如图 3.2.4 所示。

3. 二维码门禁网络架构

二维码门禁采用二维码作为人员身份识别的介质和载体，系统给每一个用户实时分配一个经过加密的二维码，用户通过在门禁设备上扫描此二维码即可打开相应的门锁。二维码门禁系统是由二维码识读模块、门禁控制器、出门按钮、交换机或路由器、管理计算机及用户的智能手机组成的单向身份认证门禁管理系统。智能手机可安装相应的 App 或借助所开发的微信小程序生成二维码。二维码门禁网络架构如图 3.2.5 所示。

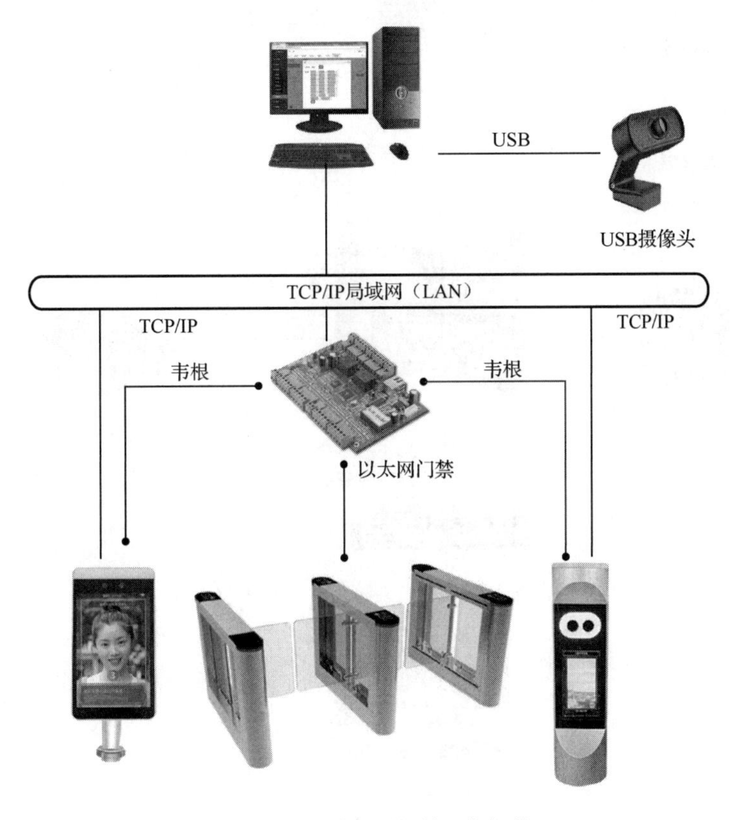

图 3.2.4　人脸识别门禁网络架构

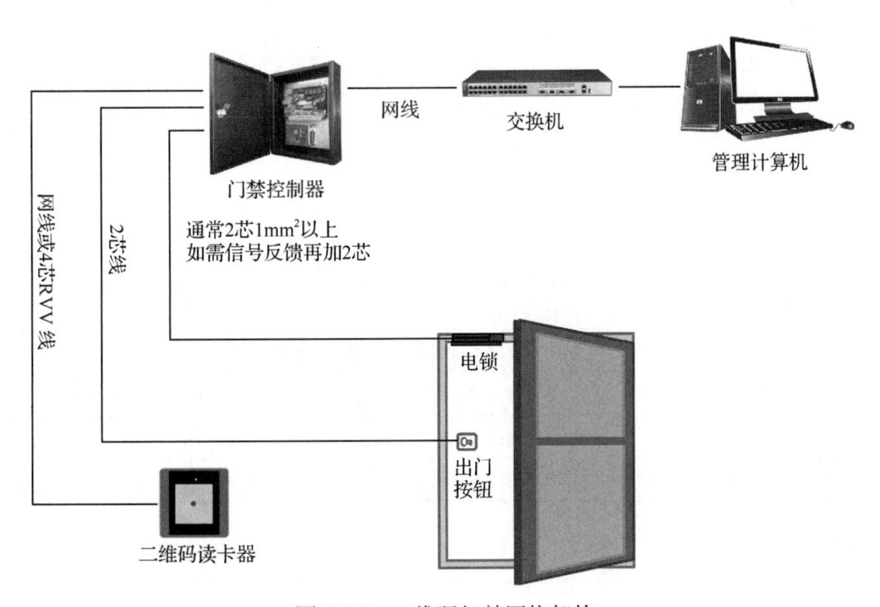

图 3.2.5　二维码门禁网络架构

4．NFC 门禁网络架构

NFC 门禁与刷卡门禁极为相似，区别在于 NFC 门禁可以使用 NFC 手机模拟真实的门禁卡信息，从而可使用 NFC 手机代替门禁卡。NFC 门禁网络架构如图 3.2.6 所示。

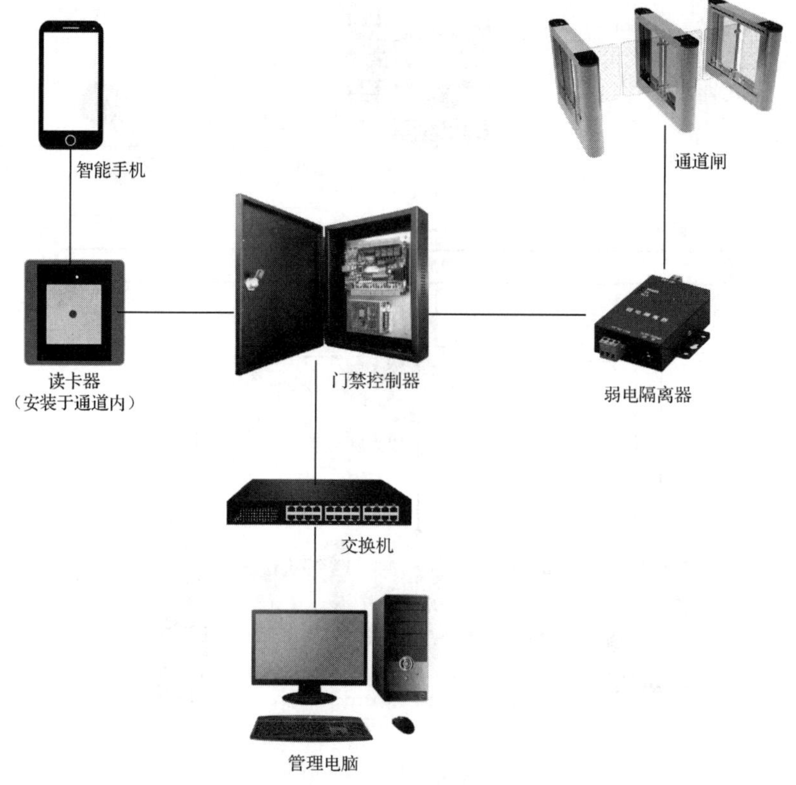

图 3.2.6　NFC 门禁网络架构

【任务实施】

根据任务实施单，按照步骤及要求，完成任务。

任务实施单

项目名称	智慧园区门禁管理系统的设计与实施	
任务名称	门禁管理系统总体设计	
序　　号	实 施 步 骤	步 骤 说 明
1	查阅资料	门禁管理系统现有功能、网络架构
2	设计研讨	针对需求分析报告，参考系统现有的功能、架构、业务逻辑、进行设计、研讨
3	图形绘制	绘制功能结构框图、网络架构图、业务流程图
4	编制设计方案	按照规范编写门禁管理系统初步设计方案

【任务工单】

任务工单

项目	智慧园区门禁管理系统的设计与实施		
任务	门禁管理系统总体设计		
班级		小组	
团队成员			

续表

得分	

（一）关键知识引导

1．设计门禁管理系统时需要遵守哪些技术规范？

2．门禁管理系统常见的功能有哪些？

3．门禁管理系统有哪些成熟的网络架构？

（二）任务实施完成情况

步　骤	任 务 内 容	完 成 情 况
查阅资料	门禁管理系统现有功能、网络架构	
设计研讨	针对需求分析报告，参考系统现有的功能、架构、业务逻辑，进行设计、研讨	
图形绘制	绘制功能结构框图、网络架构图、业务流程图	
编制设计方案	按照规范编写门禁管理系统初步设计方案	

（三）任务检查与评价

评价项目	评 价 内 容		配分	评 价 方 式		
				自我评价	互相评价	教师评价
方法能力（20分）	能够明确任务要求，掌握关键引导知识		5			
	能够正确清点、整理任务设备或资源		5			
	掌握任务实施步骤，制订实施计划，时间分配合理		5			
	能够正确分析任务实施过程中遇到的问题，提出解决方法		5			
专业能力（60分）	熟悉门禁管理系统功能、网络架构		15			
	功能结构、网络架构合理		15			
	业务流程逻辑清晰、合理		15			
	初步设计方案内容完整，格式规范		15			
职业素养（20分）	安全操作与工作规范	操作过程中严格遵守安全规范，注意断电操作	5			
		严格执行6S管理规范，积极主动完成工具和设备的整理	5			
	学习态度	认真参与教学活动，课堂上积极互动	3			
		严格遵守学习纪律，按时出勤	3			
	合作与展示	小组之间交流顺畅，合作成功	2			
		语言表达能力强，能够正确陈述基本情况	2			
合　计			100			

（四）任务自我总结

任务实施过程中遇到的问题	解 决 方 式

【任务拓展】

1．门禁管理系统可以实现以下功能（　　）。

A．进出权限管理　　B．控制进出的时间　　C．人员进出的详情　　D．考勤管理

2．门禁管理系统主要完成的功能不包括（　　）。

A．对已授权的人员允许进入，对未授权人员拒绝其入内

B．监视和记录人员进出的视频录像

C．对某段时间内人员进出的视频录像

D．在设定时间内监视门的状态，非法打开时则予以记录和报警

3．在门禁管理系统中，不属于指纹识别技术涉及的功能是（　　）。

A．读取指纹图像　　B．提取特征　　C．保存数据　　D．年龄识别

4．RS-485 联网控制型门禁管理系统联网应该按照（　　）方式进行连接。

A．星形　　B．环形　　C．手牵手　　D．交叉

5．请为你所在的学校设计一套有助于加强人员进出防控的门禁管理系统，并绘制出网络架构图。

任务 3.3　门禁管理系统设备选型

【任务描述与要求】

任务描述：A 公司门禁管理系统建设项目部现安排相关人员进行设备采购，采购前需要明确系统设备的组成及功能，并按照系统总体设计要求，完成设备选型，为设备采购提供依据。

为设计一套结构合理、功能适度的门禁管理系统，按照门禁设备选型原则和方法，从功能、性能、价格等方面综合考量，完成门禁身份识读设备、门禁控制器、电锁等设备选型，并编制门禁管理系统设备选型报告。

任务要求：

- 编制门禁管理系统总体设计方案，确定待选型门禁设备；
- 借助 Excel 设计设备选型表格；
- 查阅设备选型需关注的信息，填写选型表格；
- 综合比较、分析，编制门禁管理系统设备选型报告。

【任务资讯】

设备选型

3.3.1　门禁管理系统设备选型原则与要求

门禁管理系统中使用的设备必须符合国家法律法规和现行强制性标准的要求，并需经法定机构检验或认证合格。

1．门禁管理系统设备选型原则

（1）对于单门控制或门数比较少且门之间没有关联的情况，系统采用卡片、门禁控制器与读卡器联体设备、电锁等。

（2）对于多门之间有关联但系统属于普通安全级别的情况，系统采用卡片、门禁控制器、

读卡器、电锁、管理中心软件等。

（3）对于多门之间有关联且系统安全级别高的情况，系统采用密码键盘、生物特征识别器、控制器、电锁、管理中心软件等。

2. 门禁管理系统设备选型要求

（1）防护对象的风险等级、防护级别、现场的实际情况、通行流量等要求。

（2）安全管理要求和设备的防护能力要求。

（3）对管理/控制部分的控制能力、保密性的要求。

（4）信号传输条件的限制及对传输方式的要求。

（5）出入目标的数量及出入口数量对系统容量的要求。

3. 传输方式的选择

门禁管理系统的传输方式需要考虑出入口控制点位分布、传输距离、环境条件、系统性能要求及信息容量等因素。对于管理区域较小、距离较近的门禁管理系统一般采用单机控制型；而对于管理区域较大或距离较远的门禁管理系统可以采用网络型。

对于控制和数据信号：根据具体设备要求选用 RS-232/RS-485/RS-422 等不同的通信方式。

对于电源信号：有统一供电和就地取电两种情况。

3.3.2 身份识读设备选型

身份识读设备的功能是把通道口信息输入到门禁控制器中。根据应用形式，其可以分为门禁卡和读卡器组合、生物特征识别仪、密码键盘等，每种形式都能将通道口信息传送到门禁控制器中。

1. 门禁卡

门禁卡产品中，接触卡是早期采用的，读卡器要想识别卡中的信息，必须与卡摩擦接触。非接触式感应卡因为使用寿命长、保密性强，得到广泛应用，只需要将其与读卡器保持在一定的距离之内，读卡器就能识别卡中的信息，不需要摩擦接触。

感应卡中，射频卡的应用最为广泛，包括 ID、IC 卡。

IC 卡（集成电路卡），也称智能卡，可读写，容量大，有加密功能，数据记录可靠，使用方便，如应用在一卡通系统、消费系统中等，最常见的 IC 卡为 PHILIPS 的 Mifare 系列卡，还有 logic 卡和 TM 卡等，但市场份额较少。其中 Mifare one（简称 M1）卡和 EM 卡，在非接触卡的市场份额达到了 90%，通用性和兼容性好。对于安全性和唯一性要求高的场合，可以考虑选用 INDALA 卡，其加密技术强，而且可以定制加密格式。IC 门禁卡如图 3.3.1 所示。

ID 卡的全称为身份识别卡，是一种不可写入的感应卡，含固定的编号，主要有 EM、HID、TI、Motorola 等各类 ID 卡。ID 门禁卡如图 3.3.2 所示。

ID 卡的感应距离和性价比高于 IC 卡，但 IC 卡能存储更多的信息，实现更广泛的应用。市场上最常见的 ID 卡是 EM 卡。ID 卡为只能读不能写的射频卡，其优点是性能较强，市场占有率高，读卡距离远；缺点是只能读，适合门禁、考勤、停车场等系统，不适合非定额消费系统，安全性较差，复制卡较容易，给安全造成威胁。IC 卡为可读可写的射频卡，其缺点是价格稍高，感应距离短；优点是适合非定额消费系统、停车场系统、门禁考勤系统、一卡通系统等。

图 3.3.1　IC 门禁卡

图 3.3.2　ID 门禁卡

【小知识】ID/IC 卡的辨识方法

（1）从卡面看数字

对白卡和钥匙扣卡，可以通过观察卡面上的数字来分辨，ID 钥匙扣卡上一般印有 00 开头的 10 位数字。白卡是与银行卡的大小薄厚相近，表面没有印刷图案文字的一种卡。ID 白卡上有 0 开头的 18 位数字，如 0123456789 123,45678；而 IC 钥匙扣卡和 IC 白卡上一般没有印刷卡号，如图 3.3.3 所示。

图 3.3.3　从卡面看数字

（2）从卡内看线圈

如图 3.3.4 所示，分辨印刷卡是 ID 卡还是 IC 卡，还可以通过观察卡内部线圈的形状来进行分辨。在比较黑的地方用手电筒照射卡的背面，观察卡片里面的线圈，一般 ID 卡线圈是圆形的，并且线圈匝数比较多；IC 卡线圈是长方形的，匝数比较少。观察线圈的分辨方式有一定的局限性，首先在印刷色彩较深的卡上，很难观察到线圈；其次判断依据指的是一般情况，不排除有特殊的定制线圈。

图 3.3.4　从卡内看线圈

（3）读写测试

IC 卡与 ID 卡的主要区别在于卡内的芯片，从外观上往往很难区别。为此，可以借助具有 NFC 功能的手机检测 IC 卡、ID 卡。ID 卡和 IC 卡的主要区别是工作频率不同，ID 卡的工作频

率是 125kHz，IC 卡的工作频率是 13.56MHz。手机 NFC 模块的工作频率也是 13.56MHz，所以手机的 NFC 能感应到 IC 卡，不能感应到 ID 卡。具体的检测办法是将待检测的卡贴在手机后面，轻轻移动卡片，能感应到的是 IC 卡，不能感应到的则是 ID 卡。

如果没有 NFC 手机，也可以通过高频 RFID 桌面读卡器进行测试，可以读取到卡号的为 IC 卡，否则为 ID 卡，如图 3.3.5 所示。

图 3.3.5　读取测试

2. 门禁读卡器

门禁读卡器根据读取信息方式的不同分为接触式门禁读卡器和非接触式门禁读卡器，目前在出入口通道控制领域，广泛应用非接触式门禁读卡器，而接触式门禁读卡器在超市购物、餐厅收费等场合应用较多，为此这里仅对非接触式门禁读卡器进行介绍。

非接触式门禁读卡器采用磁感应技术，通过无线方式对卡片（ID/IC卡）中的信息进行读写，具有免接触、使用寿命长、使用方便、防水、防尘、适应各种恶劣环境等优点。现在非接触式读卡器国际通行的标准接口协议为 Wiegand 26，如 Wiegand 读卡器和 INDALA HID 读卡器等都遵守该协议。门禁读卡器如图 3.3.6 所示。

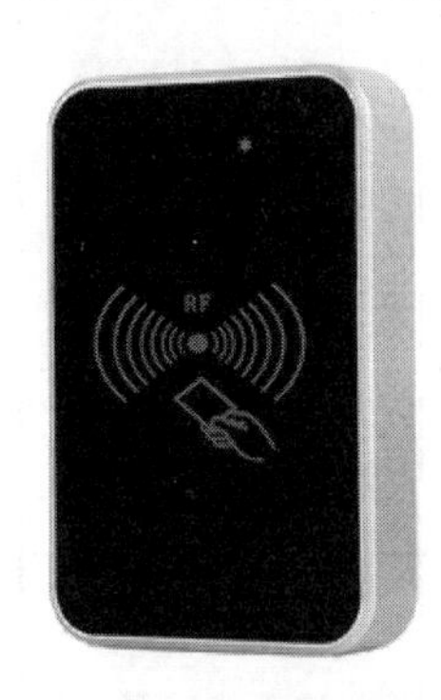

图3.3.6　门禁读卡器

3. 生物特征识别仪

生物特征识别仪（见图 3.3.7）可以读取相关生物特征信息，作为门禁控制器的输入判断信号。根据生物特征的不同，识别仪可以分为指纹识别仪、虹膜识别仪、人脸识别仪等。

（a）指纹识别仪

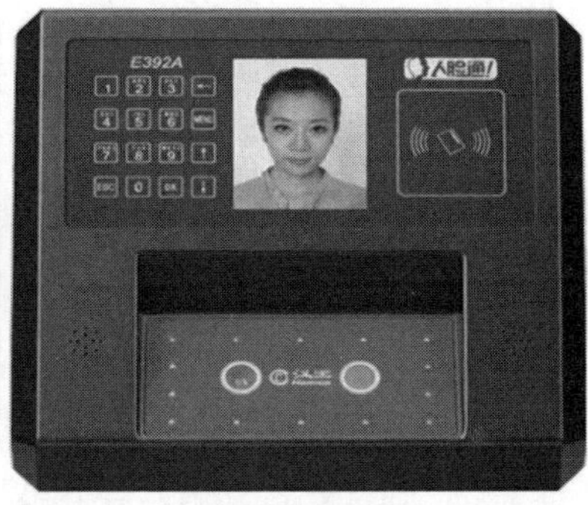

（b）人脸识别仪

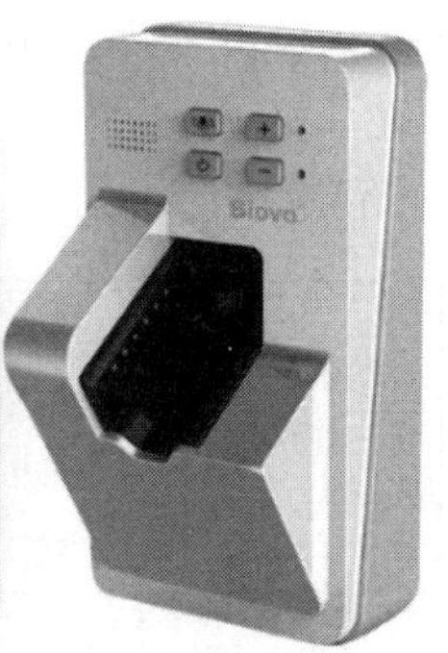

（c）指静脉识别仪

图 3.3.7　生物特征识别仪

在生物特征识别中，指纹、掌形识别等需人体直接接触识读装置，不如人脸、虹膜等非接触识别安全、卫生。

根据门禁管理系统身份识别方式划分，门禁识读设备种类较多，但总体上可以划分为编码识读设备和人体生物特征识读设备，两类设备选型要求可参考表 3.3.1、表 3.3.2。

表 3.3.1　常用编码识读设备选型要求

序号	名称	适应场所	主要特点	安装设计要点	适宜工作环境和条件	不适宜工作环境和条件
1	普通密码键盘	人员出入口，授权目标较少的场所	密码易泄漏，易被窥视，保密性差，密码需经常更换	用于人员通道门，宜安装于距门开启边 200～300mm，距地面 1.2～1.4m 处；用于车辆出入口，宜安装于车道左侧距地面高 1.2m，距挡车器 3.5m 处	室内安装，如需室外安装，需选用密封性良好的产品	不适宜经常更换密码且授权目标较多的场所
2	乱序密码键盘	人员出入口，授权目标较少的场所	密码易泄漏，密码不易被窥视，保密性较普通密码键盘高，需经常更换			
3	磁卡识读设备	人员出入口，较少用于车辆出入口	磁卡携带方便，便宜，易被复制、磁化，卡片及读卡设备易磨损，需经常维护			室外可被雨淋处； 尘土较多的地方； 环境磁场较强的场所
4	接触式 IC 卡读卡器	人员出入口	安全性高，卡片携带方便，卡片及读卡设备易磨损，需经常维护		室内安装，适合人员出入口	室外可被雨淋处； 静电较多的场所； 尘土较多的地方
5	接触式 TM 卡（纽扣式）读卡器	人员出入口	安全性高，卡片携带方便，不易磨损		可安装在室内外，适合人员出入口	
6	条码识读设备	临时车辆出入口	介质一次性使用，易被复制，易损坏	宜安装在出口收费岗亭内，由操作员使用	停车场收费岗亭内	非临时目标出入口
7	非接触只读式读卡器	人员出入口，停车场出入口	安全性较高，卡片携带方便，不易磨损，全密封的产品具有较高的防水、防尘性	用于人员通道门，宜安装于距门开启边 200～300mm，距地面 1.2～1.4m 处；用于车辆出入口，宜安装于车道左侧距地面高 1.2m，距挡车器 3.5m 处，用于车辆出入口的超远距离有源读卡器（读卡距离>5m），应根据现场实际情况选择安装位置，应避免尾随车辆先读卡	可安装在室内外：近距离读卡器（读卡距离<500mm）适合人员出入口；远距离读卡器（读卡距离>500mm）适合车辆出入口	电磁干扰较强的场所，较厚的金属材料表面； 工作在 900MHz 频段下的人员出入口； 无防冲撞机制（防冲撞：可依次读取同时进入感应区域的多张卡），读卡距离>1m 的人员出入口
8	非接触可写、不加密式读卡器	人员出入口，消费系统一卡通应用的场所，停车场出入口	安全性不高，卡片携带方便，易被复制，不易磨损，全密封的产品具有较高的防水、防尘性			
9	非接触可写、加密式读卡器	人员出入口，消费系统一卡通应用的场所，停车场出入口	安全性高，无源卡片，携带方便，不易磨损，不易被复制，全密封的产品具有较高的防水、防尘能力			

表 3.3.2　常用人体生物特征识读设备选型要求

序号	名称	适应场所	主要特点	安装设计要点	适宜工作环境和条件	不适宜工作环境和条件
1	指纹识读设备	易于小型化识别，速度很快，使用方便，需人体配合的程度较高	操作时需人体接触识读设备	用于人员出入口，宜安装于适合人手配合操作，距地面 1.2～1.4m 处； 当采用的识读设备，其人体生物特征信息存储在目标携带的介质内时，应考虑该介质如被伪造而带来的安全性影响	室内安装使用环境应满足产品选用的不同传感器所要求的使用环境要求	操作时需人体接触识读设备，不适宜安装在医院等容易引起交叉感染的场所
2	掌形识读设备	识别速度较快；需人体配合的程度较高				

续表

序号	名称	适应场所	主要特点	安装设计要点	适宜工作环境和条件	不适宜工作环境和条件
3	虹膜识读设备	虹膜被损伤、修饰的可能性很小，也不易留下可能被复制的痕迹； 需人体配合的程度很高；需要培训才能使用	操作时不需人体接触识读设备	用于人员出入口，宜安装于适合人眼部配合操作、距地面1.5～1.7m处	环境亮度适宜、变化不大的场所	环境亮度变化大的场所，背光较强的地方
4	面部识读设备	需人体配合的程度较低，易用性好，适于隐蔽地进行面像采集、对比		安装位置应便于摄取面部图像的设备能最大面积、最小失真地获得人脸正面图像		

4. 二维码读卡器

目前，市面上的二维码门禁识读器通常集成ID卡或IC卡的识读功能，因此多称为二维码读卡器。二维码读卡器有很多种，最常见的产品仅能完成二维码识读并将其转换为韦根信号输出，且需要配合门禁控制器使用，如图3.3.8所示。

从二维码门禁系统硬件设计的角度，目前已研制出了集成门禁控制器的二维码门禁一体机，此类二维码门禁一体机又分为很多种，如单向二维码一体机支持用微信扫描屏幕二维码开门，双向二维码一体机不仅可用微信扫描屏幕二维码开门，还可以识别临时二维码。

不论单向还是双向扫码，二维码门禁一体机都可分为联网型和脱机型，联网型二维码门禁一体机支持访客扫描二维码开门，权限和时效性设置更加灵活，通常称为云门禁，如图3.3.9所示。

图3.3.8　二维码读卡器

图3.3.9　二维码门禁一体机

市场上的二维码门禁类别逐渐增多，在选型时首先需考虑设备的功能、性能，其次是价格与稳定性，最后是售后服务。

3.3.3 门禁控制器选型

门禁控制器是门禁管理系统的核心部分，用来读取输入设备的信息，并发送开/关锁信号。门禁控制器质量和性能的优劣直接影响着门禁管理系统的稳定性，而系统的稳定性又会直接影响门禁管理系统使用场所的生活秩序，乃至生命和财产的安全。门禁控制器负责整个系统的输入、输出信息的处理、储存和控制，验证门禁读卡器输入信息的可靠性，并根据出入规则判断其有效性，如有效则对执行部件发出动作信号。门禁控制器如图3.3.10所示。

图 3.3.10　门禁控制器

目前，市场上门禁控制器产品众多，功能相差无几，但质量参差不齐。因此对工程商来说，产品的选型尤为重要。那么怎样选择高品质的门禁控制器呢？门禁系统的稳定性、操作的便捷性、功能的实用性是评估门禁控制器的重要因素和核心标准。

选购门禁控制器时可参考以下 7 个方面的建议：

（1）选购具备防死机和自检电路的门禁控制器

如果门禁控制器死机，会导致用户打不开门或者关不上门，给用户带来极大的不便，同时也增大了工程商的维护量和维护成本。门禁控制器必须安装复位芯片或者选用带复位功能的微控制器，一般 51 系列的微控制器是不具备复位功能的，需要加装复位芯片。同时，必须具备自检功能，如果电路因为干扰或者异常情况死机，系统可以自检并在瞬间进行自启动。

（2）具备三级防雷击保护电路的门禁控制器

由于门禁控制器的通信线路是分布式的，容易遭受感应雷的侵袭，所以门禁控制器一定要进行防雷设计。建议采用三级防雷设计，先通过放电管将雷击产生的大电流和高电压释放掉，再通过电感和电阻电路钳制进入电路的电流和电压，然后通过 TVS 高速放电管将残余的电流和电压在其对电路产生损害前高速释放掉。防雷要求为 4000V 感应雷连续 50 次对设备无损害，防雷指标高，设备的防浪涌、抗静电能力都会相应提高。

（3）注册卡权限存储量要大，脱机记录的存储量也要足够大，芯片需采用非易失性存储芯片

注册卡权限需要达到 2 万张，脱机存储记录最好达到 10 万条，这样可以满足绝大多数用户对存储容量的要求，方便进行考勤统计。一定要采用 Flash 等非易失性存储芯片，掉电或者受到冲击时信息也不会丢失。如果采用 RAM 电池模式，如果电池没电或者松动，或者受到电流冲击，信息就有可能丢失，门禁系统也就有可能失去控制。

（4）应用控制程序简单实用，操作方便

如果应用控制程序操作复杂，无疑会增加工程商对用户的培训成本，用户不容易掌握软件的操作，会带来不好的体验，同时也容易造成误操作。建议在选用门禁控制器时，必须注重软件的操作是否简单、直观、便捷，片面强调功能反而不适合推广。

（5）通信电路的设计应该具备自检功能，适用大系统联网的需求

门禁控制器的联网通常采用 RS-485 工业总线型联网，通常许多厂家从节约成本考虑，选用 MAX485、MAX487 或者 MAX1487 芯片，这些芯片负载能力弱，一般最大负载能力为 32 台设备，而且总线中如果有一个通信芯片损坏会影响整个通信线路，并且无法查找到究竟是哪台控制器的芯片损坏。建议采用类似 MAX3080 的高档通信芯片及集成电路。该电路具备自检功能，如果芯片损坏，系统会自动断开对其的连接，使得其他总线上的控制设备正常通信。

（6）宜选用大功率的继电器，并且输出端有电流反馈保护

门禁控制器的输出是由继电器控制的。控制器工作时，继电器要频繁开合，而每次开合时都有一个瞬时电流通过。如果继电器容量太小，瞬时电流有可能超过继电器的容量，很快会损坏继电器。一般情况下，继电器容量应大于电锁峰值电流的 3 倍，建议选用额定工作电流为 7A 的继电器。输出端通常接电锁等大电流的电感性设备，瞬间的通断会产生反馈电流的冲击，所以输出端宜有压敏电阻或者反向二极管等元器件对继电器予以保护。

（7）读卡器输入电路需要有防浪涌、防错接保护

如果没有防浪涌和防错接保护，很容易烧毁中央处理器芯片，造成整个控制器损坏失灵，如需要寄回厂家维修，可能会耽误工期，增加施工成本。良好的保护可以保证即使电源接在读卡器数据端也不会烧坏电路，通过防浪涌动态电压保护，可以避免因为读卡器的质量问题而影响控制器的正常运行。

3.3.4　门禁管理系统执行设备选型

门禁管理系统的执行设备主要为各类电锁或门，电锁是门禁管理系统的主要执行机构，根据开门所需通断电状态，可分为阳极锁和阴极锁。阳极锁为断电开门型，符合消防要求，一般安装在门框上部，适用于双向的木门、玻璃门、防火门，本身带有门磁检测器，可随时检测门的状态；阴极锁为通电开门型，安装阴极锁一定要配备 UPS 电源（保证通电开门），适用于单向木门。

1．电锁的种类

根据电锁的外形和吸合特点，其可以分为电插锁、电磁锁、电锁口和电控锁等。

（1）电插锁

电插锁属于断电开门型的阳极锁，是门禁管理系统中主要采用的一种锁，适用于木门、玻璃门等，在通断电状态下控制锁头伸缩，实现门的关开，如图 3.3.11 所示。

电插锁根据锁内引线数的多少分为两线、四线、五线和八线电插锁。

两线电插锁：只有两条电源线，没有单片机控制电路，冲击电流大，锁体容易发热，属于价格较低的电锁。

四线电插锁：有两条电源线和两条反映门开关状态的信号线，采用单片机控制，散热性能好，具有延时控制开关的功能，带有门状态信号输出线，属于性价比高的常用电锁。

五线电插锁：在四线电插锁的基础上，增加了一对门磁相反信号线，用于特殊场合。

八线电插锁：在五线电插锁的基础上，增加了锁头状态输出信号线。

（2）电磁锁

电磁锁属于断电开门型的阳极锁，电磁铁和铁块分别安装在门框和被控门上，在通电状态下，电磁铁和铁块之间产生吸力，门闭合；在断电状态下，磁力消失，门打开。通常用于办公室内部等非高安全级别的玻璃门、铁门等。如果采用该锁具，应根据门的安全级别，选用不同的抗拉力。电磁锁的特点是性能比较稳定，返修率低，安装方便，不用挖锁孔，只需走线槽，用螺钉固定锁体即可，但需安装在门外顶部，美观性和安全性不好。电磁锁如图 3.3.12 所示。

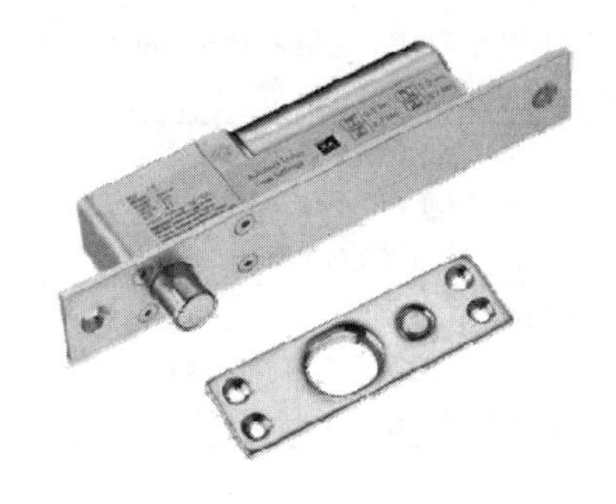

图 3.3.11　电插锁

图 3.3.12　电磁锁

（3）电锁口

电锁口属于阴极锁，适用于安装在办公室木门、家用防盗铁门上，如安装在门的侧面，必须配合机械锁使用。这种锁价格低，缺点是冲击电流比较大，对系统稳定性影响大，安装锁体需要挖空埋入门的侧面，布线不方便，安装费力。另外，使用该类型电锁的门禁管理系统用户不仅可以刷卡，也可通过球形机械锁开门，降低了系统的安全性和可查询性。电锁口如图 3.3.13 所示。

（4）电控锁

电控锁属于断电开门型的阳极锁，适用于安装在家用防盗铁门、单元铁门上等，可选配机械钥匙，通过门内锁自身旋钮或钥匙开门。电控锁的缺点是冲击电流较大，对系统稳定性影响大，开门时噪声较大，且安装不方便。电控锁如图 3.3.14 所示。

图 3.3.13　电锁口

图 3.3.14　电控锁

2．电锁的选型

锁总是和门配合使用的，一般而言，双开玻璃门多选用电插锁；单开木门多采用电磁锁，电磁锁稳定性高于电插锁，电插锁安全性较高；电锁口安全性低，布线不方便，但成本低；电控锁噪声比较大，多用在小区或楼栋大门口。

电锁的选用需与应用场所及门的类型相结合，常用执行设备选型要求见表 3.3.3。

表 3.3.3　常用执行设备选型要求

<table>
<tr><th>序号</th><th>应 用 场 所</th><th>常用执行设备</th><th>安装设计要点</th></tr>
<tr><td rowspan="6">1</td><td rowspan="6">单向开启、平开木门（含带木框的复合材料）</td><td>阴极电控锁</td><td>适用于单扇门，安装位置距地面 0.9～1.1m 边门框处；
可与普通单舌机械锁配合使用</td></tr>
<tr><td>电控碰撞锁</td><td rowspan="2">适用于单扇门；
安装于门体靠近开启边，距地面 0.9～1.1m 处；
配合件安装在边门框上</td></tr>
<tr><td>一体化电子锁</td></tr>
<tr><td>磁力锁</td><td rowspan="2">安装于上门框，靠近门开启边处；
配合件安装于门体上；
磁力锁的锁体不应暴露在防护面（门外）</td></tr>
<tr><td>阳极电控锁</td></tr>
<tr><td>自动平开门机</td><td>安装于上门框处；
应选用带闭锁装置的设备或另加电控锁；
外挂式门机不应暴露在防护面上（门外），应有防夹措施</td></tr>
<tr><td>2</td><td>单向开启、平开镶玻璃门（不含带木框的门）</td><td>阳极电控锁；
磁力锁；
自动平开门机</td><td>同本表第 1 条相关内容</td></tr>
</table>

续表

序号	应用场所	常用执行设备	安装设计要点
3	单向开启、平开玻璃门	带专用玻璃门夹的阳极电控锁； 带专用玻璃门夹的磁力锁； 带玻璃门夹的电控锁	安装位置同本表第1条相关内容； 玻璃门夹的作用面不应安装在防护面上（门外）； 无框（单玻璃框）门的锁引线应有防护措施
4	双向开启、平开玻璃门	带专用玻璃门夹的阳极电控锁； 带玻璃门夹的电控锁	同本表第3条相关内容
5	单扇、推拉门	阳极电控锁	同本表第1、3条相关内容
		磁力锁	安装于边门框处； 配合件安装于门体上； 不应暴露在防护面上（门外）
		推拉门专用电控挂钩锁	根据锁体结构不同，可安装于上门框或边门框处； 配合件安装于门体上； 不应暴露在防护面上（门外）
		自动推拉门机	安装于上门框处； 应选用带闭锁装置的设备或另加电控锁； 应有防夹措施
6	双扇、推拉门	阳极电控锁	同本表第1、3条相关内容
		推拉门专用电控挂钩锁	应选用安装于上门框处的设备； 配合件安装于门体上； 不应暴露在防护面上（门外）
		自动推拉门机	同本表第5条相关内容
7	金属防盗门	电控碰撞锁； 磁力锁； 自动门机	同本表第1、5条相关内容
		电机驱动锁舌电控锁	根据锁体结构不同，可安装于门框或门体上
8	防尾随人员快速通道	电控三辊闸； 自动启闭速通门	应与地面有牢固的连接； 常与非接触式读卡器配合使用； 自动启闭速通门应有防夹措施
9	小区大门、院门等（人员、车辆混行通道）	电动伸缩栅栏门	固定端应与地面有牢固的连接； 滑轨应水平铺设； 门开口方向应在值班室（岗亭）一侧； 启闭时应有声、光指示，应有防夹措施
		电动栅栏式栏杆机	应与地面有牢固的连接，适用于不限高的场所，不宜选用闭合时间小于3s的产品，应有防砸措施
10	一般车辆出入口	电动栏杆机	应与地面有牢固的连接； 用于限高的场所时，栏杆应有曲臂装置； 应有防砸措施
11	防闯车辆出入口	电动升降式地挡	应与地面有牢固的连接； 地挡落下后，应与地面在同一水平面上； 应有防止车辆通过时地挡顶车的措施

【小知识】产品选型报告内容

1. 产品选型的背景和目的

（阐述采购该类产品的背景和使用目的。）

2. 对选型产品的要求

（写明对该类产品所应具备的功能、性能，以及其他方面的要求。）

2.1 功能要求

2.2 性能要求

2.3 其他要求

3. 备选产品分析

产品对比表（每个产品选 3 个左右）。

序　号	产品名称	所属企业	主要功能	性　能	环境要求	报　价	备　注

4. 选型建议

（根据对备选产品的分析，提出产品选型建议，最好提供两个备选方案。）

序　号	产品名称	说　明	询价人

【任务实施】

根据任务实施单，按照步骤及要求，完成任务。

任务实施单

项目名称	智慧园区门禁管理系统的设计与实施	
任务名称	门禁管理系统设备选型	
序　号	实施步骤	步骤说明
1	熟悉设备选型方法	熟悉门禁管理系统设备选型原则及选型方法
2	确定待选型设备	根据系统功能及网络架构，列举待选型设备，并设计选型表格
3	查阅设备信息	查阅门禁设备主流厂家及设备信息，并通过表格进行展示
4	对比、分析	对各类不同厂家的设备进行综合对比、分析
5	编制选型报告	编制门禁管理系统设备选型报告

【任务工单】

任务工单

项目	智慧园区门禁管理系统的设计与实施		
任务	门禁管理系统设备选型		
班级		小组	
团队成员			
得分			
（一）关键知识引导			
1．门禁管理系统设备选型应遵循什么原则？			
2．身份识读设备选型的要求是什么？			

续表

3. 门禁控制器的选型要求是什么？

4. 门禁执行设备的选型要求是什么？

（二）任务实施完成情况

步　骤	任务内容	完成情况
熟悉设备选型方法	查阅资料，熟悉各类门禁设备的选型方法	
列举待选型设备清单	根据系统功能及网络架构，列举待选型设备清单	
查阅设备信息	查阅门禁设备主流厂家及设备信息，并通过表格进行整理	
对比、分析	对各类不同厂家的设备进行综合对比、分析	
编制选型报告	编制门禁管理系统设备选型报告	

（三）任务检查与评价

评价项目		评价内容	配分	评价方式		
				自我评价	互相评价	教师评价
方法能力（20分）		能够明确任务要求，掌握关键引导知识	5			
		能够正确清点、整理任务设备或资源	5			
		掌握任务实施步骤，制订实施计划，时间分配合理	5			
		能够正确分析任务实施过程中遇到的问题，提出解决方法	5			
专业能力（60分）		熟悉门禁管理系统设备选型原则	15			
		熟悉各类门禁设备的功能及选型方法	15			
		能够从性价比等方面综合对比、选型	15			
		能够编制门禁管理系统设备选型报告	15			
职业素养（20分）	安全操作与工作规范	操作过程中严格遵守安全规范，注意断电操作	5			
		严格执行6S管理规范，积极主动完成工具和设备的整理	5			
	学习态度	认真参与教学活动，课堂上积极互动	3			
		严格遵守学习纪律，按时出勤	3			
	合作与展示	小组之间交流顺畅，合作成功	2			
		语言表达能力强，能够正确陈述基本情况	2			
合　计			100			

（四）任务自我总结

任务实施过程中遇到的问题	解决方式

【任务拓展】

1．门禁设备选型原则包括（　　）。

A．实用性　　B．适用性　　C．法规性　　D．综合比较评选

2．用户应怎样选择门禁卡的类型？

3．在门禁设备选型过程中常以主流设备厂商的产品作为参考，请查阅资料，列举读卡器、门禁控制器的主流厂商信息。

任务 3.4　门禁管理系统软件设计

【任务描述与要求】

任务描述：为便于门禁管理系统的使用，实现门禁卡授权、远程开门、记录查询等功能，门禁管理系统需要一个配套的上位机软件。本任务需要阅读门禁控制器上位机 SDK（软件开发工具包）文档，利用厂家提供的设备 SDK 完成门禁管理系统软件的设计、开发及调试。

任务要求：

- 进行功能设计，画出软件的功能框图；
- 分析搜索控制器、远程开门、权限设置等关键功能，画出程序流程图；
- 分析软件需要存储的数据，进行数据库设计；
- 画出软件的界面原型图，并用 C#编程语言实现界面；
- 编写代码，实现搜索控制器、远程开门、权限设置等关键功能；
- 调试代码，确保程序正确运行；
- 将数据库和程序部署到应用现场服务器或 PC 上。

【任务资讯】

3.4.1　门禁管理系统软件总体设计

为充分把握门禁管理系统软件的用户需求，使软件开发方与用户针对业务功能的需求达成一致，将软件需要实现的功能范围划分清楚，并为软件的设计开发、测试及交付提供依据，在开发软件前需要进行需求分析。软件需求分析包括功能需求分析、安全需求分析、性能需求分析、运行环境需求分析、开发环境需求分析等几个方面。

1．功能需求分析

门禁管理系统软件主要实现的功能有：用户管理、控制器管理、门禁卡管理等核心功能；远程控制、记录管理等辅助功能。各项功能的作用描述如下：

（1）用户管理。对出入门禁人员信息的新增、修改、删除操作。

（2）控制器管理。包括搜索控制器、添加控制器、修改参数、删除用户、数据同步等功能，其中搜索控制器及数据同步功能的作用如下：

- 搜索控制器：使用该功能向局域网内发送广播数据，从而找到新增加的控制器，并添加到数据库中。
- 数据同步：进行删除用户、挂失门禁卡的操作时，应当将该用户所持有的门禁卡所对应

的权限从已下发的控制器中移除。但在某些控制器出现故障时，可能导致移除失败，这样会出现数据不同步的情况。因此需将移除权限操作是否成功的状态存入数据库中，使得在网络恢复后能查询未能执行成功的数据，从而再次执行指令。

（3）门禁卡管理。门禁管理系统软件的核心功能，包括发卡、分配权限、挂失、删除4个子功能，各个子功能的作用如下。

- 发卡：从USB阅读器中读取电子标签的ID后，交与某个已添加的用户管理，使得用户拥有该张电子标签。
- 分配权限：设置已绑定用户的电子标签的权限，包括允许通过的门及允许通过的时间等，并下发到控制器，使持有该电子标签的用户能在指定的时间范围内通过指定的门。
- 挂失：当用户丢失电子标签后，需要换一张新的门禁卡，同时为了出入安全需将旧的电子标签权限从控制器中移除。
- 删除：当用户离职后，需要将绑定的卡删除。该功能也可以合并到删除用户功能中。

（4）远程控制。为方便系统调试或临时人员的进出，该功能允许管理人员直接将某个门打开。

（5）记录管理。门禁控制器能存储出入记录，但存储空间有限，因此需要将门禁控制器的记录提取到数据库中进行存储，否则超出存储容量后会覆盖之前的记录；同时要求能按门禁控制器、门、卡号、用户等条件查询、删除出入记录。

2．安全需求分析

门禁管理系统软件属于安防类产品，其作用是保障受管控区域的安全，因此其自身需要具备如下安全防范措施。

（1）权限控制。由于门禁管理人员众多，职责各不相同，因此软件需要定义多个角色，不同的角色具备不同的操作权限，当使用系统的某项功能时，需要验证权限，防止越权操作。角色对应的权限概述如下：

- 超级管理员：具备所有权限，包括门禁控制器和门等硬件的管理、远程控制门锁、检测硬件异常、数据管理、发卡操作等，该角色通常用于门禁系统的部署阶段。
- 卡务管理员：主要负责门卡和人员的管理，包括人员信息管理、发卡、挂失等操作。
- 安保人员：主要负责对门禁系统的监控，包括对出入信息和异常报警信息的查阅、导出等操作。

（2）界面锁定。当管理人员离开现场时，可以锁定软件界面，恢复时需要输入密码，防止他人恶意操作。

3．性能需求分析

软件需要保证使用者有良好的体验，运行应流畅，无明显卡顿。对性能的要求如下。

- 操作响应时间（除网络延迟）：≤500ms。
- CPU占用率：≤5%。
- 内存占用大小：≤400MB。

4．运行环境需求分析

本软件采用C/S模型架构，其运行环境需要桌面型操作系统和数据库支撑。目前最流行的桌面型操作系统是Windows 10，但也有少部分客户安装的Windows 7或Windows 8，因此软件应当同时支持以上三种操作系统。与 Windows 操作系统最为搭配的是 Microsoft SQL Server 数据库，本软件推荐使用 Microsoft SQL Server 2012 数据库。

【小知识】C/S 与 B/S 架构的认识

C/S 架构即客户端/服务器模型，用户需要打开一个特定的可执行程序（即客户端）来使用软件。由于客户端直接与服务器通信，数据运算在本地执行，因此其运行速度快，安全性高。缺点是每一台计算机均需要一个客户端，跨平台和通用性不强，功能升级时需要更新每一个客户端。

B/S 架构即浏览器/服务器模型，用户只需要打开浏览器，登录到指定的网站即可使用各项功能。所有的数据存储及处理均在服务器端，浏览器仅用于界面展示和上传用户的输入。这种架构对服务器要求较高，但用户无需安装特定的软件，仅需要一个浏览器（几乎所有操作系统默认都有），跨平台性极强，功能更新方便。随着移动互联网的发展，B/S 架构的设计已成为主流。

5．开发环境需求分析

由于软件运行的操作系统是 Windows，因此选用 C#作为桌面端开发语言。同时由于 Windows 7 操作系统所能支持的.Net 最高版本为 4.5，因此采用的框架为.Net Framework 4.5（也可以选用.Net Framework 4），集成开发环境选用 Visual Studio（简称 VS）。

3.4.2 门禁管理系统软件数据库设计

1．数据流分析

数据流是指数据在系统中流动和处理的过程，通常用数据流图来表示。根据门禁管理系统需求分析可知，管理员将用户添加到系统中后，需要读取卡号并与该用户关联，同时设置卡号对应的权限并下发到门禁控制器中。当用户持卡开门时，门禁控制器验证权限后打开电锁。管理员定期将记录上传到服务器的数据库中并保存。当需要进行删除用户或挂失操作时，管理员将进行数据同步。相关的数据流如图 3.4.1～图 3.4.5 所示。

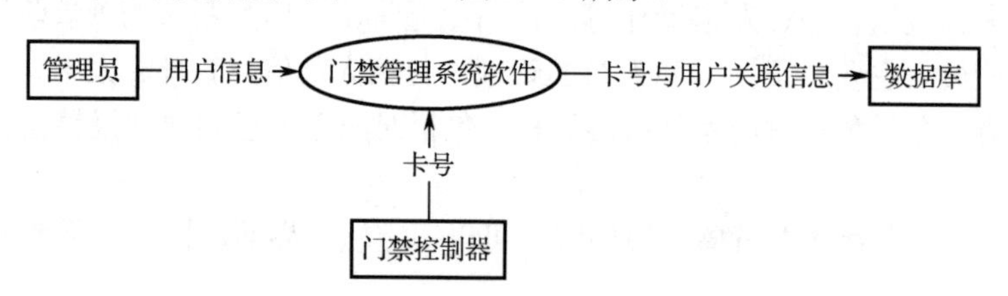

图 3.4.1　添加用户与卡号的数据流图

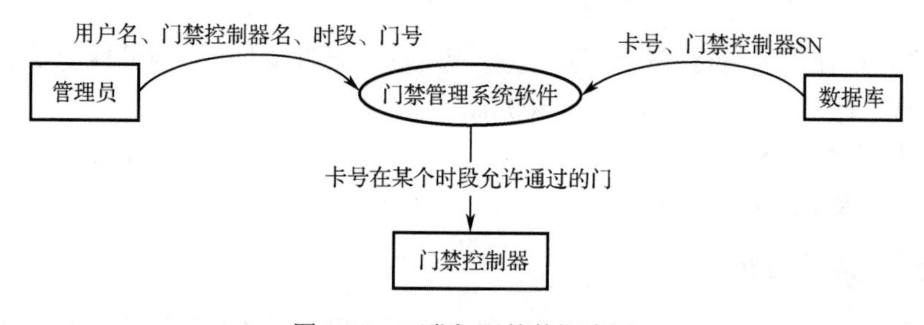

图 3.4.2　下发权限的数据流图

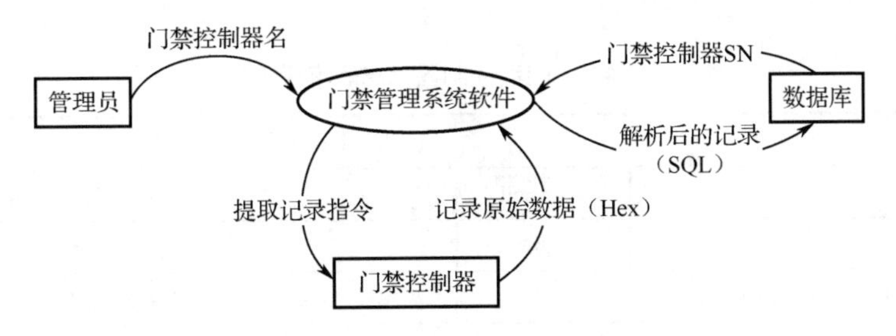

图 3.4.3 提取记录的数据流图

图 3.4.4 删除、挂失操作的数据流图

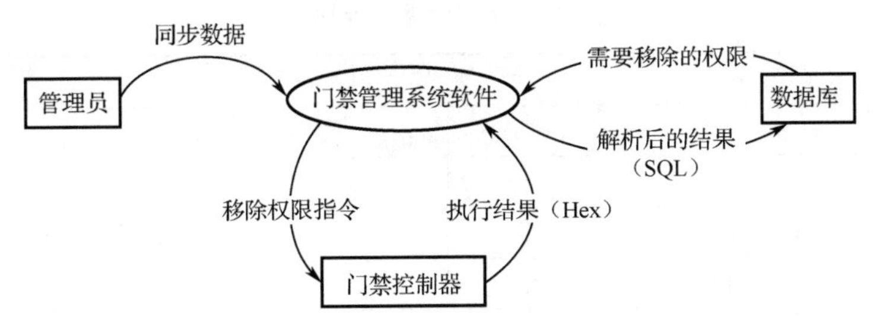

图 3.4.5 同步数据的数据流图

2. 数据库设计

门禁管理系统软件需要数据库来存储运行过程中的数据，如用户信息、门禁卡信息、门禁控制器信息等，根据功能需求分析并结合数据流图，门禁管理系统软件需要设计的数据表清单见表 3.4.1。

表 3.4.1 门禁管理系统软件需要设计的数据表清单

数据库名	AccessCtrlManagement	
表 名	名 称	描 述
tb_controller	门禁控制器信息表	存储已搜索并添加的门禁控制器
tb_user	用户信息表	需要出入门禁的用户
tb_tag	门禁卡信息表	存储已分配给用户的门禁卡
tb_auth	权限信息表	存储门禁卡的出入权限
tb_record	出入记录信息表	存储从门禁控制器中提取的出入记录
tb_settings	配置记录表	存储上位机软件的配置信息，如 IP 等
tb_task	任务信息表	存储需要移除的权限及执行状态

其中各个数据表的字段设计见表 3.4.2～表 3.4.8。

表 3.4.2　门禁控制器信息表字段设计

表　名	tb_controller		
字段名	类　型	允许 null	描　述
id	int	否	主键，自增
name	nvarchar(64)	否	门禁控制器名称
sn	int	否	门禁控制器序列号，用来在协议中区别门禁控制器
ip	nvarchar(64)	否	门禁控制器 IP
mask	nvarchar(64)	否	门禁控制器子网掩码
gateway	nvarchar(64)	否	门禁控制器网关
port	int	否	门禁控制器端口
time	datetime	是	门禁控制器内部时间，用于权限判断
rec_index	int	是	已提取的记录索引号

表 3.4.3　用户信息表字段设计

表　名	tb_user		
字段名	类　型	允许 null	描　述
id	int	否	主键，自增
work_id	decimal(18,0)	否	工号，不可重复
name	nvarchar(64)	否	姓名
tel	nvarchar(24)	否	电话
sex	int	否	性别
del_flag	bit	否	删除标记（0：有效数据；1：已删除）

表 3.4.4　门禁卡信息表字段设计

表　名	tb_tag		
字段名	类　型	允许 null	描　述
id	int	否	主键，自增
tag	bigint	否	标签 ID
work_id	decimal(18,0)	否	持卡员工工号
loss_flag	bit	否	挂失标记（0：正常；1：已挂失）
del_flag	bit	否	删除标记（0：有效数据；1：已删除）

表 3.4.5　权限信息表字段设计

表　名	tb_auth		
字段名	类　型	允许 null	描　述
id	int	否	主键，自增
sn	int	否	门禁控制器序列号
tag	bigint	否	标签 ID
acc_permit_1	bit	否	1 号门通行标记（0：禁止；1：允许）

续表

表　名	tb_auth		
字 段 名	类　型	允许 null	描　述
acc_permit_2	bit	否	2 号门通行标记（0：禁止；1：允许）
acc_permit_3	bit	否	3 号门通行标记（0：禁止；1：允许）
acc_permit_4	bit	否	4 号门通行标记（0：禁止；1：允许）
time_s	datetime	否	生效起始时间
time_e	datetime	否	生效结束时间
remove	bit	否	移除权限标记（0：该条权限存储在门禁控制器中；1：该条权限已从门禁控制器中移除）
syn	bit	否	同步标记（0：该权限未下发到门禁控制器中，即仅存在于数据库中，不生效；1：已下发到门禁控制器中）
del_flag	bit	否	删除标记（0：有效数据；1：已删除）

表 3.4.6　出入记录信息表字段设计

表　名	tb_record		
字 段 名	类　型	允许 null	描　述
id	int	否	主键，自增
sn	int	否	门禁控制器序列号
tag	bigint	否	标签 ID
type	bit	否	记录类型（1：刷卡记录；2：远程开门记录）
acc_no	bit	否	门号
direction	bit	否	出入方向（1：进门；2：出门）
permit	bit	否	通过标记（0：禁止通行；1：允许通行）
time	datetime	否	生效起始时间

表 3.4.7　配置记录表字段设计

表　名	tb_settings		
字 段 名	类　型	允许 null	描　述
ip	nvarchar(64)	否	上位机所在计算机的 IP
port	int	否	上位机所在计算机的端口

表 3.4.8　任务信息表字段设计

表　名	tb_task		
字 段 名	类　型	允许 null	描　述
id	int	否	主键，自增
tag	bigint	否	标签 ID
sn	int	否	门禁控制器序列号
handle	int	否	任务类型（1：挂失；2：删除用户）
finished	bit	否	完成标记（0：失败；1：成功）

为描述各表的依赖关系，接下来将采用实体-联系图（E-R 图）表示几个重要数据表之间的关联。用户信息表、门禁卡信息表、权限信息表、门禁控制器信息表及出入记录信息表的关系如图 3.4.6 所示。

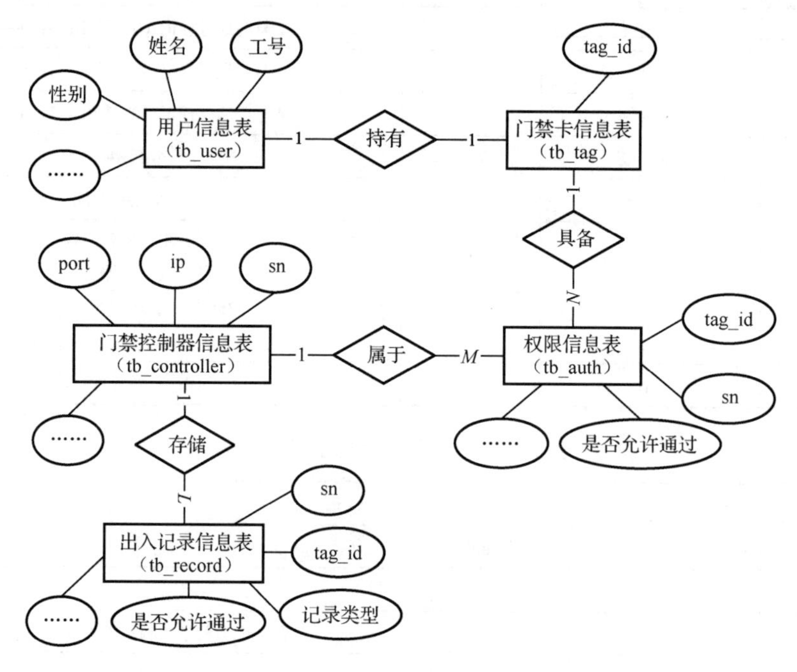

图 3.4.6　几个重要数据表的关系

从 E-R 图可以看出，用户与门禁卡是一对一的关系，即一个用户只允许持有一张门禁卡。一张门禁卡可以针对不同的门禁控制器设置多个权限，故门禁卡与门禁控制器的关系是多对多（$M:N$）。一个门禁控制器能生成多条出入记录，则门禁控制器与出入记录是一对多（$1:L$）关系。

最后，根据以上的设计，采用微软提供的 SQL Server Management Studio 工具创建数据库、数据表。为了保证数据库的安全，最好为门禁管理系统的数据库单独创建一个用户并限定相关权限。

3.4.3　门禁管理系统软件功能实现

软件介绍

1. 通信协议的认识

物联网是由许多具有信息交换和处理能力的节点互联而成的，要使整个网络有条不紊地工作，就要求每个节点必须遵守一些事先约定好的有关数据格式和时序等的规则。这些为实现网络数据交换而建立的规则、约定或标准就称为网络协议。

在门禁管理系统中，上位机管理软件与门禁控制器需要传输数据，如软件向门禁控制器传输权限设置、时间设置等，门禁控制器向软件传输刷卡记录、考勤记录等。为了保证门禁控制器与上位机管理软件能“看懂”彼此表达的含义，其通信时发送的数据需要遵守门禁控制器生产厂家设定的协议。

某品牌门禁控制器的数据帧的协议设定，见表 3.4.9。

表 3.4.9 某品牌门禁控制器的数据帧的协议设定

字　段	偏 移 量	类　型	长　度	含　义
1	0	byte	1	帧头，固定为 0x17
2	1	byte	1	功能号，表示需要进行的操作
3	2	byte[2]	2	保留，无含义，默认以 0x00 填充
4	4	byte[4]	4	用于标识某一台门禁控制器的设备序列号，主机字节序
5	8	byte[32]	32	数据体，不同的功能号对应不同的内容
6	40	unsigned int	4	数据帧编号，主机字节序
7	44	byte[20]	20	保留，暂无含义，默认以 0x00 填充
合计：64 字节				

结合表 3.4.9，对协议的相关术语进行解释。

（1）帧：数据在网络上传输的最小单位，也叫报文。帧通常由帧头、数据体、帧尾三部分组成。帧头用于指示数据的开始，还可能包含帧的属性，如长度等；数据体是接收方获取信息的部分；帧尾用于指示数据的结束，如果帧的长度固定或帧头包含了长度，则可以省略帧尾。表 3.4.9 给出的帧属于定长帧，故没有帧尾。

（2）字段：帧的最小组成单位，每个字段均有类型、长度及含义三个属性。

（3）类型：由于接收方通常需要用编程的方式对每个字段进行处理，因此需要对每个字段定义一个数据类型，如整型、浮点型、数组等。

（4）长度：编程语言的数据类型均有指定的长度，故字段的长度直接由其类型决定。

（5）偏移量：即字段相对于帧头首字节的位置偏差，等于该字段首字节的索引值。

（6）字节序：如果一个字段的字节长度大于 2，则字节的放置顺序有两种，大端字节序（也叫网络字节序，高字节放在低地址，低字节放在高地址），小端字节序（也叫主机字节序，高字节放在高地址，低字节放在低地址）。

（7）含义：即协议的语义，描述字段的功能或表达的意思，是上位机开发人员编程时的依据。

（8）请求帧：上位机与门禁控制器的通信模式是“请求-响应”模式，即上位机发送数据到门禁控制器（操作请求），门禁控制器通过功能号字段识别需要进行的操作，上位机发送到门禁控制器的命令为请求帧。

（9）响应帧：门禁控制器操作完成后将执行结果返回给上位机（响应），上位机根据返回的结果完成读、写数据库等操作，门禁控制器返回的执行结果称为响应帧。

通常网络协议包含以下三个要素：

- 语法：数据与控制信息的结构或格式，即一帧数据中各字段的长度及排列顺序。
- 语义：需要发出何种控制信息，完成何种动作及做出何种响应，即字段的含义。
- 时序：即事件实现顺序的详细说明。

2. 代码结构说明

将门禁管理系统软件代码文件“AccessControlManager.zip”解压，进入文件夹后双击代码的“解决方案”文件，即“AccessControlManager.sln”，打开该工程的开发界面。在 Visual Studio IDE 的解决方案视图中可以浏览本工程的代码结构，如图 3.4.7 所示。

图 3.4.7 门禁管理系统软件代码结构

代码结构各个部分的作用见表 3.4.10。

表 3.4.10 代码结构各个部分的作用

项	名 称	作 用
A	解决方案	表示整个软件工程，一个解决方案可以由多个项目组成。由于软件通常采用模块化开发，所以一个模块可以作为一个项目存在
B	项目	软件的一个模块。在模块化的软件开发中，一个模块相当于一个子系统，为简便起见，本项目只有一个模块
Properties	属性	存放与软件相关的资源及设置信息
AccessCtrlSDK	代码包/命名空间	代码，实现了门禁通信协议及对象模型
Forms	代码包/命名空间	代码，实现了与用户交互的人机界面
Toolkits	代码包/命名空间	代码，封装了一些常用的类
App.config	应用配置	存放运行时需要的配置参数，如数据库配置
Program.cs	入口程序	程序启动时首先执行的代码
PublicResource.cs	公共资源	各个类/窗体等都需要的资源，如数据库连接、Socket 连接等

整个项目的代码主要可分成两个部分，一是数据抽象层（AccessCtrlSDK 模块），包括对各个模型的定义和通信协议的定义；二是人机交互界面（Froms 模块），由 Winform 窗体及对应的事件响应函数组成。程序源文件的作用清单见表 3.4.11。

表 3.4.11 程序源文件的作用清单

命名空间	源 文 件	作 用
AccessCtrlSDK.module	Access.cs	门（通道）类，描述通道的数据
	Auth.cs	权限类，实现权限的新增、修改、删除等功能
	Controller.cs	门禁控制器类，实现门禁控制器的查询、添加、修改、删除、获取状态等功能
	Record.cs	记录类，实现记录的添加、查询、清空等功能
	Server.cs	实现本软件的配置查询及修改功能
	Tag.cs	门禁卡类，实现门禁卡的查询功能
	Task.cs	任务类，主要实现将某个用户所持有门禁卡的权限从所有门禁控制器中移除的功能
	User.cs	用户类，实现用户的查询、新增、修改和删除功能
AccessCtrlSDK	Protocol.cs	协议类，实现门禁控制器协议的生成与解析功能

【小知识】软件模型

模型是软件开发中的一个概念，是对软件需要管理的对象的抽象。模型的本质是类，封装了用于数据处理、逻辑处理的方法，以及描述对象的属性。如门禁管理系统软件中，软件管理的对象有门禁控制器、门禁卡、用户等，因此将门禁控制器、门禁卡、用户等对象进行抽象，用类来表示，则这些类称为模型。

Protocol 类实现了门禁控制器协议的生成、发送与解析功能。该类有几个重要的回调函数，用于接收到响应帧时进行数据处理。几个回调函数的介绍如下：

public void SetOnSendback(Sendback listener)，设置 Sendback 类型的委托，当接收到任意门禁控制器的响应帧时，调用该委托。Sendback 类型的委托参数见表 3.4.12。

表 3.4.12 Sendback 类型的委托参数

定 义	public delegate void Sendback(byte cmd, byte[] data)
参数及类型	描 述
byte cmd	命令，即数据帧中的第二个字节
byte[] data	门禁控制器返回的数据，具体含义跟 cmd 参数相关

public void SetOnRecvRecord(RecvRecord listener)，设置 RecvRecord 类型的委托，当收到门禁控制器传回的刷卡数据时，调用该委托。RecvRecord 类型的委托参数见表 3.4.13。

表 3.4.13 RecvRecord 类型的委托参数

定 义	public delegate void RecvRecord(byte[] data)
参数及类型	描 述
byte[] data	门禁控制器传回的刷卡信息的字节数据

public CommandDeleteAuth OnDeleteAuth { get; set; }，设置 CommandDeleteAuth 类型的委托。当发送删除权限的命令后，门禁控制器将返回权限删除是否成功的数据，从而调用该委托进行解析。CommandDeleteAuth 类型的委托参数见表 3.4.14。

表 3.4.14 CommandDeleteAuth 类型的委托参数

定 义	public delegate void CommandDeleteAuth(int sn, bool succeed)
参数及类型	描 述
int sn	返回数据的门禁控制器序列号
bool succeed	删除权限是否成功的标记

负责人机交互的 Forms 模块源文件清单见表 3.4.15。

表 3.4.15 负责人机交互的 Forms 模块源文件清单

命名空间	源 文 件	作 用
Forms.Settings	AccessSettingsForm.cs	通道设置窗体
	AuthSettingsForm.cs	门禁卡授权窗体
	CtrlSettingsForm.cs	门禁控制器参数设置窗体
	LocalIPSettingsForm.cs	本机 IP 设置窗体
	NetSettingsForm.cs	门禁控制器网络设置窗体
Forms	EditUserInfoForm.cs	用户信息编辑窗体
	ExtractRecordForm.cs	提取刷卡记录窗体
	MainFrame.cs	程序主执行界面
	QueryRecordForm.cs	查询记录窗体
	ReadTagIDForm.cs	从门禁阅读器读取卡号的窗体
	ReportLossForm.cs	门禁卡挂失窗体
	SearchCtrlForm.cs	门禁控制器搜索窗体
	SelectUserForm.cs	用户选择窗体
	SynchronizeForm.cs	数据同步窗体
	TagIssuanceForm.cs	发卡窗体

3. 核心功能实现

（1）搜索控制器

由于大多数功能，如参数设置、权限下发、记录提取等，均以门禁控制器的序列号作为区别的依据，同时向门禁控制器发送命令需要知道 IP、端口等信息，因此当局域网内新增门禁控制器后，管理软件需要将新增的门禁控制器信息添加到数据库中。

搜索控制器功能流程图如图 3.4.8 所示。

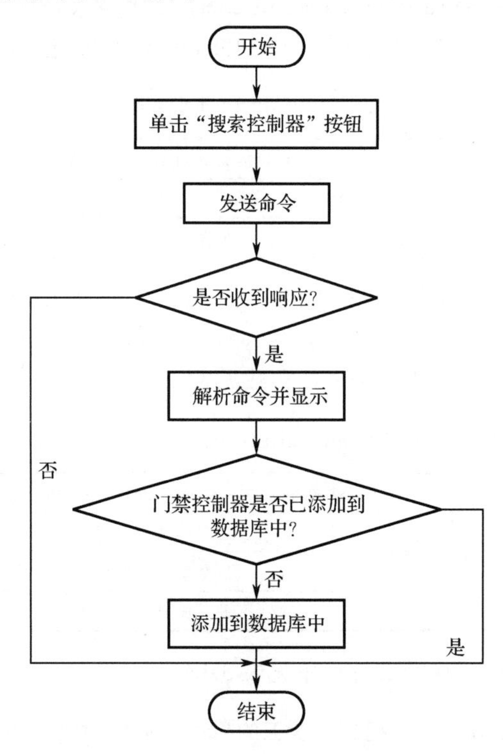

图 3.4.8　搜索控制器功能流程图

根据厂家 SDK 文档，搜索控制器命令见表 3.4.16。

表 3.4.16　搜索控制器命令

字段	偏移量	类型	长度	含　义
1	0	byte	1	帧头，固定为 0x17
2	1	byte	1	功能号，该功能为 0x94
3	2	byte[2]	2	保留，填充为 0x00
4	4	byte[4]	4	用于标识某一台门禁控制器的设备序列号，主机字节序，此处全填充为 0x00
5	8	byte[36]	36	空白，填充为 0x00
合计：44 字节				

同一网段内的所有门禁控制器接收到上位机的请求帧后，返回的响应帧见表 3.4.17。

表 3.4.17　搜索控制器命令返回的响应帧

字段	偏移量	类型	长度	含　义
1	0	byte	1	帧头，固定为 0x17
2	1	byte	1	功能号，该功能为 0x94
3	2	byte[2]	2	保留，填充为 0x00
4	4	byte[4]	4	用于标识某一台门禁控制器的设备序列号，主机字节序
5	8	byte[4]	4	门禁控制器 IP
6	12	byte[4]	4	门禁控制器子网掩码
7	16	byte[4]	4	门禁控制器网关
8	20	byte[6]	6	门禁控制器 MAC 地址
9	26	byte[2]	2	驱动版本（BCD 码显示）
10	28	byte[4]	4	驱动发行年月日（BCD 码显示）
11	32	byte[32]	32	空白
合计：64 字节				

根据设计思路，首先设置 Protocol 类的 Sendback 类型委托的实现，再调用 Protocol 类的 SearchController 方法发送搜索控制器命令。

关键代码如下：

```
    AccessProtocol.SetOnSendback((byte cmd, byte[] data) => {
        if (cmd == 0x94)
        {
            var controller = AccessProtocol.ParseController(data);
            this.Invoke(new Action(()=> {
            int index = dgvSearchedCtrlList.Rows.Add();
            dgvSearchedCtrlList.Rows[index].Cells[0].Value = controller.SN;
            dgvSearchedCtrlList.Rows[index].Cells[1].Value = controller.IPEndPoint.
Address.ToString();
            dgvSearchedCtrlList.Rows[index].Cells[2].Value   =   controller.Mask.
ToString();
            dgvSearchedCtrlList.Rows[index].Cells[3].Value  = controller.Gateway.
ToString();
            tslStatus.Text = Properties.Resources.StatusReady;
            }));
        }
    });
    AccessProtocol.SearchController(remoteIpep);
```

搜索控制器功能用到的类实例及方法见表 3.4.18。

表 3.4.18　搜索控制器功能用到的类实例及方法

实 例 名	类　名	调用的方法名	功　能
AccessProtocol	Protocol 类的实例	ParseController	解析数据，返回 Controller 类的实例，即为搜索到的门禁控制器
		SearchController	发出搜索控制器的命令

续表

实 例 名	类 名	调用的方法名	功 能
dgvSearchedCtrlList	DateGridView 控件的实例		显示搜索到的门禁控制器列表
tslStatus	ToolStripStatusLabel 控件的实例		显示状态信息

ParseController 方法将收到的数据进行解析，代码如下：

```
public Controller ParseController(byte[] data)
{
    Controller ctrl = new Controller();
    byte[] sn = new byte[4];
    Array.Copy(data, 4, sn, 0, 4);            //从索引 4 开始复制 4 个字节
    ctrl.SN = BitConverter.ToInt32(sn, 0);    //转换为 int 型
    byte[] ip = new byte[4];
    Array.Copy(data, 8, ip, 0, 4);            //从索引 8 开始复制 4 个字节
    ctrl.IPEndPoint.Address = new IPAddress(ip);
    byte[] mask = new byte[4];
    Array.Copy(data, 12, mask, 0, 4);         //从索引 12 开始复制 4 个字节
    ctrl.Mask = new IPAddress(mask);
    byte[] gateway = new byte[4];
    Array.Copy(data, 16, gateway, 0, 4);      //从索引 16 开始复制 4 个字节
    ctrl.Gateway = new IPAddress(gateway);
    return ctrl;
}
```

从以上代码可知，解析响应帧的基本思路为：根据协议文档，以字段为单位创建一个字节数组，长度为该字段类型对应的长度；再根据字段在响应帧内的位置和长度，将对应的字节数据复制到字节数组中；最后将字节数组转换为字段对应的类型并赋值给模型实例的某个属性。

注意需要先设置回调，再发送搜索控制器命令，否则可能出现无法处理返回数据的情况。

（2）远程开门

在紧急通行或访客通行的情况下，需要管理员通过软件发送直接开门的指令，流程如图 3.4.9 所示。

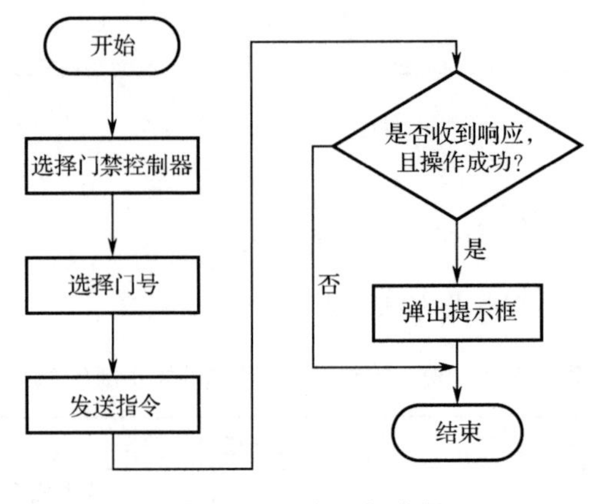

图 3.4.9 远程开门流程

远程开门请求帧见表 3.4.19。

表 3.4.19 远程开门请求帧

字段	偏移量	类型	长度	含义
1	0	byte	1	帧头，固定为 0x17
2	1	byte	1	功能号，该功能为 0x40
3	2	byte[2]	2	保留，填充为 0x00
4	4	byte[4]	4	门禁控制器序列号，主机字节序
5	8	byte	1	门号，范围为 0x01～0x04，最多 4 个门
6	9	byte[55]	55	空白，填充为 0x00
合计：64 字节				

发送请求帧后，门禁控制器返回的远程开门响应帧见表 3.4.20。

表 3.4.20 门禁控制器返回的远程开门响应帧

字段	偏移量	类型	长度	含义
1	0	byte	1	帧头，固定为 0x17
2	1	byte	1	功能号，该功能为 0x40
3	2	byte[2]	2	保留，填充为 0x00
4	4	byte[4]	4	门禁控制器序列号，主机字节序
5	8	byte	1	信息位（0x01 为成功，0x00 为失败）
6	9	byte[55]	55	空白
合计：64 字节				

在 AccessSettingsForm.cs 源文件中添加 btRemoteOpen 按钮的单击事件响应方法，关键代码如下：

```
private void btRemoteOpen_Click(object sender, EventArgs e)
{
    Access acc = new Access();
    acc.No = int.Parse(cbAccessNo.Text);

    Protocol.SetOnSendback((byte cmd, byte[] data) => {
        if (cmd == 0x40 && data[8] == 0x01)//8 号字节返回成功标记
            this.Invoke(new Action(() => {
                MessageBox.Show("开门成功", "提示", MessageBoxButtons.OK, Message
            BoxIcon.Information);
                tslStatus.Text = Properties.Resources.StatusReady;
            }));
    });
    Protocol.RemoteOpen(Controller, acc);
    tslStatus.Text = Properties.Resources.StatusSend;
}
```

远程开门功能用到的类实例及方法见表 3.4.21。

表 3.4.21　远程开门功能用到的类实例及方法

实 例 名	类　名	调用的方法名	功　能
AccessProtocol	Protocol 类的实例	RemoteOpen	发送远程开门指令
acc	Access 类的实例		
tslStatus	ToolStripStatusLabel 控件的实例		显示状态信息
cbAccessNo	ComboBOX 类的实例		下拉列表，用于选择需要远程开门的门号

RemoteOpen 方法用于向指定的控制器发送一个远程开门的命令，参数包括控制器实例和通道号，代码如下：

```
public void RemoteOpen(Controller ctrl, Access acc)
{
    byte[] frame = new byte[64];
    Array.Copy(new byte[] { 0x17, 0x40, 0x00, 0x00 }, 0, frame, 0, 4);
    byte[] sn = BitConverter.GetBytes(ctrl.SN);
    Array.Copy(sn, 0, frame, 4, 4);
    frame[8] = (byte)acc.No;
    Write2Controller(frame, this.client, ctrl.IPEndPoint);
}
```

上述代码展示了根据协议文档生成一个数据帧的实现思路，即将各个字段转换成字节数据，再复制到要发送的字节数组（代码中的“frame”数组）对应的位置。

Write2Controller 方法用于将数据帧发送到指定的 UDP 客户端（即门禁控制器），关键代码如下：

```
private void Write2Controller(byte[] data, UdpClient uc, IPEndPoint remoteIpep)
{
    uc.Send(data, data.Length, remoteIpep);
}
```

参数 remoteIpep 指门禁控制器的 IP 地址，uc 为该 IP 对应的 UdpClient。因此，门禁控制器与上位机软件的通信方式是 UDP 通信。

（3）发卡

发卡是指将用户与门禁卡绑定，从而使该用户拥有一张门禁卡。根据需求分析及数据流程图可知，发卡流程如图 3.4.10 所示。

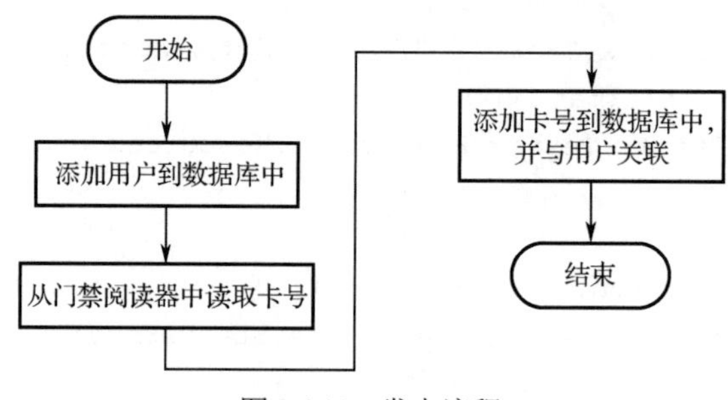

图 3.4.10　发卡流程

① 添加用户到数据库中。

在 User.cs 文件中添加 User 类的 Add 方法，该方法提供添加用户到数据库中的功能，关键代码

如下：

```
    public bool Add()
    {
        SqlCommand com = new SqlCommand("insert into [tb_user](work_id, name, tel,
sex, del_flag) values(@work_id, @name, @tel, @sex, 0)", SqlConn);
        com.Parameters.AddWithValue("@work_id", WorkId);
        com.Parameters.AddWithValue("@name", Name);
        com.Parameters.AddWithValue("@tel", Tel);
        com.Parameters.AddWithValue("@sex", (int)Sex);
        int row = com.ExecuteNonQuery();
        return row >= 1 ? true : false;
    }
```

代码中的 Work_Id、Name、Tel、Sex 均为 User 类的属性，含义分别为工号、姓名、电话和性别，在实际的开发中可根据甲方需要增加额外的属性。

② 从门禁阅读器中读取卡号。

从门禁阅读器中读取卡号的过程包括选择门禁控制器、设置委托、设置上传 IP、刷卡、解析数据等过程，相关流程如图 3.4.11 所示。

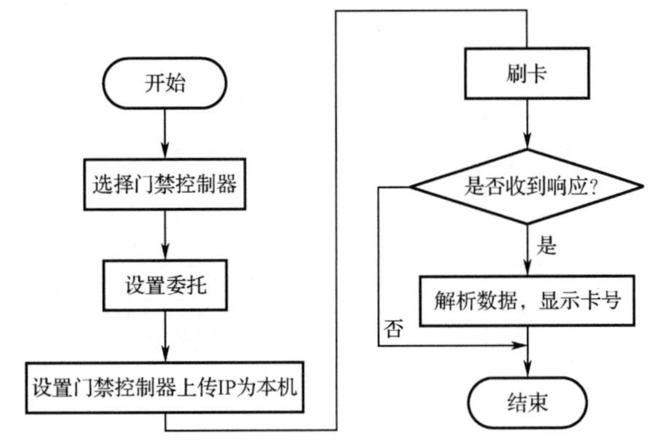

图 3.4.11　从门禁阅读器中读取卡号流程

Protocol 类提供了 SetOnRecvRecord 方法用于设置收到刷卡时的回调，在该回调中进行协议解析，并提取出卡号显示在文本框中。

由于门禁控制器需要实时将刷卡数据传送到上位机，以便门禁管理系统软件提取卡号，因此需要设置门禁控制器的上传服务器 IP 地址，该 IP 地址为运行门禁管理系统软件的计算机 IP，设置上传 IP 的请求帧见表 3.4.22。

表 3.4.22　设置上传 IP 的请求帧

字　段	偏 移 量	类　型	长　度	含　义
1	0	byte	1	帧头，固定为 0x17
2	1	byte	1	功能号，该功能为 0x90
3	2	byte[2]	2	保留，填充为 0x00
4	4	byte[4]	4	门禁控制器序列号，主机字节序
5	8	byte[4]	4	实时接收刷卡记录的服务器 IP
6	12	byte[52]	52	空白，填充为 0x00
合计：64 字节				

设置成功后，如果有刷卡数据，则门禁控制器返回的响应帧见表 3.4.23。

表 3.4.23 门禁控制器返回的响应帧

字段	偏移量	类型	长度	含义
1	0	byte	1	帧头，固定为 0x17
2	1	byte	1	功能号，该功能为 0x20
3	2	byte[2]	2	保留，填充为 0x00
4	4	byte[4]	4	门禁控制器序列号，主机字节序
5	8	unsigned int	4	最新记录的索引号，主机字节序，为 0 表示无记录
6	12	byte	1	记录类型（0x00 为无记录，0x01 为刷卡记录，0x02 为门磁、按钮、设备启动和远程开门记录，0x03 为报警记录）
7	13	byte	1	通行许可标识（0x00 为禁止，0x01 为允许）
8	14	byte	1	门号，范围为 1～4，即 4 门门禁控制器
9	15	byte	1	方向标识（0x01 为进门，0x02 为出门）
10	16	unsigned int	4	卡号（刷卡记录）或编号（其他类型记录）
11	20	byte[7]	7	记录产生的时间，与时间设置数据帧的第 5～11 字段相同
12	27	byte	1	触发事件代码
13	28	byte	1	1 号门门磁状态（0x00 为关闭，0x01 为打开）
14	29	byte	1	2 号门门磁状态（0x00 为关闭，0x01 为打开）
15	30	byte	1	3 号门门磁状态（0x00 为关闭，0x01 为打开）
16	31	byte	1	4 号门门磁状态（0x00 为关闭，0x01 为打开）
17	32	byte	1	1 号门按钮状态（0x00 为弹起，0x01 为按下）
18	33	byte	1	2 号门按钮状态（0x00 为弹起，0x01 为按下）
19	34	byte	1	3 号门按钮状态（0x00 为弹起，0x01 为按下）
20	35	byte	1	4 号门按钮状态（0x00 为弹起，0x01 为按下）
21	36	byte	1	故障标识，0x00 为无故障，其他值为有故障
22	37	byte	1	控制当前时间（时）
23	38	byte	1	控制当前时间（分）
24	39	byte	1	控制当前时间（秒）
25	43	unsigned int	4	记录流水号
26	47	byte[4]	4	备用
27	51	byte	1	特殊信息
28	52	byte	1	继电器状态
29	53	byte	1	消防联动标记（0x00 为强制锁门，0x01 为火警）
30	54	byte	1	控制当前时间（年）
31	55	byte	1	控制当前时间（月）
32	56	byte	1	控制当前时间（日）
33	57	byte[7]	7	空白，填充为 0x00
合计：61 字节				

获取卡号界面如图 3.4.12 所示。

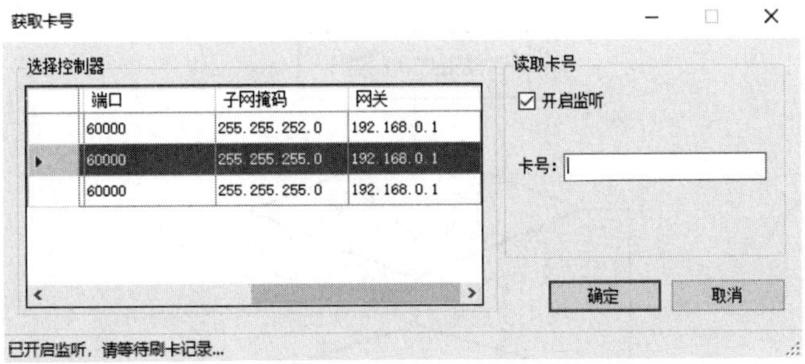

图 3.4.12 获取卡号界面

当选择门禁控制器并开启监听后，如果对应的门禁控制器接收到刷卡数据，则将数据上传到门禁管理系统软件，进而触发 OnRecvRecord 委托，在 ReadTagIDForm.cs 文件中的 chbListenReader_CheckedChanged 方法内添加代码如下：

```
Protocol.SetOnRecvRecord((byte[] data) =>
{
    if (data[12] == 0x01)//根据协议，如果为刷卡数据则提取卡号
    {
        byte[] id = new byte[4];
        Array.Copy(data, 16, id, 0, 4);//提取卡号
        tbTagId.Invoke(new Action(() =>
        {
            tbTagId.Text = BitConverter.ToInt32(id, 0).ToString();//显示到文本框中
            _tag = BitConverter.ToInt32(id, 0);
            tslStatus.Text = Properties.Resources.StatusOnTagId;
        }));
    }
});
Protocol.SetServer(ctrl, server.GetNetwork());//设置门禁控制器上传 IP
tslStatus.Text = Properties.Resources.StatusListenOpen;
```

获取卡号功能用到的类实例及方法见表 3.4.24。

表 3.4.24 获取卡号功能用到的类实例及方法

实 例 名	类 名	调用的方法名	功 能
Protocol	Protocol 类的实例	SetOnRecvRecord	设置收到刷卡数据的委托
		SetServer	发送设置上传 IP 命令
tbTagId	TextBox 类的实例		显示卡号
tslStatus	ToolStripStatusLabel 控件的实例		显示状态信息

③ 添加卡号到数据库中。

从实际使用情况考虑，每名用户仅允许拥有一张门禁卡，因此设计 tb_tag 表时其应含有门禁卡信息、持有者的 Work_Id 等字段，门禁卡与用户是一一对应的关系；为了安全起见，被挂失的卡不得再度启动，添加卡号到数据库中的流程如图 3.4.13 所示。

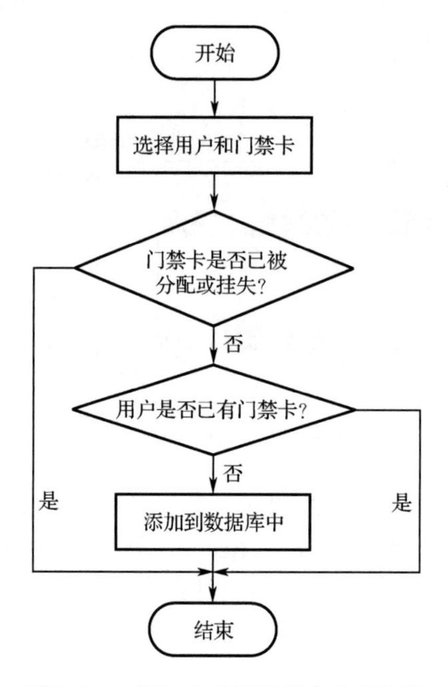

图 3.4.13　添加卡号到数据库中的流程

在 Tag.cs 文件中添加 Tag 类的 Exist 方法，该方法用于判断门禁卡是否已分配给某个用户或者已被挂失。

```
public bool Exist()
{
    SqlCommand com = new SqlCommand("select * from [tb_tag] where tag = @tag_id and del_flag = 0", SqlConn);
    com.Parameters.AddWithValue("@tag_id", ID);
    SqlDataReader reader = com.ExecuteReader();
    bool exist = reader.HasRows; //是否返回行，如返回则表示有记录
    reader.Close();
    return exist;
}
```

在 User.cs 文件中添加 User 类的 HasTag 方法，该方法用于判断用户是否已经被分配门禁卡。

```
public bool HasTag()
{
    SqlCommand com = new SqlCommand("select tag from [tb_tag] where work_id = @work_id and del_flag = 0 and loss_flag = 0", SqlConn);
    com.Parameters.AddWithValue("@work_id", WorkId);
    SqlDataReader reader = com.ExecuteReader();
    bool exist = reader.HasRows;//是否返回行，如返回则表示有记录
    reader.Close();
    return exist;
}
```

最后，在 User.cs 文件中添加 User 类的 Issuance 方法用于将门禁卡发卡信息存入数据库中。

```
public bool Issuance()
```

```
{
    SqlCommand com = new SqlCommand("insert into [tb_tag](tag, work_id, loss_flag, 
del_flag) values (@tag, @work_id, 0, 0)", SqlConn);
    com.Parameters.AddWithValue("@work_id", WorkId);
    com.Parameters.AddWithValue("@tag", Tag);
    int row = com.ExecuteNonQuery();//获取影响的记录行数
    return row >= 1 ? true : false;//插入操作成功则影响的记录行数≥1
}
```

（4）设置权限

发卡完成后，还需要向对应的门禁控制器下发该卡的权限，从而限制持卡人的通行，设置权限流程如图 3.4.14 所示。

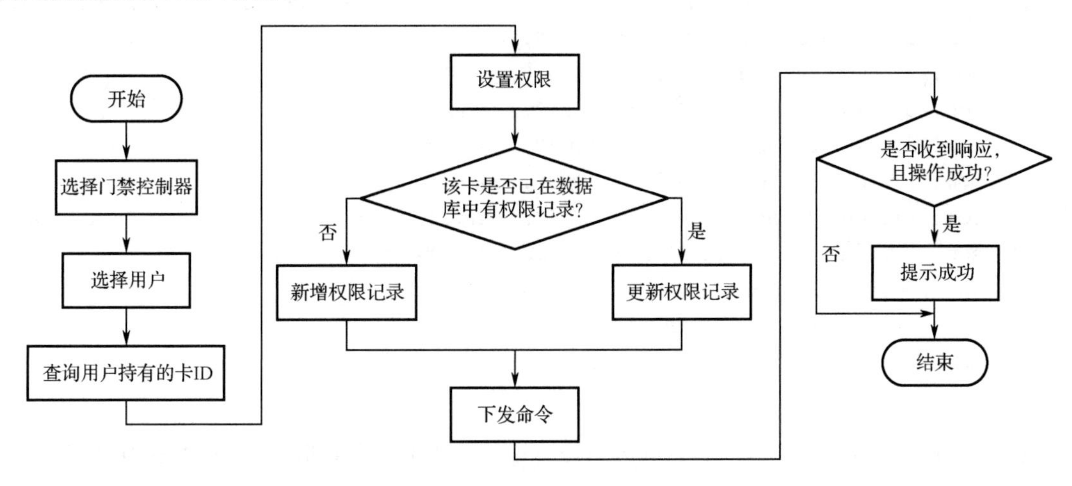

图 3.4.14 设置权限流程

为了记录各个门禁卡的权限，需要将所设置的权限在下发给门禁控制器的同时保存到数据库中，如果门禁卡在数据库中已有权限记录，则意味着需要修改权限，否则为新增权限，关键代码如下：

```
if(auth.Exist())          //权限是否存在
{
    auth.Update();        //更新权限
}
else
    auth.Add();           //新增权限
```

在 Auth.cs 中新增 Auth 类的 Exist 方法，用于判断权限是否存在，关键代码如下：

```
public bool Exist()
{
    SqlCommand com = new SqlCommand("select * from [tb_auth] where tag = @tag 
and sn = @sn and del_flag <> 1", SqlConn);
    com.Parameters.AddWithValue("@sn", Controller.SN);
    com.Parameters.AddWithValue("@tag", Tag);
    SqlDataReader reader = com.ExecuteReader();
    bool exist = reader.HasRows;
```

```
        reader.Close();
        return exist;
    }
```

上述代码以标签 ID、控制器 SN 及删除标识为条件，查询门禁控制器是否已设置了该门禁卡的权限。

如果已有记录，则需要更新权限，在 Auth.cs 中新增 Auth 类的 Update 方法，关键代码如下：

```
    public bool Update()
    {
        SqlCommand com = new SqlCommand("update [tb_auth] set remove = 0, syn = 0,
acc_permit_1 = @p1, acc_permit_2 = @p2, acc_permit_3 = @p3, acc_permit_4 = @p4, time_s
= @time_s, time_e = @time_e where tag = @tag and sn = @sn and del_flag = 0", SqlConn);
        com.Parameters.AddWithValue("@sn", Controller.SN);
        com.Parameters.AddWithValue("@tag", Tag);
        com.Parameters.AddWithValue("@p1", Permit[0]);
        com.Parameters.AddWithValue("@p2", Permit[1]);
        com.Parameters.AddWithValue("@p3", Permit[2]);
        com.Parameters.AddWithValue("@p4", Permit[3]);
        com.Parameters.AddWithValue("@time_s", Start);
        com.Parameters.AddWithValue("@time_e", End);
        int row = com.ExecuteNonQuery();
        return row >= 1 ? true : false;
    }
```

同理，如果 Exist 方法返回假，则表示没有记录，需要新增权限，在 Auth.cs 中新增 Auth 类的 Add 方法，关键代码如下：

```
    public bool Add()
    {
        SqlCommand com = new SqlCommand("insert into [tb_auth] (sn, tag, acc_permit_1,
acc_permit_2, acc_permit_3, acc_permit_4, time_s, time_e, remove, syn, del_flag)
values(@sn, @tag, @acc_permit_1, @acc_permit_2, @acc_permit_3, @acc_permit_4,
@time_s, @time_e, 0, 0, 0)", SqlConn);
        com.Parameters.AddWithValue("@sn", Controller.SN);
        com.Parameters.AddWithValue("@tag", Tag);
        com.Parameters.AddWithValue("@acc_permit_1", Permit[0]);
        com.Parameters.AddWithValue("@acc_permit_2", Permit[1]);
        com.Parameters.AddWithValue("@acc_permit_3", Permit[2]);
        com.Parameters.AddWithValue("@acc_permit_4", Permit[3]);
        com.Parameters.AddWithValue("@time_s", Start);
        com.Parameters.AddWithValue("@time_e", End);
        int row = com.ExecuteNonQuery();
        return row >= 1 ? true : false;
    }
```

最后，设置回调函数，发送指令，关键代码如下：

```
    Protocol.SetOnSendback((byte cmd, byte[] data)=> {
```

```
    if(cmd == 0x50 && data[8] == 0x01)
    {
        auth.SetUpdateSyn();
        MessageBox.Show("权限设置成功", "提示", MessageBoxButtons.OK,
    MessageBoxIcon.Information);
        tslStatus.Text = Properties.Resources.StatusReady;
    }
};

Protocol.SetAuth(auth);
tslStatus.Text = Properties.Resources.StatusSend;
```

设置权限功能用到的类实例及方法见表 3.4.25。

表 3.4.25　设置权限功能用到的类实例及方法

实 例 名	类　名	调用的方法名	功　能
Protocol	Protocol 类的实例	SetAuth	生成设置权限的指令，下发给门禁控制器
auth	Auth 类的实例	SetUpdateSyn	若收到门禁控制器的成功返回响应，说明权限下发成功，设置该条记录已被成功同步
tslStatus	ToolStripStatusLabel 控件的实例		显示状态信息

添加/修改权限指令见表 3.4.26。

表 3.4.26　添加/修改权限指令

字　段	偏 移 量	类　型	长　度	含　义
1	0	byte	1	帧头，固定为 0x17
2	1	byte	1	功能号，该功能为 0x50
3	2	byte[2]	2	保留，填充为 0x00
4	4	byte[4]	4	门禁控制器序列号，主机字节序
5	8	byte[4]	4	卡号，不能为 0、0xffffffff、0x00ffffff
6	12	byte[4]	4	有效期起始时间，要求为 2000 年后
7	16	byte[4]	4	有效期结束时间，要求为 2000 年后
8	17	byte	1	1 号门授权通过标识（0x00 为禁止，0x01 为允许）
9	18	byte	1	2 号门授权通过标识（0x00 为禁止，0x01 为允许）
10	19	byte	1	3 号门授权通过标识（0x00 为禁止，0x01 为允许）
11	20	byte	1	4 号门授权通过标识（0x00 为禁止，0x01 为允许）
12	21	byte[3]	3	用户密码，启用密码键盘才生效
13	24	byte[40]	40	空白，填充为 0x00
合计：67 字节				

在 Protocol.cs 中的 Protocol 类添加 SetAuth 方法，用于发送权限设置的指令，关键代码如下：

```
public void SetAuth(Auth auth)
{
    byte[] frame = new byte[64];
```

```
    Array.Copy(new byte[] { 0x17, 0x50, 0x00, 0x00 }, 0, frame, 0, 4);
    byte[] sn = BitConverter.GetBytes(auth.Controller.SN);
    Array.Copy(sn, 0, frame, 4, 4);
    Array.Copy(BitConverter.GetBytes(auth.Tag), 0, frame, 8, 4);
    byte yearH = (byte)(auth.Start.Year / 100);
    byte yearL = (byte)(auth.Start.Year % 100);
    frame[12] = Byte2BCD(yearH);
    frame[13] = Byte2BCD(yearL);
    frame[14] = Byte2BCD((byte)auth.Start.Month);
    frame[15] = Byte2BCD((byte)auth.Start.Day);
    yearH = (byte)(auth.End.Year / 100);
    yearL = (byte)(auth.End.Year % 100);
    frame[16] = Byte2BCD(yearH);
    frame[17] = Byte2BCD(yearL);
    frame[18] = Byte2BCD((byte)auth.End.Month);
    frame[19] = Byte2BCD((byte)auth.End.Day);
    for (int i = 0; i < 4; i++)
    {
        frame[20+i] = (byte)(auth.Permit[i] == true ? 0x01 : 0x00);
    }
    Write2Controller(frame, this.client, auth.Controller.IPEndPoint);
}
```

上述代码中的Byte2BCD用于将单字节数据转成BCD码格式的数据，关键代码如下：

```
private byte Byte2BCD(byte b)
{
    byte b1 = (byte)(b / 10); //高四位
    byte b2 = (byte)(b % 10); //低四位
    return (byte)((b1 << 4) | b2);
}
```

【任务实施】

根据任务计划，按照任务实施方案，完成任务实施。

任务实施单

项目名称	智慧园区门禁管理系统的设计与实施	
任务名称	门禁管理系统软件设计	
序　号	实 施 步 骤	步 骤 说 明
1	针对门禁管理系统软件进行需求分析	（1）功能需求分析 （2）安全需求分析 （3）性能需求分析 （4）运行环境需求分析 （5）开发环境需求分析 （6）根据需求分析画出功能框图

续表

序　号	实施步骤	步骤说明
2	进行门禁管理系统软件的数据库设计	（1）阅读厂家提供的协议文档，分析需要处理的数据 （2）根据协议文档，结合门禁管理系统的功能，画出数据流图 （3）设计数据库，画出 E-R 图 （4）在 SQL Server Management Studio 中实现数据库
3	实现核心功能	（1）搜索控制器功能实现 （2）远程开门功能实现 （3）发卡功能实现 （4）设置权限功能实现
4	调试程序	（1）熟悉 Visual Studio IDE 的下断点、单步执行、变量监视等功能 （2）利用上述功能完成核心功能的调试，确保程序能正确执行
5	部署程序	（1）利用 SQL Server Management Studio 将数据库导出为 SQL 脚本 （2）在服务器或 PC 上安装 SQL Server 和.NET Framework 环境 （3）导入 SQL 脚本，完成数据库的部署 （4）将门禁系统管理软件复制到服务器或 PC 上 （5）部署网络，确保通信正常 （6）运行程序，进行测试

【任务工单】

任务工单

项目	智慧园区门禁管理系统的设计与实施		
任务	门禁管理系统软件设计		
班级		小组	
团队成员			
得分			

（一）关键知识引导

1. 门禁管理系统有哪些职责？
2. 门禁管理系统软件有哪些功能？
3. 门禁管理系统软件与门禁控制器的通信协议是什么？
4. 门禁管理系统软件涉及哪些数据的处理？
5. 搜索控制器、远程开门、发卡、设置权限等功能的协议、流程、涉及的数据表分别是什么？

（二）任务实施完成情况

步　骤	任务内容	完成情况
针对门禁管理系统软件进行需求分析	（1）功能需求分析 （2）安全需求分析 （3）性能需求分析 （4）运行环境需求分析 （5）开发环境需求分析 （6）根据需求分析画出功能框图	
进行门禁管理系统软件的数据库设计	（1）阅读厂家提供的协议文档，分析需要处理的数据 （2）根据协议文档，结合门禁管理系统的功能，画出数据流图 （3）设计数据库，画出 E-R 图 （4）在 SQL Server Management Studio 中实现数据库	

续表

步　　骤	任 务 内 容	完 成 情 况
实现核心功能	（1）搜索控制器功能实现 （2）远程开门功能实现 （3）发卡功能实现 （4）设置权限功能实现	
调试程序	（1）熟悉 Visual Studio IDE 的下断点、单步执行、变量监视等功能 （2）利用上述功能完成核心功能的调试，确保程序能正确执行	
部署程序	（1）利用 SQL Server Management Studio 将数据库导出为 SQL 脚本 （2）在服务器或 PC 上安装 SQL Server 和.NET Framework 环境 （3）导入 SQL 脚本，完成数据库的部署 （4）将门禁系统管理软件复制到服务器或 PC 上 （5）部署网络，确保通信正常 （6）运行程序，进行测试	

（三）任务检查与评价

<table>
<tr><th rowspan="2">评价项目</th><th rowspan="2" colspan="2">评 价 内 容</th><th rowspan="2">配分</th><th colspan="3">评 价 方 式</th></tr>
<tr><th>自我评价</th><th>互相评价</th><th>教师评价</th></tr>
<tr><td rowspan="4">方法能力（20 分）</td><td colspan="2">能够明确任务要求，掌握关键引导知识</td><td>5</td><td rowspan="4"></td><td rowspan="4"></td><td rowspan="4"></td></tr>
<tr><td colspan="2">能够正确清点、整理任务设备或资源</td><td>5</td></tr>
<tr><td colspan="2">掌握任务实施步骤，制订实施计划，时间分配合理</td><td>5</td></tr>
<tr><td colspan="2">能够正确分析任务实施过程中遇到的问题并进行调试和排除故障</td><td>5</td></tr>
<tr><td rowspan="6">专业能力（60 分）</td><td colspan="2">能分析门禁管理系统软件的功能</td><td>5</td><td rowspan="6"></td><td rowspan="6"></td><td rowspan="6"></td></tr>
<tr><td colspan="2">能根据门禁控制器协议文档分析软件需要处理的数据</td><td>5</td></tr>
<tr><td colspan="2">能进行数据库设计并用 SQL Server Management Studio 实现</td><td>10</td></tr>
<tr><td colspan="2">能设计搜索控制器、远程开门、发卡、设置权限的业务流程，并用 C#代码实现</td><td>25</td></tr>
<tr><td colspan="2">能熟练运用 Visual Studio IDE 进行程序的调试</td><td>10</td></tr>
<tr><td colspan="2">能将程序从开发环境部署到生产环境中，并确保程序正常运行</td><td>5</td></tr>
<tr><td rowspan="6">职业素养（20 分）</td><td rowspan="2">安全操作与工作规范</td><td>操作过程中严格遵守安全规范，注意断电操作</td><td>5</td><td rowspan="6"></td><td rowspan="6"></td><td rowspan="6"></td></tr>
<tr><td>严格执行 6S 管理规范，积极主动完成工具和设备的整理</td><td>5</td></tr>
<tr><td rowspan="2">学习态度</td><td>认真参与教学活动，课堂上积极互动</td><td>3</td></tr>
<tr><td>严格遵守学习纪律，按时出勤</td><td>3</td></tr>
<tr><td rowspan="2">合作与展示</td><td>小组之间交流顺畅，合作成功</td><td>2</td></tr>
<tr><td>语言表达能力强，能够正确陈述基本情况</td><td>2</td></tr>
<tr><td colspan="3">合　　计</td><td>100</td><td></td><td></td><td></td></tr>
</table>

续表

（四）任务自我总结

任务实施过程中遇到的问题	解 决 方 式

【任务拓展】

利用现有协议，为门禁管理系统软件拓展逻辑开门功能，如双人同时刷卡、单向门等。

任务 3.5　门禁管理系统部署与调试

【任务描述与要求】

任务描述：日前，门禁管理系统进入现场施工环节，A 公司项目部需要安排几名门禁管理系统技术骨干与数名熟悉弱电的施工人员进场施工，既要提高工作效率，又要按照规范高质量完成任务。

为高质量、高效率建设智慧园区门禁管理系统，依据《出入口控制系统工程设计规范》《出入口控制系统技术要求》《民用建筑电气设计标准》等要求，通过图纸识读、实践操作等方法，借助计算机、万用表、网络测试仪、尖嘴钳等工具及门禁管理系统所需设备，完成门禁管理系统的部署与调试。

任务要求：

- 准备施工所用的五金工具、测试仪器仪表及满足需求的线缆；
- 准备所需安装的门禁设备，并对其完好性进行检测，编写测试报告；
- 识读设备安装布局图、网络拓扑图，使用各类五金工具对设备进行安装；
- 按照接线图及设备使用说明书进行正确接线，并配置相关参数；
- 按照软件使用说明书进行部署并配置参数；
- 对已经部署的门禁管理系统进行通信与功能调试。

【任务资讯】

3.5.1　门禁管理系统施工步骤及要求

在安装设备时，应仔细阅读相应产品说明书，并结合实际情况进行安装，系统施工要标准化、规范化，门禁管理系统标准施工流程包括管线预埋敷设、门禁控制器和管理主机安装、线缆敷设、终端设备安装、设备接线调试五个部分，如图 3.5.1 所示。

图 3.5.1　门禁管理系统标准施工流程

1. 管线预埋敷设要求

管线预埋敷设施工前必须先勘察现场，确定系统每一条线路及每一台设备的安装位置，设计出完整的工程图。

埋管时先按工程图将每个门与门禁控制器、门禁控制器与门禁控制器之间的管埋好，然后布线（操作过程中不可用力过大将线芯拉断，需将每条线做上标识，以备安装时辨别，并检测每条线的通信状态）。网络系统的布线可采用综合布线系统，要符合 ISO/IEC 11801 综合布线标准。

安装人员必须先掌握整个工程实施过程（设备安装位置、接线方法等），熟知每个施工环节，方可上岗操作，尽量降低工程安装调试的复杂度。

2. 门禁管理系统管线施工要求

电缆的安装应符合电气安装线缆敷设规范和国家、行业的相关规定，应根据选择的出入口产品厂商的要求选择符合规定的产品。

室内布线时不仅要求安全可靠，而且要使线路布置合理、整齐，安装牢固。使用的导线，其额定电压应大于线路的工作电压；导线的绝缘应符合线路的安装方式和敷设的环境条件及导线对机械强度的要求。

布线时应尽量避免导线上产生接头，非接头不可时，其接头必须采用压线或焊接的方式。导线连接和分支处不应受机械力的作用。在建筑物内安装布线要保持水平或垂直。布线应加套管（塑料或金属管，按室内布线的技术要求选配），天花板上可装软管或 PVC 管，但需固定稳妥美观。

信号线不能与大功率电力线平行，更不能穿在同一套管内。若因环境所限要走平行线，则两条线要保持 50cm 以上的距离。

门禁控制箱的交流电源应单独走线，不能与信号线或低压直流电源线穿在同一套管内，交流电源线的安装应符合电气安装要求。门禁控制箱到天花板的走线，要求加套管埋入墙内或用铁水管加以保护，以提高防盗系统的防破坏性能。

布线时应区分电源线、通信线、信号线。其中，电源线的线径足够大，采用多股导线；信号线和通信线采用五类或六类双绞线，环境要求较高时可采用屏蔽双绞线。布线时注意强、弱电线分开。

3. 门禁管理系统设备安装注意事项

电源要保证功率足够大，尽量使用线性电源，门锁和门锁控制器应分开供电。安装电源时应尽可能靠近用电设备，以避免受到电磁干扰和出现传输损耗。门禁系统要注意安装位置的选取，防止电磁干扰。

门禁控制器应安装于较隐蔽或安全的地方，防止人为恶意破坏。门禁控制器等重要设备不仅必须有放置的物理场所，如专用柜，而且要有 IP 地址，以便于日常管理及故障的查找。

在安装前确定域账号、IP 地址和带宽要求。准确的高通信量次数和客户的停机维护对于出入口控制系统的功能实现和安全也十分重要。

在操作网络安防系统时，容易遭到黑客攻击。必须注意保障信息安全，防止危及出入口控制系统的安全。

3.5.2 门禁管理系统线缆选型及布线的注意事项

1. 门禁管理系统线缆选型

在门禁管理系统中有两种传输线路：电源线和信号线。电源线主要用于给门禁控制器和电锁传送电能，一般来讲，门禁管理系统都配有 UPS（不间断电源），以免在现场发生突发性断电时造成开门的误动作。信号线主要用于门禁管理系统中各设备之间的信号传输，如门禁控制器与读卡器、电锁、出门按钮之间的信号传输，门禁控制器与上位机之间的信号传输。线缆的选型应符合下列规定：

（1）识读设备与门禁控制器之间的通信用信号线宜采用多芯屏蔽双绞线。

（2）门磁开关、出门按钮与门禁控制器之间的通信用信号线，线芯最小截面积不宜小于 $0.50mm^2$。

（3）门禁控制器与执行设备之间的绝缘导线，线芯最小截面积不宜小于 $0.75mm^2$。

（4）门禁控制器与管理主机之间的通信用信号线宜采用双绞铜芯绝缘导线，其线径根据传输距离而定，线芯最小截面积不宜小于 $0.50mm^2$。

（5）门禁控制器专用电源接 220V 交流电，至少选用 $2×1.0mm^2$ 的电源线。

2. 门禁管理系统布线注意事项

门禁管理系统中应用综合布线系统时，应该注意以下因素：

（1）接线方法应完全按照各种门禁设备的接线规则，并保留详细的接线图，以便日后维护。

（2）屏蔽双绞线的屏蔽层应根据读卡器、门禁控制器的安装手册完成接地。

（3）当使用 TCP/IP 协议时，最好不要与其他智能系统（包括办公自动化系统等软件系统）共用网络交换机，即需为门禁管理系统单独配备网络交换机，以免因协议冲突发生传输意外。

3.5.3 刷卡门禁管理系统的部署与调试

1. 刷卡门禁设备安装

单向认证只需要在室外安装 1 个读卡器，双向认证需要在室内外各安装 1 个读卡器。

（1）读卡器安装于距门开启边 200～300mm，高度距地面 1.2～1.4m 处。在读卡器的感应范围内，切勿靠近或接触高频或强磁场（如重载马达、监视器等），并需配合控制箱的接地方式。

（2）室内出门处安装出门按钮，安装高度距地面 1.2～1.4m。

（3）电锁安装在门和门框的上沿，保证电锁主体与另一半吸合板能密切接触。

（4）为保证安全性和美观性，门禁控制器和电源箱可现场安装或安装于弱电井内。现场安装门禁控制器的优点在于节约线材，门禁控制器安装于弱电井内便于系统日后的维护和系统的安全，也可将门禁控制器箱安装在读卡器上方，靠近电锁处。

刷卡门禁管理系统设备安装示意图如图 3.5.2 所示。

设备接线

2. 刷卡门禁设备接线方法

现选用电锁作为执行设备，分别采用 ID 卡、IC 卡按照单门单向、单门双向认证方式介绍接线方法。门禁控制器工作电压为直流 12V，直接从电源面板取电，注意正负极不能接反。

（1）单门单向 ID 卡门禁控制系统接线方法

单门单向 ID 卡门禁控制系统接线如图 3.5.3 所示。

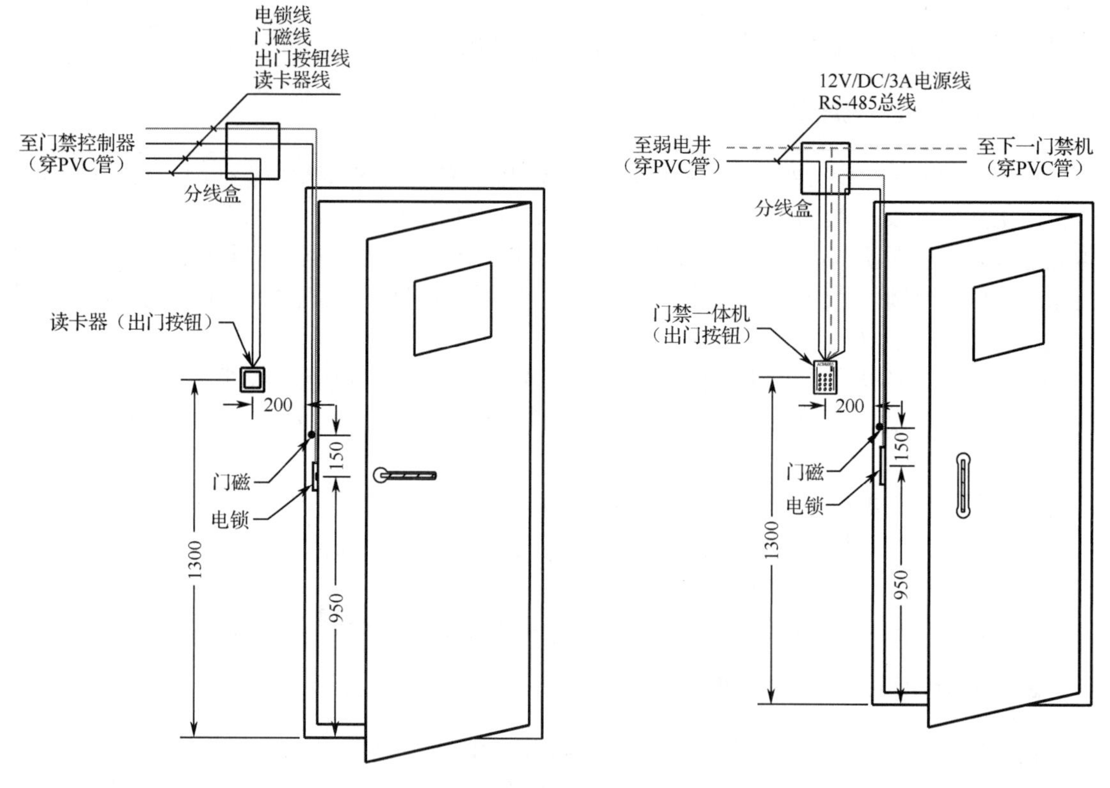

图 3.5.2　刷卡门禁管理系统设备安装示意图

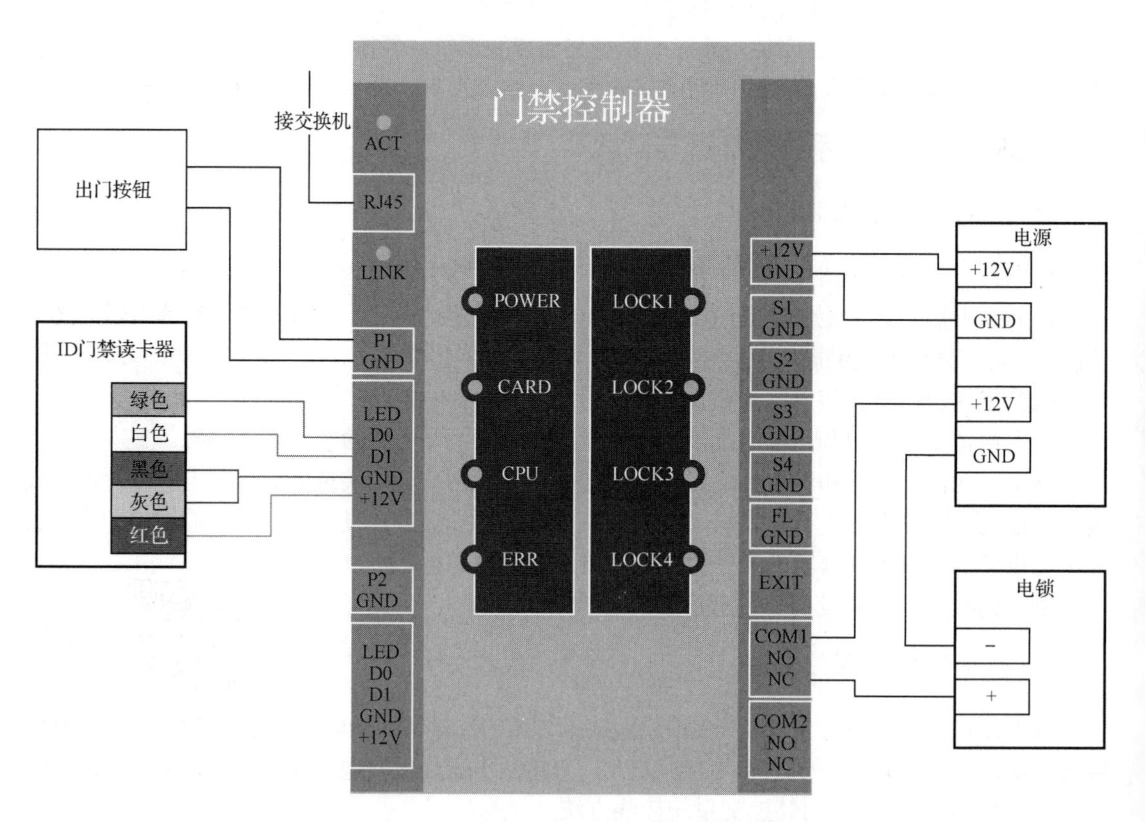

图 3.5.3　单门单向 ID 卡门禁控制系统接线

门禁控制器的 RJ45 端口插入网线，与交换机相接。出门按钮与门禁控制器面板 P1、GND 引脚相接，不区分正负极。ID 门禁读卡器工作电压为直流 12V，直接从门禁控制器获取，绿色、白色引线输出韦根信号，分别与门禁控制器面板 D0、D1 相接。由于 ID 门禁读卡器同时支持 WG26 和 WG34 协议，而门禁控制器默认为 WG34 协议，为了与门禁控制器协议保持一致，需要将 ID 门禁读卡器的灰色与黑色引线合并后接入门禁控制器的 GND 引脚。电锁接通电源时吸合，掉电时断开，因此其正极接门禁控制器的电源 NC 输出端，COM1 为电源正极输入端。

（2）单门双向 IC 卡门禁控制系统接线方法

单门双向 IC 卡门禁控制系统与单门单向 ID 卡门禁控制系统的接线方式类似，区别在于门禁读卡器的接线，如图 3.5.4 所示。

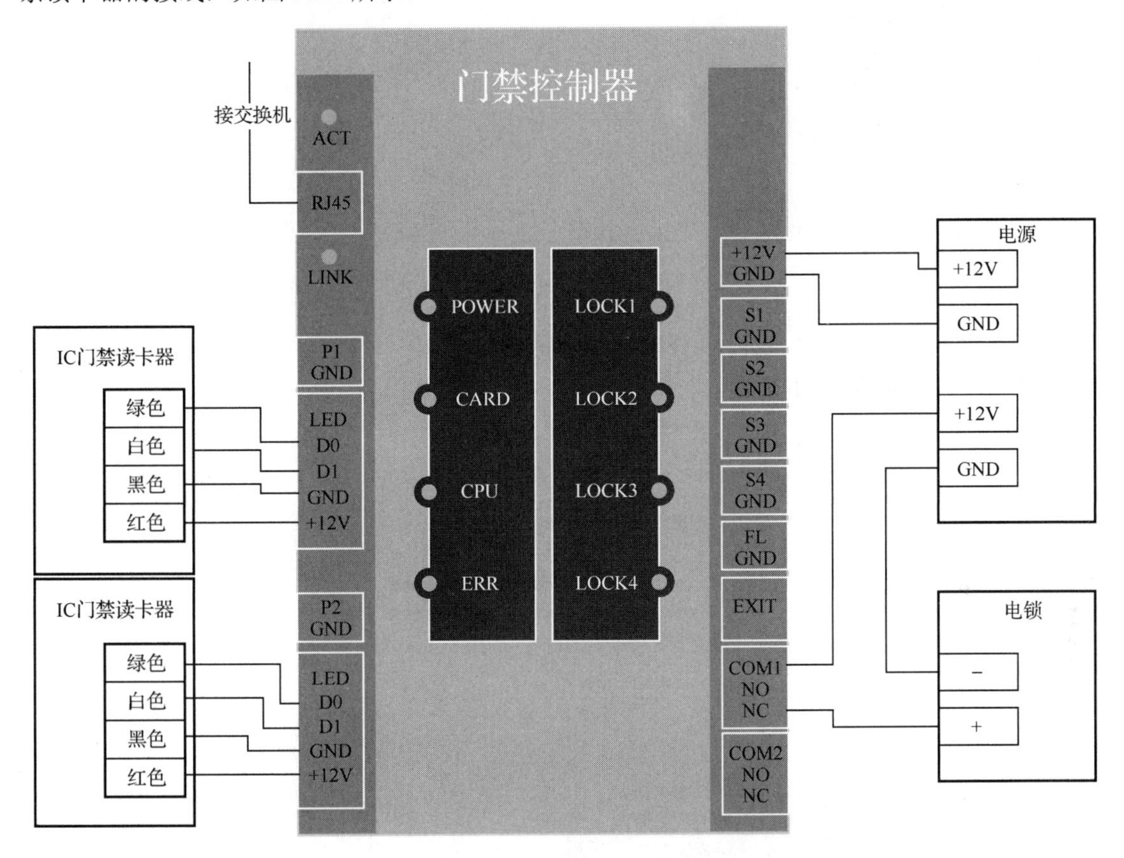

图 3.5.4　单门双向 IC 卡门禁控制系统接线

IC 门禁读卡器共有 4 根引线，其中红色、黑色为电源线，绿色、白色为韦根信号线，分别接门禁控制器面板的 D0、D1。

3．刷卡门禁管理系统软件部署

部署刷卡门禁管理系统软件之前，首先要确保管理主机中已安装好 SQL 数据库软件。

（1）数据库文件附加

在附加门禁管理数据库文件时，先通过 Windows 身份验证方式登录 SQL 数据库软件，然后新建数据库，命名为 Guard_ACS，如图 3.5.5 所示。

图 3.5.5　创建数据库 Guard_ACS

新建数据库登录用户名 access，设置登录密码为“123456”，默认数据库选择 Guard_ACS，创建数据库新用户如图 3.5.6 所示。

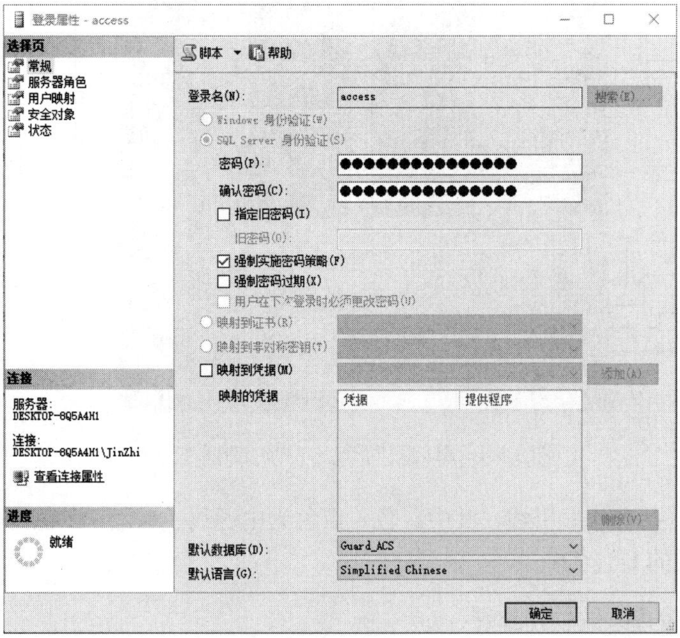

图 3.5.6　创建数据库新用户

接下来，需要在“用户映射”下赋予 access 用户对数据库 Guard_ACS 的读写等操作权限，如图 3.5.7 所示。

现在需要为数据库 Guard_ACS 创建相应的表格，这里使用 SQL 脚本创建数据库，在左侧数据库文件列表中选中“Guard_ACS”，打开已经编写好的脚本文件“db”，并单击上方的“执行”按钮，即可生成数据表格，如图 3.5.8 所示，可通过用户名 access 访问数据库。

图 3.5.7　设置操作权限

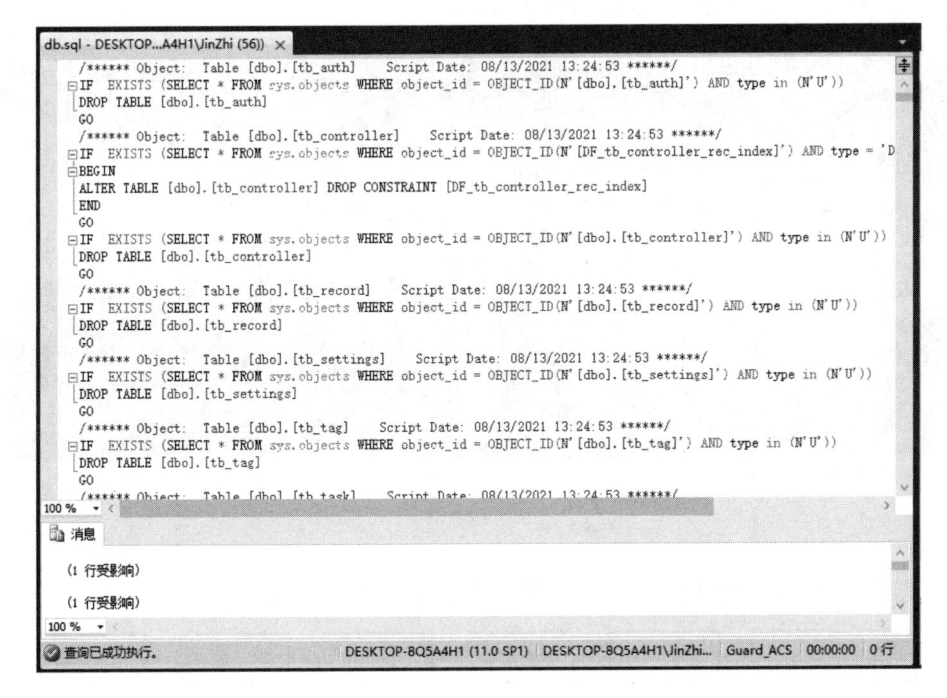

图 3.5.8　生成数据表格

（2）门禁管理软件的部署

在运行门禁管理软件前，需要确保其能通过新创建的用户名与密码连接数据库，并能对 Guard_ACS 数据库文件进行读写，为此需要在“AccessControlManager\bin\Debug”路径下用记事本打开“AccessControlManager.exe”，配置门禁管理软件参数如图 3.5.9 所示，并根据实际情况修改 value 赋值字符串中相应的信息，各部分含义如下：

- Server=部署数据库计算机的 IP 地址
- Database=数据库名称
- uid=登录数据库用户名
- password=登录密码

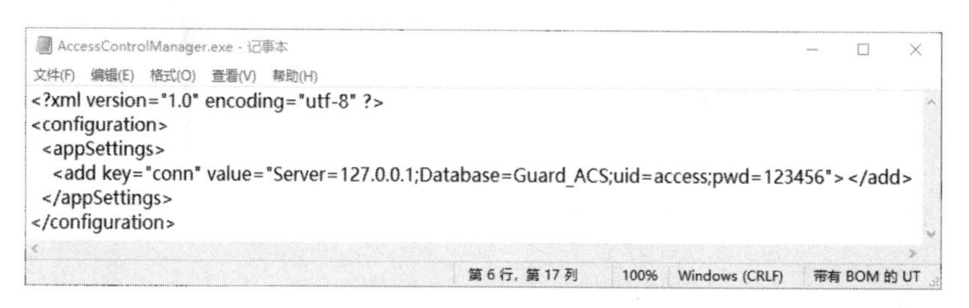

图 3.5.9　配置门禁管理软件参数

4. 门禁管理系统调试

完成了门禁管理系统数据库、管理软件部署后，方可正常运行门禁管理系统软件，如图 3.5.10 所示。

图 3.5.10　门禁管理系统软件

可以按照图 3.5.11 所示的步骤进行门禁管理系统调试。

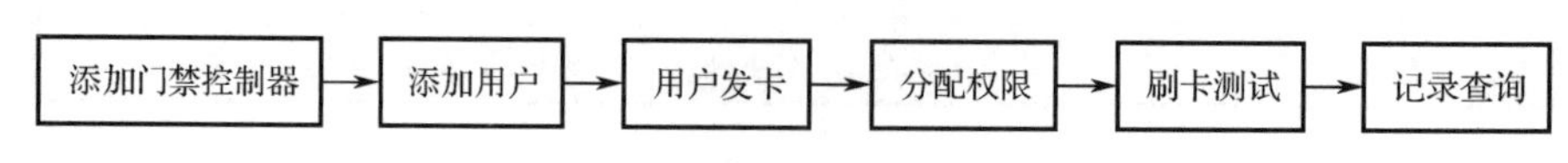

图 3.5.11　门禁管理系统调试步骤

（1）门禁控制器管理

选择菜单“控制器管理”，可搜索并添加门禁控制器，如图 3.5.12 所示。

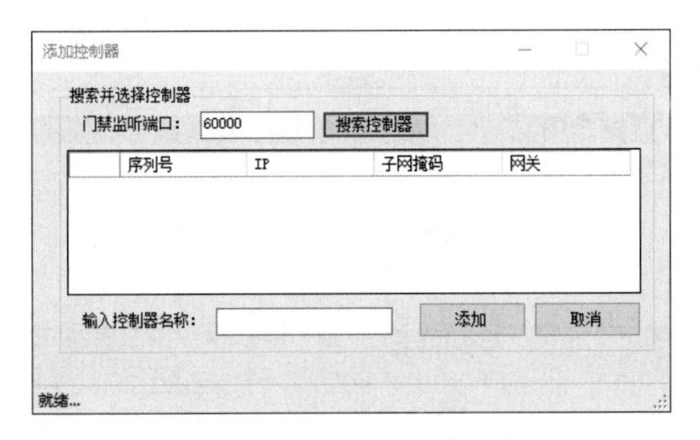

图 3.5.12　添加门禁控制器

同时，也可对已添加的门禁控制器的参数进行修改，如图 3.5.13 所示。

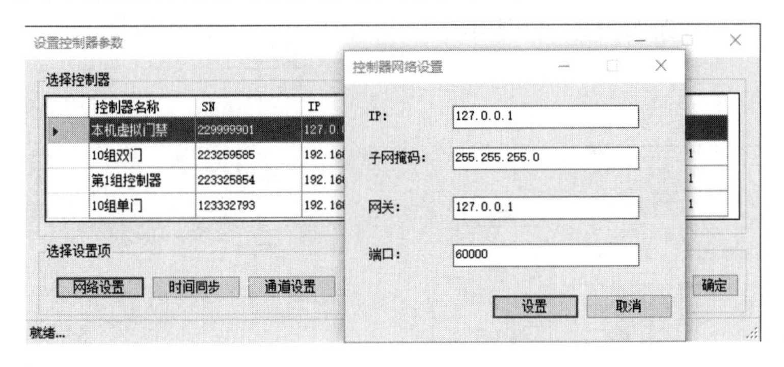

图 3.5.13　修改门禁控制器参数

（2）人员管理

人员管理可实现添加人员信息、修改人员信息、删除人员信息三个功能。添加人员信息界面如图 3.5.14 所示，可填信息包括工号、姓名、电话、性别，工号可理解为代号。

添加人员成功后可进入修改信息项查看到相关信息，否则说明添加失败，如果某些信息填写有误可以进行修改。修改人员信息界面如图 3.5.15 所示。

图 3.5.14　添加人员信息界面

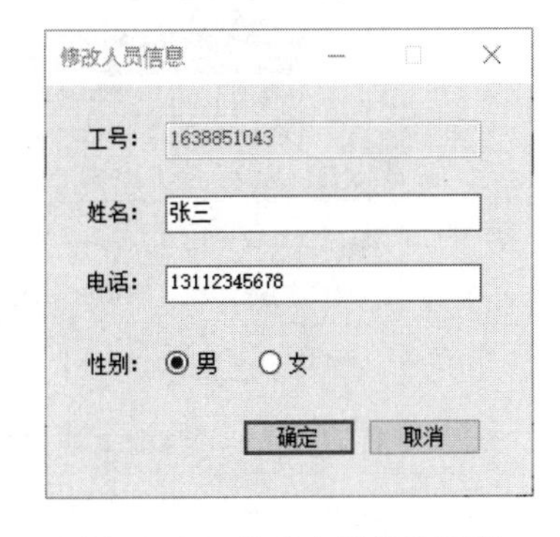

图 3.5.15　修改人员信息界面

如果某些用户已不在本区域，可以删除其所有信息。删除人员信息界面如图 3.5.16 所示。

（3）权限管理

权限管理主要包括发卡、挂失、分配权限，发卡就是读取卡号并与指定用户绑定。用户可直接从已添加的用户中选择，并通过桌面发卡器读取卡号。发卡界面如图 3.5.17 所示。

图 3.5.16　删除人员信息界面

如果某位用户的门禁卡丢失，可单击“选择人员”按钮进入人员列表选取，再单击“挂失”按钮进行操作，挂失界面如图 3.5.18 所示。

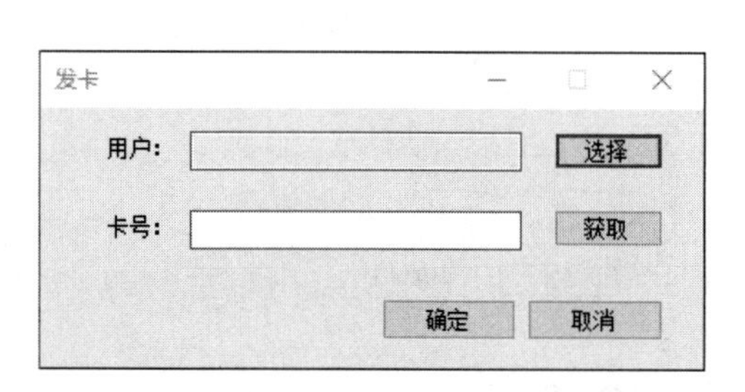

图 3.5.17　发卡界面

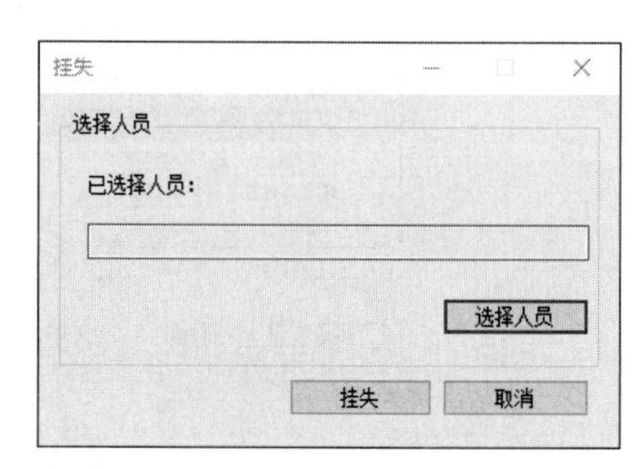

图 3.5.18　挂失界面

分配权限则为已发卡用户授权可通行哪些门，以及有效期，同时也可在此界面中解除权限，分配权限界面如图 3.5.19 所示。

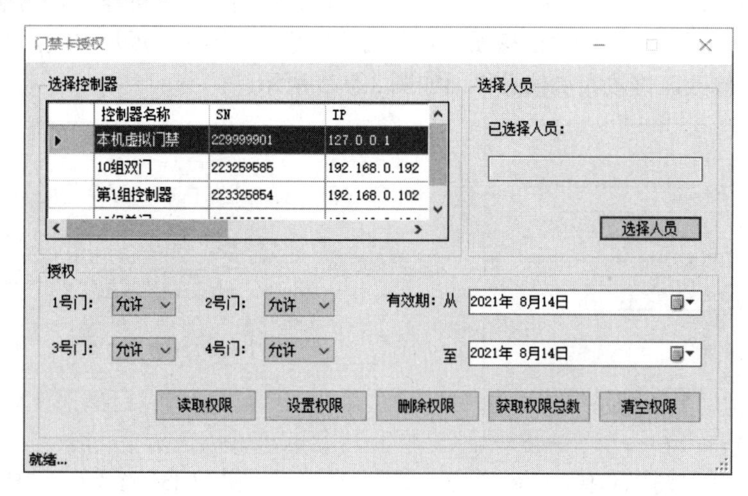

图 3.5.19　分配权限界面

（4）刷卡测试

经过前面各步调试后，可以使用已授权的卡进行开门测试，并通过管理软件查看刷卡记录。

5. 用 NFC 手机模拟门禁卡

目前，NFC 几乎成为智能手机的必备功能，以华为手机为例，说明添加门禁卡的操作方法。

（1）模拟实体门禁卡

打开华为手机上的“钱包”，选择“开门”→“添加钥匙”→“门禁卡”→“模拟实体门禁卡”，此时系统会提示将门禁卡贴近手机进行识读。具体操作如图 3.5.20 所示。

如果实体门禁卡为加密卡，通过“模拟实体门禁卡”无法正常识读卡片，需通过“创建空白卡”实现。

（2）创建空白卡

打开华为手机上的“钱包”，选择“开门”→“添加钥匙”→“门禁卡”→“创建空白卡”，空白卡创建后需前往物业或相关单位写卡授权方可使用。创建空白卡如图 3.5.21 所示。

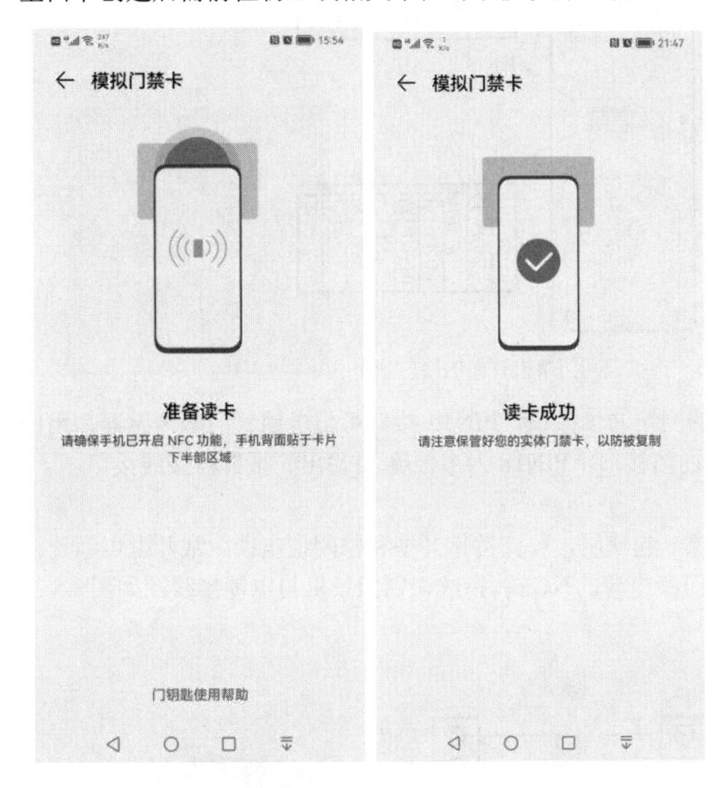

图 3.5.20 用 NFC 手机模拟门禁卡操作

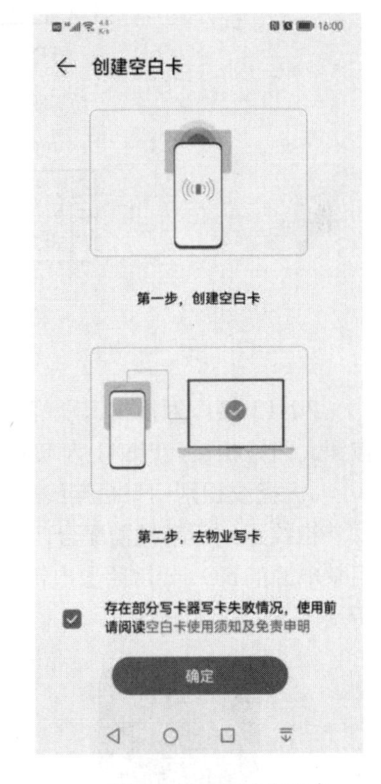

图 3.5.21 创建空白卡

3.5.4 生物识别门禁管理系统的部署与调试

1. 指纹识别门禁管理系统的部署与调试

（1）指纹识别门禁机安装

首先需要确定指纹识别门禁机的安装位置，建议高度为 1.4～1.5m，然后将挂板固定到墙上，用内六角螺钉将机器固定到挂板上。指纹识别门禁机安装示意图如图 3.5.22 所示。

（2）指纹识别门禁机接线

① 指纹识别门禁机接线端。

指纹识别门禁机背面的接口可分为 4 类，接口分布如图 3.5.23 所示。

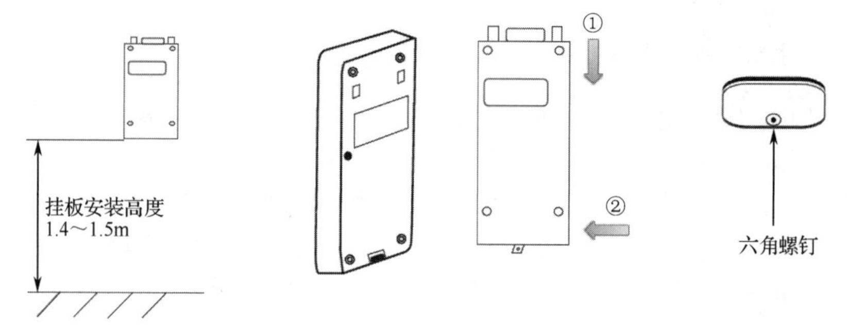

图 3.5.22　指纹识别门禁机安装示意图

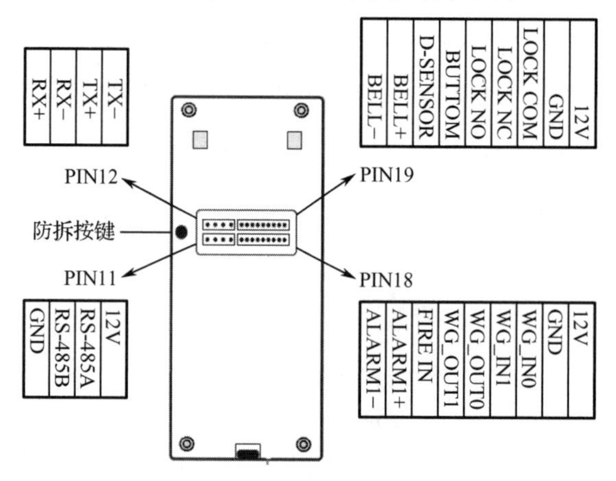

图 3.5.23　指纹识别门禁机背面的接口分布

PIN12 接口为指纹识别门禁机的网络通信接口，PIN19 接口可与电锁、门磁传感器、出门按钮、门铃相接，PIN11 为 RS-485 通信接口，PIN18 为韦根输入/输出、报警器接线接口。

② 指纹识别门禁机接线方法。

指纹识别门禁机需配合门禁电源一起使用，可支持常开型和常闭型电锁。常开型电锁连接门禁电源的NO端，常闭型电锁连接门禁电源的NC端。指纹识别门禁机与电锁接线图如图3.5.24所示。

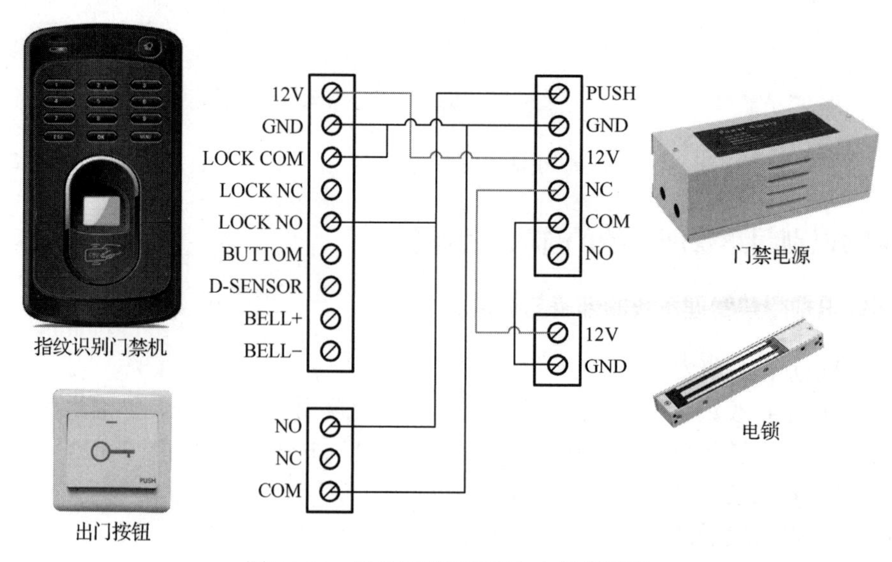

图 3.5.24　指纹识别门禁机与电锁接线图

（3）指纹识别门禁机调试

① 通信设置。

在设备处于待机状态时，按“MENU”键进入操作主菜单。若要设置具体项目，可通过功能键和数字键快捷地进行菜单选择、数字输入等操作。

主菜单中包含用户管理、记录管理、U 盘管理、通信设备、系统设置、门禁设置和设备信息七个菜单，各菜单下还包含二级、三级菜单，有的甚至有四级菜单。主菜单界面如图 3.5.25 所示。

在设备处于待机状态下，按“MENU”键→“通信设置”，进入通信设置子菜单，如图 3.5.26 所示。

图 3.5.25 指纹识别门禁机主菜单界面

图 3.5.26 通信设置子菜单

② 指纹登记步骤。

在设备正常工作状态下，按“MENU”键，进入“主菜单”→“用户管理”→“查询/编辑”→输入“登记号码”→输入“姓名”“权限”→选择登记方式为“登记指纹”→按压同一手指三次→退出。

按“MENU”键进入主菜单→“用户管理”→“查询/编辑”，指纹登记如图 3.5.27 所示。

按“1”或“▲”“▼”键选择“查询/编辑”进入登记号码界面，如图 3.5.28 所示。

图 3.5.27 指纹登记

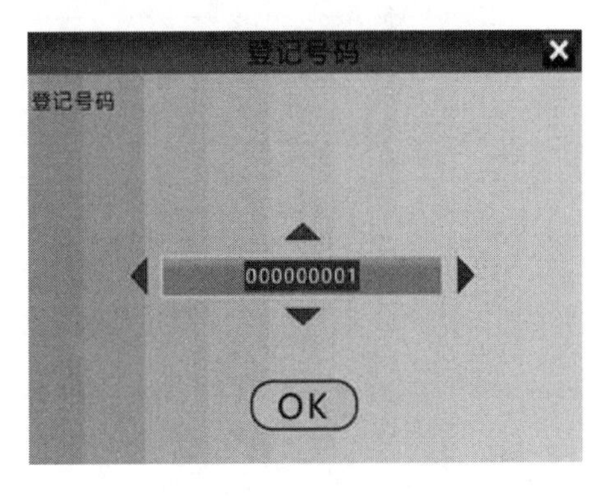

图 3.5.28 登记号码界面

按数字键输入号码，按“OK”键结束号码输入。按“▲”“▼”键选择“姓名”“权限”。按“OK”键进入输入界面，如输入姓名，如图 3.5.29 所示，按“OK”键结束输入并保存。按“▲”“▼”键进入权限选择，如图 3.5.30 所示。

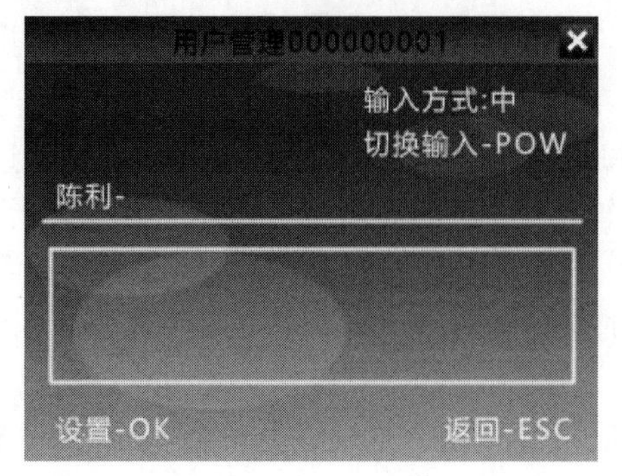

图 3.5.29　用户管理

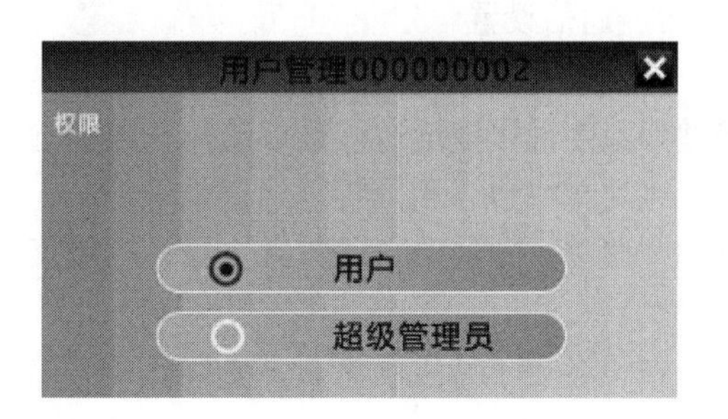

图 3.5.30　权限选择

按“▲”“▼”键选择“登记指纹”。将手指以正确的方式按压指纹采集仪，然后离开，再根据界面提示用同一根手指按压第二次和第三次，设备发出“嘀嘀嘀”声，并自动保存，如图 3.5.31 所示。

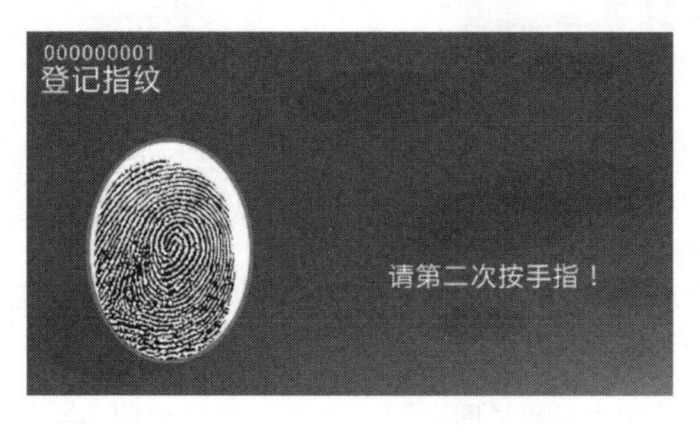

图 3.5.31　登记指纹

登记新的指纹数据需继续按“OK”键，并重复以上的操作步骤。

登记后即可进行指纹识别，屏幕和语音均提示正确，表示设备正常。

③ 指纹识别门禁机调试。

打开指纹识别门禁机调试软件，选择网络连接，同时配置网络连接参数，使其与设备本地网络参数一致，如图 3.5.32 所示。

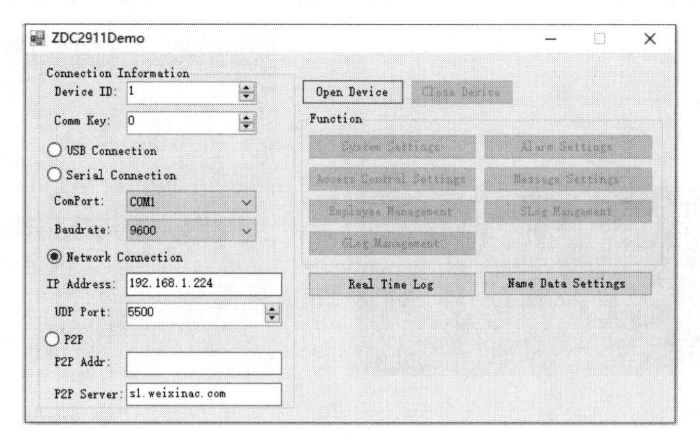

图 3.5.32　指纹识别门禁机调试软件

打开设备（Open Device）后，选择实时记录监听（Real Time Log），可实时监测指纹记录，如图 3.5.33 所示。

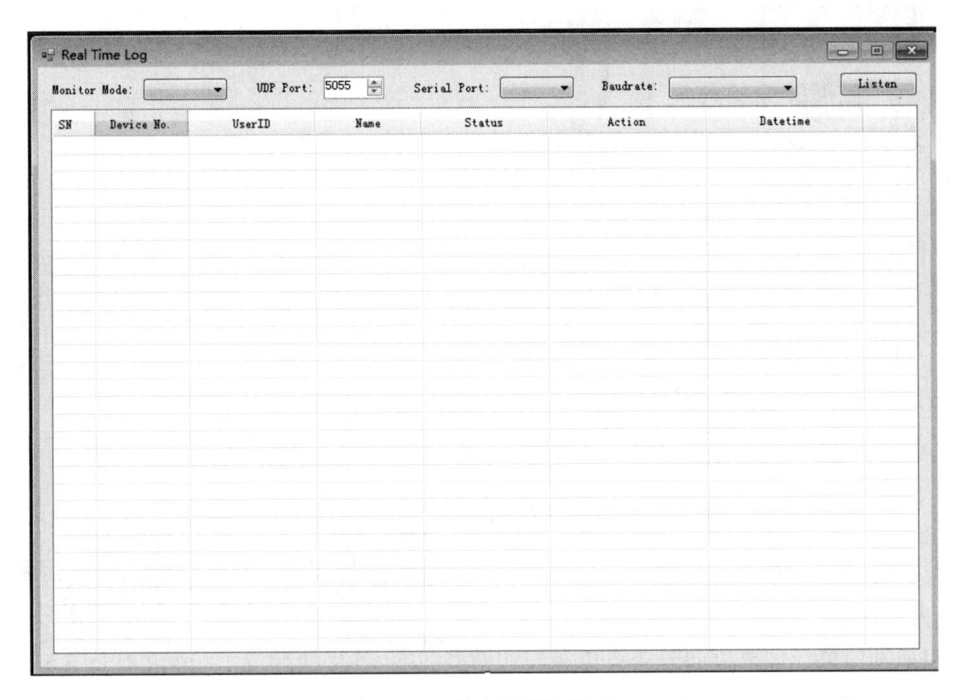

图 3.5.33 实时监测指纹记录

2．人脸识别门禁系统部署与调试

（1）人脸识别门禁系统网络架构

人脸识别门禁系统主要由人脸识别门禁一体机、电锁、出门按钮及门禁电源组成，人脸识别门禁系统布局示意图如图 3.5.34 所示。

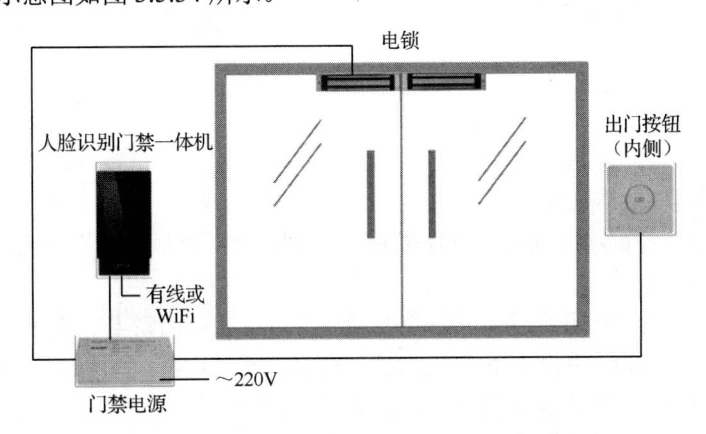

图 3.5.34 人脸识别门禁系统布局示意图

（2）人脸识别门禁系统设备安装

在墙上粘贴开孔纸，粘贴时保持水平线与地面平行，且标线距地面约 1.4m。将沉头螺钉拧入人脸识别门禁一体机支架，然后将设备下方的插槽对准支架下方的挂钩，使用内六角工具按箭头指示方向拧紧沉头螺钉，即完成安装。人脸识别终端安装方式如图 3.5.35 所示。

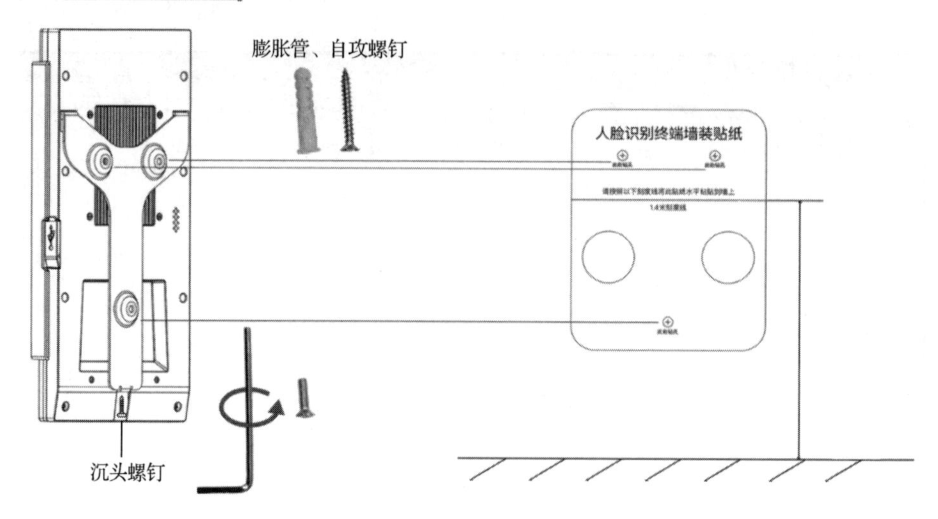

图 3.5.35　人脸识别终端安装方式

（3）人脸识别门禁系统接线

人脸识别通道设备接线

人脸识别一体机的配测

① 人脸识别门禁一体机接线端。

人脸识别门禁一体机背面分布有电源与通信接线端，各接线端及引线颜色如图 3.5.36 所示。

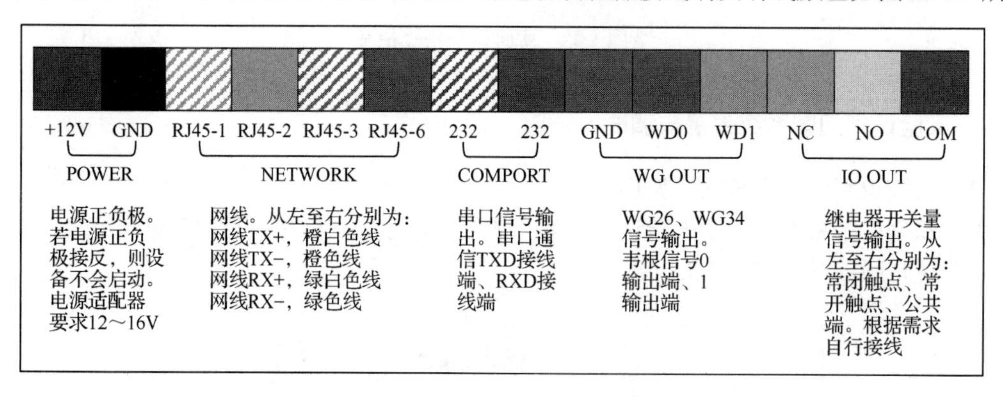

图 3.5.36　各接线端及引线颜色

② 人脸识别门禁一体机接线方法。

人脸识别门禁一体机除与执行设备连接外，还需要与计算机连接，便于进行相关参数设置，具体接线如图 3.5.37 所示。

人脸识别门禁一体机的正常工作电压为直流 12V，可通过门禁电源获取。RJ45-1、RJ45-2、RJ45-3、RJ45-6 分别为橙白色、橙色、绿白色、绿色，与通用网线颜色对应连接即可，网线接入交换机。门锁闭合时应处于通电状态，因此其正、负极分别接门禁电源的 NC、COM 端。门禁电源的 PUSH、GND 端分别与人脸识别门禁一体机的 NO、COM 端连接，同时接入出门按钮。

（4）人脸识别门禁一体机调试

① 人脸识别门禁一体机参数配置。

人脸识别门禁一体机在使用前需要借助与设备配套的工具完成相关参数配置，主要配置的参数为设备 IP 地址、设备参数。如果将人脸识别门禁一体机作为读卡器使用，需要注意其韦根协议需与门禁控制器支持的协议保持一致，如图 3.5.38 所示。

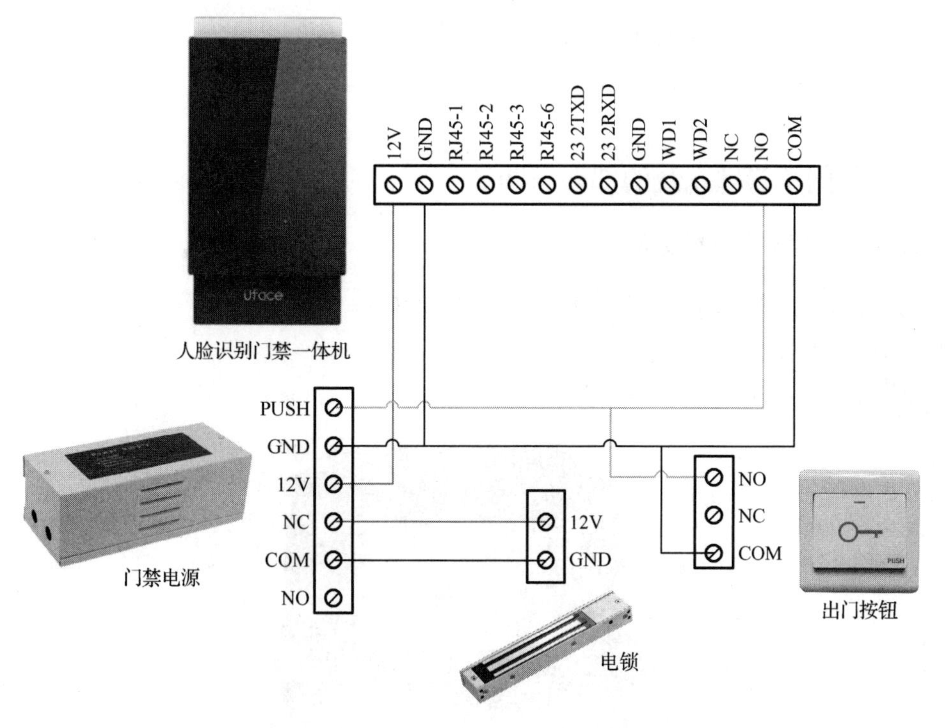

图 3.5.37 人脸识别门禁一体机接线

图 3.5.38 人脸识别门禁一体机参数配置

② 人员信息录入与授权。

输入人员 ID、姓名等信息后，单击“创建人员”按钮，上传或通过设备拍照获取用户人脸照片，单击“创建人脸”按钮。这时，可为该人员设置通行时段及有效期限，人员信息录入与授权如图 3.5.39 所示。

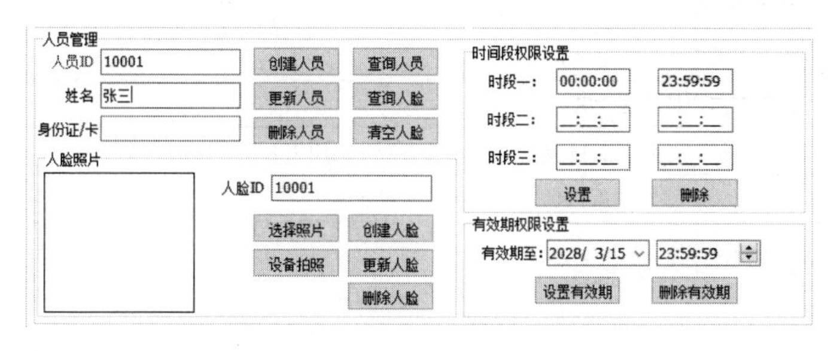

图 3.5.39 人员信息录入与授权

③ 人脸识别门禁一体机调试。

在完成人脸识别门禁一体机的参数配置后，单击“远程开门”按钮，测试电锁是否能够打开，同时进行刷脸开门验证。

3.5.5 二维码门禁管理系统的部署与调试

1. 二维码门禁管理系统部署

这里以普通的二维码门禁读卡器为例，介绍二维码门禁的部署方法。

（1）二维码门禁识别模块接口

二维码门禁读卡器接口如图 3.5.40 所示。

图 3.5.40　二维码门禁读卡器接口

二维码门禁识别模块还可支持 ID、IC 卡的识别，通信协议有韦根、RS-485、RS-232、TCP/IP 等可选。其接线端子定义见表 3.5.1。

表 3.5.1　二维码门禁识别模块接线端子定义

接线端子	含　义
VCC	DC 12V 正极
GND	DC 12V 负极
D0	韦根信号数据线 DATA0
D1	韦根信号数据线 DATA1
LED	灯控信号线
BEEP	声控信号线
TX/R+	RS-232 接口数据发送/RS-485+
RX/R−	RS-232 接口数据接收/RS-485−
RJ45	连接网络，使用上位机软件设置读卡器参数，适用于 HTTP 模式通信
micro-USB	适用于 USB 虚拟键盘和 USB 虚拟串口模式通信

（2）二维码门禁识别模块参数配置

① 配置前连线。

使用迷你 USB 数据线将二维码门禁读卡器与计算机相连，待补光灯亮、蜂鸣器鸣响后，

读卡器启动完成；通过网线将二维码门禁读卡器连接到计算机，或通过交换机连接到同一局域网中。其配置接线如图 3.5.41 所示。

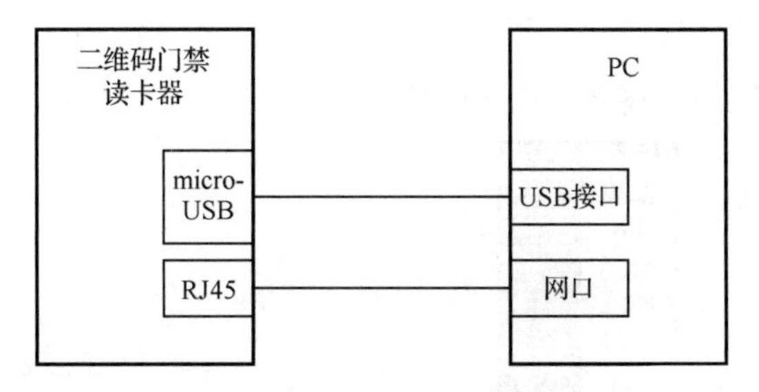

图 3.5.41　二维码门禁识别模块配置接线

② 打开参数配置软件。

打开二维码门禁识别模块参数设置软件后，先搜索设备，并根据序列号区分设备，选中目标设备后，单击“获取当前参数”按钮，可根据实际情况修改相关参数，其主界面如图 3.5.42 所示。

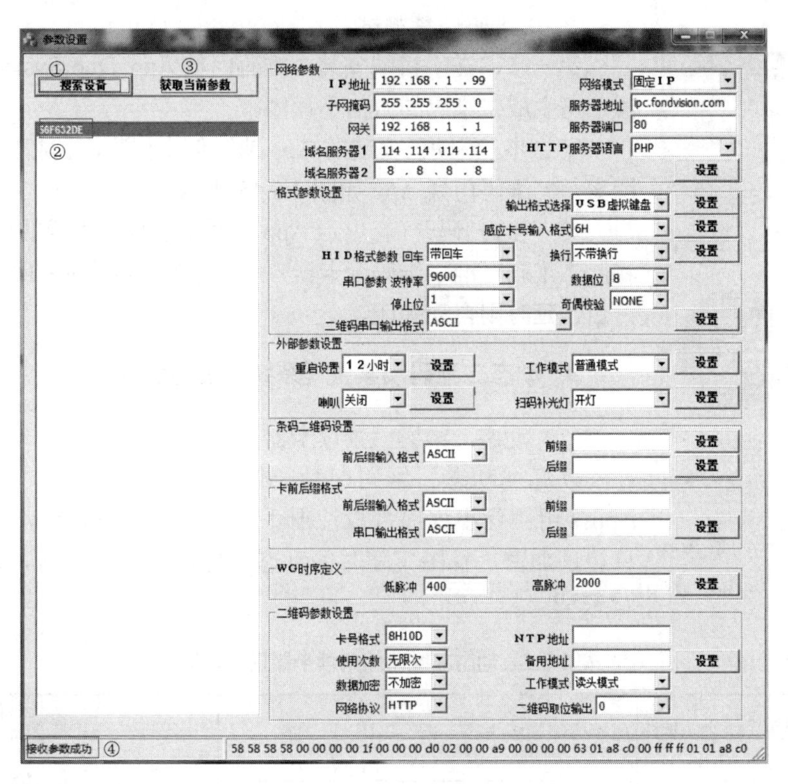

图 3.5.42　二维码门禁识别模块参数设置主界面

“卡号格式”包括 8H10D、16 进制、2H3D+4H5D 可选，默认为 8H10D（此参数设置只对 WG26、WG34 有效）。

二维码门禁
读头的配测

2. 二维码门禁调试

① 二维码门禁接线。

二维码门禁识别模块可通过门禁控制器直接供电，电源和韦根信号线与门禁控制器的接线如图 3.5.43 所示。

② 二维码门禁权限配置。

二维码门禁不需要实体门禁卡，其以手机号作为身份代码，在发卡时用手机号码前 10 位数作为卡号即可。二维码门禁授权如图 3.5.44 所示。

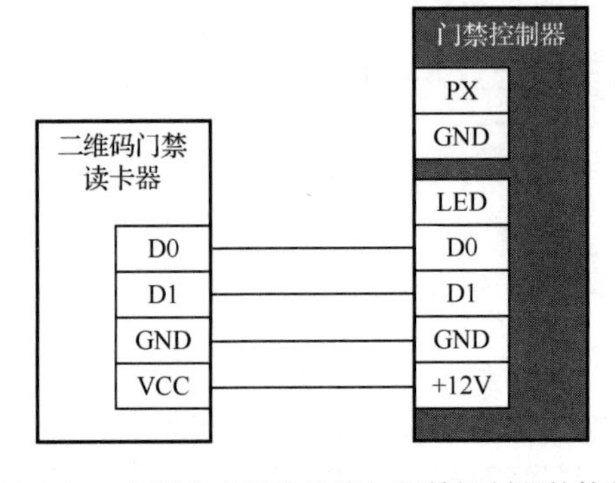

图 3.5.43　电源和韦根信号线与门禁控制器的接线

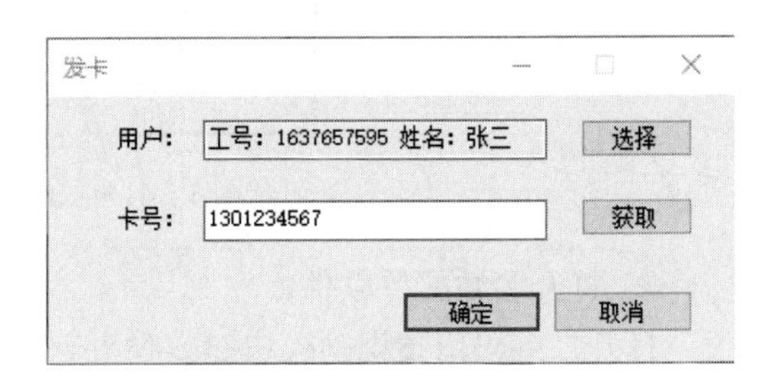

图 3.5.44　二维码门禁授权

图 3.5.45　二维码门禁 App

③ 二维码门禁测试。

第一步，在手机端安装二维码门禁 App DoorSystem 并注册，或添加可生成二维码的微信小程序。

第二步，借助已安装的 App 或微信小程序，生成手机号的二维码图案，二维码门禁 App 如图 3.5.45 所示。

第三步，扫码开门。出示 App 或微信小程序生成的手机号二维码，将此二维码对准二维码读卡器，蜂鸣器响一次表示扫码成功，门自动开启，延时则自动关闭。

2. 动态二维码门禁管理系统部署与调试

（1）动态二维码门禁读卡器接口

以喜视动态二维码门禁一体机为例进行介绍，其不需要安装 App，用微信小程序授权注册手机号即可扫码开门，二维码图案信息经过加密，且图案随时间动态变化，安全性更高。其接口定义见表 3.5.2。

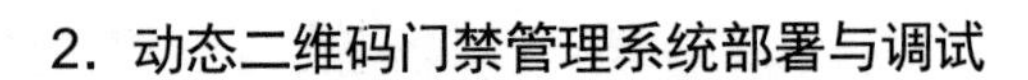

表 3.5.2　动态二维码门禁读卡器接口定义

接线端子颜色	含　义	备　注
红色	+12V	电源输入
黑色	GND	
灰色	NC	继电器信号输出
黑色	COM	
棕色	NO	

（2）动态二维码门禁系统接线

动态二维码门禁一体机需配合门禁电源使用，具体接线如图 3.5.46 所示。

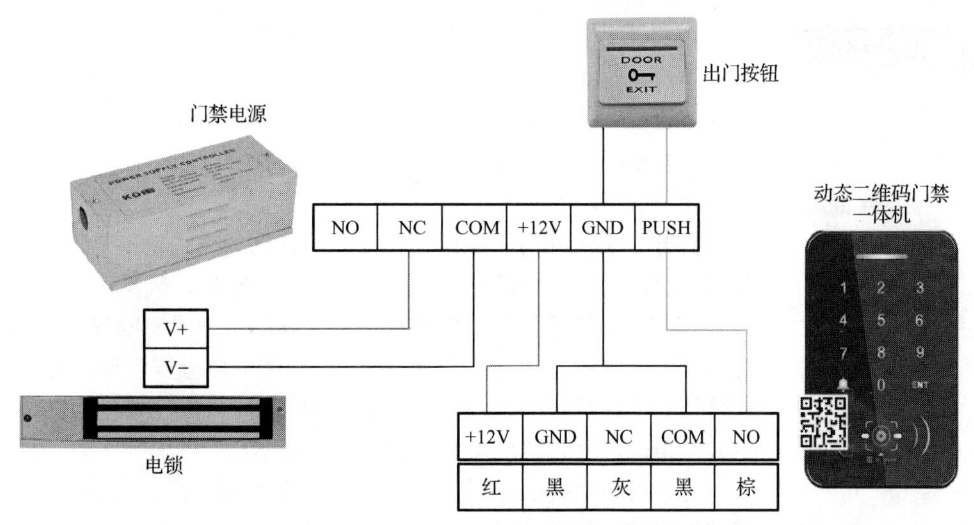

图 3.5.46　动态二维码门禁系统接线

（3）动态二维码门禁一体机配置

① 关注微信小程序。

关注与喜视动态二维码门禁一体机配套的微信小程序“快快开门”，绑定微信账号与手机号。

② 设置动态二维码门禁一体机管理员。

识读“快快开门”微信小程序中的第一个二维码，被设定为管理员模式，如图 3.5.47 所示，这个二维码同时拥有开门权限。管理员权限可通过初始化按钮进行删除。

③ 添加用户。

打开“快快开门”微信小程序→“我的”→“权限管理”，调出管理二维码，门禁一体机识读该二维码，绿灯常亮，机器进入管理模式，如图 3.5.48 所示。

图 3.5.47　管理员模式

图 3.5.48　管理模式

图 3.5.49　删除用户

扫描“快快开门”微信小程序的二维码，即可增加用户，如果连续增加用户，一直扫码即可。再次打开管理员手机“快快开门”微信小程序→“我的”→“权限管理”，调出管理二维码，就可以退出增加用户模式，若 20s 内没有扫到二维码，会自动退出。

④ 删除用户。

打开“快快开门”微信小程序→“我的”→“权限管理”，调出管理二维码，门禁一体机识读该二维码，绿灯常亮，机器进入管理模式。

打开“快快开门”微信小程序→“我的”→“删除权限”，输入待删除权限的手机号，确认生成二维码，门禁一体机识读该二维码，即可删除该用户手机号的开门权限。如果连续删除权限，就逐一输入手机号生成二维码，并扫码删除，如图 3.5.49 所示。

再次打开管理员手机“快快开门”微信小程序→“我的”→“权限管理”，调出管理二维码，就可以退出删除用户模式。

分配了权限的手机号可通过“快快开门”微信小程序生成二维码，进行开门测试。

【任务实施】

根据任务实施单，按照步骤及要求，完成任务。

任务实施单

项目名称	智慧园区门禁管理系统的设计与实施	
任务名称	门禁管理系统部署与调试	
序　号	实 施 步 骤	步 骤 说 明
1	施工准备	准备五金工具、仪器仪表、线缆耗材
2	设备检测	清点设备，并采用专用工具对其完好性进行检测
3	图纸识读	识读系统设备安装布局图、网络架构图、设备接线图
4	安装接线	按照布局图固定设备，调整位置，按照接线图接线，配置参数
5	软件部署	按照软件使用说明书进行安装、配置参数
6	系统调试	对系统通信与功能进行调试

【任务工单】

任务工单

项目	智慧园区门禁管理系统的设计与实施		
任务	门禁管理系统部署与调试		
班级		小组	
团队成员			
得分			

（一）关键知识引导

1. 门禁管理系统的标准施工流程包括有管线预埋敷设、门禁控制器和管理主机安装、线缆敷设、终端设备安装、设备接线调试五个部分。

2. 门禁管理系统线缆的选型应符合下列规定：

（1）识读设备与门禁控制器之间的通信用信号线宜采用多芯屏蔽双绞线。

（2）门磁开关、出门按钮与门禁控制器之间的通信用信号线，线芯最小截面积不宜小于 $0.50mm^2$。

（3）门禁控制器与执行设备之间的绝缘导线，线芯最小截面积不宜小于 $0.75mm^2$。

续表

（4）门禁控制器与管理主机之间的通信用信号线宜采用双绞铜芯绝缘导线，其线径根据传输距离而定，线芯最小截面积不宜小于 0.50mm^2。

3．各类身份识别门禁管理系统总体上分为一体门禁、分体门禁，请分别完成线路连接。

（1）一体门禁

（2）分体门禁

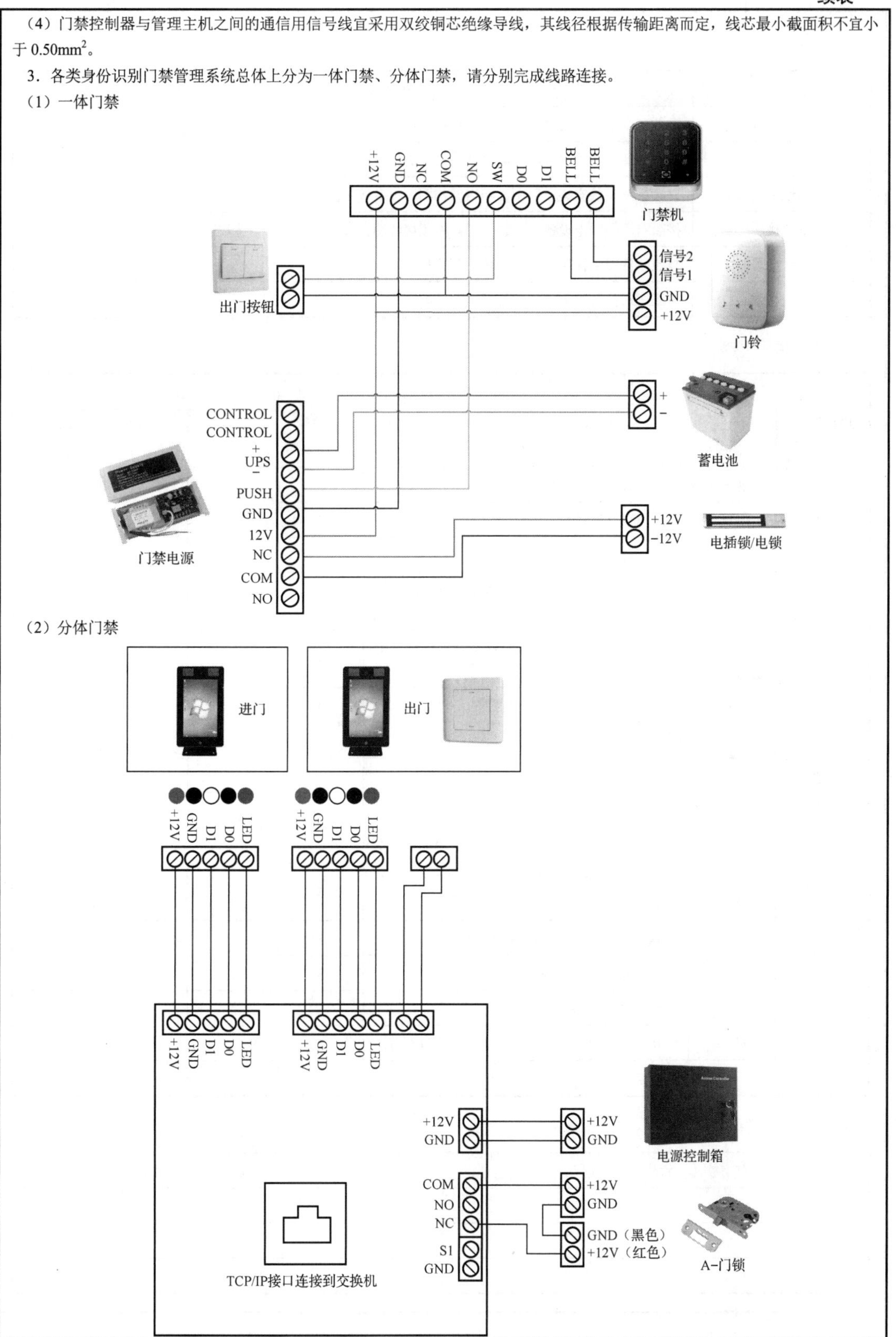

续表

（二）任务实施完成情况

步　骤	任务内容	完成情况
施工准备	准备五金工具、仪器仪表、线缆耗材	
设备检测	清点设备，并采用专用工具对其完好性进行检测	
图纸识读	识读系统设备安装布局图、网络架构图、设备接线图	
安装接线	按照布局图固定设备，调整位置，按照接线图接线，并配置设备参数	
软件部署	按照软件使用说明书进行安装、配置参数	
系统调试	对系统通信及相关功能进行调试	

（三）任务检查与评价

<table>
<tr><th rowspan="2">评价项目</th><th rowspan="2" colspan="2">评价内容</th><th rowspan="2">配分</th><th colspan="3">评价方式</th></tr>
<tr><th>自我评价</th><th>互相评价</th><th>教师评价</th></tr>
<tr><td rowspan="4">方法能力（20分）</td><td colspan="2">能够明确任务要求，掌握关键引导知识</td><td>5</td><td rowspan="4"></td><td rowspan="4"></td><td rowspan="4"></td></tr>
<tr><td colspan="2">能够正确清点、整理任务设备或资源</td><td>5</td></tr>
<tr><td colspan="2">掌握任务实施步骤，制订实施计划，时间分配合理</td><td>5</td></tr>
<tr><td colspan="2">能够正确分析任务实施过程中遇到的问题并进行调试和排除故障</td><td>5</td></tr>
<tr><td rowspan="5">专业能力（60分）</td><td colspan="2">熟悉常用仪器、工具的使用，并能对设备进行检测及参数配置</td><td>10</td><td rowspan="4"></td><td rowspan="4"></td><td rowspan="4"></td></tr>
<tr><td colspan="2">能够读懂布局图、网络架构图、接线图</td><td>10</td></tr>
<tr><td colspan="2">能够按照图纸安装设备，进行接线</td><td>15</td></tr>
<tr><td colspan="2">熟悉门禁管理软件的部署方法</td><td>15</td></tr>
<tr><td colspan="2">能够对系统通信和功能进行调试</td><td>10</td><td></td><td></td><td></td></tr>
<tr><td rowspan="6">职业素养（20分）</td><td rowspan="2">安全操作与工作规范</td><td>操作过程中严格遵守安全规范，注意断电操作</td><td>5</td><td rowspan="2"></td><td rowspan="2"></td><td rowspan="2"></td></tr>
<tr><td>严格执行6S管理规范，积极主动完成工具设备整理</td><td>5</td></tr>
<tr><td rowspan="2">学习态度</td><td>认真参与教学活动，课堂上积极互动</td><td>3</td><td rowspan="2"></td><td rowspan="2"></td><td rowspan="2"></td></tr>
<tr><td>严格遵守学习纪律，按时出勤</td><td>3</td></tr>
<tr><td rowspan="2">合作与展示</td><td>小组之间交流顺畅，合作成功</td><td>2</td><td rowspan="2"></td><td rowspan="2"></td><td rowspan="2"></td></tr>
<tr><td>语言表达能力强，能够正确陈述基本情况</td><td>2</td></tr>
<tr><td colspan="3">合　计</td><td>100</td><td></td><td></td><td></td></tr>
</table>

（四）任务自我总结

任务实施过程中遇到的问题	解决方式

【任务拓展】

1．门禁管理系统的门禁控制器现场安装的位置应该在（　　）。

A．走道的吊顶内　　B．距地面 2m 以上高度

C．儿童接触不到的位置　　D．在门禁防范的安全区的吊顶内

2．信号线不能与大功率电力线平行，更不能穿在同一管内。如因环境所限，要平行走线，则两条线要远离（　　）cm 以上。

A．30　　B．50　　C．100　　D．200

3．门禁控制器到读卡器的距离不能超过（　　）m。

A．80　　B．200　　C．100　　D．150

4．目前门禁工程中采用最多的控制方式是（　　）。

A．星形方式　　B．RS-485 方式

C．RS-232 方式　　D．TCP/IP 方式

5．以下锁具中常用于双开玻璃门的是（　　）。

A．电插锁　　B．电磁锁　　C．电阻锁　　D．电锁口

6．门禁工程施工布线常见的重大错误有哪些？

任务 3.6　门禁管理系统的验收与维护

【任务描述与要求】

任务描述：A 公司为了能够顺利完成门禁管理系统项目的验收，需按照设计方案提前对设备功能、系统功能进行测试，对甲方使用人员进行业务培训，并按照验收内容、流程与规范准备相关验收材料。

在智慧园区门禁管理系统的项目验收过程中，通常由甲方组织验收专家或委托第三方机构到现场进行验收，依据工程项目验收内容、流程与规范，结合设计方案，查验设备、系统功能，检查项目相关材料是否完整、合规，最后填写相关验收材料。

任务要求：

- 检测系统硬件设备的工作状态；
- 测试系统功能的完整性；
- 编制操作手册、运维手册；
- 对使用人员进行系统操作业务培训；
- 准备项目验收材料，并组织专家进行项目验收。

【任务资讯】

3.6.1　门禁管理系统工程的验收方法

1．工程验收内容与流程

工程验收涉及工程验收内容、检测机构、文档、验收程序、验收结论等。

（1）工程验收内容

工程验收内容包括：合格性指标、检测方法、检测设备、检测报告、不合格项处理。其中检测报告应包括：检测依据、检测设备、检测结果列表。不合格项处理应明确系统的整改内容和措施，将整改结果作为系统检测报告附件，在系统验收时一并提交。若系统不合格，必须限期整改，根据不合格的具体情况，确定整改期限，并在整改后重新进行检测。

（2）检测机构

检测需由获得国家认可的相关检测机构承担，检测完成后由检测机构按规定格式出具检测报告。

（3）文档

在对系统验收时，应出具以下技术文档：

- 招标文件；
- 投标文件；
- 合同书；
- 系统工程设计文件；
- 施工组织设计文件；
- 材料设备接收单、合格证及关键产品质量检测报告；
- 工程变更说明文件；
- 隐蔽工程记录（需监理签字）；
- 竣工图纸（蓝图）；
- 阶段验收报告；
- 测试报告；
- 系统操作手册；
- 用户使用报告；
- 有关主管部门审批的系统许可证；
- 有关主管部门验收的验收合格证明。

上述文档可根据工程实际需要增减，技术文件和相关资料应做到内容齐全，数量准确无误，文字表达条理清楚，外观整洁，图表清晰，不应有相互矛盾、彼此脱节和错误遗漏等现象。

（4）验收程序

① 由承建方向建设方提交验收申请，若具备验收条件，建设方组织验收组或委托第三方机构进行验收。

② 验收组或第三方机构进行验收测试。

③ 验收组或第三方机构向建设方提交测试报告和验收报告。

（5）验收结论

由第三方机构或验收组根据验收情况做出验收结论，若各项均合格，则验收合格；如有不合格项，则应限期做出整改，直至验收合格。

2. 门禁管理系统验收规范

与其他建筑工程类似，门禁工程结束后需要进行工程验收，以检测该工程是否达到国家标准，如通过验收该工程即可投入使用，如存在问题则需要进行整改甚至重建。在对门禁工程进行验收时，参考的标准和规范有全国安全防范报警系统标准化技术委员会出台的《出入口控制系统技术要求》（GA/T 394—2002）。

该标准规定了出入口控制系统的技术要求，是设计、验收出入口控制系统的基本依据。

该标准适用于以安全防范为目的，对规定目标信息进行登录、识别和控制的出入口控制系统或设备。其他出入口控制系统或设备（如防盗安全门等）由相应的技术标准做出规定。

3．门禁工程项目的验收方法

（1）验收设备数量。根据设备清单验收数量，主要验收门禁控制器的台数和型号、身份识别设备的个数、电锁的数量，抽检部分设备的型号与清单中的参数是否一致。

（2）验收通信布线规范。这对于采用 RS-485 通信规范的门禁控制器尤为重要，如果布线不规范，即使现在通信正常，在使用的过程中也会遇到多种问题，RS-485 通信规范包括以下几条：

① 所有通信线路必须是网线或者双绞线（屏蔽更好）。全部或者部分段落采用平行线（普通的电线）都是不允许的，不能因为距离短，就用平行线代替，否则一定会存在通信隐患。将网线用作通信线时也要注意，不要将两股合为一股，这样加粗线路的方式并不会改善通信质量，反而形成了平行线的效果，网线用其中双绞的一对即可。

② 通信线路在任何一个地方都不能分叉或者并联，必须一台到一台地手牵手地串下去。不要因为距离短，就将两条线路并联起来用，这样会埋下通信干扰故障的隐患。

③ 禁止使用无源 RS-485 转换器。无源 RS-485 转换器成本低，没有任何抗干扰、防雷击等设计。可以用于桌面测试，但坚决禁止在门禁实际应用工程中使用，因为门禁系统追求的是长时间的稳定性。否则，会因通信不稳定付出巨大的维护代价。

④ 如果是 TCP 控制器，要检查 RJ45 水晶头是否做得规范、稳健可靠。

（3）如果采用门禁控制器直接接电锁的方式（而非门禁控制器接外置门禁电源的 PUSH 和 GND，再通过外置门禁电源接锁的方式），50m 以内必须用 1.0mm^2 的电源线，如果超过 50m，电源线必须加粗，或者两股合一股。如果一个门有两把锁，应该分别走线，共线则相当于降低了线的粗细。很多人为了省事，直接用网线接电锁，是错误的，距离短也不可以。

（4）读卡器和读卡器线的接头，必须焊接，用绝缘胶布包好（用热缩管效果更好），不能只是用手拧在一起，因为用手拧容易松，也容易氧化使得接触不良，刷卡信息传不到门禁控制器，开不了门。不能用廉价的劣质胶布，劣质胶布很容易松，最好采用热缩管绝缘。

（5）线路必须走管，至少走 PVC 管。因为不走管，线材容易遭受鼠害。

（6）线路应该尽量走暗线，不要影响美观性。实在不能走暗线的地方，必须提前告知甲方。

（7）确认电力负载是否足够。电源的负载主要看电锁，常规读卡器和门禁控制器耗电量很小。5A 的线性电源最多带 4 把常规电锁、4 个读卡器、1 台门禁控制器；5A 的开关电源最多带 8 把常规电锁、8 个读卡器、1 台门禁控制器。电力的负载不够，即使现在没有问题，也会在使用中产生问题，如设备因电力不足而死机。最好选用原厂标配的电源，并在厂家的指导下，确定负荷大小（可以带多少锁）。如果是外购的开关电源，也建议在厂家的指导下选购，最好购买知名品牌的开关电源。

（8）如果外接了非门禁常用设备，如自动门、电动门、道闸、500 千克大功率磁力锁、电铃、指纹虹膜掌型仪等生物识别设备，大功率长距离读卡器等，必须落实工程商是否是在厂家的指导下安装的。

4．设备工作状态检测

在系统各设备接线、安装完毕后，对各设备进行检测，主要目的是查看各设备能否正常工作，实现预期功能。设备工作状态检测主要包括以下几个部分：

（1）查看各设备供电电源是否稳定，接线是否正确。

（2）门禁控制器功能检测，查看门禁控制器与各设备间能否正常通信。

（3）读卡器功能检测，当卡靠近读卡器时，看读卡器是否发出响声，指示灯是否闪烁。

（4）电锁功能检测，查看电锁能否正常执行开/闭动作。

（5）出门按钮功能检测，查看出门按钮是否有效。

（6）系统管理软件功能检测，查看系统软件能否与各设备通信。

门禁管理系统设备功能检查表见表 3.6.1。

表 3.6.1　门禁管理系统设备功能检查表

<table>
<tr><th colspan="2">检 查 项 目</th><th>功　能</th><th>抽查百分比/%</th></tr>
<tr><td rowspan="14">前端设备</td><td rowspan="5">身份识读设备</td><td>通电试验</td><td rowspan="5">10</td></tr>
<tr><td>信息识别灵敏度</td></tr>
<tr><td>防拆、防破坏功能</td></tr>
<tr><td>身份信息识读功能</td></tr>
<tr><td>环境对采集器有无干扰的情况</td></tr>
<tr><td rowspan="4">门禁控制器</td><td>通电试验</td><td rowspan="4">20</td></tr>
<tr><td>防拆、防破坏功能</td></tr>
<tr><td>控制功能</td></tr>
<tr><td>动作实时性</td></tr>
<tr><td rowspan="3">备用电源</td><td>电源品质</td><td rowspan="3">10</td></tr>
<tr><td>电源自动切换情况</td></tr>
<tr><td>在断电情况下电池的工作状态</td></tr>
<tr><td rowspan="2">电锁</td><td>通电试验</td><td rowspan="2">10</td></tr>
<tr><td>开关性能、灵活性</td></tr>
<tr><td colspan="2" rowspan="5">管理功能</td><td>现场设备接入完好率</td><td rowspan="5">50</td></tr>
<tr><td>非法侵入时的报警功能</td></tr>
<tr><td>身份信息采集器的存储功能</td></tr>
<tr><td>紧急状态下的开、关功能</td></tr>
<tr><td>联动功能</td></tr>
</table>

5. 系统功能检测

系统功能检测主要目的是查看工程施工完毕后能否实现预期功能，包含模拟用户测试、压力测试等，在测试过程中需进行记录，作为工程验收的依据。验收应包括以下内容：

（1）单位（子单位）工程名称；

（2）验收部位；

（3）施工单位；

（4）项目经理；

（5）检测项目（主控项目）；

（6）检查评定记录；

（7）检测意见；

（8）签字。

门禁管理系统设备功能检测质量验收记录表见表 3.6.2。

表 3.6.2　门禁管理系统设备功能检测质量验收记录表

单位（子单位）工程名称		子分部工程	安全防范系统
分项工程名称	门禁管理系统	验收部位	
施工单位		项目经理	
施工执行标准名称及编号			
分包单位		分包项目经理	
检测项目（主控项目）		检查评定记录	
设备功能检测	电源		
	门禁控制器		
	身份识读设备		
设备功能检测	电锁		
	出门按钮		
	系统管理软件		
系统功能检测	人员管理功能		
	分类设置功能		
	脱机运行功能		
	查询、报表打印功能		
	日志功能		
	联动功能		
检测意见： 监理工程师签字： （建设单位项目专业技术负责人） 日期：		检测机构负责人签字： 日期：	

3.6.2　门禁管理系统的维护

门禁故障排除工具

门禁故障排除方法

1．故障排查方法

（1）软件测试法

① 检测法：启动管理软件，进入总控制台选中门，单击检测门禁控制器，如提示存在故障，就可以根据相关信息进行处理。

② 实时监控法：实时监控对应的刷卡指示灯，方便查出刷卡不开门的故障。

（2）硬件指示灯法

① 通电时，可以看电源指示灯 POWER、CPU 指示灯是否闪烁，判断门禁控制器是否处于工作状态。

② 刷卡时，可以通过看 card 灯判断是否有读卡数据传输到门禁控制器。

③ 按出门按钮时，可以看继电器指示灯是否闪烁，是否发出咔嚓响声，判断门禁控制器继电器输出是否正常。

④ 通信时，看 Tx 和 Rx 指示灯，Rx 指示灯常亮表示接线没有问题，Tx 指示灯闪烁表示正在通信。

⑤ ERR 灯闪烁代表门禁控制器出现了故障，可通过软件检测获得详细信息。

⑥ 排查视频控制器也可以看电源指示灯，看 RJ45 口指示灯是否交替闪烁。

⑦ 通过观察 RS-485 有源转换器有无闪烁，可以判断计算机有无数据发送。

（3）替换排除法

① 设备替换法：如果换下来的怀疑有问题的设备，经单独检测没有发现问题，就可能是布线等环境干扰引发的问题，应该继续查找故障源。

② 计算机替换法：可以判断是否计算机或者操作系统环境、病毒问题，串口输出或者设置不对等。

③ 数据库、软件替换法：如提取记录或上传设置失败、生成报表失败等，可以用另一个全新的数据库或软件，确定问题的范围。

（4）分离排除法

① 以门禁控制器为核心，可以外接许多被控设备，而外接设备的质量、参数、性能参差不齐，兼容起来就可能存在干扰，导致的问题也就各种各样，如控制器重启、ERR 灯闪烁、门异常开合，可以分离此外接设备查看是否正常，然后逐一加载各个外接设备，加载一个测试一次，看是加载了什么设备引起了这个故障，如三辊闸、道闸、电铃、电梯、自动门，以及扩展板外接的各种报警装置，都可能是干扰源，解决方案是加装弱电隔离器。

② RS-485 通信方式中，一个系统有 8 台门禁控制器，可以先断开后面的 4 台，再断开剩下 4 台中的 2 台来缩小查找范围，或者先从第二台处断开，再把后面的门禁控制器逐台连接到通信线路中，看哪台出现了故障。

③ 若 TCP 控制器使用常规方法在客户网络中不能正常联网，可以将其从客户网络中独立出来，用独立交换机测试合格，再寻求甲方网管支持，看是否启用了其他网络认证限制。

2. 常见故障解决办法

（1）管理软件失效

门禁管理系统设备连接好以后，各设备无法与上位机通信且管理软件不能对各设备进行控制，出现此问题时可采用以下方法进行诊断。

① 检测门禁控制器与网络扩展器之间的接线是否正确。

② 门禁控制器至网络扩展器的距离是否超过了有效长度（1200m）。

③ 计算机的串口是否正常，有无正常连接或者被其他程序占用，先排除这些原因再测试。

④ 软件设置中，序列号是否正确。

⑤ 线路干扰，是否能正常通信。

（2）读卡器失效

读卡器通信正常，但当卡片靠近时蜂鸣器不鸣响，指示灯也没有反应，出现此情况时可采用以下方法进行诊断。

① 检测读卡器与门禁控制器之间的连线是否正确。

② 读卡器至门禁控制器线路是否超过了有效长度（100m）。

（3）刷卡不能开门

① 检查此卡是否已注册。

② 此卡的时段等权限设置是否正确。

③ 检查读卡器电锁的电缆与门禁控制器的连接是否正确。

④ 刷卡时，检查继电器是否有输出动作。

⑤ 检查门禁控制器的时间是否设置正确。

⑥ 检查门磁开门按钮的状态是否设置正确。

⑦ 检查读卡器出门按钮及电锁的接线方法是否正确。

（4）在独立的门禁管理系统中，刷卡可以开门，按出门按钮却打不开门

打开出门按钮，其中一般只有2个螺钉，查看后面的接线是否正常，如断线或接线脱落，接好就可以，如果系统用的是门禁专用电源，还要检查门禁电源的好坏，独立门禁控制机当然也有可能出现问题，逐个排查便可。

（5）门禁控制器不在线

① 检查RS-485/232转换器是否加电。

② 检查RS-485/232转换器的跳线帽是否正确安装。

③ 检查门禁控制器与RS-485/232转换器之间的距离是否超过1200m。

④ 检查PC与RS-485/232转换器之间的距离是否超过60m。

⑤ 检查门禁控制器、RS-485/232转换器、PC之间的连线是否正确。

⑥ 检查同一台PC是否接入了多台此类型门禁控制器。

⑦ 检查通信电缆是否为屏蔽电缆或通信电缆线径是否太小。

⑧ 检查PC串口是否已坏、串口回路是否连接正确。

（6）断电后再通电刷卡无法开门

① 检查门禁控制器上的纽扣电池电量是否过低。

② 门禁控制器中的内存时间与计算机时间是否相符。

③ 检查门禁控制器与读写器是否在工作状态下。

（7）通电状态下读卡器不能读卡

① 确认卡片类型是否为读卡器支持的类型。

② 读卡器是否有异常或故障。

③ 卡片是否有质量问题。

（8）如果通信不稳定，有时能连通，有时不能

① 检查通信端子的螺钉是否拧紧。

② 检查端子外的金属线头是否过长，造成短路。

③ 检查门禁控制器数量是否超过RS-485转换器的负荷。

④ 检查通信线距离是否过长。

⑤ 如果使用的是TCP/IP通信规范的门禁控制器，请检查IP地址是否和局域网的IP地址在同网段，局域网网络设备和线路是否正常，防火墙是否限制了该通信。

（9）安装完双向门锁之后，门一直无法正常关闭

门锁安装完后，门无法正常关闭，这是很多人会遇到的问题，然而，一般不是锁有问题，而是门地弹簧的品质问题。长时间使用时，门无法归位、门回归速度变慢、门下垂严重等问题都是逐渐浮现的。

解决办法：换一个高品质的地弹簧；或者固定开门方向，改为单向开门，向内拉或向外推开门。

（10）在实时监控时读卡器读出的数据不正确或时有时无

检查读卡器与门禁控制器之间的数据传输线DATA0、DATA1是否接反，选择正确的接线。

读卡器与门禁控制器之间的距离太远，超出了WG26数据传输距离（小于60m），需通过缩短读卡器与门禁控制器之间的距离，或对读卡器采取现场供电的方式解决。

（11）计算机与门禁控制器之间无法通信

① 检查门禁控制器是否通电。

② 检查通信端口是否与实际接线端口一致。

③ 门禁控制器跳线（RS-232 或 RS-485 等）设置是否与实际使用通信方式一致。

④ 门禁控制器和计算机之间的通信线内部是否连通。

⑤ 通信距离是否过远，超过了有效距离。

（12）将有效卡靠近读卡器，蜂鸣器鸣响一声，LED 指示灯变绿，继电器有输出动作，但门锁未打开

① 检查锁的电源接线是否正确。

② 检查锁的电源是否供电。

③ 检查锁是否已坏。

（13）软件能检测到门禁控制器，但不能登记卡

① 检查是否增加了读卡器。

② 检查门禁控制器电压、电流是否正常。

③ 检查读卡器是否正常。

④ 检查读卡器同门禁控制器的接线是否正确。

【任务实施】

根据任务实施单，按照步骤及要求，完成任务。

任务实施单

项目名称	智慧园区门禁管理系统的设计与实施	
任务名称	门禁管理系统验收与维护	
序　　号	实 施 步 骤	步 骤 说 明
1	熟悉验收流程与规范	熟悉验收过程所涉及的内容、流程、规范与方法
2	系统测试	自行组织成员对设备工作状态进行检测，对系统功能进行测试，排除故障
3	业务培训	编制操作手册、运维手册，并对甲方使用人员进行操作培训
4	准备验收材料	准备项目相关材料及验收需要填写的材料
5	组织验收	系统演示操作与介绍

【任务工单】

任务工单

项目	智慧园区门禁管理系统的设计与实施		
任务	门禁管理系统的验收与维护		
班级		小组	
团队成员			
得分			
（一）关键知识引导 1. 工程验收内容与流程 2. 门禁管理系统验收规范 3. 门禁管理系统验收方法 4. 设备与系统功能检测 5. 门禁管理系统常见故障及处理方法			

续表

（二）任务实施完成情况

步　骤	任务内容	完成情况
系统测试	自行组织成员对设备工作状态进行检测，对系统功能进行测试，排除故障	
业务培训	编制操作手册、运维手册，并对甲方使用人员进行操作培训	
准备验收材料	准备项目相关材料及验收需要填写的材料	
组织验收	系统演示操作与介绍	

（三）任务检查与评价

评价项目	评价内容		配分	评价方式		
				自我评价	互相评价	教师评价
方法能力（20分）	能够明确任务要求，掌握关键引导知识		5			
	能够正确清点、整理任务设备或资源		5			
	掌握任务实施步骤，制订实施计划，时间分配合理		5			
	能够正确分析任务实施过程中遇到的问题并进行调试和排除故障		5			
专业能力（60分）	能够对设备工作状态、系统功能进行检测		15			
	操作、运维手册步骤正确、完整、清晰		15			
	业务培训演示熟练，操作正确		15			
	能够按要求准备验收材料		15			
职业素养（20分）	安全操作与工作规范	操作过程中严格遵守安全规范，注意断电操作	5			
		严格执行6S管理规范，积极主动完成工具设备整理	5			
	学习态度	认真参与教学活动，课堂上积极互动	3			
		严格遵守学习纪律，按时出勤	3			
	合作与展示	小组之间交流顺畅，合作成功	2			
		语言表达能力强，能够正确陈述基本情况	2			
合　计			100			

（四）任务自我总结

任务实施过程中遇到的问题	解决方式

【任务拓展】

1. 门禁管理系统工程技术规范包含哪些内容？
2. 门禁管理系统设备功能检测包含哪些内容？
3. 门禁管理系统工程检测需包含的文档有哪些？
4. 门禁管理系统工程质量验收表需包含哪些内容？
5. 门禁工程项目完工后，请撰写一份项目实施总结报告。

项目 4　智能停车场管理系统的设计与实施

【职业能力目标】

智能停车场是智能交通系统的一个子系统，为了实现车辆身份验证、自动扣费等功能，需要应用车牌图像识别、超高频 RFID 等诸多识别技术。通过对本项目的学习，应能按照功能项目实施的流程完成不同场景下智能停车场管理系统的需求分析、总体设计、设备选型、软件设计、系统部署、调试及验收工作。在工作过程中，能独立查询行业相关标准、阅读设备二次开发 SDK，在教师/企业导师的带领下完成复杂软件核心代码的编写与调试，同时严格遵守工程施工规范，培养严谨细致、注重用户体验、思考周密细致的工匠精神。

【引导案例】

周末到了，如果你准备开车带家人去商场购物，可以首先打开车位租赁 App，发布你所在小区车位的分时出租消息，随后打开导航 App 查看开车路线。导航 App 根据实时路况为你提供了一条较优的行车路线。到达商场的地下停车库后，你观察停车引导标识，找到了一个空位，将汽车停在了空位上。

在购物的过程中，你收到了一笔款项，是有人临时租用了你所在小区空闲的车位。几小时之后，你准备回家了。你在商场的反向寻车终端上，查询到了你的汽车所在的位置，反向寻车终端还给出了你所在位置到停车位的路线图。当你开车准备出车库道闸时，道闸摄像头识别出了你的车牌，并在显示牌上显示出停车费用，还有个二维码等你扫码付费。不过现在已不需要你手动付费了，由于你事先将车牌绑定了你的支付账号，系统会直接扣费，实现了“无感支付”，智能停车场如图 4.0.1 所示。

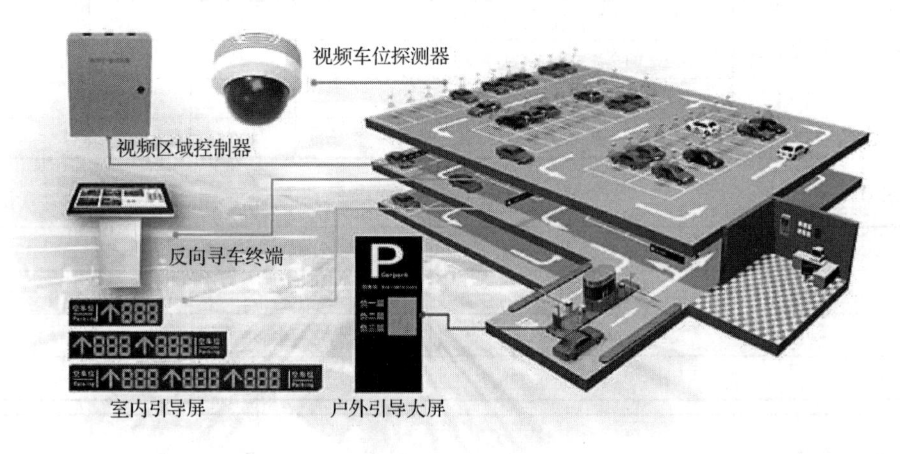

图 4.0.1　智能停车场

以上场景就是智能停车场的应用，其是智能交通系统的子系统。目前来说智能停车场的“智能”体现在车位引导+自动交停车费，主要为车主提供停车引导、反向寻车、智能支付等功能。随着智慧城市建设步伐的加快，如果将各个停车场联网，打通数据共享的通道，则还能增加错时停车、车位分时租赁等功能，实现停车位资源利用率最大化、停车场利润最大化和车主停车

服务最优化，汽车保有量剧增带来的停车难等问题也就能够缓解了。

任务 4.1 智能停车场管理系统需求分析

【任务描述与要求】

任务描述：为加强园区安全管控，规范园区停车秩序，园区管理方需要建立一套智能停车场管理系统。为了保证项目的顺利开展，初期阶段需要编写一份需求分析报告。本任务要求对该系统进行需求分析，明确系统必须实现的功能，为后续的系统总体设计做支撑。

任务要求：

- 设计一份需求分析调研表或问卷，并通过现场考察、人员访谈的形式分析智能停车场应具备的功能；
- 以文字的形式对各项功能进行简要的描述；
- 针对上述各项功能，分析应当采集的数据，以表格的形式展现；
- 合理规划停车场出入口并分析其主要职责，以表格的形式展现；
- 综合以上信息编写一份需求分析报告。

【任务资讯】

4.1.1 智能停车场管理系统的概念

智能停车场管理系统，是现代化停车场车辆收费及车辆自动化管理系统的统称，借助自动识别技术、通信技术、室内定位技术等，实现停车场计算机统一管理。

智能停车场管理系统通过 RFID、车牌识别等方式记录车辆及驾驶员进出的相关信息，同时对其信息加以运算、传送，并通过字符显示、语音播报等人机界面转化成能够人工辨别和判断的信号，从而实现计时收费、车辆管理等目的。

4.1.2 智能停车场管理系统的发展历程

1. 人工记录

20 世纪 80 年代，随着汽车数量的逐步增多，停车场成了一项新的建筑设施。早期的停车场规模很小，一般仅能容纳十几辆车，此时停车场的管理完全由人工实现。现在的一些路边停车场由于规模较小，存放车辆少，仍然采取的是以人工为主的管理模式，如图 4.1.1 所示。

2. RFID 近场识别

2000 年后，随着汽车保有量的增加，传统的人工记录模式显得远远不够，RFID 近场识别模式应运而生。

这种管理模式以 IC 卡或 ID 卡为信息载体标识车辆身份。驾驶员进入停车场时需要先停车领卡，领卡时上位机记录领卡时间。出场时需将停车卡插入发卡器收回，同时上位机根据领卡时间计算停车时长，进而得出应交的停车费用，RFID 发卡器及道闸如图 4.1.2 所示。该模式通常会配备一名管理员用于收费。

图 4.1.1　以人工为主的管理模式

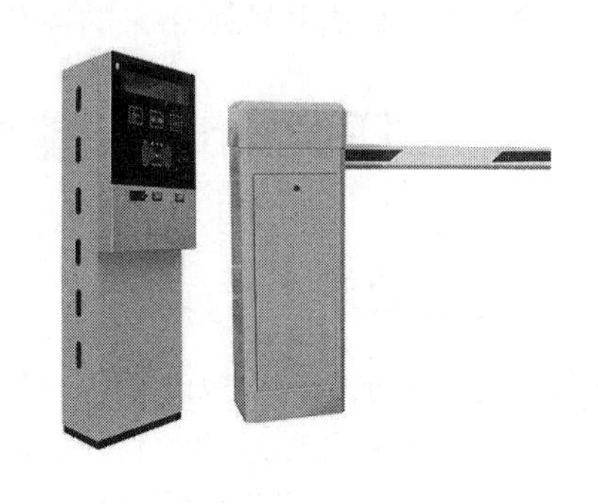

图 4.1.2　RFID 发卡器及道闸

3．基于车牌的图像识别及移动支付

RFID 近场识别模式提升了管理效率，但仍有诸多问题，如对驾驶员的停车技术要求较高、还卡点与发卡点不在同一处导致发卡点缺卡等。为了解决这些问题，停车场采用车牌图像识别方式，提取车牌上的字符来标识车辆的身份，驾驶员不需要再停车领卡。

随着移动支付的兴起，很多停车场采取了手机自助交费的方式。驾驶员在离场时先扫码，并输入车牌号。离场时通过车牌图像识别提取车牌号，并在后台查询付款信息，从而自动放行，如图 4.1.3 所示。

这种模式采用汽车的车牌作为信息载体，驾驶员不需要携带其他身份标识。结合移动支付，实现“先付费，后离场”，避免出口的拥堵，提升了通行效率。基于车牌图像识别的移动支付是目前应用最为广泛的管理模式之一。

图 4.1.3　停车费移动支付

4．无感支付

无论是停车领卡还是扫码支付，驾驶员都需要一个付费的过程。如果有一个统一的身份标识，再绑定一种或多种支付渠道，则能实现出场自动扣费，驾驶员感觉不到付费的过程，这就是移动支付的一个发展方向：无感支付。

无感支付从实现途径来说可分为以下几种。

（1）ETC 支付

无感支付在交通收费中的典型应用是电子不停车收费（ETC），用于高速公路收费，该技术

同样可应用于停车场的收费。

（2）车牌支付

车牌支付是指将车牌与某种支付方式绑定，以实现识别后的自动扣费。车牌支付按识别方式可以分为基于图像识别的车牌支付和基于电子车牌的支付两类。

基于图像识别的车牌支付是指从传统的铁皮车牌中提取字符串后，自动从绑定的支付渠道中扣费，如图 4.1.4 所示。

图 4.1.4 基于图像识别的车牌支付

电子车牌是公安部于2018年7月正式推出的车辆身份电子标识，其属于远距离 RFID 系统。电子车牌具有安全性高、识别距离远、全天候工作环境等优势。通过电子车牌识别车辆身份后自动扣费，同样能实现无感支付，是电子车牌未来的主要应用场景。

4.1.3 智能停车场管理系统的常见功能

智能停车场

1. 车牌识别

智能停车场的主要管理对象是车辆，因此车牌识别是其核心功能。车牌识别属于智能停车场的感知层，是数据的源头，为上层应用如计时、收费、反向寻车、支付等提供支持，也是自动识别技术应用于停车场的体现，如图 4.1.5 所示。该功能直接采用车牌作为其身份标识，对于驾驶员来说，进入停车场不用停车刷卡，也不用担心停车卡丢失，相对于传统的“停车领卡”模式，加快了识别速度，提升了通行效率。

图 4.1.5 车牌识别

车牌识别可分为车牌图像识别与车牌电子识别两类。车牌图像识别的主要设备是摄像机，将车牌号码从图像中提取出来。车牌电子识别运用了 RFID 技术，其设备包括机动车电子标识和 RFID 阅读器。

2. 出入口控制

停车场也是门禁的一种，能对车辆的进出进行管理。停车场的出入口控制不仅为收费提供支持，也对车辆的安全起到一定的保护作用，可以杜绝非法车辆出入车库。实现出入口控制的主要设备是道闸，又称挡车器，通常配合车牌识别摄像机及线圈车辆检测器使用。

线圈车辆检测器通常一前一后安装在道闸两侧，分别用于触发车牌识别摄像机拍照及防砸车的功能。

3. 停车引导

大型停车场错综复杂，视野狭窄，给驾驶员寻找空余车位带来不便，停车引导很有必要。停车引导通常由剩余车位指示牌（见图 4.1.6）、车位指示灯（见图 4.1.7）及车辆检测器组成。当驾驶员进入停车场后，可以根据指示牌选择剩余车位数较多的区域，结合车位指示灯，快速找到空余车位的位置。

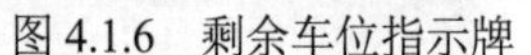

图 4.1.6　剩余车位指示牌

图 4.1.7　车位指示灯

车位检测器是用于检测指定位置是否有车辆停放的传感器，按工作原理分为视频型车位检测器（也称为车位摄像机）和超声波车位检测器。

4．反向寻车

由于商场、购物中心等大型停车场内的空间大，环境及标志物类似，驾驶员很容易迷失方向，找不到自己的车辆。反向寻车的主要功能是，驾驶员在终端输入车牌号后，系统展示出停车的位置或生成一条导航路线，把驾驶员引导到停车位，如图 4.1.8 所示。

反向寻车通常与停车引导结合使用。当驾驶员在车位上停好汽车后，位于上方的车位摄像机识别车牌号并拍下车辆的照片，照片中通常有车位编号，供驾驶员查询位置时展示。

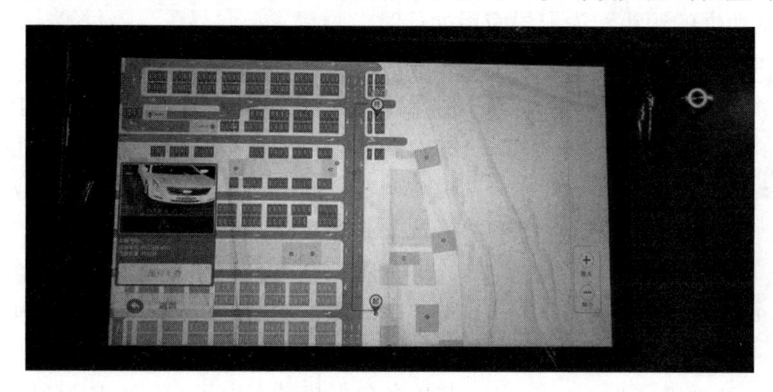

图 4.1.8　反向寻车

5．自助交费

停车场应当支持自助交费功能，实现离场不停车，从而提升通行效率，避免车辆积压在出口。自助交费分为中央交费和随处扫码交费两种。中央交费是指在固定的终端上输入车牌号后扫码支付；随处扫码交费是指驾驶员在离场前扫描停车场内的二维码，在弹出的页面中输入车牌号后，通过移动支付 App 交费，这是目前使用最为广泛的一种交费形式。当汽车驶入出口时，系统自动识别车牌号并核实交费信息后放行。

6．视频监控

视频监控（见图 4.1.9）能增加停车场的安全性，在车辆被剐蹭后也能第一时间找到责任人。除上述主要功能外，其还可根据不同的场景增加其他功能，如电子巡更、火灾报警等。

图 4.1.9 停车场内的视频监控

4.1.4 智能停车场的业务流程

智能停车场的业务流程可分为入场识别、停车引导、寻车及交费、出场放行四个步骤。

1. 入场识别

目前，停车场入场识别大多数采用免停车取卡的模式，由摄像机配合地感线圈，通过车牌图像识别的方式采集车辆身份，并将车牌号及入场时间等信息上传到停车场服务器。入场识别业务流程如图 4.1.10 所示。

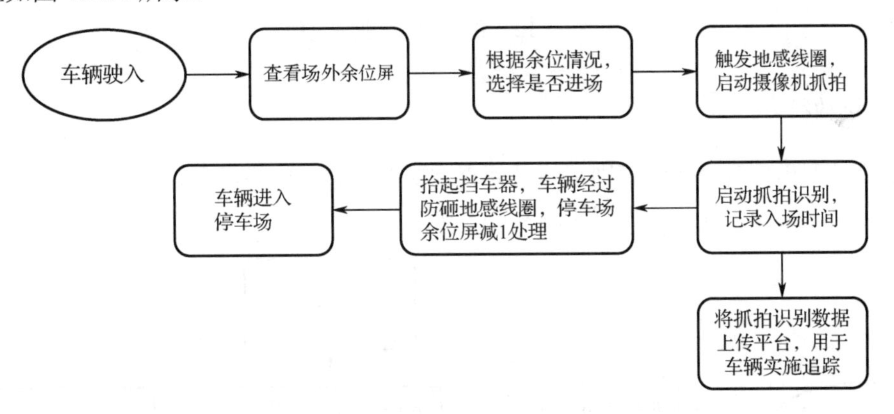

图 4.1.10 入场识别业务流程

2. 停车引导

驾驶员进入车库后，根据区域车位剩余数选择停车区域，并可通过观察车位指示灯找到停车位。当停车位上方的超声波车位检测器检测到车辆后，视频车位摄像机识别车牌号，并将车牌号与车位编码关联，传输到停车场服务器中，停车引导业务流程如图 4.1.11 所示。

3. 寻车及交费

驾驶员在寻车终端或扫描二维码出现的网页中输入车牌号，系统查询车辆所在车位的编码，并将位置及路线展示给驾驶员，同时驾驶员可以完成交费，寻车及交费业务流程如图 4.1.12 所示。

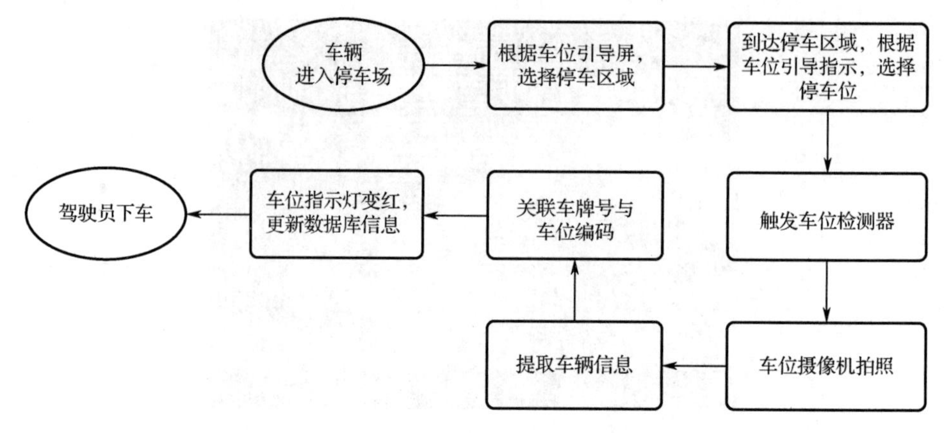

图 4.1.11　停车引导业务流程

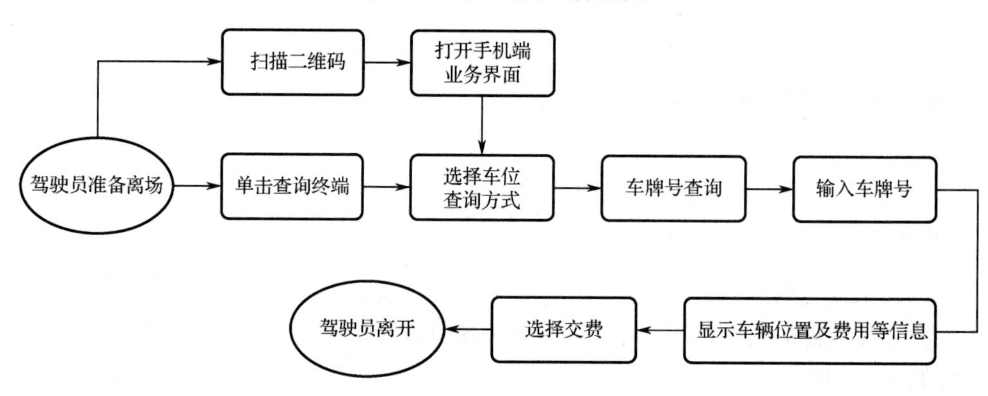

图 4.1.12　寻车及交费业务流程

4. 出场放行

当车辆驶到出口时，系统识别车牌号并查询交费信息，如果已交费则开闸放行，同时更新车位数等信息，出场放行业务流程如图 4.1.13 所示。

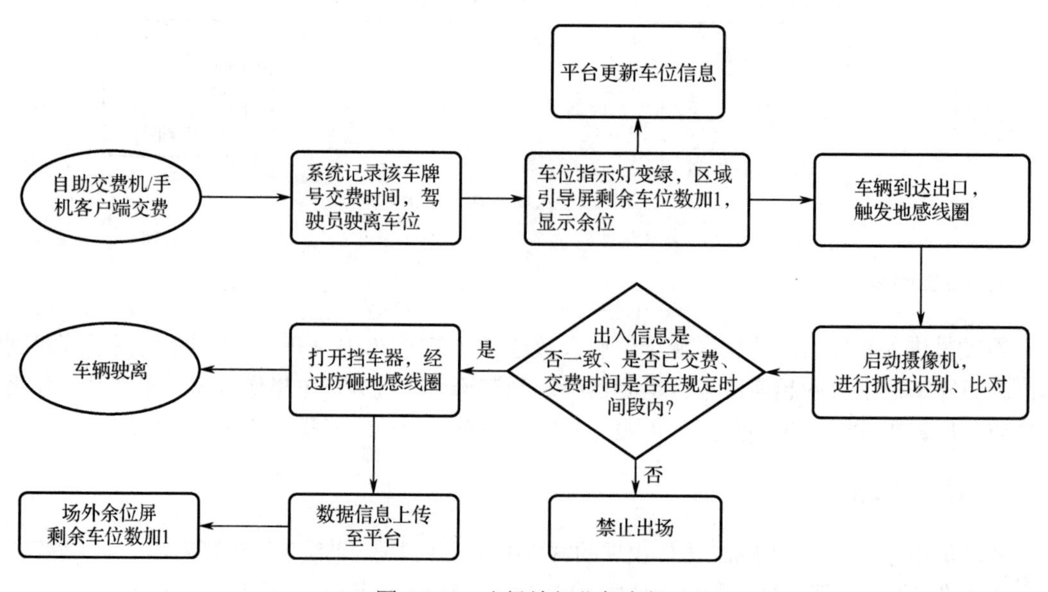

图 4.1.13　出场放行业务流程

4.1.5 智能停车场需求分析方法

为了使智能停车场管理系统的设计满足客户需求，需求分析应从以下几个方面进行：

（1）智能停车场的应用场景

智能停车场的应用场景主要有小区、商场、景区、酒店、单位、园区等，涉及不同的场景，其主要功能、车流量、性能指标是不同的。

（2）智能停车场的功能

不同应用场景的主要功能有所差别。小区、单位、园区通常不对外开放，停放的主要是已登记的内部车辆，功能以出入口控制为主，兼顾收费。商场、景区停放的主要是临时车，其功能以收费为主，兼顾出入口控制；同时这类应用场景的停车场空间较大，应具备停车引导和反向寻车的功能；考虑到节假日人流量剧增，易发生拥堵，需要在支付方面增加便捷性，如自助交费、无感支付等；另外，这类停车场进出人员复杂，需要增加视频监控以提升安全性。

功能分析可采取与甲方人员沟通访谈、实地考察并填写功能需求分析表的方式进行，功能需求分析示例见表 4.1.1。

表 4.1.1 功能需求分析示例

客户名称	XX 开发商	项目名称	XX 购物中心停车场
停车场场景	（A）小区；（B）酒店；（C）园区；（D）景区；（E）购物中心；（F）其他，请注明		E
功 能 点	选 项	选 择	备 注
性质	（A）出入口控制为主； （B）收费为主； （C）均有	C	购物中心上面为住宅区，因此需划分临停区和私家车位区，临时车不允许驶入私家车位
人工管理	（A）出入口有管理员； （B）出入口无管理员	B	出入口预留电话，用于及时报告故障
无牌车	（A）有； （B）无	A	在出入口设置二维码，无牌车扫码后，输入临时车牌
识别技术	（A）车牌图像识别； （B）车牌电子识别； （C）ETC 识别	A	无牌车入场需手动扫码，输入临时车牌
收费方式	（A）中央交费； （B）出口交费； （C）随处扫码交费	C	无牌车入场需手动扫码，输入临时车牌
监控	（A）需要； （B）不需要	A	
……			

某些项目可能存在“场中场”的情况，即大停车场包含小停车场（如将购物中心看作一个大的停车场，但划分了用于顾客使用的临停区和住宅人员使用的私家车位区），在这种情况下，还需明确是各个小停车场独立收费还是大停车场统一收费。一个典型的“场中场”布局如图 4.1.14 所示。

（3）智能停车场采集的数据。功能的实现需要以数据作为支撑，如车辆的身份识别需要车牌号码，反向寻车功能需要停车位置编码，费用计算需要入场时间。

（4）智能停车场出入口规划。无论是何种场景的停车场，车牌识别都是其核心功能，该功能通常由出入口承担。出入口的设计关系到通行效率，对于“场中场”的布局，还应当明确各个出入口的职责。

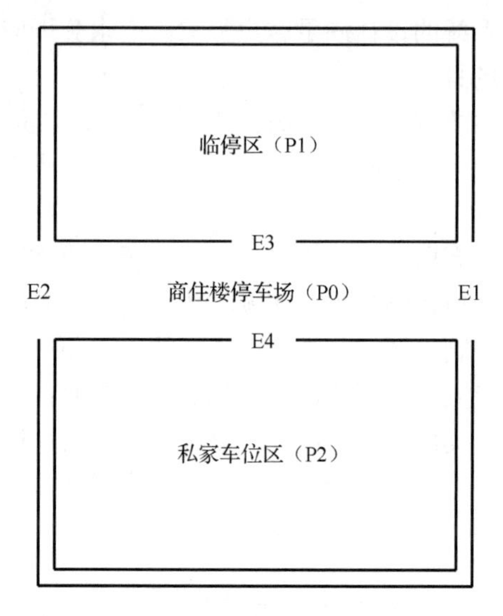

图 4.1.14　一个典型的“场中场”布局

以图 4.1.14 为例，出入口规划见表 4.1.2。

表 4.1.2　出入口规划

本项目停车场数量	3			
停车场编号	场中场： （A）内场； （B）外场； （C）非场中场	出入口编号	出入口功能： （A）出口； （B）入口； （C）出入口	主 要 职 责
P0	B	P0/E1	A	限行，当车位满时，禁止驶入
P0	B	P0/E2	B	限行，仅允许车辆驶出
P1	A	P1/E3	C	临时车收费
P2	A	P2/E4	C	管控，不允许临时车驶入

【任务实施】

根据任务计划，按照任务实施方案，并完成任务实施。

任务实施单

项目名称	智慧园区智能停车场管理系统设计与实施		
任务名称	智能停车场管理系统需求分析	学时	2
序　　号	实 施 步 骤	步 骤 说 明	
1	熟悉智能停车场管理系统	基本功能、业务流程	
2	明确需求分析的内容	（1）停车场的使用环境 （2）该环境下需具备的功能 （3）该环境下出入口职责划分 （4）系统需要采集的数据	

续表

序　　号	实 施 步 骤	步 骤 说 明
3	制订需求信息调研的实施方案	制定表格或问卷、现场访谈、现场考察
4	调研需求	按照方案分组实施，收集信息
5	编制需求分析报告	对原始信息进行归纳整理、分析与综合、研讨，并编写报告

【任务工单】

任务工单

项目	智慧园区智能停车场管理系统设计与实施		
任务	智能停车场管理系统需求分析		
班级		小组	
团队成员			
得分			

（一）关键知识引导

1. 什么是智能停车场管理系统？综合了哪些技术？其与门禁管理系统的区别和联系分别是什么？
2. 智能停车场管理系统有哪些基本功能？
3. 智能停车场管理系统有哪些业务流程？每种流程的具体过程是什么？
4. 在具体场景下的智能停车场管理系统需求分析该如何做？

（二）任务实施完成情况

步　　骤	任 务 内 容	完 成 情 况
熟悉智能停车场管理系统	熟悉智能停车场管理系统的定义、常见功能及业务流程	
明确需求分析的内容	（1）停车场的使用环境 （2）该环境下需具备的功能 （3）该环境下出入口职责划分 （4）系统需要采集的数据	
制订需求信息调研的实施方案	制定表格或问卷、现场访谈、现场考察	
需求调研	按照方案分组实施，收集信息	
编制需求分析报告	对原始信息进行归纳整理、分析与综合、研讨，并编写报告	

（三）任务检查与评价

评价项目	评 价 内 容	配分	评 价 方 式		
			自我评价	互相评价	教师评价
方法能力（20分）	能够明确任务要求，掌握关键引导知识	5			
	能够正确清点、整理任务设备或资源	5			
	掌握任务实施步骤，制订实施计划，时间分配合理	5			
	能够正确分析任务实施过程中遇到的问题并进行调试和排除	5			
专业能力（60分）	能描述智能停车场管理系统的概念	5			
	能描述智能停车场管理系统的业务流程	20			

续表

续表

评价项目	评价内容		配分	评价方式		
				自我评价	互相评价	教师评价
专业能力（60分）	能根据具体场景分析并描述智能停车场管理系统的常见功能		10			
	能根据具体场景分析并描述智能停车场管理系统应采集的数据		10			
	能根据实施场景合理制定需求分析调查问卷或表格		10			
	能保证需求分析报告内容的完整性、格式的规范性		5			
职业素养（20分）	安全操作与工作规范	操作过程中严格遵守安全规范，注意断电操作	5			
		严格执行6S管理规范，积极主动完成工具和设备的整理	5			
	学习态度	认真参与教学活动，课堂上积极互动	3			
		严格遵守学习纪律，按时出勤	3			
	合作与展示	小组之间交流顺畅，合作成功	2			
		语言表达能力强，能够正确陈述基本情况	2			
合　计			100			

（四）任务自我总结

任务实施过程中遇到的问题	解决方式

【任务拓展】

1．绘制智能停车场管理系统分类思维导图。
2．收集生活中智能停车场管理系统应用案例。
3．智能停车场管理系统的常见功能有哪些？

任务 4.2　智能停车场管理系统总体设计

【任务描述与要求】

任务描述：为了后续的系统集成及上位机应用软件的开发，本任务需要在需求分析的基础上，进行总体设计。

任务要求：

- 梳理出详细的功能点，并将功能点归并到模块或子系统中，绘制一个树状的功能框图；
- 根据功能点，结合其实现的技术、应采集的数据及所依赖的设备，进行网络设计，绘制网络拓扑图。

【任务资讯】

车辆检测技术

4.2.1 车辆检测技术

车辆检测的作用是判断车辆是否经过了指定的位置，从而触发相关的后续事件，如抓拍等。在智能交通系统中，可通过车辆检测技术采集有效的道路交通信息，获得交通流量、车速、道路占有率、车间距、车辆类型等基础数据，有目的地实现道路的监测、控制、分析、决策、调度和疏导。而在智能停车场中，车辆检测技术用于实现出入场识别、停车引导、反向寻车等功能。车辆检测技术的种类很多，如线圈检测、视频检测、微波检测、磁力检测、红外检测等。

1. 线圈车辆检测器

线圈车辆检测器是一种基于电磁感应原理的车辆检测器，主要由地感线圈和环路感应器两部分组成，是目前最常用的车辆检测器。地感线圈作为敏感元件埋于路面下，通有工作电流。当车辆通过环形地感线圈或停在环形地感线圈上时，车辆自身铁质切割磁感线，引起地感线圈回路电感量的变化。环路感应器作为转换元件，将电感变化量转换成可以直接被数字设备如道闸、车道控制器等使用的开关量信号（即有汽车通过则输出高电平，反之则输出低电平）。线圈车辆检测器原理框图如图 4.2.1 所示。

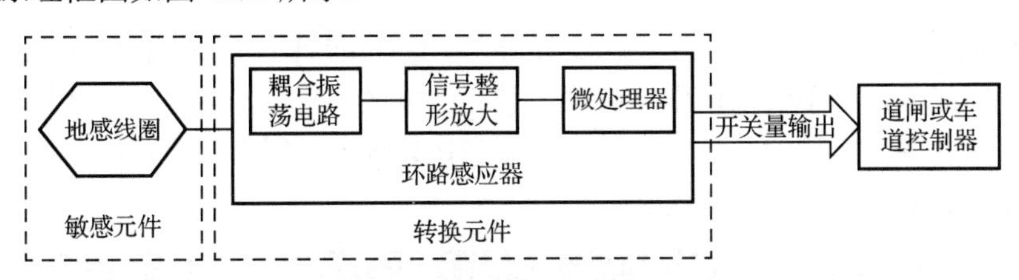

图 4.2.1 线圈车辆检测器原理框图

检测电感变化量的方式有两种：一种是利用相位锁存器和相位比较器（见图 4.2.2），对相位的变化进行检测。当有车辆经过时，线圈电感量的变化引起振荡信号相位的变化，通过对比两者之间的相位可以获知某一时段有无车辆经过；另一种是利用线圈电感量的变化引起振荡信号频率的变化，由地感线圈构成回路的耦合电路对其振荡频率进行检测，如图 4.2.3 所示。

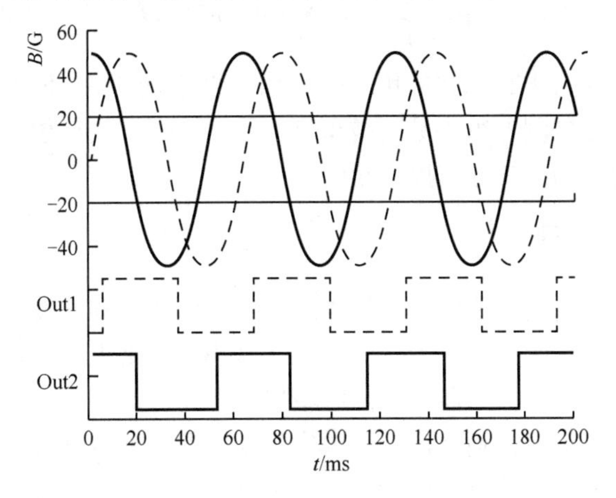

图 4.2.2 相位锁存器与相位比较器

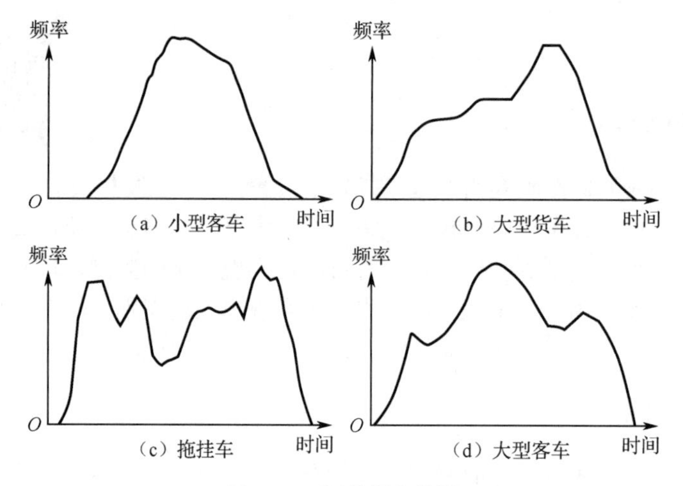

图 4.2.3　振荡频率检测

2．视频车辆检测器

视频车辆检测器是一种基于图像识别的车辆检测器，按应用场景可分为交通流车辆视频检测器和车位占用检测器。

交通流车辆视频检测器（见图 4.2.4）的工作原理是，通过上位机软件，在视频范围内设置虚拟区域，即检测区，当车辆通过虚拟检测区时，检测区内背景灰度值发生变化，将该变化作为检测信号，从而得知车辆的存在，经过软件数字化处理并计算得到所需的交通数据。交通流车辆视频检测器主要应用于测速、违法抓拍等。

图 4.2.4　交通流车辆视频检测器

车位占用检测器（见图 4.2.5）常应用于停车场，通过安装在车位上方或前方的摄像头采集图像，应用图像识别算法检测停车位是否被车辆占用。除了识别车位是否被占用，视频车辆检测器通常还会识别车牌，为反向寻车提供帮助。

3．超声波型车位探测器

超声波型车位探测器的工作原理（见图 4.2.6）是，利用超声波发射信号，通过被测物体的反射和回波接收的时差来测量距离，当探测到距离减小时，则表示车位被占用，其主要用在停车引导系统中。超声波型车位探测器与室内区域控制器相连，实时汇集车位状态信息，并将数据压缩编码后反馈给室内集中控制器，由室内集中控制器完成数据处理，并将处理后的车位数据下发至停车场各个车位引导屏及车位指示灯，进行空车位信息的显示，从而实现引导车辆进入空余车位的功能。

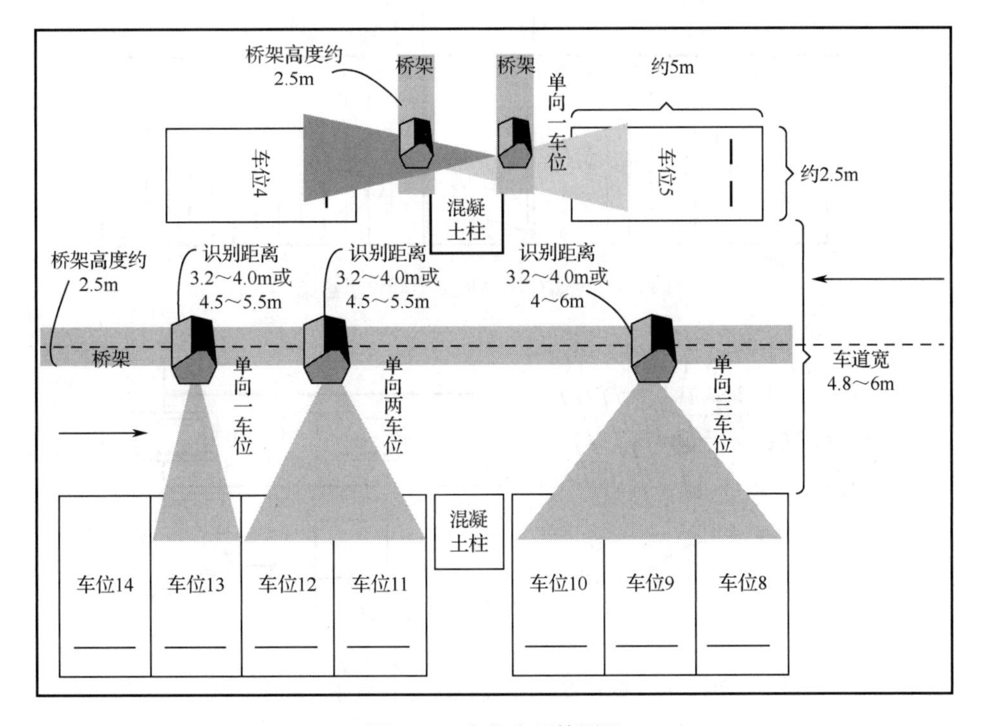

图 4.2.5 车位占用检测器

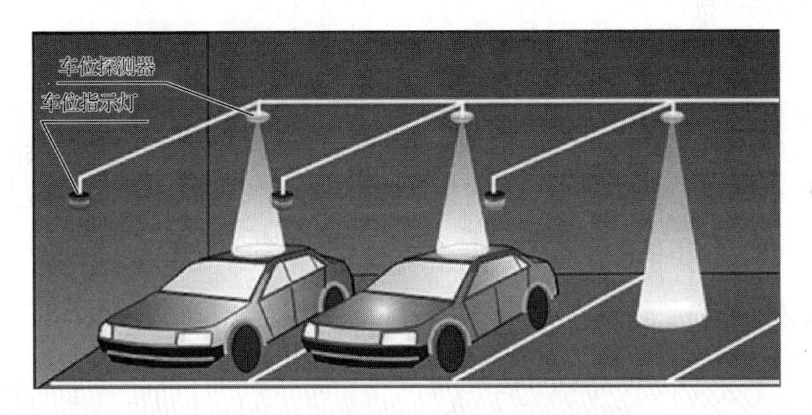

图 4.2.6 超声波型车位探测器的工作原理

4. 地磁型车辆检测器

地磁型车辆检测器是一根磁棒，内部有一个具有高导磁率的铁芯和缠绕在铁芯上的线圈。在路面垂直于交通流的方向开一个 0.2～0.6m 的孔，把磁棒埋在路面下，地磁型车辆检测器埋设示意图如图 4.2.7 所示。

当车辆驶过这个线圈时，由于汽车是一个金属体，对附近的地磁会产生扰动，使通过线圈的磁通量发生变化，从而在线圈中产生电动势。该电动势经过放大器放大后，去驱动继电器发出车辆通过的信息。地磁型车辆检测器的工作原理示意图如图 4.2.8 所示。

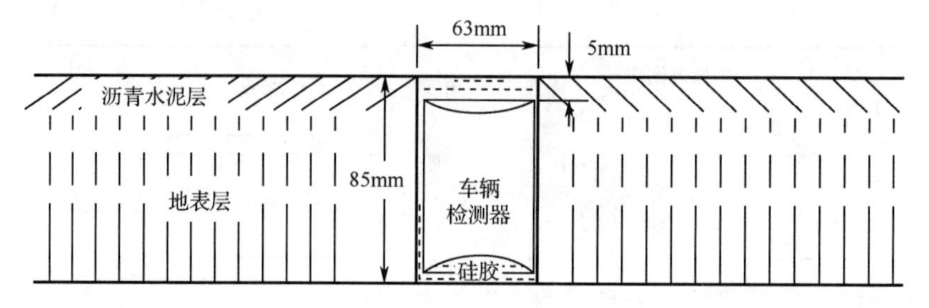

图 4.2.7　地磁型车辆检测器埋设示意图

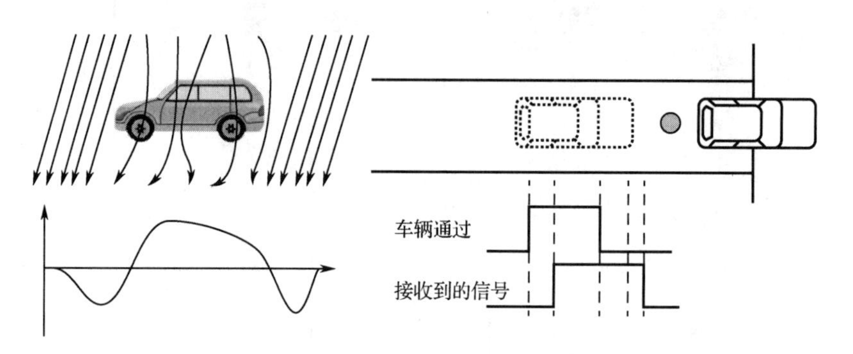

图 4.2.8　地磁型车辆检测器的工作原理示意图

5．微波车辆检测

微波车辆检测器主要应用于车流量检测、测速等。其工作方式是：微波发射器采用侧挂式，在扇形区域内发射连续的低功率调制微波，路面上会留下一块微波投射区域。当车辆通过微波投射区时，向车辆检测器反射一个微波信号，车辆检测器接收反射过来的微波信号，并计算接收频率和时间的变化参数，以得出车辆的速度、长度等信息。微波覆盖面示意图如图 4.2.9 所示。

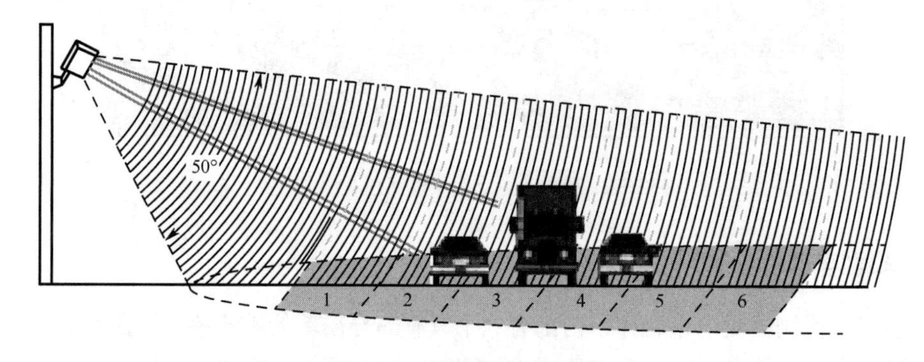

图 4.2.9　微波覆盖面示意图

由于要保证微波能够覆盖整个路面，所以对微波发射器的高度和与车道的最近距离有要求，这类车辆检测器适合应用于开阔的环境。

6．红外车辆检测器

该检测器一般采用反射式检测技术。反射式检测器探头由一个红外发光管和一个红外接收管组成，其工作原理是由调制脉冲发生器产生调制脉冲，经红外探头向道路上辐射，当有车辆

通过时，红外脉冲从车体反射回来，被探头的接收管接收，经红外解调器解调，再通过选通、放大、整流和滤波后触发驱动器输出检测信号。

红外车辆检测示意图如图 4.2.10 所示。红外车辆检测器适用于车型检测，常用于收费站。

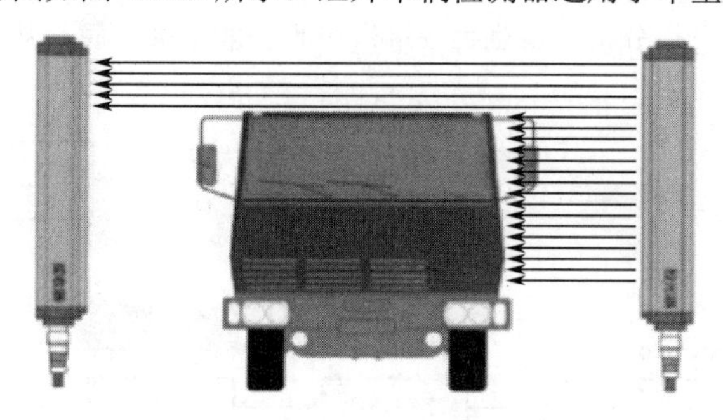

图 4.2.10 红外车辆检测示意图

车牌图像识别

4.2.2 车牌图像识别技术

车牌图像识别技术是指利用视频采集设备，将运动中的汽车牌照从复杂背景中提取并识别出来，将图像形式的车牌号转换成计算机可以直接处理的字符串，同时还包含大小、颜色等信息。车牌图像识别技术属于光识别技术的应用，准确来说是光学字符识别（OCR）技术。

在智能交通系统中，车牌图像识别技术作为数据采集、车辆身份识别的手段，具有举足轻重的作用。其配合专用短程通信技术，可实现高速路出入口的电子不停车收费；配合测速雷达、地感线圈等设备，可实现治安卡口或交通违法抓拍（见图 4.2.11）；配合地磅，可实现车辆称重（见图 4.2.12），杜绝超载行为。

图 4.2.11 违法抓拍

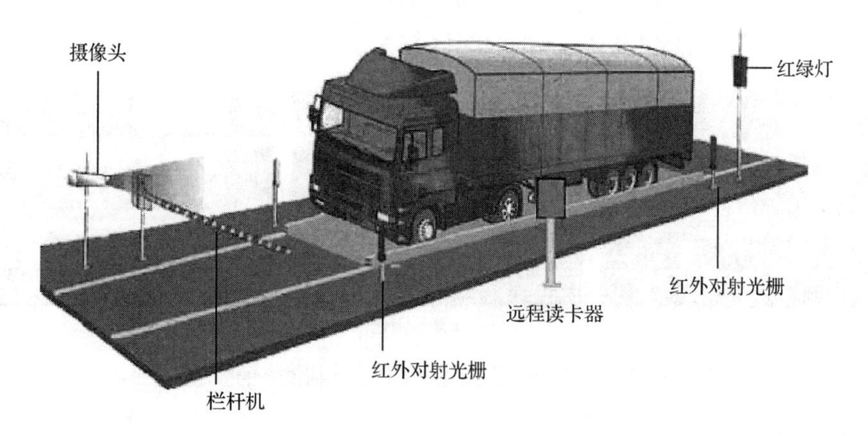

图 4.2.12 车辆称重

在停车场管理中，车牌图像识别技术结合移动支付技术、ETCP 技术，过往车辆通过道口时不需要停车，即能够实现车辆身份自动识别、自动收费，极大地提高了出入口车辆的通行效率。

1. 车牌图像识别的原理

车牌图像识别以数字图像处理、模式识别、计算机视觉等技术为基础，对摄像机所拍摄的车辆图像或者视频序列进行分析，得到每一辆汽车唯一的车牌号码，从而完成识别过程，车牌图像识别过程如图 4.2.13 所示。

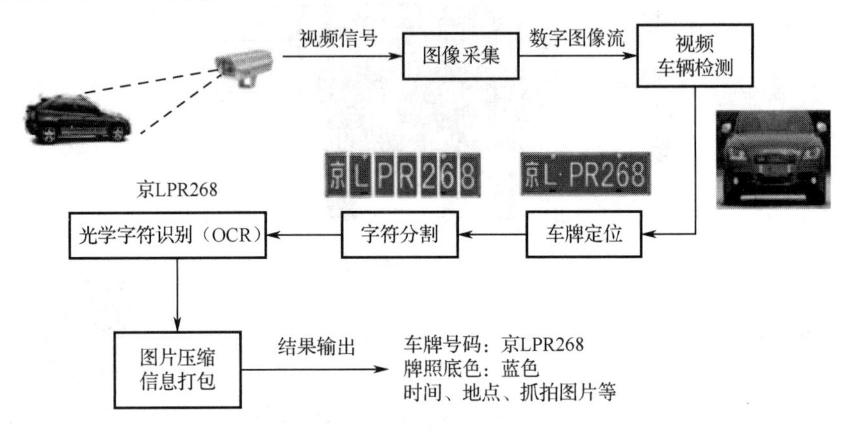

图 4.2.13　车牌图像识别过程

车牌图像识别主要过程如下。

（1）图像采集

通过高清摄像机对卡口车辆进行图像采集，并将其转换为数字信号，如图 4.2.14 所示。

图 4.2.14　图像采集

（2）视频车辆检测

对数字图像的每一帧进行是否有车辆的检测。如检测到有车辆，则进行图像的预处理，该步骤主要是将彩色图像转换为灰度图像，同时进行灰度均衡化、均值滤波等运算，为车牌的精确定位做好准备，如图 4.2.15 所示。

（a）灰度化　（b）灰度均衡化　（c）均值滤波

图 4.2.15　灰度化、灰度均衡化、均值滤波的效果

（3）车牌定位

车牌定位的目的是去除与车牌无关的部分，车牌定位的准确与否直接决定后面的字符分割和识别效果，是影响整个车牌识别率的重要因素。其核心是纹理特征分析定位算法，在经过图像预处理之后的灰度图像上进行行列扫描，通过行扫描确定在列方向上含有车牌线段的候选区域，确定该区域的起始行坐标和高度，然后对该区域进行列扫描确定其列坐标和宽度，由此确定一个车牌区域。通过这样的算法可以对图像中的所有车牌实现定位，如图 4.2.16 所示。

（a）边缘检测

（b）车牌定位

（c）提取车牌图像

图 4.2.16　边缘检测、车牌定位、提取车牌图像的效果

（4）字符分割

在图像中定位出车牌区域后，通过灰度化、灰度拉伸、二值化、边缘化等处理，进一步精确定位字符区域，然后根据字符尺寸特征提出动态模板法进行字符分割，并将字符大小进行归一化处理，如图 4.2.17 所示。

（a）灰度化　（b）二值化　（c）二次定位

（d）字符分割

图 4.2.17　灰度化、二值化、二次定位、字符分割的效果

（5）光学字符识别

对分割后的字符进行缩放、特征提取，获得特定字符的表达形式，然后通过分类判别函数和分类规则，与字符数据库模板中的标准字符表达形式进行匹配判别，就可以识别出输入的字符图像，模板匹配如图 4.2.18 所示。

（6）图片压缩信息打包

图片压缩信息打包即输出识别结果，包含车牌号码、牌照底色、时间、地点、抓拍图片等，上位机软件显示的车牌号如图 4.2.19 所示。

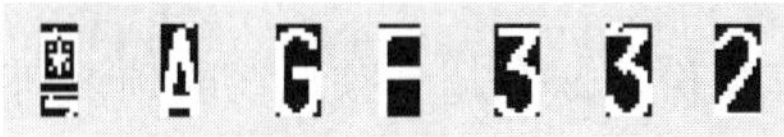

图 4.2.18　模板匹配

车牌号码为：

粤AGF332

图 4.2.19　上位机软件显示的车牌号码

2．车牌图像的识别模式

按触发识别的方式，车牌图像的识别模式分为地感线圈触发识别、视频触发识别、地感线圈及视频触发识别三种。

（1）地感线圈触发识别

地感线圈触发识别是指在车牌的识别区域埋设地感线圈，当汽车触发地感线圈后，自动指挥摄像机进行抓拍，随后识别出车牌，打开道闸放行，如图 4.2.20 所示。一般情况下，在停车场道闸前 10m 左右的位置，会设有减速带，车辆通过减速带减速，为识别车牌留出时间。

地感线圈触发识别的优势在于触发率高，不易漏车，性能实用稳定，针对无牌车能够输出图像记录；缺点是需要施工安装地感线圈，工程量大。

（2）视频触发识别

当车辆进入视频识别区域时，摄像机自动通过车辆的图像识别车牌信息，由于没有地感线圈触发，这样的模式需要摄像机随时处于开机状态，如图 4.2.21 所示。

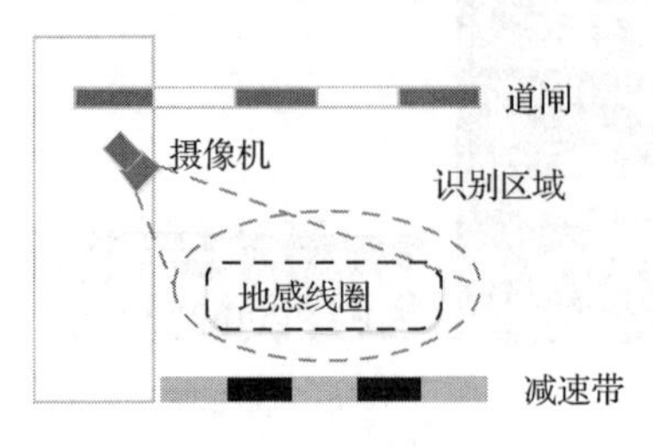

图 4.2.20　地感线圈触发识别示意图

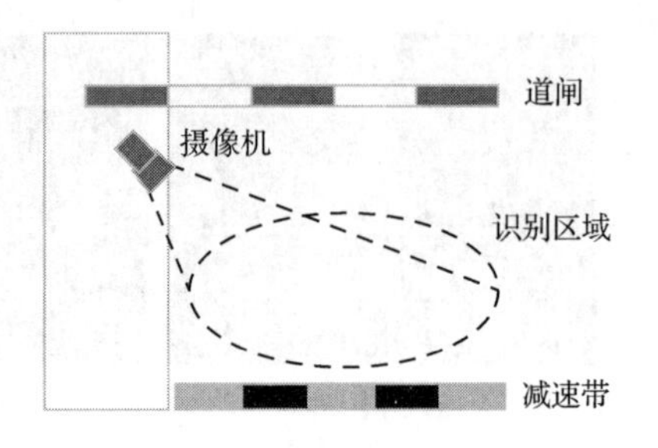

图 4.2.21　视频触发识别示意图

视频触发识别的优势是不需要安装地感线圈，不会破坏路面，工程量小，但无法解决无牌车识别的问题，前后车跟车过近会有漏车的情况。此外，由于摄像机视野中可能出现多个车牌，形成干扰，安装时需要注意角度。

（3）地感线圈及视频触发识别

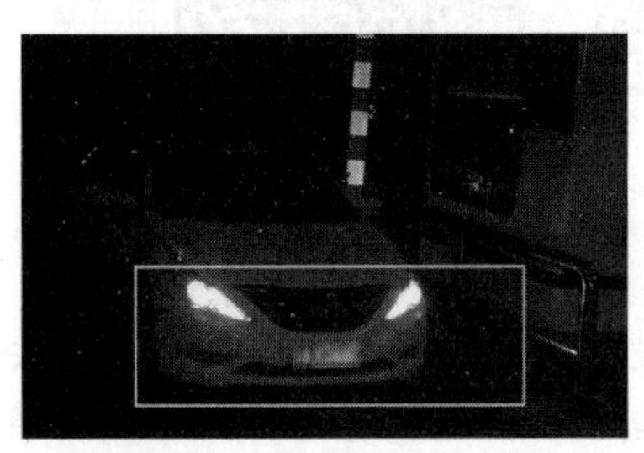

图 4.2.22　摄像机识别区域示意图

地感线圈及视频触发识别同地感线圈触发识别相比，区别在于这种模式需要在上位机软件中划定一块虚拟的检测区域。当地感线圈被触发后，摄像机仅从划定的检测区域中提取车牌，而不是从整个摄像机视野中提取，摄像机识别区域示意图如图 4.2.22 所示。

这种触发模式可以根据用户的现场环境自由设置车牌识别的位置。由于识别区域是划定的，因此这种模式受其他车牌干扰的机会极少，能较好地解决跟车被识别、过早输出的问题。而对于无牌车而言，只需要全视野拍照即可。

4.2.3　电子车牌识别技术

认识电子车牌

1．电子车牌的概念

汽车电子标识（ERI）是指用于识别机动车身份，嵌有超高频无线射频识别芯片并存储机动车登记信息、行业应用信息等的载体，也叫汽车电子身份证、汽车数字化标准信源，俗称“电子车牌”。其将车牌号码等信息存储在射频标签中，能够自动、非接触、不停车地完成车辆的识别和监控，是 RFID 技术在智慧交通领域的延伸。安装在前挡风玻璃上的汽车电子标识如图 4.2.23 所示。

图 4.2.23　安装在前挡风玻璃上的汽车电子标识

得益于 RFID 的大容量存储技术及加密技术，电子车牌不仅能存储车牌号码，还能存储诸如保险、年检、运营许可、电子钱包等其他与车辆相关的信息，实现“一牌多用”的目标。存储多种数据的电子车牌如图 4.2.24 所示。

汽 车 电 子 标 识

No.320000000000-1

注意事项：
1、安装在汽车前挡风玻璃上；
2、不得用力挤压；
3、不得私自拆卸；
4、如有损坏，请及时到标识发行机构重新申请。

物理车牌 +  机动车检验合格证 +  强制保险标志 +  环保检验合格标志

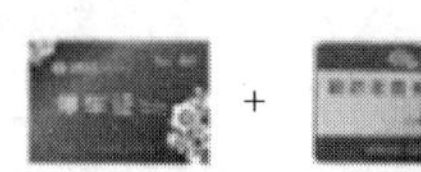 停车卡 + 路桥年费标志 +  营运证 + 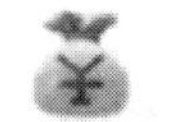 小额支付钱包 ……

图 4.2.24　存储多种数据的电子车牌

从 2013 年公安部与工信部签订协议，共同推进 RFID 在公共安全领域的应用，到 2018 年 7 月 1 日相关标准的实施，汽车电子标识的发展历程见表 4.2.1。

表 4.2.1　汽车电子标识的发展历程

时　间	电子牌照进展历程
2013 年	公安部与工信部签订协议，共同推进 RFID 在公共安全领域的应用
2013 年	公安部牵头开始制定汽车电子标识相关条例
2013 年	北京市印发《北京市 2013—2017 年清洁空气行动计划》，强调研究城市低排放区交通拥堵费征收方案，推广使用智能化车辆电子收费识别系统
2014 年 11 月	国家标准管理委员会正式颁布《汽车电子标识通用技术条件》的征求意见稿
2015 年初	首批符合国标的电子车牌在无锡开展示范应用，首批发放 10 万张，三年后向全国推广
2016 年 1 月	来自工信部、北京市和河北省政府的代表签署了“基于宽带移动互联网的智能汽车与智慧交通应用示范”三方合作框架协议，北京经济技术开发区将试点“智能汽车与智慧交通产业创新示范区”
2017 年 12 月 29 日	国家标准管理委员会官网正式发布了电子车牌（汽车电子标识）系列国家标准，并确定该系列标准于 2018 年 7 月 1 日起实施
2019 年 8 月 30 日	国家标准管理委员会官网新增《读写设备应用接口规范》及《密钥管理系统技术要求》两项标准，并确定于 2020 年 3 月 1 日起实施

涉及的具体国家标准见表 4.2.2。

表 4.2.2　涉及的具体国家标准

分　类	标 准 名 称
电子标识	GB/T 35789.1—2017《机动车电子标识通用规范 第 1 部分：汽车》
	GB/T 35788—2017《机动车电子标识安全技术要求》
	GB/T 35790.1—2017《机动车电子标识安装规范 第 1 部分：汽车》
	GB/T 37985—2019《机动车电子标识密钥管理系统技术要求》
读写设备	GB/T 35786—2017《机动车电子标识读写设备通用规范》
	GB/T 35787—2017《机动车电子标识读写设备安全技术要求》
	GB/T 35785—2017《机动车电子标识读写设备安装规范》
	GB/T 37987—2019《机动车电子标识读写设备应用接口规范》

2. 电子车牌的工作原理

电子车牌本质上是一个 RFID 系统，因此其工作原理与 RFID 类似，区别在于电子车牌读写系统具有更高的安全性，其系统架构如图 4.2.25 所示。

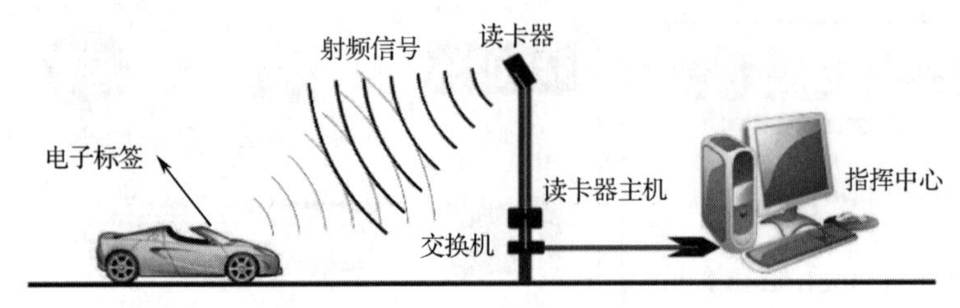

图 4.2.25　电子车牌读写系统架构

电子车牌的工作过程为：

① 机动车驶入射频信号区域；

② 电子车牌从射频信号获得能量，电子标签被激活；

③ 电子车牌与阅读器之间验证身份；

④ 电子车牌将电子标签内的信息发送到读卡器；

⑤ 读卡器将数据加密后传输到服务器；

⑥ 指挥中心获得信息，进行后续处理。

对比普通 RFID 系统的工作过程可知，电子车牌增加了身份验证和传输加密的过程，避免了电子车牌被非法读取或在传输过程中被篡改数据的可能。

3. 电子车牌的关键技术

（1）电子车牌应用空间划分

依据国家标准 GB/T 35789.1—2017，电子车牌的工作频率为 920～925MHz，内部存储容量不少于 2048bit。

电子车牌存储空间应包含 1 个芯片标识符区、1 个安全区、1 个机动车登记信息区，以及至少 5 个用户区等存储分区。各存储分区的存储容量见表 4.2.3。各存储分区应符合以下要求：

① 芯片标识符区存储的信息包含芯片标识符（空口协议标识码、厂商识别代码、序列号）和冗余校验位。

② 安全区存储的信息包括身份鉴别密钥、机动车登记信息区和用户区的读写权限及口令信息。

③ 机动车登记信息区存储的信息包含机动车登记编号（号牌号码）、号牌种类、车辆类型、使用性质和标识序列号。

④ 用户区的存储信息由应用行业主管部门确定。

表 4.2.3　电子车牌各存储分区的存储容量

存 储 分 区	存储容量/bit	备　注
芯片标识符区	64	出厂唯一，序列号在芯片生产时写入，写入后永久锁定，不能修改
		包括芯片标识符（空口协议标识码、厂商识别代码、序列号）和冗余校验位
安全区	≥336	包括身份鉴别密钥、机动车登记信息区和用户区的读写权限及口令信息
机动车登记信息区（用户区 0）	256	机动车登记注册信息，由公安交通管理机关在车辆办理登记注册业务时写入和更新该分区数据。包含机动车登记编号（号牌号码）、号牌种类、车辆类型、使用性质和标识序列号等信息
用户区 1	224	其他行业应用
用户区 2	208	其他行业应用

续表

存储分区	存储容量/bit	备注
用户区 3	208	其他行业应用
用户区 4	208	其他行业应用
用户区 5	≥208	其他行业应用

（2）UHF 电子标签存储结构

电子车牌本质上是一张 UHF 电子标签，空中接口协议遵守《信息技术 射频识别 800/900MHz 空中接口协议》（GB/T 29768—2013）标准。标准将标签的存储区分为标签信息区、编码区、安全区和用户区 4 个逻辑存储区。其中，用户区为可选区，每个逻辑存储区包含一个或者多个字。其存储结构如图 4.2.26 所示。

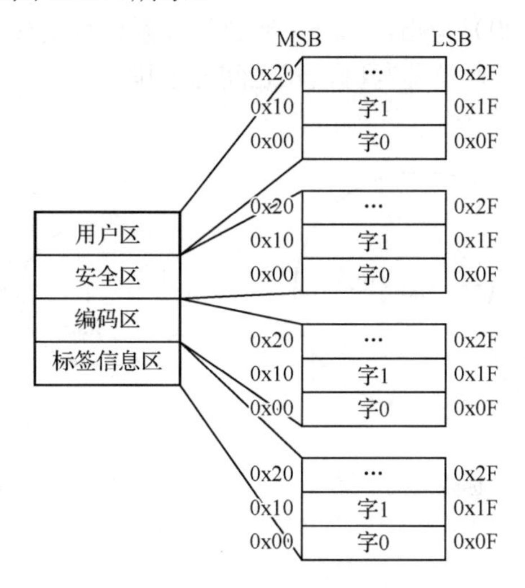

图 4.2.26 UHF 电子标签存储结构

不同存储区域的作用见表 4.2.4。

表 4.2.4 不同存储区域的作用

名称	作用
标签信息区	Tag ID，唯一，出厂时已写定，可读取，不可改写，长度为 4 byte 或 8 byte
编码区	包括 CRC-16 校验码，2 byte；PC 协议控制码，2 byte；EPC 码，长度由 PC 码决定
安全区	包括灭活口令及锁定口令，32 byte；安全参数，48 bit；鉴别密钥
用户区	长度不定，标签可以没有用户区，也可根据实际需要将用户区划分为若干个子区，最多可分为 16 个子区，每个用户子区可具有不同的访问口令

（3）RFID 碰撞的概念及类型

由于阅读器与所有标签共用一个无线信道，而在 RFID 系统的应用过程中，经常会有多个阅读器和多个标签的应用场合，从而造成标签之间或阅读器之间的相互干扰，这种干扰统称为碰撞。RFID 系统中主要存在两种类型的碰撞。

① 多标签碰撞。阅读器的射频信号区域内存在多个电子标签，这些标签同时向阅读器传输数据，当某个时刻存在多个标签的数据时，即发生多标签的碰撞，如图 4.2.27 所示。

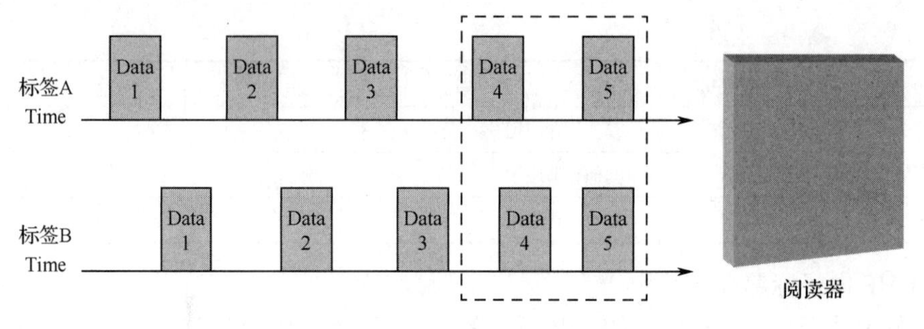

图 4.2.27　多标签碰撞

② 多阅读器碰撞。多阅读器的碰撞分为阅读器与标签间的干扰及阅读器之间的干扰两种。阅读器与标签间的干扰（见图 4.2.28）是指多个阅读器同时阅读同一个标签时引起的干扰。阅读器之间的干扰（见图 4.2.29）是指，当一个阅读器发射较强的信号与一个射频标签反射回的微弱信号相干扰时，就引起了阅读器与阅读器之间的干扰。

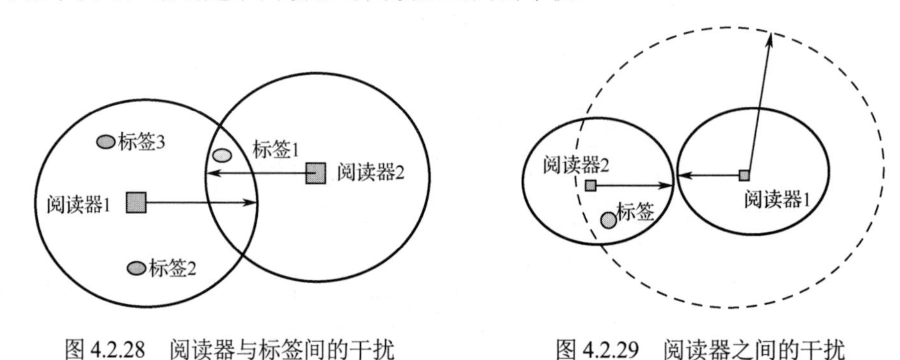

图 4.2.28　阅读器与标签间的干扰　　　图 4.2.29　阅读器之间的干扰

（4）防碰撞技术

RFID 防碰撞技术主要有时分多址、频分多址、空分多址三种。

① 时分多址（TDMA）。基于时分多址的阅读器将整个时间段划分成多个间隔，允许阅读器在其分配到的时间间隔内传输信息，避免阅读器之间的干扰，如图 4.2.30 所示。

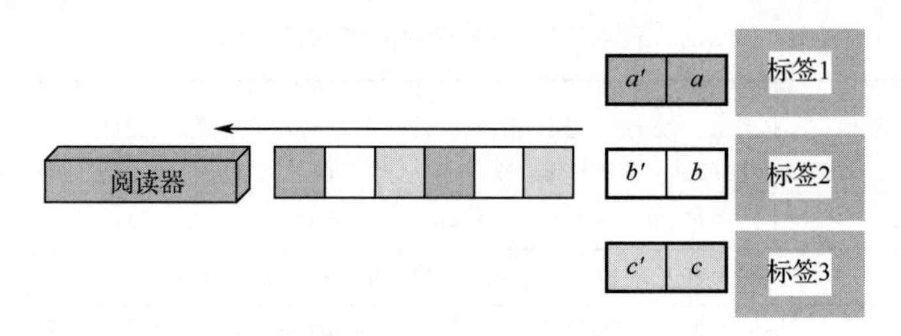

图 4.2.30　TDMA 防碰撞技术示意图

② 频分多址（FDMA）。把通信频段分为多个信道，各个信道频率彼此不同，而每一个信道每一次只分配给一个阅读器使用，如图 4.2.31 所示。

③ 空分多址（SDMA）。在空间上划分多个区域，通过定向天线实现每个区域内只存在一个阅读器的射频信号，如图 4.2.32 所示。

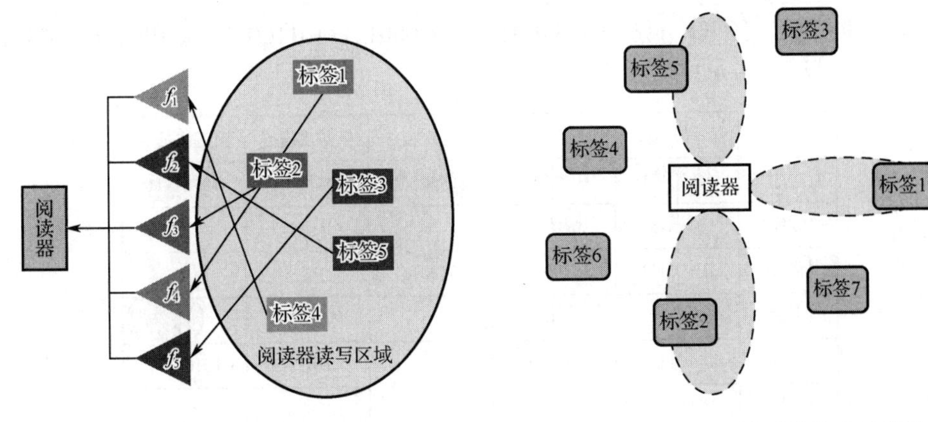

图 4.2.31　FDMA 防碰撞技术示意图　　　　图 4.2.32　SDMA 防碰撞技术示意图

（5）二进制搜索树算法

上述三种防碰撞技术中，TDMA 由于算法简单，不需要复杂硬件支持（SDMA 需要价格高昂的定向天线），容易实现大量标签的读写，成为 RFID 的主要防碰撞技术。二进制搜索树则是 TDMA 的一种实现算法。二进制搜索树算法的关键在于，阅读器所使用的信号编码必须能够确定发生碰撞的准确比特位，曼彻斯特编码则能满足这一要求，基于曼彻斯特编码的冲突位检测示意图如图 4.2.33 所示。

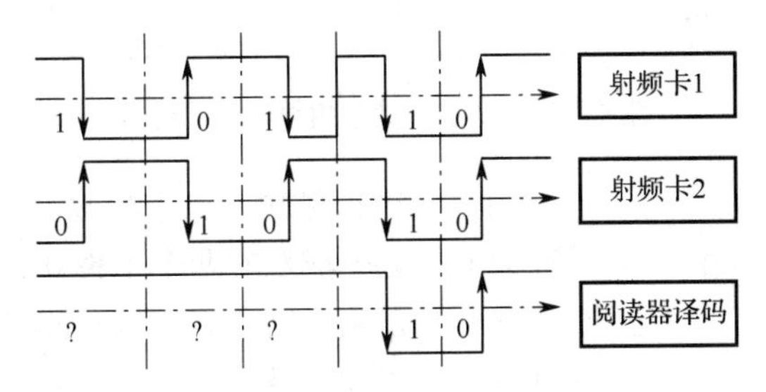

图 4.2.33　基于曼彻斯特编码的冲突位检测示意图

根据曼彻斯特编码规则，上升沿代表“0”，下降沿代表“1”，如果某时刻同时传输了上升沿和下降沿，则电平被抵消，在该码元的时间周期内无跳变，而曼彻斯特编码不允许这种情况存在，因而阅读器译码时能够检测出错误，将其视为冲突。

二进制搜索树算法的实现步骤如下：

① 阅读器广播发送最大序列号查询条件 Q，其作用范围内的标签在同一时刻将它们的 ID 传输至阅读器。

② 阅读器对收到的标签 ID 进行解码，如果出现码元周期内无跳变的情况（即有的标签 ID 该位为 0，而有的标签 ID 该位为 1），则可判断有碰撞。

③ 确定有碰撞后，把发生碰撞的最高位置 0、其余位置 1 再输出查询条件 Q，排除序列号大于 Q 的标签。

④ 重复步骤②和③，直到识别出序列号最小的标签后，对其进行读写操作，随后使其进入“无声”状态，被识别出的标签对阅读器后续发送的查询命令不再响应。

⑤ 重复步骤①，选出序列号倒数第二小的标签。

⑥ 多次循环后完成所有标签的识别。

假设有 4 张标签，其 ID 分别为 10110010、10100011、10110011、11100011，则其二进制搜索树算法筛选过程如图 4.2.34 所示。

	第一次搜寻	第二次搜寻	第三次搜寻	第四次搜寻	第五次搜寻
发送序号	11111111	10101111	10100111	11111111	10101111
接收序号	101xx1x1	1010x111	识别标签A	101xx1x1	
标签A	10100111	10100111	10100111		
标签B	10110101			10110101	识别标签C
标签C	10101111	10101111		10101111	10101111
标签D	10111101			10111101	

	第六次搜寻	第七次搜寻	第八次搜寻	第九次搜寻	第十次搜寻
发送序号	11111111	10110101	11111111		
接收序号	1011x101				
标签A		识别标签B			
标签B	10110101	10110101			
标签C			识别标签D		
标签D	10111101		10111101		

图 4.2.34　二进制搜索树算法筛选过程

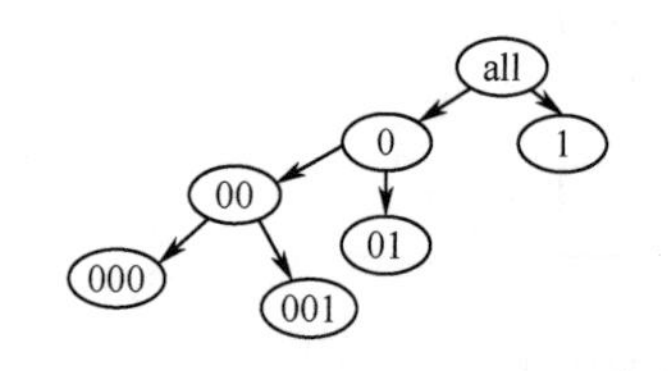

图 4.2.35　二进制搜索树算法模型

由以上过程可知，二进制搜索树算法的基本思想是将处于冲突的标签分成左右两个子集 0 和 1，先查询子集 0，若没有冲突，则正确识别标签；若有冲突则再分割，把子集 0 分成 00 和 01 两个子集，依次类推，直到识别出子集 0 中所有标签，再按此步骤查询子集 1，如图 4.2.35 所示。因此标签的序列号是处理碰撞的基础。

4.2.4　扫码支付技术

扫码支付的本质

1．扫码支付的原理

扫码支付的工作过程是，用户扫描停车场内的二维码，在支付页面输入车牌号并支付。支付成功后，支付平台将数据下发到停车场的管理服务器，用户离场时识别车牌号，并核实该车辆的付费信息，确认无误后放行。

扫码支付主要分为入场记录、扫码付款与出场核对三个步骤。

（1）入场记录

用户入场时，停车场管理系统的主要工作是记录车牌信息，为离场时的身份认证提供依据，同时也是反向寻车、停车记录查询等功能的数据来源。目前扫码支付的身份识别方式主要是基于车牌的图像识别，当车辆为临时牌照时，可由用户扫描二维码手动输入临时牌照号码。入场记录的系统时序如图 4.2.36 所示。

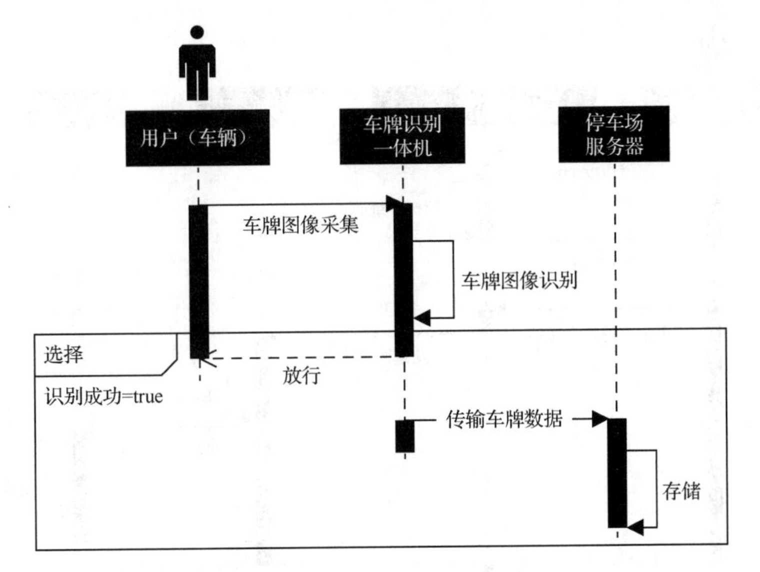

图 4.2.36　入场记录的系统时序

（2）扫码付款

用户在离场前可扫描包含支付页面的二维码，在页面中填入车牌号后付款。支付成功后，移动支付平台将数据下发到停车场服务器保存以备查验。扫码支付的时序如图 4.2.37 所示。

（3）出场核对

用户出场时，由车牌识别设备识别用户的车牌数据，经停车场管理系统核对支付信息后放行。临时牌照的车辆可由用户手动输入车牌号。出场核对的时序如图 4.2.38 所示。

2. 扫码支付的关键技术

扫码支付是一种由云服务器技术、移动互联网技术、二维码支付技术等多种技术融合而成的新型支付技术。

（1）云服务器技术

服务器是指能提供服务的计算机，为了实现移动支付，需要在服务器上存储账户信息并提供对外访问的接口，该接口类似于一个 URL 链接，即支付链接。支付时，由微信 App 解析并访问该链接，获得账户信息和支付金额，并调取用户支付界面，用户身份认证成功后，向该链接对应的账户转入支付金额。

由于单台服务器难以承受巨大的支付业务访问量，因此该业务需要一群服务器协同提供服务。由一群服务器组成的，能通过虚拟化技术或动态增减服务器数量的方式来调整性能的服务器集群，称为云服务器或云平台。

（2）移动互联网技术

移动互联网是移动通信与互联网结合的产物，由运营商提供无线接入，使用户在手机、PAD 或其他无线终端设备上，通过速率较高的移动网络，在移动状态下（如在地铁、公交车上等）随时、随地访问 Internet，以获取信息，使用各种网络服务。

移动互联网技术包括基于移动端操作系统的应用程序开发和移动通信技术（4G、5G 等）。各种支付平台（微信、支付宝、各家银行等）均开发了自己的 App，而 App 则需要借助移动通信技术访问云平台的付款链接，实现支付功能。

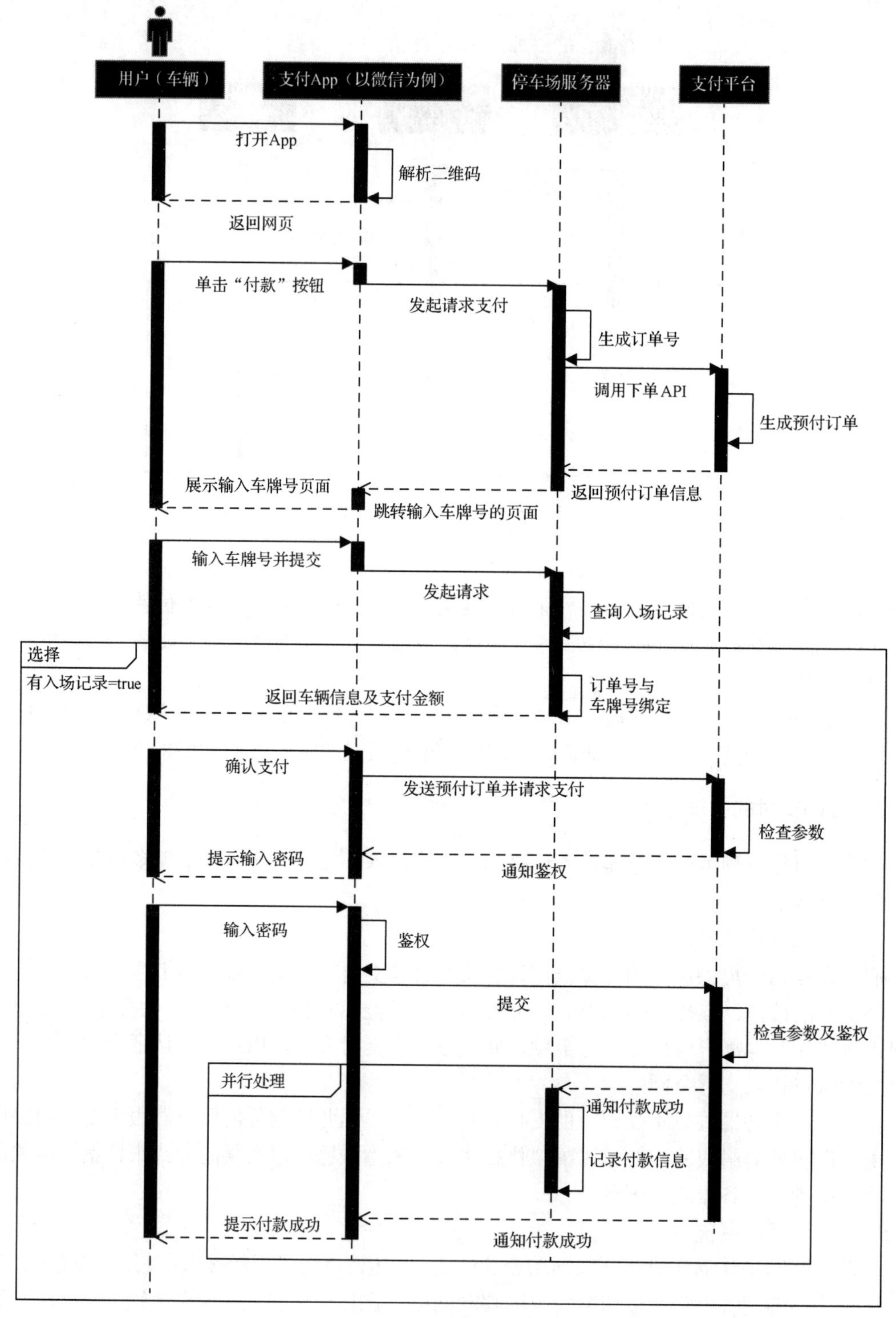

图 4.2.37 扫码支付的时序

（3）二维码支付技术

二维码是实现线上与线下、设备与设备间信息交换的桥梁。由于二维码存储容量大、纠错能力强，使得设备可在没有网络的情况下实现数据的传输。

二维码支付场景主要分为以下两类：

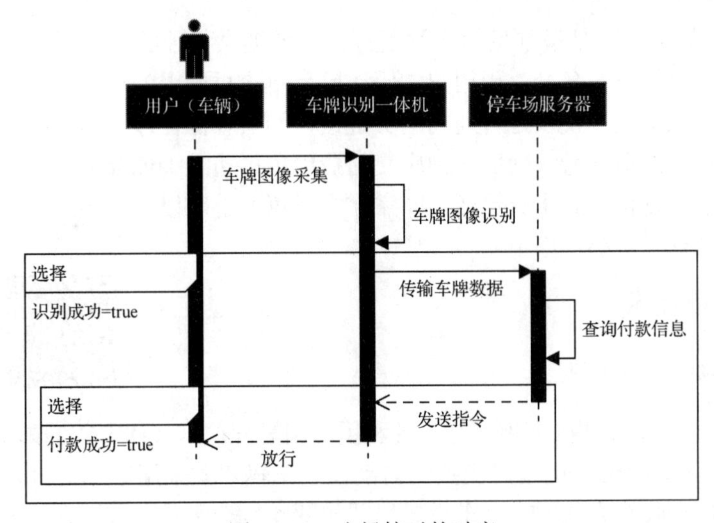

图 4.2.38　出场核对的时序

① 中央付费。用户在付费终端输入车牌号查询费用后，服务器请求支付平台并获得一个付款链接，该链接随后返回到终端并被编码成一个二维码，由用户扫码支付。中央付费的时序如图 4.2.39 所示。

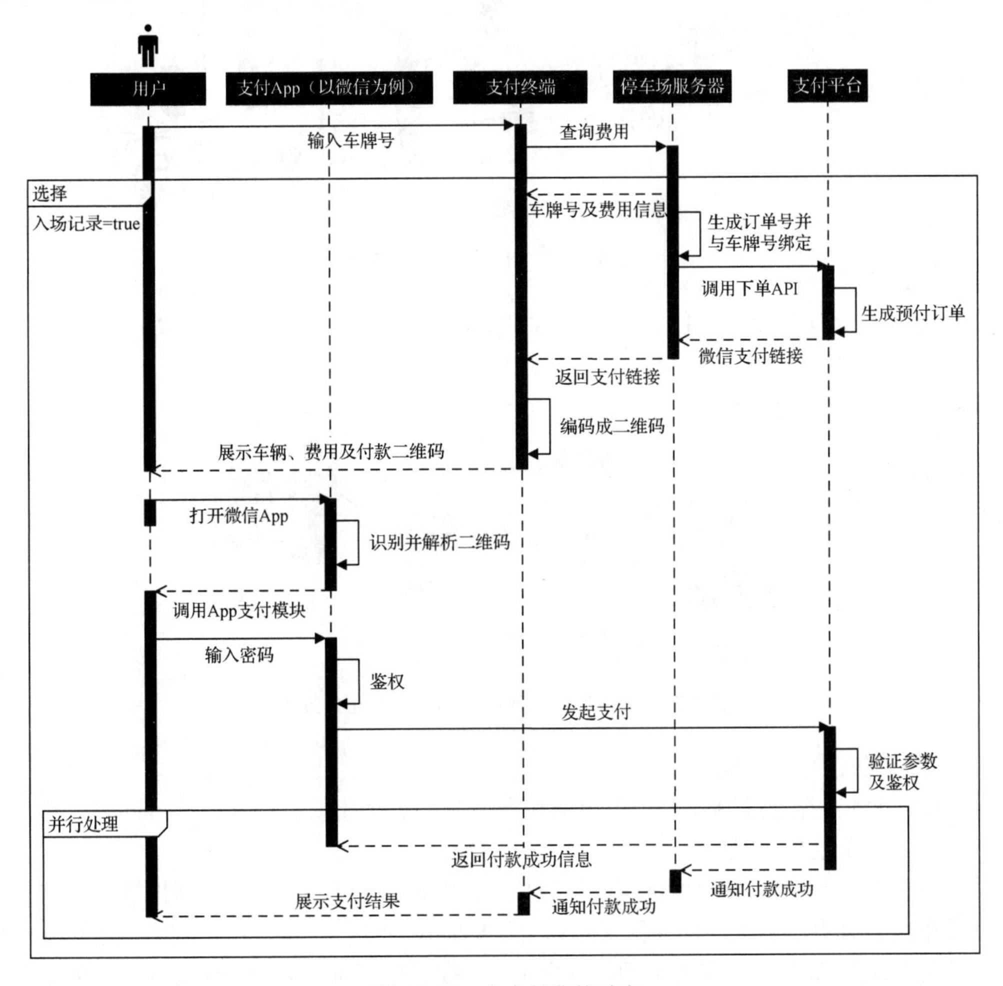

图 4.2.39　中央付费的时序

② 随处扫码付费。这是最常见的支付场景，商户提供单独的支付页面，将页面的访问链接生成二维码粘贴至停车场各处，由用户扫码访问后单击页面上的“付费”按钮发起支付。该二维码并不包含付款链接，仅仅是普通的网页链接，网页存储在停车场的服务器上。用户扫码访问网页后输入自己的车牌号，网页查询应交的费用，再通过 JavaScript API 调用 App 的支付模块完成支付。这种支付方式十分灵活，商家在支付页面上可以自由展示更多的内容，而页面通常也被集成到公众号或小程序中。

4.2.5 ETC 支付技术

ETC 系统工作原理

1. ETC 系统的工作原理

ETC 是电子不停车收费的简称，是一种利用专用短程通信（DSRC）技术，通过路侧单元（RSU）与车载单元（OBU）的信息交换，自动识别车辆，并采用电子支付方式自动完成车辆通行费扣除的全自动收费方式，ETC 车道布局图如图 4.2.40 所示。ETC 系统主要应用于高速公路出入口的收费，鉴于其收费的高效性，该系统逐渐被应用于停车场的收费中。

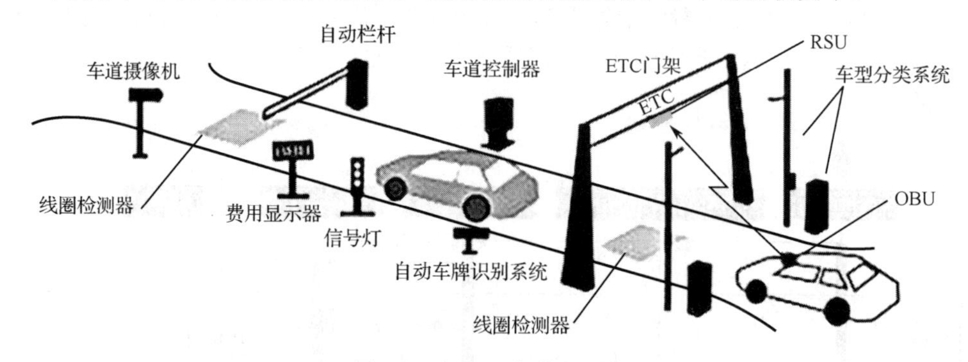

图 4.2.40　ETC 车道布局图

ETC 系统与 RFID 系统的工作原理类似，都是通过阅读器发射电磁波获取电子标签的信息，ETC 系统射频识别单元的工作原理如图 4.2.41 所示。

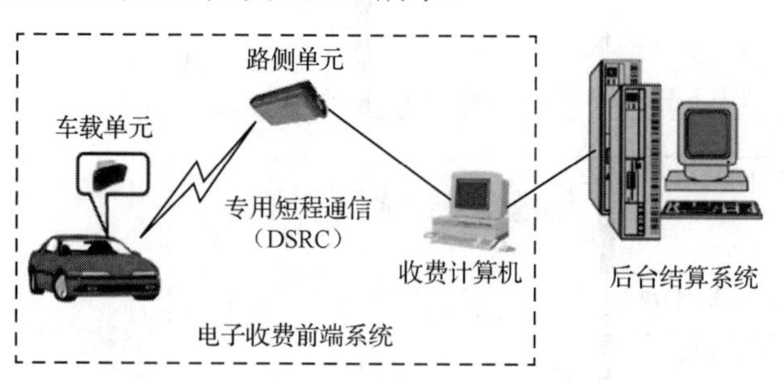

图 4.2.41　ETC 系统射频识别单元的工作原理

ETC 系统的工作过程为：

① 在车辆触发抓拍线圈（第一个地感线圈）时，启动摄像机进行拍照；同时，路侧单元发射电磁波，与车载单元通信。

② 如果阅读器天线没有检测到电子标签，证明车辆没有电子标签，则报警并保持车道关闭；如果车辆装有电子标签，阅读器天线和电子标签进行通信交互，同时判断电子标签的合法性，包括是否含有 CPU 卡、卡内余额是否充足等，如果电子标签有效则进行交易，如果电子标

签无效则报警并保持车道关闭。

③ 抓拍系统将车辆拍照信息及车辆电子标签信息同时保存到车道计算机中，并进行信息比对，如果抓拍信息与电子标签信息不符则报警。

④ 交易成功，入口道闸抬起，允许车辆进入 ETC 车道，同时，收费面板显示扣费信息。

⑤ 当汽车经过第二个地感线圈时，道闸栏杆放下。

DSRC 的技术参数如下：

① DSRC 的通信距离一般为 10～30m。

② 工作频段有 ISM5.8GHz、2.45GHz、915MHz 三种，我国采用的是源于 ISO/TC204 国际标准化组织智能运输系统技术委员会的 5.8GHz 频率标准。

③ 通信速率为 500kbps 或 250kbps，能承载大宽带的车载应用信息。

④ 支持 3DES、RSA 算法的加密通信机制，具有高安全性的数据传输机制，支持双向认证及加/解密功能。

2. ETC 停车场支付

目前，绝大多数停车场需要车主进行扫码支付，而将 ETC 用于停车场支付则可以借助车主已安装的 OBU 自动扣费，免去扫码支付的环节，实现真正的无感支付，使用 ETC 作为支付方式的停车场如图 4.2.42 所示。

图 4.2.42　使用 ETC 作为支付方式的停车场

国家发改委、交通部于 2019 年 5 月发布了关于印发《加快推进高速公路电子不停车快捷收费应用服务实施方案》的通知，要求拓展 ETC 服务场景，鼓励 ETC 在停车场等涉车领域的应用，在 2020 年 12 月底前，基本实现机场、火车站、客运站、港口码头等大型交通场站停车场景 ETC 服务全覆盖。推广 ETC 在居民小区、旅游景区等停车场景的应用。

4.2.6　智能停车场的组成

智能停车场主要由入口部分、库（场）区部分、中央管理部分、出口部分组成，如图 4.2.43 所示。

1. 入口部分

入口部分主要由识读、触发、显示、执行四个单元组成，如图 4.2.44 所示。入口部分的核心设备是车道控制器，负责接收车辆检测器的触发信号、车牌识别结果，同时控制道闸的开启及费用的显示，车道控制器通常与其他设备集成在一起。

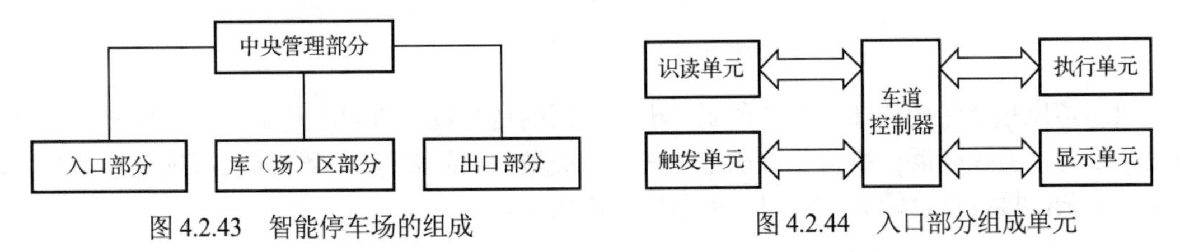

图 4.2.43　智能停车场的组成　　图 4.2.44　入口部分组成单元

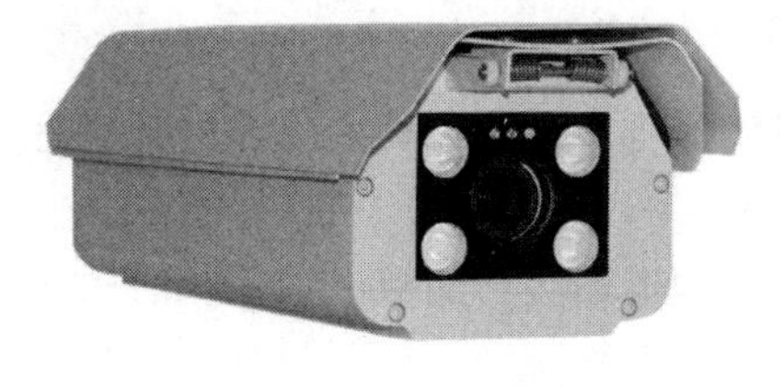

图 4.2.45　车牌识别摄像机

识读单元的主要设备是车牌识别摄像机，如图 4.2.45 所示。车牌反射的光被摄像机镜头收集、聚焦在感光元件上，感光元件将光能转变为电能，即得到视频信号，再通过内置的车牌识别算法分析得到车牌号，并以数字信号的形式输出。

摄像机识别出的车牌号可以直接作为触发信号，也可以使用车辆检测器的信号作为触发信号。

LED 显示屏是显示单元的主要设备，其接收车道控制器的车牌号、费用等信息并进行显示。

执行单元的主要设备即道闸，又称挡车器，负责控制车辆的出入，按控制部分的性能可分为智能道闸、数字道闸、机电道闸。

智能道闸包含了控制器、摄像机、显示屏、挡车器等部件，集成化程度高，具有施工复杂度低、占地空间小、安装布线简单的优势，适用于小型出入口。智能道闸入口拓扑结构如图 4.2.46 所示。

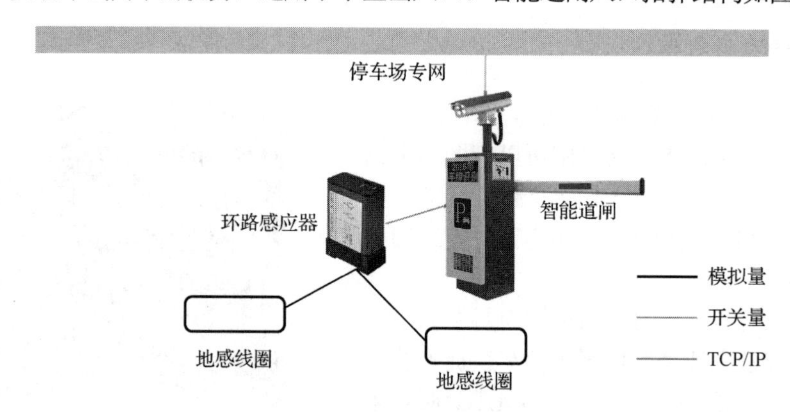

图 4.2.46　智能道闸入口拓扑结构

数字道闸拓扑结构如图 4.2.47 所示。数字道闸是指将挡车器部分独立，而控制器、摄像机、显示屏仍为一体化设计，通常称为车牌识别一体机。由于挡车器为独立的部件，因此可根据出入口实际情况选配合适尺寸的挡车器，适用于中型或中大型出入口。

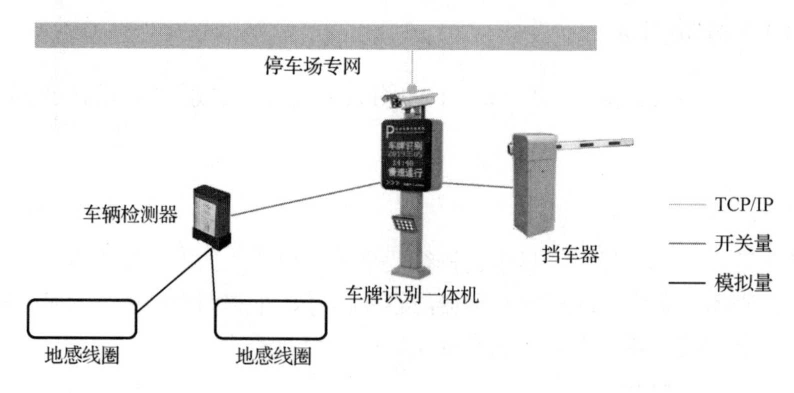

图 4.2.47　数字道闸拓扑结构

机电道闸拓扑结构如图 4.2.48 所示。机电道闸则是在数字道闸的基础上进一步分离出一个或多个设备，但控制器一般仍包含在道闸内。该类型的道闸布局灵活性高，可选配设备丰富，但施工复杂，接线难度较大，适用于大型出入口场景。

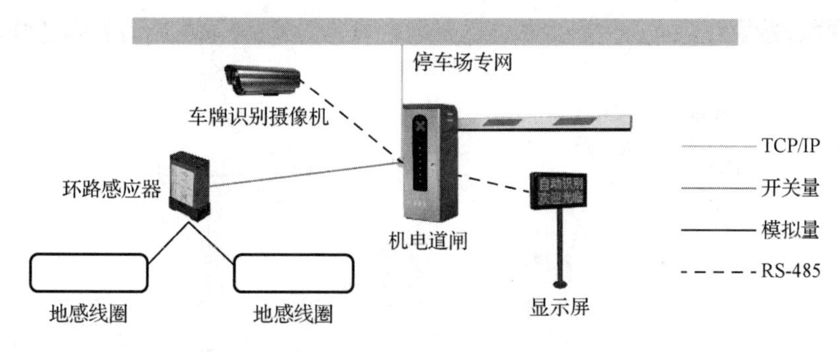

图 4.2.48　机电道闸拓扑结构

2. 库（场）区部分

库（场）区部分一般由车辆引导装置、视频安防监控系统、电子巡查系统、紧急报警系统等组成，可根据安全防范管理的需要增减相应系统，库（场）区部分拓扑结构如图 4.2.49 所示。为增强容灾能力，各系统宜独立运行。

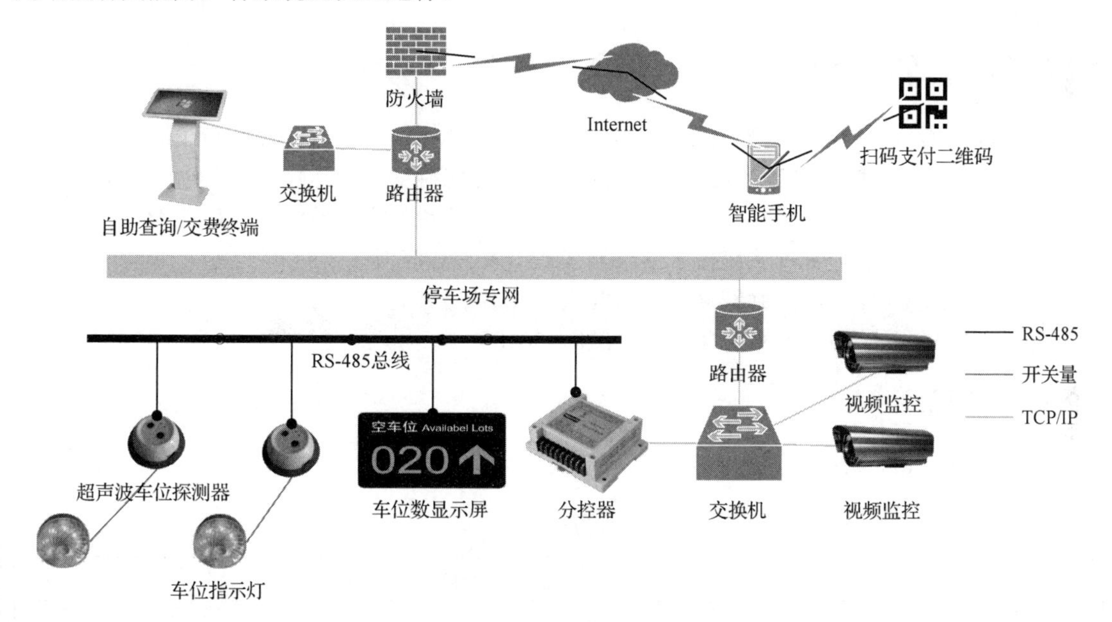

图 4.2.49　库（场）区部分拓扑结构

3. 中央管理部分

中央管理部分拓扑结构如图 4.2.50 所示。中央管理部分是停车库（场）安全管理系统的管理与控制中心，是智慧停车场“智慧”的体现，由中央管理单元（Web 服务器）、数据管理单元（数据库）、中央管理执行设备（通信网络、显示屏）等组成，中央管理单元和数据管理单元可集成在一起。中央管理部分应能实现对系统操作权限、车辆出入信息的管理功能；对车辆的出/入行为进行鉴别及核准，对符合出/入授权的出/入行为予以放行，并能实现信息比对、日志查询等功能。为了实现扫码支付等功能，中央管理部分还需与第三方平台的接口进行通信。

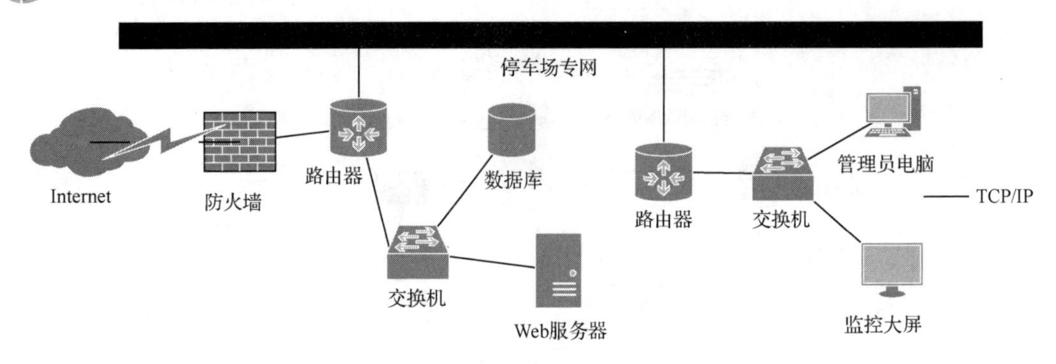

图 4.2.50　中央管理部分拓扑结构

4．出口部分

出口部分的设备组成与入口部分基本相同，也是由识读、触发、显示、执行四个单元组成。为了防止系统异常而无法开闸放行，出口部分最好增加对讲设备，使司机能联系停车场管理员获取帮助。

4.2.7　智能停车场设计规范

智能停车场是一种出入口控制系统，也是结合了计算机网络技术、综合布线技术等多种技术的智能建筑。系统的设计应当遵守相关规范，从而能保持良好的运作。相关标准如下：

《公共信息导向系统 设置原则与要求 第 11 部分：机动车停车场》（GB/T 15566.11—2012）

《停车库（场）安全管理系统技术要求》（GA/T 761—2008）

《公共停车场（库）信息联网通用技术要求》（GB/T 29745—2013）

《出入口控制系统技术要求》（GB/T 37078—2018）

【任务实施】

根据任务计划，按照任务实施方案，并完成任务实施。

任务实施单

项目名称	智慧园区智能停车场管理系统设计与实施	
任务名称	智能停车场管理系统总体设计	
序　　号	实 施 步 骤	步 骤 说 明
1	学习智能停车场采用的相关技术原理	（1）车辆检测技术的种类及原理 （2）车牌图像识别技术的原理及触发模式 （3）电子车牌识别技术的原理、识别过程、防碰撞技术 （4）扫码支付的原理 （5）ETC 系统的工作过程，DSRC 技术特性
2	学习相关技术涉及的设备和采集的数据	（1）各种车辆检测技术所使用的设备及采集的数据 （2）车牌图像识别技术所使用的设备和采集的数据 （3）电子车牌识别技术系统架构和存储空间的划分 （4）扫码支付的时序及传输的数据 （5）ETC 车道的结构及设备

续表

序号	实施步骤	步骤说明
3	学习智能停车场的子系统划分、各子系统的设备及拓扑结构	（1）入口部分的设备及拓扑结构 （2）库（场）区部分的设备及拓扑结构 （3）出口部分的设备及拓扑结构 （4）中央管理部分的设备及拓扑结构
4	学习智能停车场设计规范	《停车库（场）安全管理系统技术要求》《公共停车场（库）信息联网通用技术要求》《出入口控制系统技术要求》等标准
5	绘制功能框图	根据需求分析得出的功能、出入口职责划分、应采集的数据，结合相关技术进一步细化功能点，并将功能点归并到模块或子系统中
6	绘制系统网络拓扑图	根据功能点，结合其实现技术及所需设备，绘制系统网络拓扑图

【任务工单】

任务工单

项目	智慧园区智能停车场管理系统设计与实施		
任务	智能停车场管理系统总体设计		
班级		小组	
团队成员			
得分			

（一）关键知识引导

1．车辆检测技术有哪些种类？分别使用什么设备？线圈车辆检测器的输入量和输出量分别是什么？

2．车牌图像识别的原理是什么？有哪几种触发模式，分别有哪些设备？

3．电子车牌识别的工作过程是什么？由哪些设备组成？电子标签内存储哪些内容？

4．扫码支付的时序是什么？需要采集哪些数据？

5．ETC 系统的工作过程是什么？ETC 车道系统有哪些设备？

6．智能停车场可划分为哪几个部分？每个部分的典型拓扑结构是什么？需要的设备有哪些？

7．设计智能停车场时需参照的标准有哪些？

（二）任务实施完成情况

步骤	任务内容	完成情况
学习智能停车场采用的相关技术原理	（1）车辆检测技术的种类及原理 （2）车牌图像识别技术的原理及触发模式 （3）电子车牌识别技术的原理、识别过程、防碰撞技术 （4）扫码支付的原理 （5）ETC 系统的工作过程，DSRC 技术特性	
学习相关技术涉及的设备和采集的数据	（1）各种车辆检测技术所使用的设备及采集的数据 （2）车牌图像识别技术所使用的设备和采集的数据 （3）电子车牌识别技术系统架构和存储空间的划分 （4）扫码支付的时序及传输的数据 （5）ETC 车道的结构及设备	
学习智能停车场的子系统划分、各子系统的设备及拓扑结构	（1）入口部分的设备及拓扑结构 （2）库（场）区部分的设备及拓扑结构 （3）出口部分的设备及拓扑结构 （4）中央管理部分的设备及拓扑结构	

续表

续表

步　骤	任务内容	完成情况
学习智能停车场设计规范	《停车库（场）安全管理系统技术要求》《公共停车场（库）信息联网通用技术要求》《出入口控制系统技术要求》等标准	
绘制功能框图	根据需求分析得出的功能、出入口职责划分、应采集的数据，结合相关技术进一步细化功能点，并将功能点归并到模块或子系统中	
绘制系统网络拓扑图	根据功能点，结合其实现的技术及所需要的设备，绘制系统网络拓扑图	

（三）任务检查与评价

评价项目		评价内容	配分	评价方式		
				自我评价	互相评价	教师评价
方法能力（20分）		能够明确任务要求，掌握关键引导知识	5			
		能够正确清点、整理任务设备或资源	5			
		掌握任务实施步骤，制订实施计划，时间分配合理	5			
		能够正确分析任务实施过程中遇到的问题并进行调试和排除	5			
专业能力（60分）		能描述智能停车场采用的相关技术原理、涉及的设备和采集的数据	10			
		能描述智能停车场的子系统划分、各子系统的设备	5			
		能熟练画出智能停车场子系统的典型拓扑结构	10			
		能采用合理的方式查阅智能停车场的设计规范	5			
		能分析详细的功能点，并按模块归并，形成正确的功能框图	15			
		能根据设备信号接口、通信方式进行网络设计，绘制网络拓扑结构图	15			
职业素养（20分）	安全操作与工作规范	操作过程中严格遵守安全规范，注意断电操作	5			
		严格执行6S管理规范，积极主动完成工具和设备的整理	5			
	学习态度	认真参与教学活动，课堂上积极互动	3			
		严格遵守学习纪律，按时出勤	3			
	合作与展示	小组之间交流顺畅，合作成功	2			
		语言表达能力强，能够正确陈述基本情况	2			
合　计			100			

（四）任务自我总结

任务实施过程中遇到的问题	解决方式

【任务拓展】

1．编制智能停车场解决方案。
2．对比分析汽车电子标识、ETC 的区别与联系。
3．车辆检测技术有哪几种？
4．简述扫码支付的流程。
5．智能停车场由哪几个部分组成？各个部分分别有哪些设备？

任务 4.3　智能停车场管理系统设备选型

【任务描述与要求】

任务描述：本任务需要在系统总体设计的基础上，进行设备选型，为后续的设备采购及系统集成做准备。

任务要求：

- 根据需求分析、功能框图及网络拓扑图，进行设备选型，每种设备至少选用三种不同型号或者三个不同厂家的产品作为备选；
- 以表格的形式对比分析各厂家或不同型号的设备，选出最优设备；
- 综合以上信息编写一份设备选型报告。

【任务资讯】

设备选型

4.3.1　车牌识别摄像机的选型

1．选型考虑的因素

① 防护等级。停车场的设备多数安装在室外，车牌识别摄像机属于电子产品，易受微尘、水雾的影响，因此设备的防护等级应当达到 IP64 或 IP65。

【小知识】防护等级

防护等级多以 IP 后跟随两个数字来表述，数字用来明确防护的等级。第一位数字表示设备抗微尘的范围，或者人们在密封环境中免受危害的程度，代表防止固体异物进入的等级，最高级别是 6；第二位数字表示设备防水的程度，代表防止进水的等级，最高级别是 8。IP64 指防止外物及灰尘，防止各个方向飞溅而来的水侵入设备而造成损坏；IP65 指完全防止外物及灰尘侵入，防止来自各个方向由喷嘴射出的水侵入设备而造成损坏。

② 宽温工作环境。车牌识别摄像机应当在−30℃～70℃的宽温环境下工作。由于 PCB 板被封装在铁质外壳内，因此受日照的影响会使内部温度更高。

③ 车牌识别能力。一方面能支持多种车牌类型的识别，另一方面针对异常车牌也具备识别能力，如图 4.3.1 所示。这种类型的摄像机通常内置了先进的机器学习算法，对于变形、反光、污损、逆光等异常情形下的车牌能进行良好的识别。

④ 合适的触发模式。根据施工的实际情况选择合适的触发模式，如为避免安装地感线圈，则应选择支持视频触发识别模式的车牌识别摄像机。

⑤ 摄像机变焦范围。车牌识别摄像机应能根据现场的实际情况调整聚焦范围，使车道入

口位置能够清晰捕获到车牌图像。

反光车牌　　逆光车牌　　污损车牌　　阴阳车牌　　变形车牌

图 4.3.1　异常车牌的识别

⑥ 输出信号格式。为便于组网，易于与其他设备集成，建议选用 TCP/IP 为主的输出信号。同时需要考虑费用显示屏的输入格式，如费用显示屏仅支持 RS-485 信号，则摄像机的输出还应支持 RS-485 信号。

⑦ 支持上位机软件的定制。为满足不同客户的个性化需求，选用的摄像机应支持软件功能定制，生产厂家应提供开发 SDK 及详细的接口说明文档。

⑧ 脱机使用功能。内部能存储车牌号，当网络异常时，也能发送开闸指令，适用于固定用户的场景。

⑨ 识别速度。识别速度越快，车辆通行的效率也就越高。

2. 关键参数

（1）图像传感器尺寸

图像传感器尺寸主要有 1/4"、1/3"、1/2"（1"=1 英寸=25.4mm）几种，在同样的像素条件下，图像传感器的面积不同，感光点（像素）大小也不同。感光点的功能是进行光电转换，其体积越大，能够容纳电荷的极限值也就越高，对光线的敏感性也就越强，描述的图像层次也就越丰富。

（2）分辨率

分辨率指在视频摄录、传输和显示过程中所使用的图像质量指标，或显示设备自身具有的表现图像细致程度的固有屏幕结构，即单幅图像信号的扫描格式或显示设备的像素规格。分辨率的单位是“像素点数”（pix），代表着水平行和垂直列的像素数，用“水平像素×垂直像素”来表达，如“1280×1024”代表水平行上有 1280 个像素、垂直列上有 1024 个像素，则整个画面大约有 130 万个像素。分辨率越高，就可以呈现更多信息，图像质量也越好。

（3）最低照度

照度是反映光照强度的物理量，其物理意义是照射到单位面积上的光通量，单位是每平方米的流明（Lm）数，也叫勒克斯（Lx）。最低照度是测量摄像机感光度的一种方法，即标称摄像机能在多暗的条件下还可以看到可用的影像。简单地说，在暗房内，摄像机对着被测物，然后把灯光慢慢调暗，直到监视器上快要看不清被测物为止，这时测量光线的照度，就是该摄像机的最低照度。通常用最低环境照度指标来表明摄像机的灵敏度。

（4）背景光补偿

背景光补偿也称逆光补偿或逆光补正，其可以有效地补偿摄像机在逆光环境下拍摄时画面主体黑暗的缺陷。

（5）宽动态范围

当在强光源照射下，高亮度区域及阴影、逆光等相对亮度较低的区域在一幅图像中同时存在时，摄像机输出的图像会出现明亮区域因曝光过度成为白色，而黑暗区域因曝光不足成为黑色的情况，严重影响图像质量。摄像机在同一场景中对最亮区域及较暗区域的表现是存在局限

的，这种局限就是通常所讲的“动态范围”。

（6）自动增益控制

自动增益控制（AGC）即自动图像传感器信号放大。信号放大可使传感器在微光下更加灵敏，但是在亮光照的环境中放大器将过载，使视频信号畸变。为此，需利用摄像机的 AGC 电路去探测视频信号的电平，适时地开关 AGC 设备，从而使摄像机能够在较大的光照范围内工作，产生动态范围，即在低照度时自动增加摄像机的灵敏度，从而提高图像信号的强度，来获得清晰的图像。

（7）信噪比

信噪比是信号电压对于噪声电压的比值，通常用符号 SNR 或 S/N 来表示。信噪比低时，如果摄像机摄取较暗的场景，监视器显示的画面易出现雪花状的干扰噪点。干扰噪点的强弱（即干扰噪点对画面的影响程度）与摄像机信噪比指标的好坏有直接关系，即摄像机的信噪比越高，弱光环境下干扰噪点对画面的影响就越小。

4.3.2　挡车器的选型

1. 选型考虑的因素

① 控制方式的选择。除通信自动控制外，挡车器还应当支持手动控制或遥控控制等多种控制方式，以便在系统异常时能及时切换控制方式。

② 道闸起落速度的选择。按起落速度的不同，道闸可分为高速、中速、低速三种类型。高速（1.2～2 s），适用于道路管理系统，如高速公路收费站；中速（2.5～3.5 s），适用于民用领域，如住宅小区、智能大厦、商业停车场等；慢速（4.5s 以上），主要适用于工业领域。

③ 电气性能的选择。根据汽车检测方式的需求，选择支持何种触发信号的控制系统，如是否支持地感线圈、红外检测、超声波检测等。一般道闸（挡车器产品）要求有如下几个方面的通用检测报告：挡车器的平衡调节是否方便；控制系统的电气检测报告，如 CE、MA、ENI 等；整机的各类检测报告；电气线路的防水保护功能；电机的防水等级、电气检测等；制造商和代理供应商的质量保证体系。

④ 道闸工作温度规模的选择。对于全野外工作的道闸来说，工作温度规模是直接影响其工作稳定性的要素之一，因此建议选购-40℃～75℃宽温的产品。宽温的道闸在电机、减速机内部的润滑油脂的选用上有所要求，其应在低温下不易凝固，才能保证道闸正常工作。而在夏日暴晒时，尽管户外气温一般很难超过 45℃，但道闸机箱内部温度接近 60℃，宽温的机器由于余量充沛，不会出现任何问题；而窄温产品的电机易过热或烧毁，导致无法正常工作。

⑤ 机械传动方式的选择。机械传动方式可分为皮带传动、液压传动、机电一体化传动三种。皮带传动方式的成本低，但易拉伸磨损，噪声较大，传输平衡稳定性较差，需要日常维护。液压传动方式的结构简单，传动速度快，声音低，但维护成本高，栏杆不宜太长，撞击后损坏率高。机电一体化传动方式的电机和减速机构做成一体，可根据不同的杆长选择不同的电机，不需要调节减速机构。减速机构传动成本略低，机械结构复杂，机件多，调节维护复杂。

2. 挡车器的分类

挡车器按闸杆的设计方式分为直杆道闸、曲臂杆道闸、栅栏道闸三种，如图 4.3.2 所示。栅栏道闸能更好地拦截车辆，但结构复杂，质量大，对电机的输出扭矩有一定的要求，需要机箱的支持；直杆道闸结构简单，安装简便，适合中小型出入口；曲臂杆道闸主要用于大型出入口，适合出入口上方空间不足的情形。

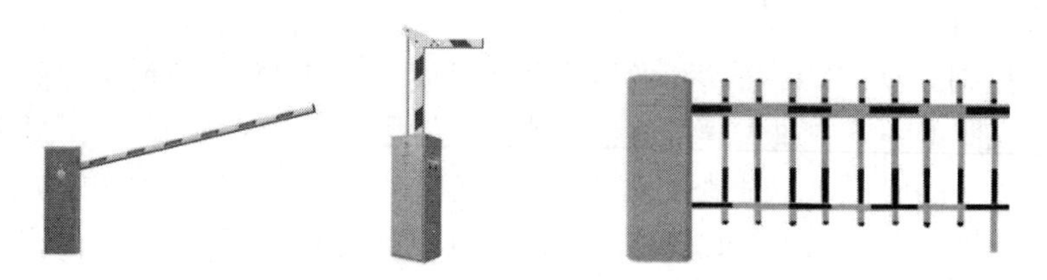

图 4.3.2　直杆、曲臂杆、栅栏道闸

4.3.3　环路感应器的选型

1．选型考虑的因素

① 防护等级。环路感应器属于电子产品，应采取防雨、防尘措施，其等级不应低于 IP55 级。

② 宽温工作环境。环路感应器同样需要宽温工作环境，工作温度应当支持-40℃～85℃的温度区间。

③ 自检功能。检测器应能自动检测线圈的开路、短路等损坏情况，并通过指示灯或其他方式进行提醒。

④ 支持的通道数量。根据实际的实施场景选择合适的通道数量，一个通道对应接入一个线圈。考虑汽车离开车道时需要经过防砸车线圈，如果一个车道安装一个感应器，则支持的通道数量应为 2。

⑤ 工作方式选择。根据实际情况考虑是否需要更详细的检测。如进入地感线圈与离开地感线圈的检测，车辆行进方式（需至少 2 个通道）的检测。

⑥ 灵敏度调整功能。过高的汽车底盘将使得感应器的检测性能下降，因此感应器的每个通道应能进行灵敏度调整，使之适应通过通道的所有车型的检测。

⑦ 频率设定功能。由于线圈内部有谐振电流，如果线圈间距离较小，则线圈之间会存在串扰。解决串扰的方式是调整不同线圈的谐振频率，使不同线圈的频率差异较大，从而降低串扰。

⑧ 电磁兼容性。电源端口、信号和控制端口及壳体的接地线应具有抗电磁脉冲的性能，在遭受电磁脉冲干扰后，产品的各种动作、功能及运行逻辑应正常。

2．关键参数

① 电感量范围，指支持的线圈输入电感量范围。线圈电感量与线圈绕制直径、线圈导线直径、匝数等相关，该参数将影响线圈的绕制。

② 灵敏度范围。高灵敏度会造成对自行车、手推车的误检，低灵敏度则可避免这一情况，同时兼容高底盘车、拖挂车的检测。

③ 反应时间，指从汽车到达地感线圈再到环路感应器输出信号的时间。

4.3.4　车位探测器的选型

1．车位探测器的分类

车位探测器按工作原理可分为视频型和超声波型。

图 4.3.3 视频型车位探测器

视频型车位探测器（见图 4.3.3）功能丰富，具备车位检测、状态指示、车牌识别、视频监控的功能，且支持多个车位的检测；支持 WiFi、蓝牙等基于 TCP/IP 协议的传输方式，不需要布线。

超声波型车位探测器功能单一，无法进行车牌识别，但成本较低。如需具备反向寻车的功能，则需配合车牌识别摄像机，传输方式通常以 RS-485 为主。

车位探测器按设计方式可分为一体式车位探测器和分体式车位探测器。

一体式车位探测器是指检测部分与指示灯为一体，而分体式车位探测器的检测部分需外接一个车位指示灯，如图 4.3.4 所示。

如果需要显示区域剩余车位数，则车位探测器还要与节点控制器（见图 4.3.5）及车位引导屏配合。节点控制器在车位引导系统中起承上启下的作用。上行与上位机连接，将剩余车位数上传给上位机；下行连接车位探测器及车位引导屏，采集车位探测器的信息，计算剩余车位数，再通过挂接的车位引导屏显示各个区域的剩余车位数。

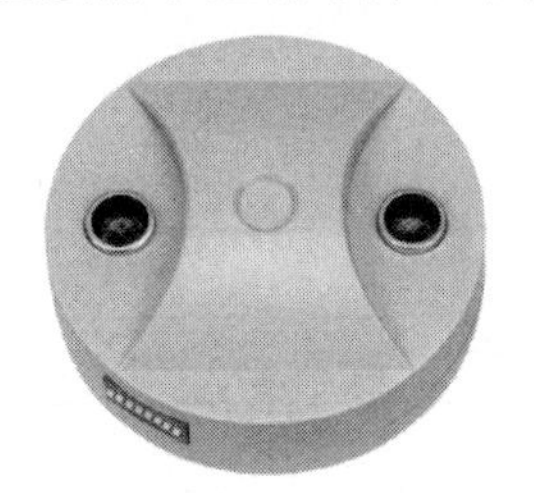

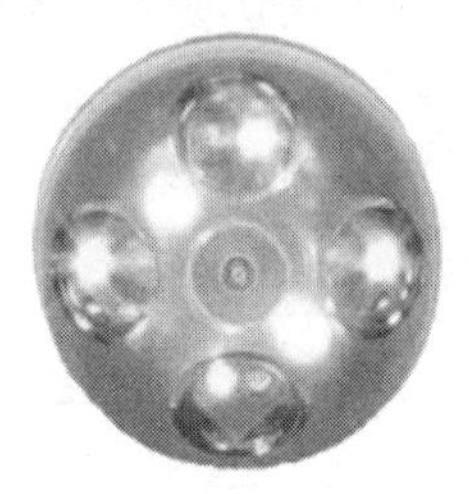

图 4.3.4 分体式车位探测器与车位指示灯

图 4.3.5 节点控制器

2. 选型考虑的因素

① 车位探测器的类型。视频型和超声波型的车位探测器各有优缺点，视频型车位探测器功能更强大，网络结构更丰富，但成本较高；超声波型车位探测器功能简单，但价格低。

② 支持通信的类型。根据停车场的实际布局选用合理的通信类型。小型停车场可考虑使用 RS-485 或有线 TCP/IP 的通信方式；大型停车场空间较大，布线复杂，建议选用支持无线通信的车位探测器，同时考虑在合适的位置安装中继节点以放大信号。

③ 支持识别的车位数。选用视频型车位探测器需考虑其支持的车位数，应能根据不同的现场环境进行设置。

④ 识别距离及识别角度。由于超声波型车位探测器与车位是一对一的检测，因此需要根据安装高度选择合适的识别距离及识别角度，使超声波的照射区域恰好覆盖一个车位的范围。

⑤ 与节点控制器及车位引导屏的配合。一是单个节点控制器支持连接的车位探测器数；二是节点控制器与车位引导屏及车位探测器的传输网络要匹配。

【任务实施】

根据任务计划，按照任务实施方案，并完成任务实施。

任务实施单

项目名称	智慧园区智能停车场管理系统设计与实施
任务名称	智能停车场管理系统设备选型

续表

序　　号	实施步骤	步骤说明
1	列举智能停车场需要选型的设备	根据需求分析、功能框图及网络拓扑结构图列举智能停车场需要考虑选型的设备
2	学习智能停车场关键设备的重要参数及选型要点	（1）车牌识别摄像机的选型要点及关键参数 （2）挡车器的选型要点及关键参数 （3）环路感应器的选型要点及关键参数 （4）车位探测器的选型要点 （5）其他可能需要重点考虑设备的选型要点
3	设计设备选型表格	针对每种设备设计一个选型表，表中必须包括设备名称、型号、参数等
4	查阅资料并填写表格	通过行业企业官网、电商网站等渠道查阅表格中的设备参数，每种设备查阅三种不同的厂家或三种不同的型号
5	对比分析	对比参数，选出每种设备的最优型号
6	编制设备选型报告	对原始信息进行归纳整理，并分小组研讨，编写设备选型报告，格式自拟

【任务工单】

任务工单

项目	智慧园区智能停车场管理系统设计与实施		
任务	智能停车场管理系统设备选型		
班级		小组	
团队成员			
得分			

（一）关键知识引导

1. 车牌识别摄像机有哪些关键参数？选型时需要考虑哪些因素？
2. 挡车器有哪些类型？选型时需要考虑哪些因素？
3. 环路感应器有哪些关键参数？选型时需要考虑哪些因素？
4. 车位探测器有哪些分类？选型时需要考虑哪些因素？其如何与区域车位引导屏配合使用？
5. 除以上设备外，智能停车场系统还有哪些设备可能需要重点考虑选型？

（二）任务实施完成情况

步　　骤	任务内容	完成情况
列举智能停车场需要选型的设备	根据需求分析、功能框图及网络拓扑结构图列举智能停车场需要考虑选型的设备	
学习智能停车场关键设备的重要参数及选型要点	（1）车牌识别摄像机的选型要点及关键参数 （2）挡车器的选型要点及关键参数 （3）环路感应器的选型要点及关键参数 （4）车位探测器的选型要点 （5）其他可能需要重点考虑设备的选型要点	
设计设备选型表格	针对每种设备设计一个选型表，必须包括设备名称、型号、参数等	
查阅资料并填写表格	通过行业企业官网、电商网站等渠道查阅表格中的设备参数，每种设备查阅三种不同的厂家或三种不同的型号	
对比分析	对比参数，选出每种设备的最优型号	
编制设备选型报告	对原始信息进行归纳整理，并分小组研讨，编写设备选型报告，格式自拟	

续表

（三）任务检查与评价

评价项目		评价内容	配分	评价方式		
				自我评价	互相评价	教师评价
方法能力（20分）		能够明确任务要求，掌握关键引导知识	5			
		能够正确清点、整理任务设备或资源	5			
		掌握任务实施步骤，制订实施计划，时间分配合理	5			
		能够正确分析任务实施过程中遇到的问题并进行调试和排除	5			
专业能力（60分）		能列举出智能停车场系统的重要设备	5			
		能完整地列举重要设备的选型要点及关键参数	10			
		能用合理的方式查阅相关设备资料	5			
		设计的表格清晰、完整，能反映同种设备不同型号、不同厂家之间的优劣	10			
		选型能满足智能停车场的功能需求、网络信号接口	15			
		能保证选型报告内容的完整性、格式的规范性	15			
职业素养（20分）	安全操作与工作规范	操作过程中严格遵守安全规范，注意断电操作	5			
		严格执行6S管理规范，积极主动完成工具和设备的整理	5			
	学习态度	认真参与教学活动，课堂上积极互动	3			
		严格遵守学习纪律，按时出勤	3			
	合作与展示	小组之间交流顺畅，合作成功	2			
		语言表达能力强，能够正确陈述基本情况	2			
合　计			100			

（四）任务自我总结

任务实施过程中遇到的问题	解决方式

【任务拓展】

试选择一到两个教材中没有提及的停车场相关设备，列举出选型需要考虑的因素及关键参数。

任务 4.4　智能停车场管理系统软件设计

【任务描述与要求】

任务描述： 为便于智能停车场管理系统的使用，实现远程开闸、车辆登记、车辆身份识别、自动扣费、电子车牌充值、记录查询等功能，智能停车场管理系统需要一个配套的上位机软件。本任务需要阅读车牌识别摄像机、UHF 阅读器 SDK 文档，利用厂家提供的设备 SDK，完成智能停车场管理系统软件的设计、开发及调试。

任务要求：

- 进行功能设计，画出软件的功能框图；
- 分析远程开闸、车辆登记、车辆身份识别、自动扣费、电子车牌充值、记录查询等关键功能，画出程序流程图；
- 分析软件需要存储的数据，进行数据库设计；
- 画出软件的界面原型图，并用 C#实现界面设计；
- 编写代码，实现远程开闸、车牌号登记、车辆身份识别、自动扣费、电子车牌充值、记录查询等关键功能；
- 调试代码，确保程序正确运行；
- 将数据库和程序部署到生产服务器或 PC 上。

【任务资讯】

4.4.1 智能停车场管理系统软件总体设计

1. 功能需求分析

智能停车场管理系统软件主要实现的功能有：实时监控、设备管理、车辆管理、停车场管理、计费管理、记录管理等；另外，系统还需具有远程开闸、配置设置等辅助功能。各项功能的作用如下。

① 设备管理：包括设备的添加、修改、删除等功能，按设备类型可分为车牌识别摄像机、UHF 阅读器两类；设备参数包括设备类型、IP 地址与端口等；添加设备后，还需要将设备分配到停车场的出口或入口。

② 车辆管理：包括添加、修改、删除车辆，绑定 ERI，充值等功能，主要功能的描述如下。

- 绑定 ERI：通过 UHF 读取电子车牌 ID，并与通过摄像机识别输出的车牌号进行关联。
- 充值：在车辆的电子标签存储区域内设置新的金额。

③ 停车场管理：停车场管理具有停车场设置，放行模式设置，黑名单、白名单分组设置等功能，各个功能的描述如下。

- 停车场设置：新增、修改或删除停车场，并能设置停车场名称、各类车型的最大车位数等。
- 放行模式设置：包括临时车模式、白名单模式两种。临时车模式是指任何被成功识别车牌号的车辆均允许进入停车场，适用于公共停车场；白名单模式是指仅限添加到白名单分组中的车辆通行，适用于单位、小区内部停车场；如果车辆被添加到黑名单中，则禁止进入停车场。
- 临时车计费方式设置：如果允许临时车进入，则需要设置临时车的计费方式。
- 管理分组：可以管理黑、白两类名单，而白名单内可以继续添加、删除子分组，分别设置不同的计费方式（如业主车辆与租户车辆的计费方式不同）。

● 管理车辆：可以在分组内添加或移除车辆，同一辆车在同一个停车场内仅允许被分配到一个白名单子分组中；车辆进出停车场时，按所在分组的计费方式收费。

④ 实时监控：选择需要监控的停车场，启动车牌识别摄像机与 UHF 阅读器，采集进出停车场的车辆信息并显示画面，判断进出权限，出场时根据车辆所在分组的计费方式计算总费用，

并实现自动扣费；实时监控是本软件的核心功能。

⑤ 记录管理：提供车辆出入、扣费等记录的查询、导出与删除功能。

2. 安全需求分析

停车场是门禁的一种，属于安防类产品，其作用是保障管控区域内车辆的安全，因此其自身需要具备如下安全防范措施。

① 权限控制。由于停车场管理人员众多，职责各不相同，因此软件需要定义多个角色，不同的角色具备不同的操作权限，当使用系统的某项功能时，需要验证权限，防止越权操作。角色对应的权限概述如下。

- 超级管理员：具备所有权限，如添加、修改设备，添加、修改停车场，设置计费规则，设置系统参数等，该角色通常用于停车场管理系统的部署阶段。
- 车辆管理员：主要负责车辆管理，包括车辆信息管理、设置名单等操作。
- 安保人员：主要负责监控停车场系统，以及手动抬杆、记录查询等操作。

② 界面锁定。当管理人员离开现场时，可以锁定软件界面，恢复时需要输入密码，防止他人恶意操作。

3. 性能需求分析

在上下班高峰时段，为防止车辆积压导致的拥堵，对停车场管理系统软件的性能提出了更高的要求：

- 自动识别开闸延迟：≤1s。
- 手动开闸延迟：≤500ms。
- 界面操作延迟：≤200ms。
- CPU 占用率：≤8%。
- 内存占用大小：≤500MB。

4. 运行环境需求分析

本软件采用 C/S 模型架构，其运行环境需要桌面型操作系统和数据库的支撑。目前比较流行的桌面型操作系统是 Windows 10，但也有少部分客户安装的是 Windows 7 和 Windows 8，因此软件应当同时支持以上三种操作系统。与 Windows 操作系统最为搭配的是 Microsoft SQL Server 数据库，本软件推荐使用 Microsoft SQL Server 2008 数据库。

5. 开发环境需求分析

由于软件运行时的操作系统是 Windows，因此选用 C#作为桌面端开发语言。同时，由于 Windows 7 操作系统所能支持的.Net 最高版本为 4.5，因此采用的框架为.Net Framework 4.5（也可以选用.Net Framework 4），集成开发环境选用 Visual Studio 2015（简称 VS 2015）。

4.4.2 智能停车场管理系统软件数据库设计

1. 数据流分析

根据上述需求分析可知，智能停车场管理系统的使用主要包括以下步骤：管理员首先添加停车场；其次添加车牌识别摄像机与 UHF 阅读器（如有）并分配给停车场，其中公共停车场需将放行模式设置为临时车模式，如需针对不同类型的车分别计费，则需在白名单中新建子分组并添加车辆；最后启动监控即可。启动监控数据流顶层图、启动监控数据流 L0 层图分别如图 4.4.1、图 4.4.2 所示。

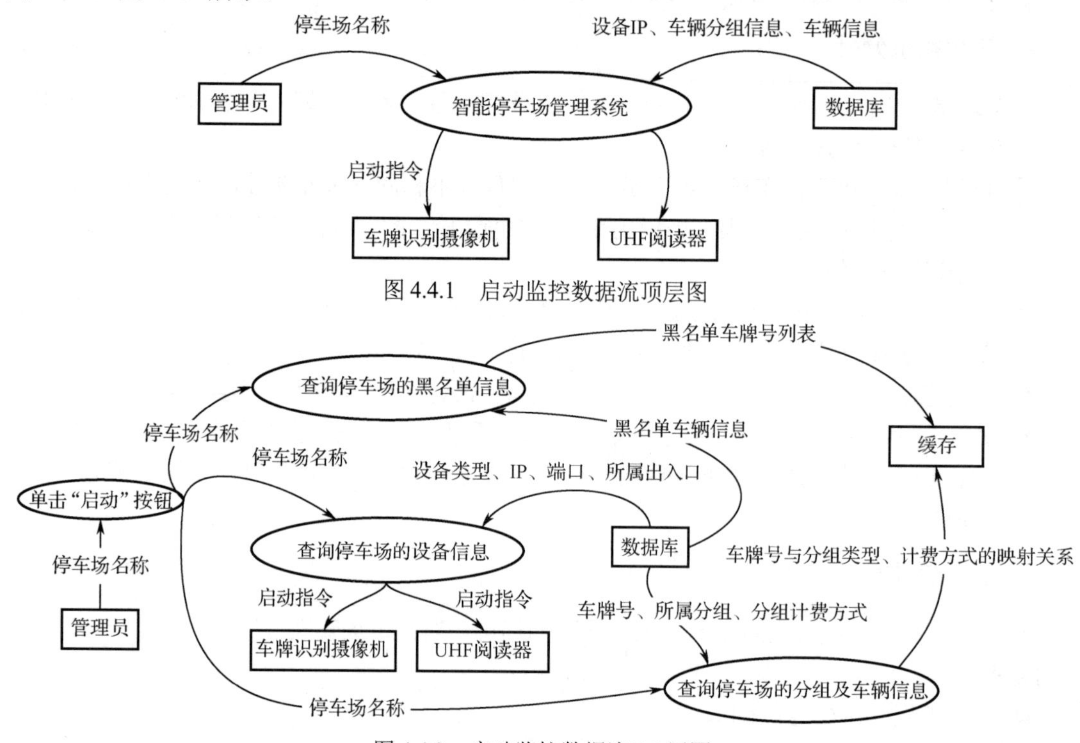

图 4.4.1　启动监控数据流顶层图

图 4.4.2　启动监控数据流 L0 层图

大型停车场车辆出入频繁，为加快数据查询进度、缓解关系型数据库压力，在启动时需提前查询车辆相关数据，以键值对的形式（在 C#语言中使用 Hashtable 类型的数据）存储在内存中。当有车辆被识别时，直接以车牌号为键名，提取出该车牌对应的分组信息、计费方式等，避免频繁查询数据库，提升数据处理效率，车牌识别数据流顶图层、入场车牌识别数据流 L0 层图、出场车牌识别数据流 L0 层图分别如图 4.4.3～图 4.4.5 所示。

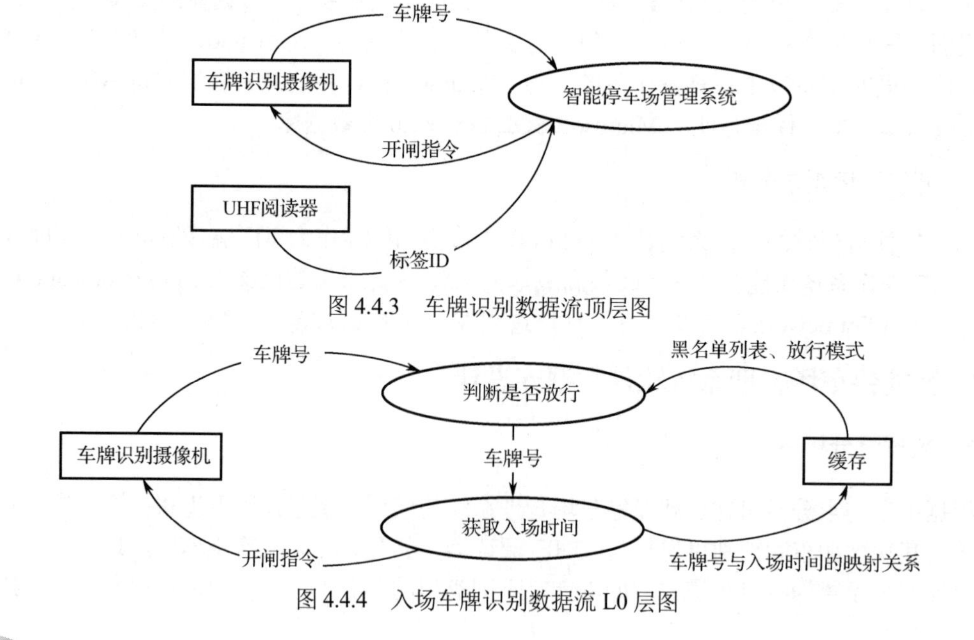

图 4.4.3　车牌识别数据流顶层图

图 4.4.4　入场车牌识别数据流 L0 层图

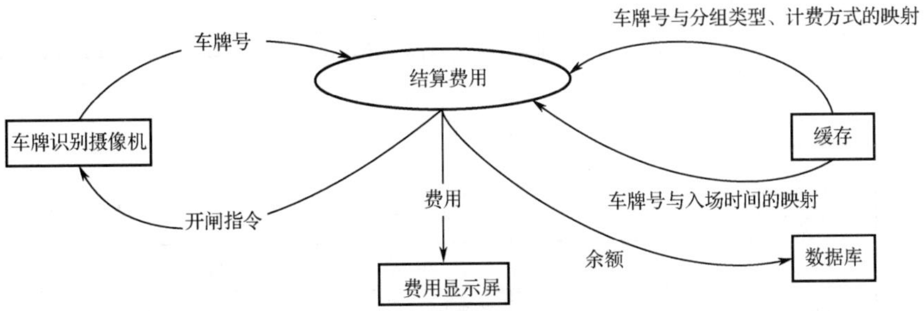

图 4.4.5　出场车牌识别数据流 L0 层图

2. 数据库设计

根据需求分析并结合数据流图，绘制智能停车场管理系统软件数据表清单，见表 4.4.1。

表 4.4.1　智能停车场管理系统软件数据表清单

数据库名	ParkingLot	
表　名	名　称	描　述
tb_parking	停车场信息表	存储停车场名称、车位数、放行模式等信息
tb_vehicle	车辆信息表	存储已登记的车辆信息
tb_device	设备信息表	存储车牌识别摄像机或 UHF 阅读器的 IP 地址信息
tb_group	白名单分组表	存储白名单的分组信息，包括计费方式等
tb_deny	黑名单表	存储禁止入场的车辆名单
tb_ascription	车辆归属表	存储车辆归属于哪个白名单分组的信息
tb_charge	费用记录表	存储车辆出入停车场产生的费用

各个数据表的字段设计见表 4.4.2～表 4.4.8。

表 4.4.2　停车场信息表字段设计

表名	tb_parking		
字　段　名	类　型	允许 null	描　述
id	int	否	主键，自增
name	nvarchar(50)	否	停车场名称
acc_mod	tinyint	否	放行模式（0：临时车模式，1：白名单模式）
is_limit	tinyint	否	是否限制车辆数（0：不限制，1：限制）
space_s	int	是	小型车车位数
space_m	int	是	中大型车车位数
count_s	int	是	已入场的小型车车位数
count_m	int	是	已入场的中大型车车位数

表 4.4.3　车辆信息表字段设计

表名	tb_vehicle		
字　段　名	类　型	允许 null	描　述
id	int	否	主键，自增
name	nvarchar(50)	否	车主姓名

续表

字　段　名	类　　型	允许 null	描　　述
tel	nvarchar(50)	否	联系方式
plate	nvarchar(50)	否	车牌号
eri	nvarchar(128)	是	电子车牌 ID
type	int	否	车型（0：小型车，1：中大型车）
balance	decimal(7, 2)	否	车辆余额

表 4.4.4　设备信息表字段设计

表名	tb_device		
字　段　名	类　　型	允许 null	描　　述
id	int	否	主键，自增
name	nvarchar(50)	否	设备名称
type	nvarchar(50)	否	设备类型（0：车牌识别摄像机，1：UHF 阅读器）
addr	nvarchar(50)	是	设备安放地址
ip	nvarchar(128)	否	设备 IP
port	int	否	设备端口
pid	decimal(7, 2)	是	设备所属停车场 ID，外键
direction	tinyint	是	设备所属出入口（0：入口，1：出口）

表 4.4.5　白名单分组表字段设计

表名	tb_group		
字　段　名	类　　型	允许 null	描　　述
id	int	否	主键，自增
pid	int	否	分组所属停车场 ID，外键
name	nvarchar(64)	否	分组名称
type	tinyint	否	计费方式（0：计时，1：计次，2：按月）
rate	decimal(5,2)	否	一个计费周期的费率
cycle	int	是	计费周期，以分钟为单位，计次与包月无效
free	int	是	免计费时长，以分钟为单位，包月无效
guest	tinyint	否	是否为临停分组（0：白名单分组，1：临停车分组）；创建停车场后，会自动插入一条记录作为临停车分组

表 4.4.6　车辆归属表字段设计

表名	tb_ascription		
字　段　名	类　　型	允许 null	描　　述
id	int	否	主键，自增
vid	int	否	车辆 ID，外键
gid	int	否	车辆的分组 ID，外键
expire	datetime	是	有效期，仅适用于月租分组

表 4.4.7　黑名单表字段设计

表名	tb_deny		
字　段　名	类　　型	允许 null	描　　述
id	int	否	主键，自增
pid	int	否	所属停车场 ID，外键
vid	int	否	车辆 ID，外键

表 4.4.8　费用记录表字段设计

表名	tb_charge		
字　段　名	类　　型	允许 null	描　　述
id	int	否	主键，自增
pid	int	否	停车场 ID，外键
vid	int	否	车辆 ID，外键
type	tinyint	否	计费方式（0：计时，1：计次，2：按月）
cost	decimal(5,2)	否	停车费用
expire	datetime	是	有效期，仅针对月租车有效
en_time	datetime	否	进场时间
ex_time	datetime	是	出场时间

同样地，采用 E-R 图表示几个重要数据表之间的关联，如图 4.4.6 所示。

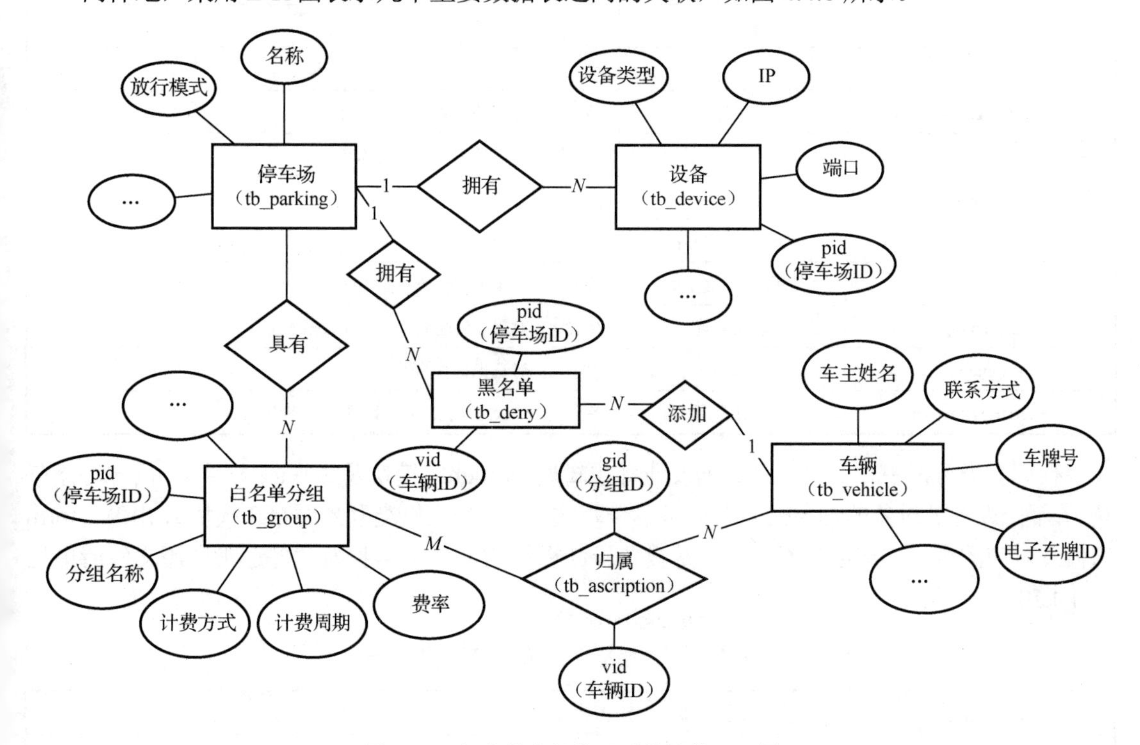

图 4.4.6　智能停车场管理系统软件 E-R 图

4.4.3 智能停车场管理系统软件功能实现

1. 代码结构说明

将智能停车场管理系统程序文件“ParkingLot.zip”解压，进入文件夹后双击代码的“解决方案”文件，打开该工程的开发界面，即可浏览本工程的代码组织结构，如图 4.4.7 所示。

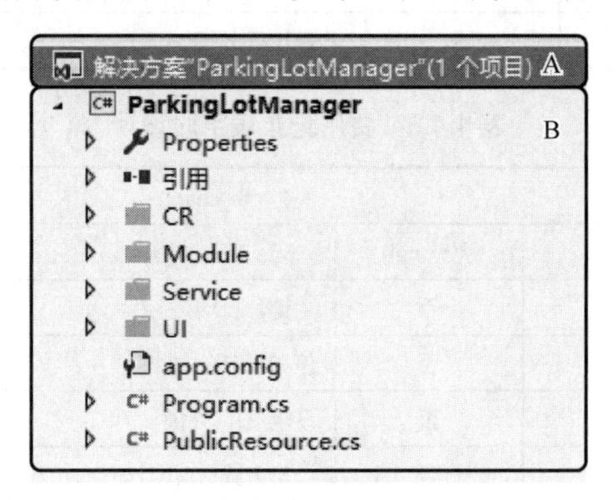

图 4.4.7 智能停车场管理系统软件代码组织结构

代码各个部分的作用见表 4.4.9。

表 4.4.9 代码各个部分的作用

项	名 称	作 用
A	解决方案	略
B	项目	略
Properties	属性	存放与软件相关的资源及设置信息
CR	代码包/命名空间	厂家提供的车牌识别摄像机 SDK
Module	代码包/命名空间	代码，封装停车场、车辆等对象的数据模型
Service	代码包/命名空间	代码，封装较复杂的业务逻辑
UI	代码包/命名空间	代码，主要用于软件的界面实现
app.config	应用配置	存放运行时需要的配置参数，如数据库配置
Program.cs	入口程序	程序启动时首先执行的代码
PublicResource.cs	公共资源	各个类/窗体等都需要的资源，如数据库连接等

代码主要分成三部分，一是数据及业务逻辑层（Module 模块及 Service 模块），包含对停车场、车辆、设备等对象的抽象及复杂业务的逻辑实现；二是人机交互界面（UI 模块），由 Winform 窗体及对应的事件响应函数组成；三是设备厂商提供的 SDK。数据及业务逻辑层源文件清单见表 4.4.10。

表 4.4.10 数据及业务逻辑层源文件清单

命名空间	源文件	作 用
ParkingLotManager.Module	Access.cs	停车场通道类
	Ascription.cs	车辆归属类，实现车辆添加或移出某个分组、月租车续期等功能

续表

命名空间	源文件	作　用
ParkingLotManager.Module	Device.cs	设备类，实现设备的添加、修改、删除及分配给停车场等功能
	Camera.cs	摄像机类，继承自 Device 类，实现摄像头的开启、道闸远程控制、设置车牌识别回调函数等功能
	ERIReader.cs	超高频阅读器类，继承自 Device 类，实现对 EPC 标签存储区域的读写
	Group.cs	分组类，用于管理停车场的白名单分组，包括设置计费方式、包月续期等功能
	ParkingLot.cs	停车场类，实现停车场的查询、新增、修改和删除等功能
	Plate.cs	车牌号类，主要用于车牌号的格式校验
	Vehicle.cs	车辆类，实现车辆的查询、新增、修改、删除、充值等功能
ParkingLotManager. Service	CacheService.cs	缓存业务逻辑类，启动停车场时，将停车场信息、白名单分组信息、车辆信息加载到内存中，当有车辆出入停车场时，直接以车牌号作为索引从内存中提取信息，缓解数据库压力
	PlateService.cs	车牌图像识别业务逻辑类，主要功能包括车辆的费用计算、入场权限判断、自动开闸、设备启停等
	Win32APIService.cs	Windows API 封装类，由于 C#属于托管类型的语言，而 Windows API 为 C 语言风格的函数，因此 C#语言调用 Windows API 时需要调整原有 C#的数据类型，使之适配 Windows API 的参数类型

【小知识】托管程序

由托管代码开发的程序，托管代码在公共语言运行库（CLR）中运行。这个运行库为运行代码提供各种各样的服务，如加载和验证程序集、安全管理、内存管理、线程管理等。托管代码的运行方式是即时编译，当某些方法被调用的时候，运行库把具体的方法编译成适合本地计算机运行的机器码，同时将编译好的机器码缓存，以备下次调用。

CLR 的主要实现包括.Net（本软件开发选用的平台）、.Net Core、Mono 三种平台，构建于这些平台之上的托管语言有 C#、VB.Net、C++/CLR 等。

而 C/C++代码也称为“非托管代码”。在非托管环境中，程序员需要负责处理相当多的事情，如指针、内存分配与释放等，这对于程序员来说是一个不小的负担。

除了 C#外，Java、PHP、Python 等语言也可看作托管语言，它们都运行在自己的运行环境内。

人机交互界面的各个窗体类被定义在 ParkingLotManager.UI 命名空间下，用户界面源文件清单见表 4.4.11。

表 4.4.11　用户界面源文件清单

命名空间	源文件	作　用
ParkingLotManager.UI.DeviceForms	DistributeDeviceForm.cs	分配设备到指定的停车场
	EditDeviceForm.cs	编辑设备信息
	ListDeviceForm.cs	列举、新增、删除设备
ParkingLotManager.UI. MonitorForms	MonitorForm.cs	监控界面，显示实时图像、出入车辆信息、费用等
ParkingLotManager.UI. ParkingLotForms	EditAscriptionForm.cs	将车辆添加或移出分组
	EditGroupForm.cs	编辑车辆分组

续表

命 名 空 间	源 文 件	作 用
ParkingLotManager.UI. ParkingLotForms	EditParkingLotForm.cs	编辑停车场信息
	ListGroupForm.cs	列举、新增、删除分组
	ListParkingLotForm.cs	列举、新增、删除停车场
	RenewalForm.cs	月租车续期
ParkingLotManager.UI. VehicleForms	EditVehicleForm.cs	编辑车辆信息
	ListVehicleForm.cs	列举、新增、删除车辆
	RechargeForm.cs	车辆充值
ParkingLotManager.UI	MainFrame.cs	软件主界面

2. 核心功能实现

（1）启动监控

选择停车场并启动监控后，软件将通过 SDK 打开对应的设备，并向 SDK 注册车牌识别回调函数；当车牌识别摄像机识别到车牌后，调用已注册的回调函数进行处理。在实际使用中，停车场的出入口可以不安装电子车牌阅读器，但必须安装车牌识别摄像机。启动监控流程图如图 4.4.8 所示。

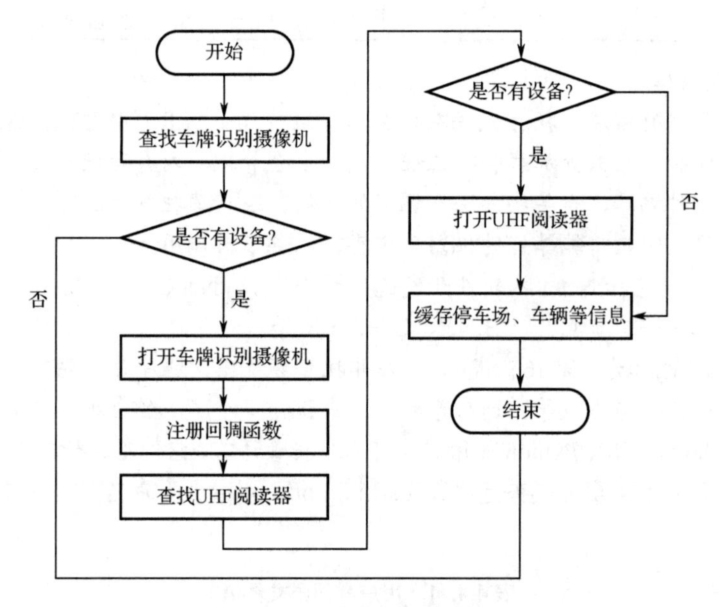

图 4.4.8　启动监控流程图

设备的类（Camera 类和 ERIReader 类）是 Access 类的一个属性，因此获得设备实例前需要先获得出入口实例，在 PlateService 类的 Init 方法中添加如下代码：

```
//获取出入口类的实例
_entrance = _park.GetEntrance();
_exit = _park.GetExit();
//入口安装了车牌识别摄像机，则设置回调
if (null != _entrance)
    _entrance.PlateReader.OnRecognition = OnPlateRecognition;
```

```
//出口安装了车牌识别摄像机，则设置回调
if (null != _exit)
    _exit.PlateReader.OnRecognition = OnPlateRecognition;
//保存监控界面的窗体句柄
_hwnd = hwnd;
```

入场识别功能涉及的类实例及方法见表4.4.12。

表4.4.12 入场识别功能涉及的类实例及方法

实 例 名	类 名	调用的方法名	功 能
_park	ParkingLot	GetEntrance	获得入口类实例
		GetExit	获得出口类实例
_entrance	Access	—	入口类实例
_exit	Access	—	出口类实例

在Camera.cs文件的Camera类中新增Open方法，用于打开车牌识别摄像机设备，代码如下：

```
public bool Open(IntPtr player)
{
    //视频连接端口为8557，开启1080P视频端口8556
    _Handle = CR.ZNYKTY6.SzLPRClient_OpenEx(IP.Address.ToString(), (ushort)
IP.Port, null, null);
    if (_Handle > 0)
    {
        //播放实时视频
        int iPlay = CR.ZNYKTY6.SzLPRClient_StartRealPlay(_Handle, player);
        //显示触发地感线圈
        CR.ZNYKTY6.SzLPRClient_ShowStaticVLoops(_Handle, true);
        if (_szCallBack == null)
        {
            //实例化车牌结果回调
            _szCallBack = new CR.ZNYKTY6.SZLPRC_PLATE_INFO_CALLBACK(OnRecognition);
        }
        //回调是否需要包含截图信息：1为需要，0为不需要
        int iEnableImage = 1;
        int iPlate = CR.ZNYKTY6.SzLPRClient_SetPlateInfoCallBack(_Handle,
_szCallBack, IntPtr.Zero, iEnableImage);//注册回调接口
        return true;
    }
    else
        return false;
}
```

Open方法的player参数用于设置播放实时视频的控件句柄。

定义于CR.ZNYKTY6命名空间的方法均是对厂家SDK方法的封装，其中SzLPRClient_OpenEx方法用于打开指定IP和端口的车牌识别摄像机，若成功则返回大于0的句柄，该句柄可以用于后续的设置；SzLPRClient_StartRealPlay方法用于指定播放实时视频的控

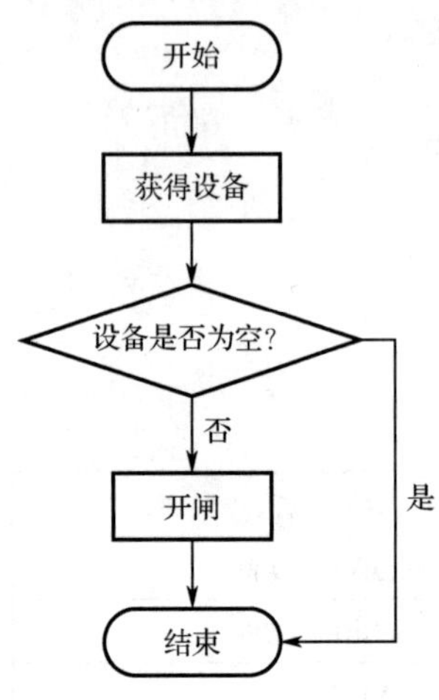

图 4.4.9　手动开闸流程

件；SzLPRClient_ShowStaticVLoops 方法用于设置实时视频是否显示触发了车牌识别的地感线圈编号；最后，调用 SzLPRClient_SetPlateInfoCallBack 方法设置车牌识别成功的回调函数。其中，OnRecognition 方法被定义在 PlateService 中，其是处理车牌识别结果的核心代码。

【小知识】句柄

句柄是 Windows 系统中对象或实例的标识，这些对象包括模块、应用程序实例、窗口、控制、位图、GDI 对象、资源、文件等。

（2）手动开闸

手动开闸时需获得对应出入口设备的实例，再调用 SDK 向设备发送命令，手动开闸流程如图 4.4.9 所示。

PlateService 类的 Allow 方法实现了开闸的业务逻辑，代码如下：

```
public bool Allow(Direction direct, string plate = null)
{
    //入口方向
    if(direct == Direction.Entrance)
    {
        //入口的车牌识别摄像机实例不为空
        if (null != _entrance.PlateReader)
        {
            _entrance.Allow();//开闸
            if (null != plate) _cache.SetEntranceTime(plate);//记录入场时间
            return true;
        }
        else
            return false;
    }
    //出口方向
    else
    {
        //出口的车牌识别摄像机实例不为空
        if (null != _exit.PlateReader)
        {
            _exit.Allow();//开闸
            return true;
        }
        else
            return false;
    }
}
```

Allow 方法包含两个参数，direct 用于指定是入口还是出口通道开闸，plate 是车牌识别摄像机识别出的车牌号，用于记录入场时间。

开闸业务逻辑涉及的类实例及方法见表 4.4.13。

表 4.4.13 开闸业务逻辑涉及的类实例及方法

实 例 名	类 名	调用的方法名	功 能
_entrance	Access	Allow	向入口的车牌识别摄像机发送开闸指令
_exit	Access	Allow	向出口的车牌识别摄像机发送开闸指令
_cache	CacheService	SetEntranceTime	记录入场时间

完善 Access 类的 Allow 方法，添加如下代码：

```
try
{
    //设备实例为空，返回
    if (PlateReader.Handle < 1) return;
    //实例化继电器参数
    CR.ZNYKTY6.TNetRelayAction tm = new CR.ZNYKTY6.TNetRelayAction();
    //设置操作模式为自动关闭
    tm.action = CR.ZNYKTY6.NET_RELAY_ACTION.NET_RELAY_ACTION_OPEN1_AUTOCLOSE;
    //发送命令，完成继电器操作
    int  iRst  =  CR.ZNYKTY6.SzLPRClient_SetRelay_Action(PlateReader.Handle,
CR.ZNYKTY6.StoInptr(tm));
}
catch (Exception ex)
{}
```

SzLPRClient_SetRelay_Action 函数用于向指定的车牌识别摄像机发送继电器控制指令，摄像机收到指令后再向道闸输出信号。传入该函数的 PlateReader.Handle 参数是车牌识别摄像机的句柄，具体的参数值由 SzLPRClient_OpenEx 函数获得。

（3）入场识别

摄像机识别到车牌号后，管理软件根据黑白名单及放行模式判断是否允许入场，如允许入场，则向车牌识别摄像机发送开闸指令，同时记录车辆入场时间。入场识别业务流程如图 4.4.10 所示。

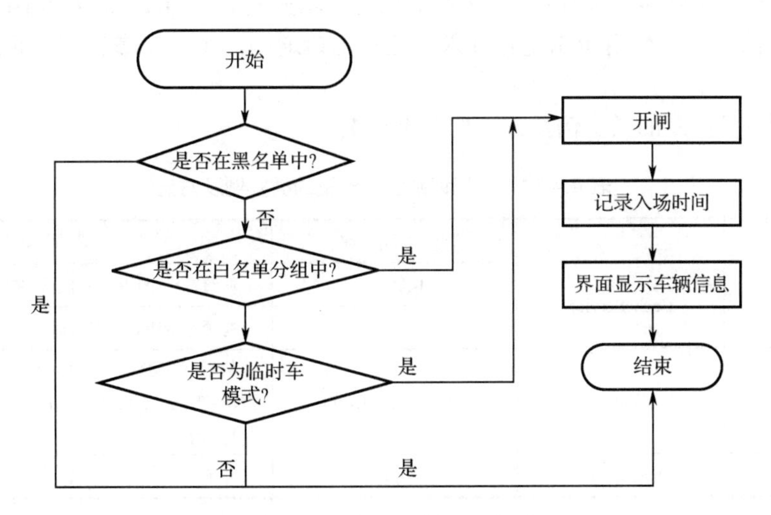

图 4.4.10 入场识别业务流程

入场识别业务主要由 PlateService 类的 ProcessEntrance 方法实现，代码如下：

```
    private void ProcessEntrance(string plate, ref CR.ZNYKTY6.SZ_LPR_MSG_PLATE_
INFO plate_msg)
    {
        GetVIPVehicleInfo(plate, ref plate_msg);
        //黑名单车，禁止通行
        if (!_cache.IsAllow(plate))
        {
            plate_msg.group = "黑名单";
            return;
        }
        //临停车且未在黑名单中，放行
        if (_park.AccessMod == AccessMod.Temporary)
        {
            plate_msg.group = "*临停车*";
            //开闸
            Allow(Direction.Entrance, plate);
        }
        //VIP 放行模式，检查车辆是否在 VIP 名单中
        else if(_park.AccessMod == AccessMod.WhiteList)
        {
            var asc = _cache.GetVIP(plate);
            if (null != asc)
                Allow(Direction.Exit, plate);
            else
                plate_msg.group = "*临停车*";
        }
    }
```

上述方法的 plate 参数是由车牌识别回调函数传入的车牌号；GetVIPVehicleInfo 方法的作用是从缓存中获得车主姓名、联系方式、分组等信息并填充到 plate_msg 结构体中；Allow 方法用于打开道闸，第一个参数用于指定打开入口还是出口道闸，第二个参数用于记录该车牌入场时间。

入场识别业务涉及的类实例及方法见表 4.4.14。

表 4.4.14　入场识别业务涉及的类实例及方法

实　例　名	类　　名	调用的方法名	功　　能
_cache	CacheService	IsAllow	在缓存中查询车牌号是否在黑名单中
		GetVIP	在缓存中查询车牌号对应车辆的详细信息
_park	ParkingLot	GetVIPVehicleInfo	从缓存中获取白名单分组车辆信息，填充到 ZNYKTY6.SZ_LPR_MSG_PLATE_INFO 类型的结构体中
this（省略）	PlateService	Allow	开闸

plate_msg 保存了入场车辆的信息，其将以 Windows 窗体消息的形式发送到监控界面以供

显示。PlateService 的 OnPlateRecognition 方法（注册到 SzLPRClient_SetPlateInfoCallBack 回调函数的方法）实现了基于 Win32 API 的窗体消息发送功能，关键代码如下：

```
//获取结构体的内存大小
int size = Marshal.SizeOf(plateInfo);
//在非托管内存中分配内存空间，获得指针
IntPtr intptr = Marshal.AllocHGlobal(size);
//将数据装载到内存中
Marshal.StructureToPtr(plateInfo, intptr, true);
//将车牌信息结构体指针和摄像机设备句柄发送到目标窗口
Win32APIService.PostMessage(_hwnd, MSG_PLATE_INFO, (int)intptr, handle);
```

PostMessage 函数的参数列表见表 4.4.15。

表 4.4.15 PostMessage 函数的参数列表

定义	int PostMessage(IntPtr hWnd, int Msg, int wParam,int lParam)
参数及类型	描　述
IntPtr hWnd	接受窗体消息的句柄
int Msg	自定义的消息 ID，用于区分消息，不可与系统消息 ID 重复
int wParam	消息的参数 1，可以赋值为指针用于传递大量的数据
int lParam	消息的参数 1，可以赋值为句柄用于传递大量的数据

PostMessage 为 C 语言风格的函数，上述代码展示了托管语言（C#）与非托管语言（C）交互的方法。上述代码调用 C#函数分配了一个非托管内存，根据前文的介绍，非托管空间需要由程序员手动进行释放，否则该空间会被一直占用。如本软件运行时间较长，则内存占用会越来越大，所以在监控界面处理完消息后，切记一定要释放分配的空间，否则将会发生内存泄漏。

MonitorForm 类重载了 DefWndProc 方法，用于处理车牌识别回调函数的消息，从消息中得到指向车辆信息的结构体内容指针（wParam 参数）和触发车辆识别摄像机的句柄（lParam 参数），部分代码片段如下：

```
IntPtr intptr;//定义指针
CR.ZNYKTY6.SZ_LPR_MSG_PLATE_INFO plateInfo;//车辆信息结构体
int deviceHandle = 0;//设备句柄
//判断消息类型
switch (m.Msg)
{
    //接收车牌消息并处理
    case MSG_PLATE_INFO:
        intptr = (IntPtr)m.WParam.ToInt32();//WParam转换为指针
        deviceHandle = m.LParam.ToInt32();//Lparam转换为设备句柄
        if (intptr != null)
        {
            //将传递过来的指针转换为车牌信息结构体
            plateInfo = (CR.ZNYKTY6.SZ_LPR_MSG_PLATE_INFO)Marshal.PtrToStructure
(intptr, typeof(CR.ZNYKTY6.SZ_LPR_MSG_PLATE_INFO));
```

```
            //显示到界面的代码省略
            //释放分配的堆空间
            Marshal.FreeHGlobal(intptr);
            //强制垃圾回收
            GC.Collect();
            break;
        //其他消息交由默认窗体过程处理
        default:
            base.DefWndProc(ref m);
            break;
    }
```

代码中针对 MSG_PLATE_INFO 类型的消息处理完毕后，将其内存空间释放，并调用垃圾回收器收回内存，防止内存泄漏。

【小知识】内存泄漏

内存泄漏指程序中已动态分配的内存由于某种原因程序未释放或无法释放，造成系统内存的浪费，导致程序运行速度减慢甚至系统崩溃等严重后果。一般而言，托管语言由于有垃圾回收器（GC），一般不会发生因为内存分配造成的内存泄漏。然而，如果在托管语言中打开资源（包括但不限于文件、数据库、串口、Socket 等），使用完毕又未及时关闭时，GC 不会自动回收资源，此时仍然会发生内存泄漏，占用系统资源。因此在编程时需养成良好的习惯，凡是打开的资源使用完毕后，必须检查是否已及时释放。

（4）出场识别

车辆出场时，系统将会计算车辆费用，如安装有电子车牌则尝试从电子车牌内扣费，否则将从数据库中扣费。扣费成功后，开闸放行。出场识别业务流程如图 4.4.11 所示。

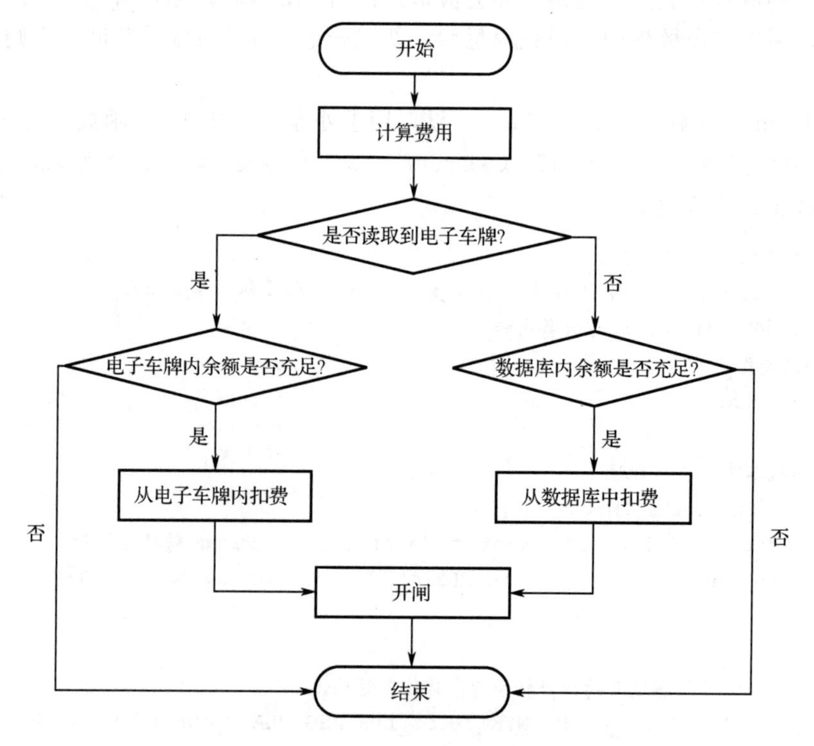

图 4.4.11　出场识别业务流程

在 PlateService 类的 ProcessExit 方法中添加如下代码：

```
var fee = CalcFee(plate);
plate_msg.cost = fee.ToString();
GetVIPVehicleInfo(plate, ref plate_msg);
//尝试从电子车牌中扣款
if (CostFromERI(plate_msg.eri, fee))
    Allow(Direction.Exit, plate);//放行
//不成功则从数据库中扣款
else if(CostFromDB(plate, fee))
```

【任务实施】

根据任务计划，按照任务实施方案，并完成任务实施。

任务实施单

项目名称	智慧园区智能停车场管理系统设计与实施	
任务名称	智能停车场管理系统软件设计	
序　号	实 施 步 骤	步 骤 说 明
1	针对智能停车场管理系统软件进行需求分析	（1）功能性需求分析 （2）安全性需求分析 （3）性能需求分析 （4）运行环境需求分析 （5）开发环境需求分析 （6）根据需求分析画出功能框图
2	进行智能停车场管理系统软件的数据库设计	（1）阅读厂家提供的 SDK 文档，分析需要处理的数据 （2）根据 SDK 文档，结合智能停车场管理系统的功能，画出数据流图 （3）设计数据库，画出 E-R 图 （4）在 SQL Server Management Studio 中实现数据库
3	实现核心功能	（1）实现启动监控功能 （2）实现手动开闸功能 （3）实现入场识别功能 （4）实现出场识别功能
4	调试程序	（1）熟悉 Visual Studio IDE 的下断点、单步执行、变量监视等功能 （2）利用上述功能完成核心功能的调试，确保程序能正确执行
5	部署程序	（1）利用 SQL Server Management Studio 将数据库导出为 SQL 脚本 （2）在生产服务器或 PC 上安装 SQL Server 和.Net Framework 环境 （3）导入 SQL 脚本，完成数据库的部署 （4）将智能停车场管理系统软件复制到生产服务器或 PC 上 （5）部署网络，确保通信正常 （6）运行程序，进行测试

【任务工单】

任务工单

项目	智慧园区智能停车场管理系统设计与实施		
任务	智能停车场管理系统软件设计		
班级		小组	
团队成员			
得分			

（一）关键知识引导

1. 智能停车场管理系统有哪些职责？
2. 智能停车场管理系统软件有哪些功能？
3. 智能停车场管理系统软件如何调用 SDK，来达到操作设备的目的？
4. 智能停车场管理系统软件涉及哪些数据的处理？
5. 启动监控、手动开闸、入场识别、出场识别等功能所需调用的 API、流程、涉及的数据表分别是什么？

（二）任务实施完成情况

步　骤	任 务 内 容	完 成 情 况
针对智能停车场管理系统软件进行需求分析	（1）功能性需求分析 （2）安全性需求分析 （3）性能需求分析 （4）运行环境需求分析 （5）开发环境需求分析 （6）根据需求分析画出功能框图	
进行智能停车场管理系统软件的数据库设计	（1）阅读厂家提供的 SDK 文档，分析需要处理的数据 （2）根据 SDK 文档，结合智能停车场管理系统的功能，画出数据流图 （3）设计数据库，画出 E-R 图 （4）在 SQL Server Management Studio 中实现数据库	
实现核心功能	（1）实现启动监控功能 （2）实现手动开闸功能 （3）实现入场识别功能 （4）实现出场识别功能	
调试程序	（1）熟悉 Visual Studio IDE 的下断点、单步执行、变量监视等功能 （2）利用上述功能完成核心功能的调试，确保程序能正确执行	
部署程序	(1)利用 SQL Server Management Studio 将数据库导出为 SQL 脚本 (2)在生产服务器或 PC 上安装 SQL Server 和.Net Framework 环境 （3）导入 SQL 脚本，完成数据库的部署 （4）将智能停车场管理系统软件复制到生产服务器或 PC 上 （5）部署网络，确保通信正常 （6）运行程序，进行测试	

续表

（三）任务检查与评价

<table>
<tr><th rowspan="2">评价项目</th><th rowspan="2" colspan="2">评 价 内 容</th><th rowspan="2">配分</th><th colspan="3">评 价 方 式</th></tr>
<tr><th>自我评价</th><th>互相评价</th><th>教师评价</th></tr>
<tr><td rowspan="4">方法能力（20分）</td><td colspan="2">能够明确任务要求，掌握关键引导知识</td><td>5</td><td rowspan="4"></td><td rowspan="4"></td><td rowspan="4"></td></tr>
<tr><td colspan="2">能够正确清点、整理任务设备或资源</td><td>5</td></tr>
<tr><td colspan="2">掌握任务实施步骤，制订实施计划，时间分配合理</td><td>5</td></tr>
<tr><td colspan="2">能够正确分析任务实施过程中遇到的问题并进行调试和排除</td><td>5</td></tr>
<tr><td rowspan="6">专业能力（60分）</td><td colspan="2">能分析智能停车场管理系统软件的功能</td><td>5</td><td rowspan="6"></td><td rowspan="6"></td><td rowspan="6"></td></tr>
<tr><td colspan="2">能根据 SDK 文档分析软件需要处理的数据</td><td>5</td></tr>
<tr><td colspan="2">能进行数据库设计，并用 SQL Server Management Studio 进行实现</td><td>10</td></tr>
<tr><td colspan="2">能分析启动监控、手动开闸、入场识别、出场识别的业务流程，并用 C#代码实现</td><td>25</td></tr>
<tr><td colspan="2">能熟练运用 Visual Studio IDE 进行程序的调试</td><td>10</td></tr>
<tr><td colspan="2">能将程序从开发环境部署到生产环境，并确保程序正常运行</td><td>5</td></tr>
<tr><td rowspan="6">职业素养（20分）</td><td rowspan="2">安全操作与工作规范</td><td>操作过程中严格遵守安全规范，注意断电操作</td><td>5</td><td rowspan="2"></td><td rowspan="2"></td><td rowspan="2"></td></tr>
<tr><td>严格执行 6S 管理规范，积极主动完成工具和设备的整理</td><td>5</td></tr>
<tr><td rowspan="2">学习态度</td><td>认真参与教学活动，课堂上积极互动</td><td>3</td><td rowspan="2"></td><td rowspan="2"></td><td rowspan="2"></td></tr>
<tr><td>严格遵守学习纪律，按时出勤</td><td>3</td></tr>
<tr><td rowspan="2">合作与展示</td><td>小组之间交流顺畅，合作成功</td><td>2</td><td rowspan="2"></td><td rowspan="2"></td><td rowspan="2"></td></tr>
<tr><td>语言表达能力强，能够正确陈述基本情况</td><td>2</td></tr>
<tr><td colspan="3">合 计</td><td>100</td><td></td><td></td><td></td></tr>
</table>

（四）任务自我总结

任务实施过程中遇到的问题	解 决 方 式

【任务拓展】

1．智能停车场管理系统该如何支持随处扫码支付？请谈谈设计思路。

2．查阅资料，将智能停车场管理系统的缓存数据存储到 Redis 数据库中。

3．查阅资料，结合教材中的代码，谈谈 C#与 C 语言交互的方法。

任务 4.5　智能停车场管理系统部署与实施

【任务描述与要求】

任务描述：本任务需要将根据选型采购的设备及自己开发或厂家提供的管理系统软件进行系统集成，使各个设备形成一个可以协同工作的整体，提供停车场管理的相关功能。

任务要求：

- 现场勘察，明确出入口布局，清点设备数量，列出安装部署总体步骤；
- 选用合理的五金工具及软件调试工具，列出工具清单；
- 识读接线图，进行设备接线；
- 安装上位机软件，进行系统整体联调；
- 以表格的形式列出系统的功能测试点，并填写测试结果。

【任务资讯】

4.5.1　智能停车场管理系统部署准备

软件部署

1．施工流程

智能停车场管理系统部署包括工程勘测、施工方案设计、工程施工、设备调试、系统联调测试、试运行、系统移交、试运行等，其流程如图 4.5.1 所示。

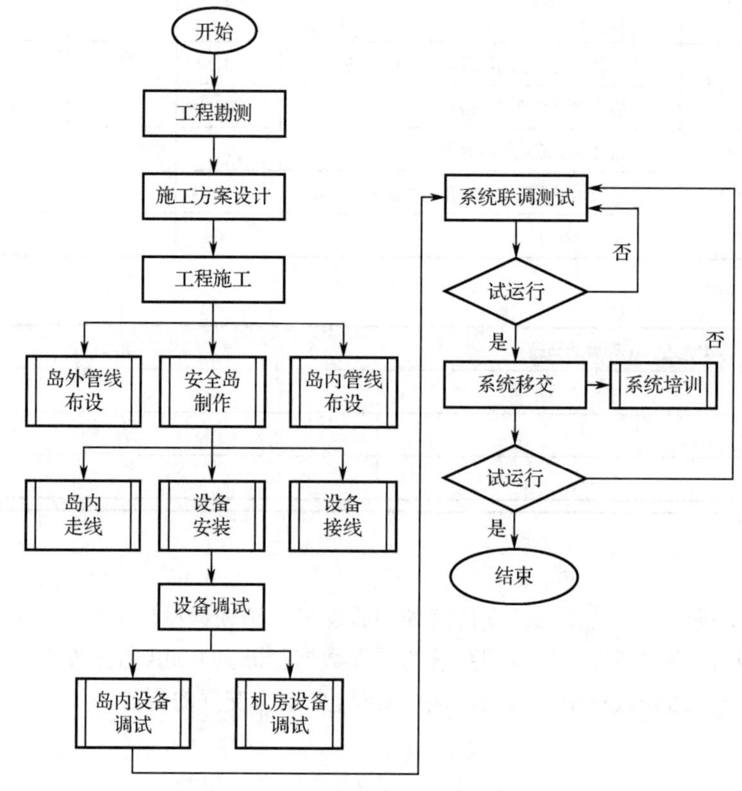

图 4.5.1　智能停车场管理系统部署流程

2. 停车场布局

为了保证设备布局的合理性，减少布线复杂度，在正式施工前需要进行现场勘测，以确定设备的安装位置，而设备的安装位置与停车场出入口的布局有关。

小型停车场出入口的常见布局分为标准型单车道单道闸布局、标准型单车道双道闸布局、标准型出入口分离布局，如图 4.5.2～图 4.5.4 所示。

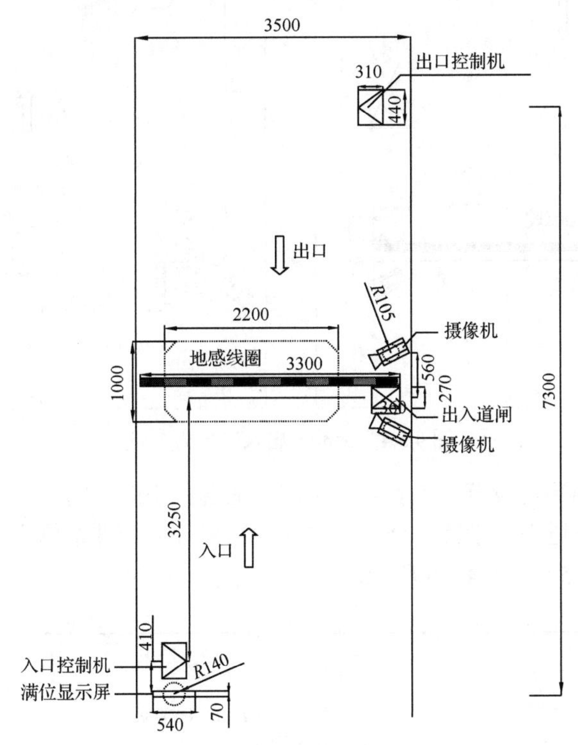

图 4.5.2 标准型单车道单道闸布局

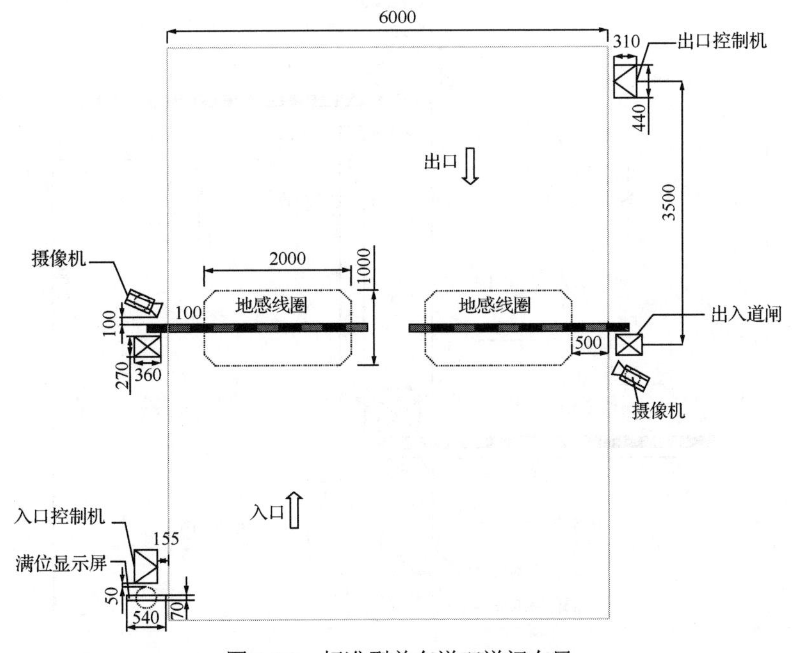

图 4.5.3 标准型单车道双道闸布局

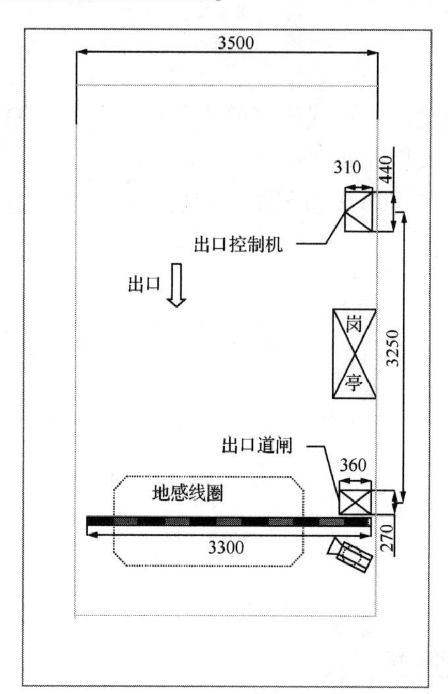

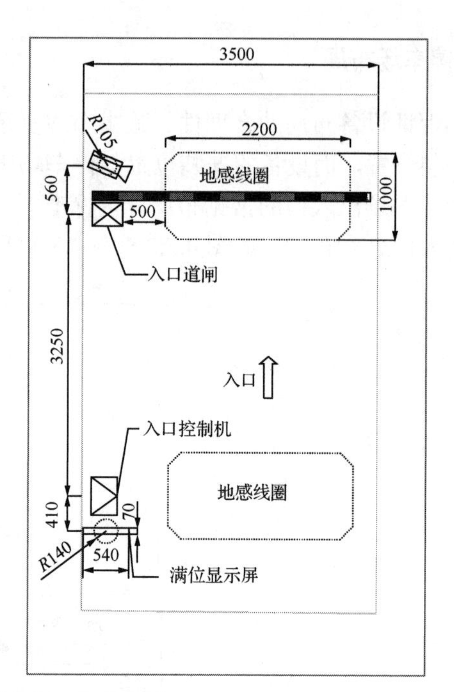

图 4.5.4　标准型出入口分离布局

以上三种出入口布局均没有设置安全岛，因此适合狭小的空间。对于空间较为充足的停车场出入口，则可能在车道中央设置安全岛，这样的布局分为标准型单排出入布局和标准型双排出入布局两类，如图 4.5.5、图 4.5.6 所示。

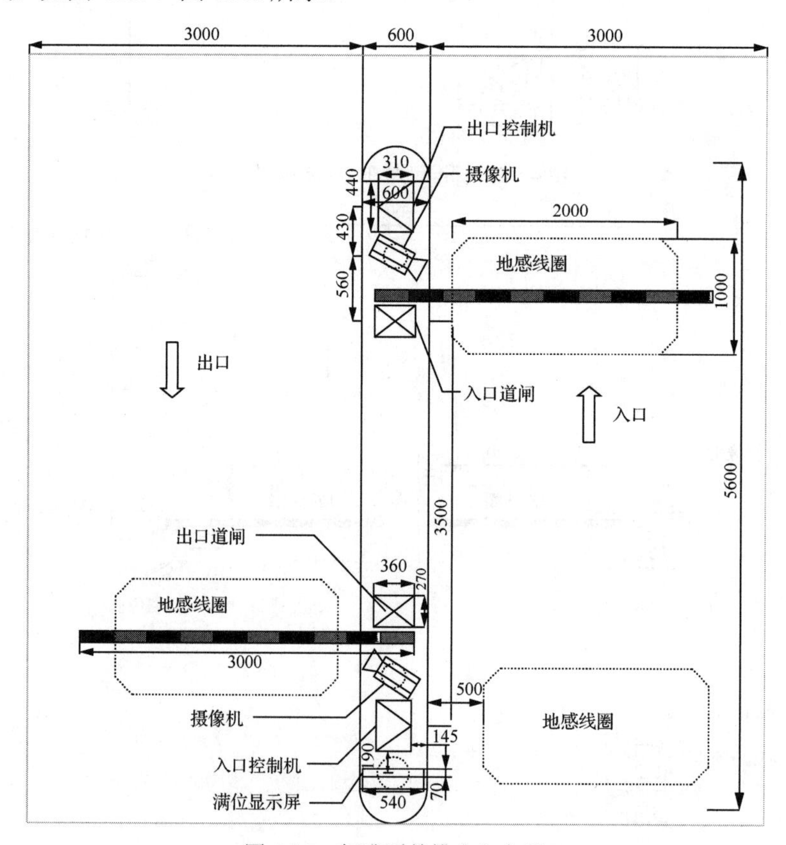

图 4.5.5　标准型单排出入布局

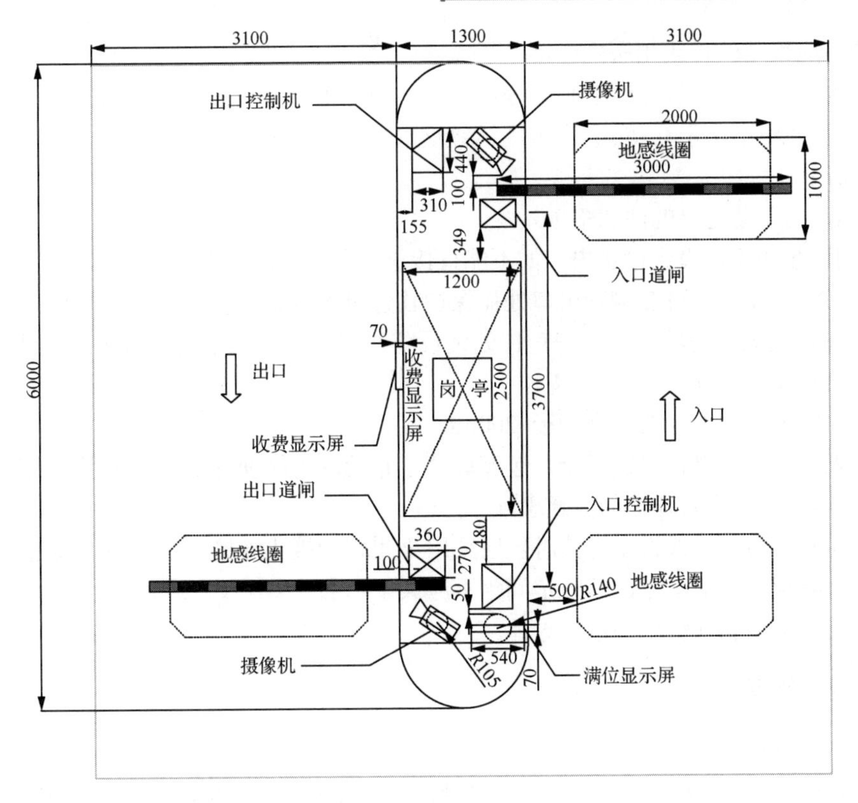

图 4.5.6 标准型双排出入布局

4.5.2 智能停车场管理系统施工及设备安装规范

1. 安全岛施工

对于大中型出入口，可能需要在道路中央设置安全岛。安全岛浇筑混凝土前必须按施工图纸及设备走线要求固定好穿线管，埋管深度不小于 0.1m。穿线管每隔 10m，需做 0.6m×0.6m 的手孔井。暗埋在混凝土中的穿线管使用 PVC 电线管，可起到防锈蚀的作用。其他穿线管根据消防规范应采用金属穿线管。

（1）穿线管的放置步骤及注意事项

根据布管布线图及设备安装位置图，按如下步骤布放穿线管。

① 先布置要暗埋在安全岛中的穿线管。按照设备安装位置，确定各穿线管的起点和终点。各穿线管的起点和终点均要用弹簧弯管器折弯成 90° 的弯头，弯头部分在设备安装位置的中心集中捆扎起来，并朝上引出。引出端要高出地面 30cm，管口要临时封堵，防止浇注混凝土时杂物掉入。需要管接头的均要用专用胶水密封胶牢。

② 在安全岛范围内布管时，要合理布置管的走向，严禁将管布置在固定设备时打膨胀螺钉的位置。同时注意检查管路内部是否通畅，内侧应无毛刺，KBG 镀锌金属管的镀锌层或防锈漆应完好无损。

③ 布放入口、出口之间的穿线管。确定管的起点和终点，布放 KBG 镀锌金属管，管的连接处均设 86 接线盒，KBG 镀锌金属管与安全岛引出的 PVC 管对接时，也要使用 86 接线盒。

④ 敷管时，先将管卡一端的螺钉拧进一半，然后将管敷设在管卡内，逐个拧牢。使用铁支架时，可将钢管固定在支架上，严禁将钢管焊接在其他管道上。

⑤ 管路应采用丝扣或扣压式连接。

⑥ 特别注意，强、弱电线缆必须分开穿管，当电源线穿管采用 PVC 管（或 PE 管）时，与信号线的管间距不小于 0.15m；若采用镀锌钢管（JDG 管或 KBG 管）时，与信号线的管间距可缩小至 0.1m。

（2）钢管与设备连接的注意事项

应将钢制穿线管敷设到设备内，如不能直接进入设备，应符合下列要求。

① 在干燥房屋内，可在钢管出口处加保护软管引入设备，管口应包缠严密。

② 在室外或潮湿房屋内，可在管口处装设防水弯头，由防水弯头引出的导线应套绝缘保护软管，弯成防水弧度后再引入设备。

③ 管口距地面高度一般不宜低于 200mm。

④ 埋入土层内的钢管应刷沥青，包缠玻璃丝布后，再刷沥青油，或采用水泥砂浆保护。

（3）金属软管与设备连接的注意事项

① 金属软管与钢管或设备连接时，应采用金属软管接头连接，长度不宜超过 1m。

② 金属软管用管卡固定，其固定间距不应大于 1m。

③ 不得利用金属软管作为接地导体。

2. 地感线圈安装

（1）安装过程

地感线圈的安装步骤包括线槽定位、线槽切割、线圈敷设、馈线敷设、封槽等。

① 线槽定位。按照施工方案和图纸确定线槽位置，提前在对应位置标识线槽位置，如图 4.5.7 所示。线槽通常为矩形，两条长边与车辆运动方向垂直，间距推荐为 1m。长边的长度取决于道路的宽度，通常线槽两端比道路间距窄 0.35～1m。

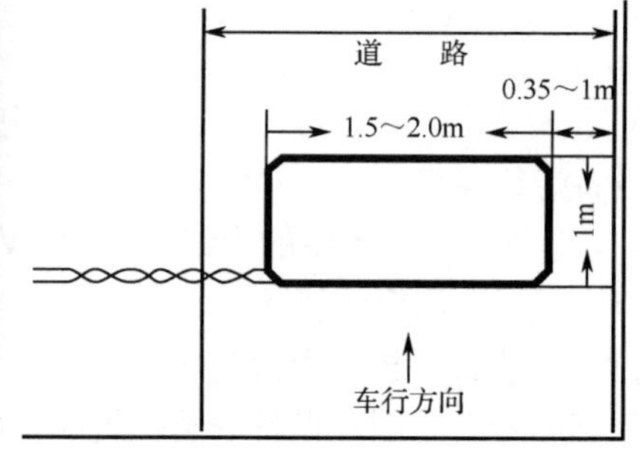

图 4.5.7　线槽定位

② 线槽切割。用切割器在路面按照标识的位置切割线槽。为防止导线过度弯折损伤线圈，线槽锐角部位要进行倒角处理。在实际切割过程中矩形各边不能切割到底，防止切割倒角时整个三角形脱落，翘出路面。切割完毕后应当用冲击钻整理线槽，使线槽深度和宽度均匀一致，线槽切割与整理如图 4.5.8 所示。

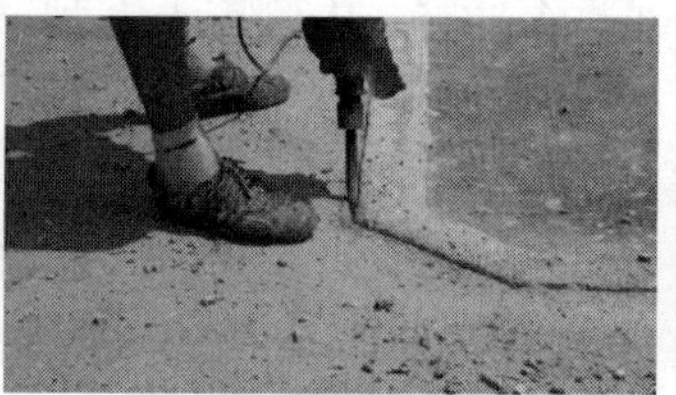
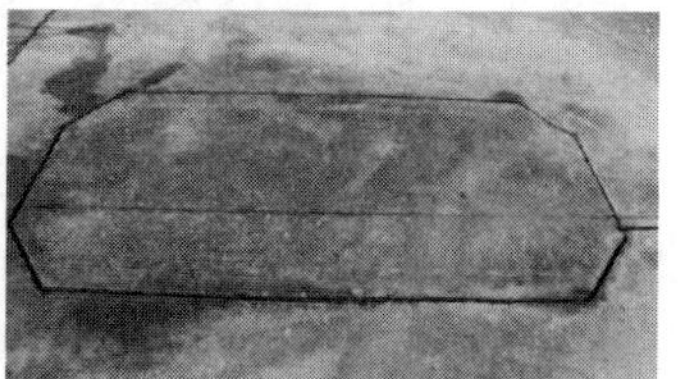

图 4.5.8　线槽切割与整理

③ 线圈敷设。在线槽中按顺时针方向绕制 5～6 圈线（根据现场情况操作），放入槽中的线圈应按自然状态松弛放置，不能有应力，且要一圈一圈压紧至槽底，如图 4.5.9 所示。

图 4.5.9 线圈敷设

④ 馈线敷设。从线圈到环路感应器部分的导线称为馈线。为了防止干扰，馈线必须双绞，且每米至少绞合 20 次，如图 4.5.10 所示。

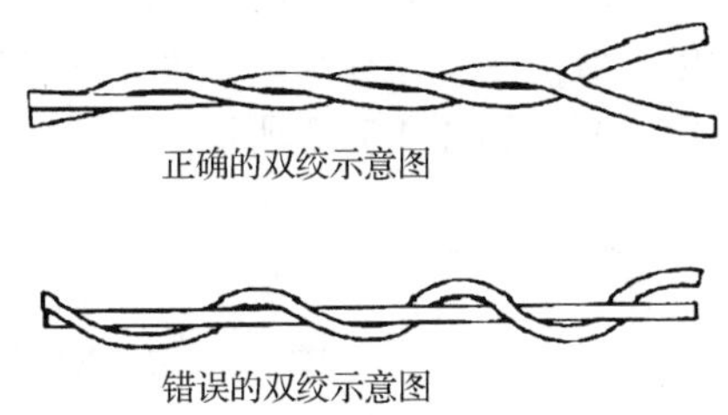

图 4.5.10 馈线敷设

⑤ 封槽。槽内缝隙需填实，与道路成为一体，防止线圈在有车辆经过时发生颤动，对于水泥路面可用水泥、沥青或环氧树脂填缝，而对于沥青路面只能用沥青作为填缝材料，如图 4.5.11 所示。

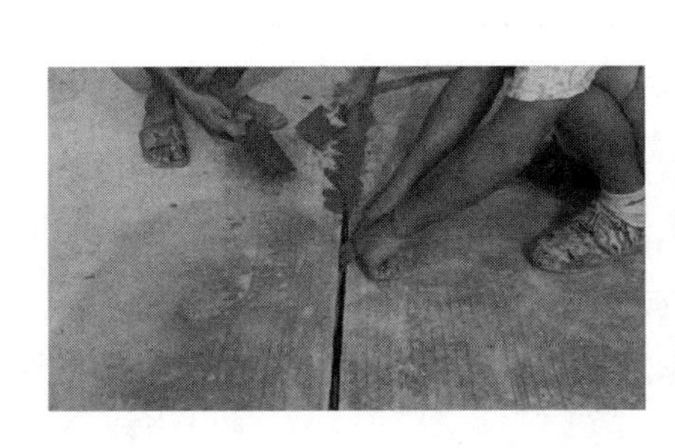

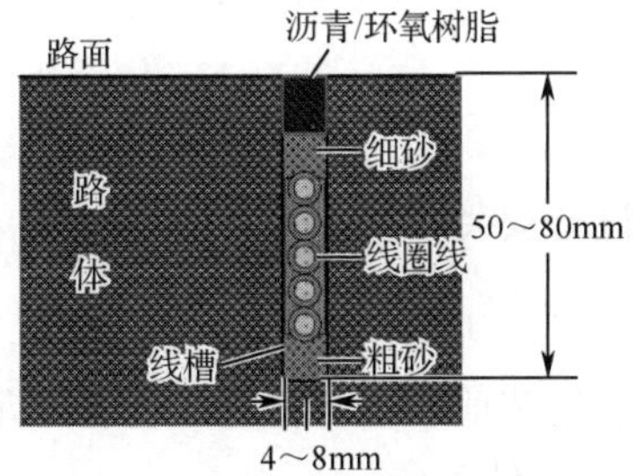

图 4.5.11 封槽

（2）安装规范

① 线圈切槽需在坚实、牢固的路基上，避开破损路面；混凝土路面避开拼缝；线圈上面铺砖的施工方案要提前确认砖的厚度。

② 线圈周围 0.5m 范围内不能有大量金属，如窨井盖、伸缩门导轨、排水沟等；周围 1m 范围内不能有超过 220V 的供电电路。

③ 当地感线圈敷设位置的下方存在钢筋网时，会对线圈检测产生干扰，可增加其他检测方式以提高准确性。

④ 接入不同车辆检测器的两个地感线圈之间的距离不小于 1.3m，接入同一个车辆检测器的两个地感线圈之间的距离不小于 0.5m。

⑤ 线圈电感量应为 100～300μH，因此线圈的匝数和周长不可随意设置，应满足表 4.5.1 所示的关系。

表 4.5.1 线圈匝数与周长的关系

线 圈 周 长	线 圈 匝 数
<0.5m（仅供测试）	25
<3m	不推荐
3～6m	5～6
6～10m	4～5
>10m	不推荐

⑥ 线圈的形状大多数为矩形，但如果要考虑识别自行车、摩托车，可以将线圈与行车方向成倾斜 45°安装；如果有路面较宽（超过 6m）而车辆的底盘又太高的情形，可以采用“8”字形安装，以分散检测点，提高灵敏度，这种安装形式也可用于滑动门的检测，但线圈必须靠近滑动门（约 1m），如图 4.5.12 所示。

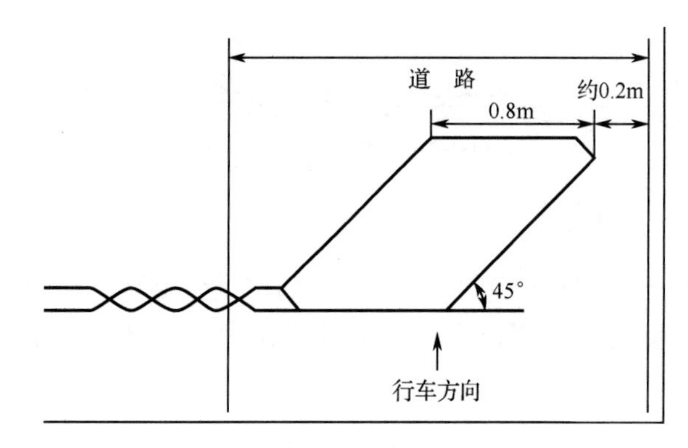

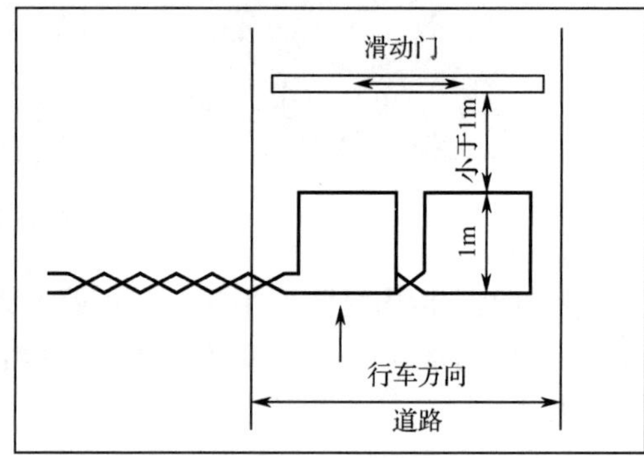

图 4.5.12 倾斜 45°安装与“8”字形安装形式

3. 车库设备安装

道闸、费用显示牌、中央管理单元等车库设备的安装应遵守如下规范。

① 设备在安装前应进行检验，设备外形尺寸、设备内主板及接线端口的型号、规格符合设计规定，备品备件齐全。

② 按照图纸，将设备放置在安全岛内各自的安装位置上，道闸用 M12 膨胀螺栓固定于混凝土基座上，放置设备时应保护下面的管线。

③ 按如下步骤安装设备：

- 按照图纸确认设备位置无误后，用铅笔将设备底座安装孔描画在安装平面上，并标记中心点，然后移开设备。
- 用 ϕ12mm 冲击钻头的电锤垂直向下打安装孔，孔深为 10cm，钻出的土石应及时清理干净，确保打好的孔中没有杂物。
- 将国标规格的 ϕ12mm 膨胀螺钉压入每个安装孔中，并用螺母固定，要求固定好的膨胀

螺钉不能随螺母一起转动，且露出的螺杆部分应小于4cm。旋掉膨胀螺钉上的螺母并保存好，将设备放入安装位置，要求螺杆均插入底座固定孔。

- 在每个螺杆上放置一个外径大于20mm的平垫片及一个弹簧垫片，用螺母锁紧。
- 设备固定好后，用手轻推设备，确保设备安装牢固。

4．中心管理设备安装

① 按照图纸连接主机、交换机、路由器、电源等设备。
② 设备安装应紧密、牢固，紧固件应做防锈处理。
③ 压线连接应正确无误且牢固、可靠。

5．系统联网调试

系统联网调试应从如下几个方面进行：

① 用铁板或汽车分别压在出入口的地感线圈、防砸车感应线圈上，检测线圈是否有反应，并检查环路感应器的灵敏度。

② 使用不同的车牌号检查车牌识别摄像机对有效号码和无效号码的识别能力。对有效号码的识别率应大于98%。

③ 检查出入口车牌识别摄像机的识别距离和灵敏度，应符合设计要求。

④ 检查出入口自动栏杆的升降速度是否符合设计要求。

⑤ 检查停车场上位机软件是否对出入情况有记录。

4.5.3　基于车牌识别的智能停车场部署

车牌识别系统设备连接

1．网络架构

通过车牌识别对车牌进行注册、管理，并且通过设置收费标准实现停车收费的功能。为减少安装布线复杂度，提升项目实施进度，本系统的识别部分拟采用高度集成化的车牌识别一体机。一体机集成了车牌识别摄像机、LED补光灯、费用显示屏等设备，基于车牌识别的智能停车场网络架构如图4.5.13所示。

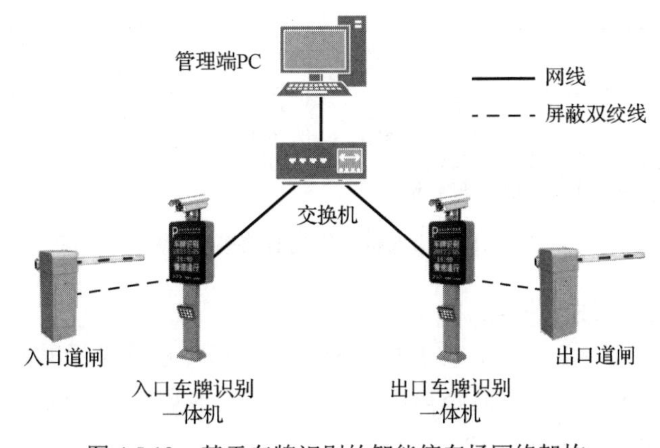

图4.5.13　基于车牌识别的智能停车场网络架构

2．安装与接线

安装时需注意车牌识别一体机的尺寸，确保留有充足的空间，其产品尺寸如图4.5.14所示。

图 4.5.14　车牌识别一体机尺寸示意图

摄像机与控制器的接线按图 4.5.15 进行。

计费工作模式接线图

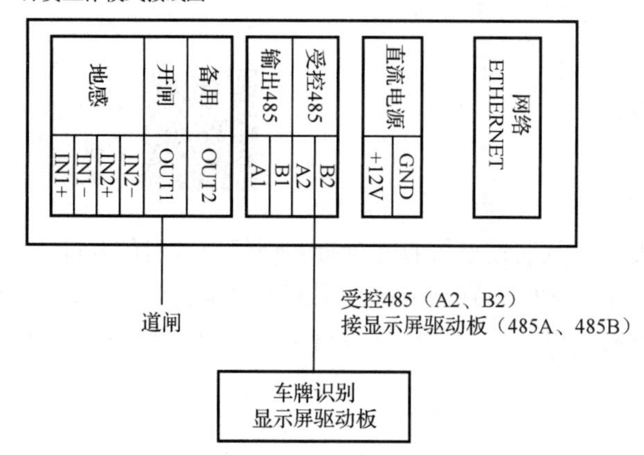

端口说明：

标识	说明
网络 ETHERNET	TCP/IP网口
直流电源 +12V GND	12V直流电源输入
受控485 A2、B2	脱机功能信息输出端口
输出485 A1、B1	车牌识别信息输出端口
备用OUT2	备用电器信号输出
开闸OUT1	开闸电器输出
地感IN1-/IN1+	备用地感信号输入
地感IN2-/IN2+	地感信号输入

使用说明：

1. 摄像机（受控485，A2、B2）接驱动板（485A、485B），串口2波特率设置为9600；
2. 摄像机具备两种工作应用模式，通过上位机软件根据需求进行切换；
3. 地感信号输入为高电平触发模式，支持5～24V输入。

图 4.5.15　摄像机与控制器的接线示意图

显示屏与控制器的接线按图 4.5.16 进行。

驱动板有两路扬声器输出端口，接其中一路端口即可。根据显示屏模组的箭头方向，插入通信排线。模组供电为+5V。注意两路扬声器输出端口不能短路，否则会损坏驱动板。

完成接线后的设备如图 4.5.17 所示。

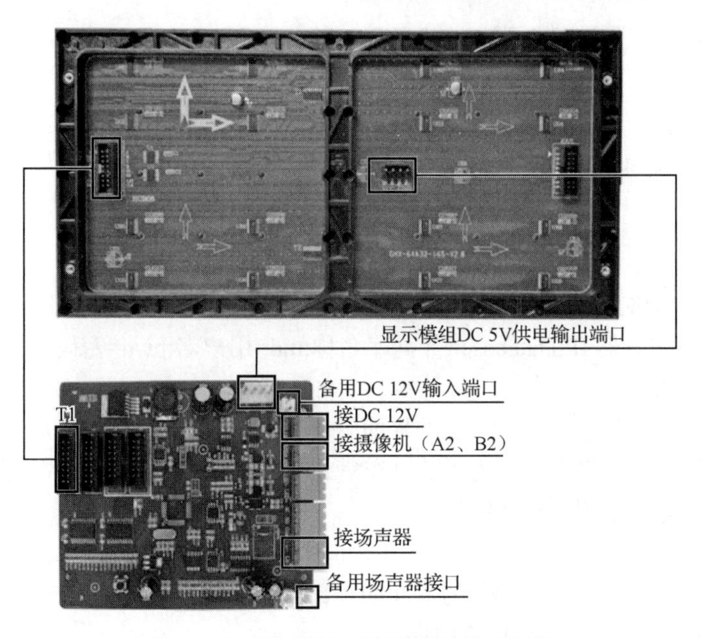

图 4.5.16 显示屏与控制器的接线示意图

图 4.5.17 完成接线后的设备

3．系统联调

为了完成车牌识别系统的调试，需按照图 4.5.18 所示步骤进行相应设置。

图 4.5.18 系统联调步骤

（1）设置数据库

登录 SQL Server 数据库，创建登录名及数据库，并导入数据库脚本，在程序根目录下找到 ParkingLotManager.exe.config 文件，用记事本或其他文字编辑工具打开，更改连接字符串，如图 4.5.19 所示。

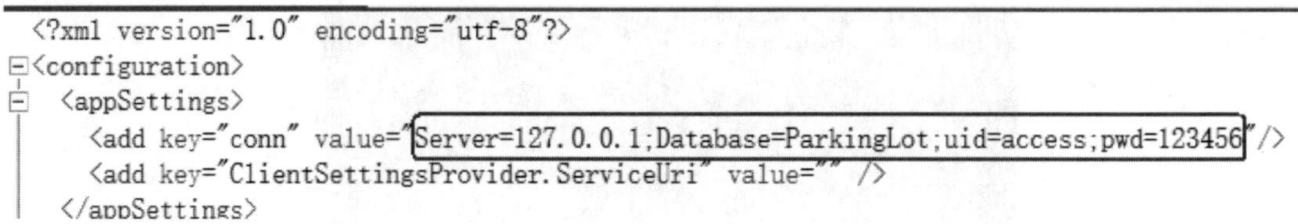

```
<?xml version="1.0" encoding="utf-8"?>
<configuration>
  <appSettings>
    <add key="conn" value="Server=127.0.0.1;Database=ParkingLot;uid=access;pwd=123456"/>
    <add key="ClientSettingsProvider.ServiceUri" value="" />
  </appSettings>
```

图 4.5.19　数据库设置

其中连接字符串格式为：

Server=数据库服务器 IP;Database=数据库名称;uid=用户名;pwd=密码

（2）添加停车场

选择“停车场管理”菜单，在弹出的界面上单击“选项”，选择“添加停车场”。填写停车场名字，并设置放行模式等参数。为了测试车牌识别的有效性，将自动放行模式设置为临时车模式，停车场管理界面如图 4.5.20 所示。

（3）添加设备

选择“设备管理”菜单，在弹出的界面的顶部菜单中选择“选项”→“添加设备”菜单，将会弹出添加设备的界面，如图 4.5.21 所示。

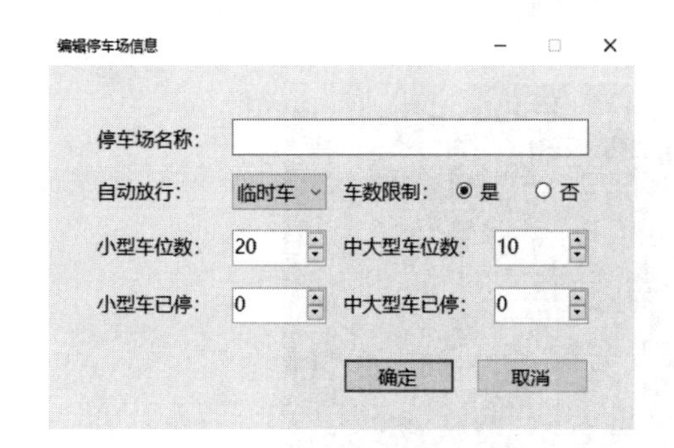

图 4.5.20　停车场管理界面

图 4.5.21　添加设备界面

分别添加两台摄像机作为出入口识别设备，随后在设备列表中分别选中设备，单击鼠标右键，在弹出的快捷菜单中选择“分配到停车场”，选择刚才添加的停车场，如图 4.5.22 所示。

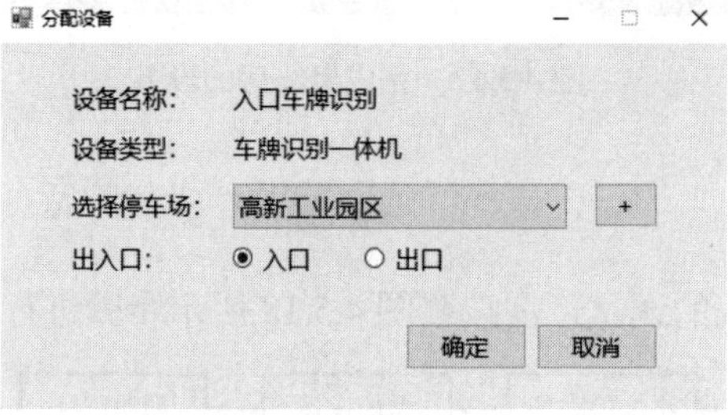

图 4.5.22　分配到停车场界面

如果没有添加停车场，可以单击“选择停车场”的下拉列表框右侧按钮添加。

（4）启动监控

确保设备与上位机处于同一个网段，选择“停车场管理”菜单，在停车场列表中选中刚添加的停车场，单击右键，在弹出的快捷菜单中选择“启动监控”，在监控界面上单击“启动”按钮，如图 4.5.23 所示。

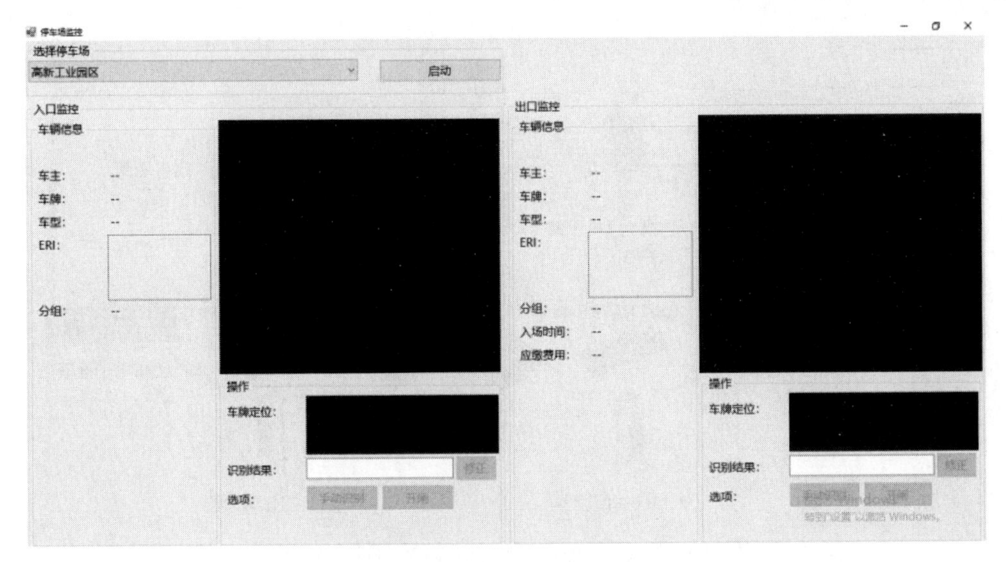

图 4.5.23　监控界面

若启动成功，则将看到实时图像。将车牌置入识别摄像机视野内，如配置正确（停车场需设置为临时车模式），则道闸开启。同时在监控界面中可看到识别的车辆信息。

（5）查看记录

在记录管理界面中查询刚才识别的车牌号，可按车牌号及车主姓名搜索记录，如图 4.5.24 所示。

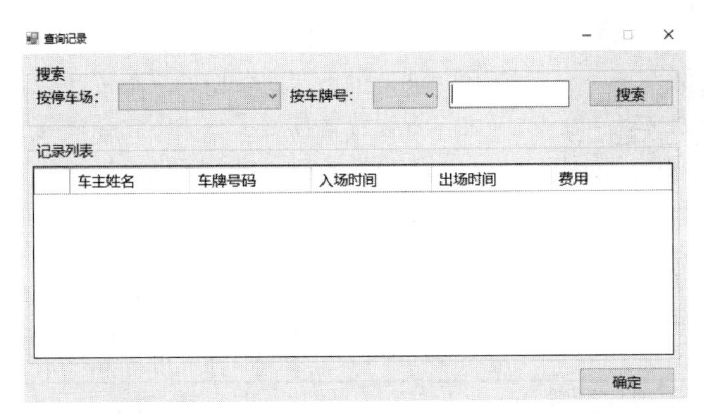

图 4.5.24　记录管理界面

4.5.4　基于电子车牌的智能停车场部署

车牌双重识别

1. 网络架构

基于电子车牌的智能停车场，通过 UHF 标签模拟机动车电子标识及阅读器，实现车辆的数字化管理，具备身份验证、充值、扣费等功能，其网络架构如图 4.5.25 所示。

电子标识及阅读器属于管制设备，因此在实训环节中采用 UHF 电子标签和阅读器模拟电子车牌。同时，由于车牌识别一体机无法进行权限判断，所以需通过相关转接设备将 RS-232 信号输出的卡号转换为 TCP/IP 后，再传输到服务器进行权限判断。如果判断车牌有效，则向一体机的控制器发送开闸指令，同时服务器进行记录、扣费等操作。

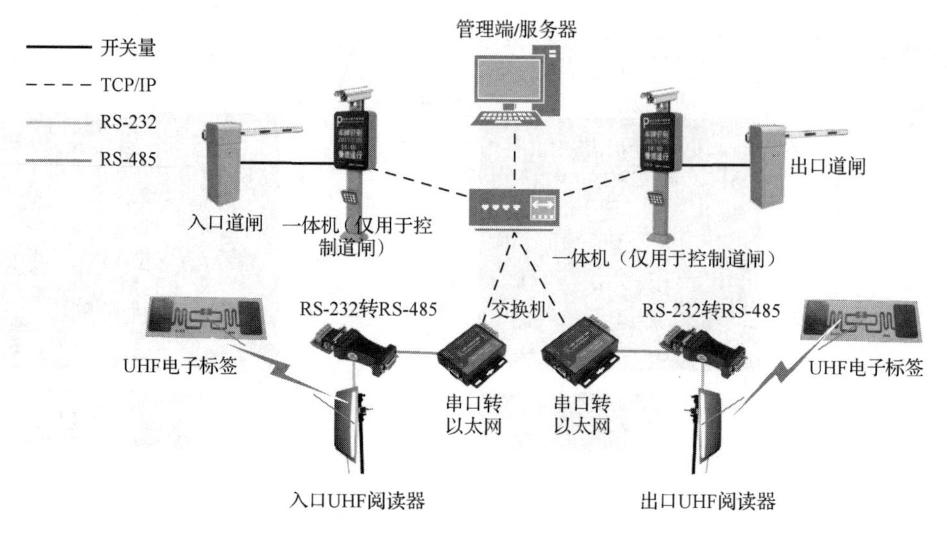

图 4.5.25　基于电子车牌的智能停车场网络架构

2. 安装与接线

（1）电子车牌的安装

机动车电子标识安装的总体方位应正面朝向机动车前方，采用粘贴方式附着于汽车前风窗玻璃内侧，如图 4.5.26 所示。

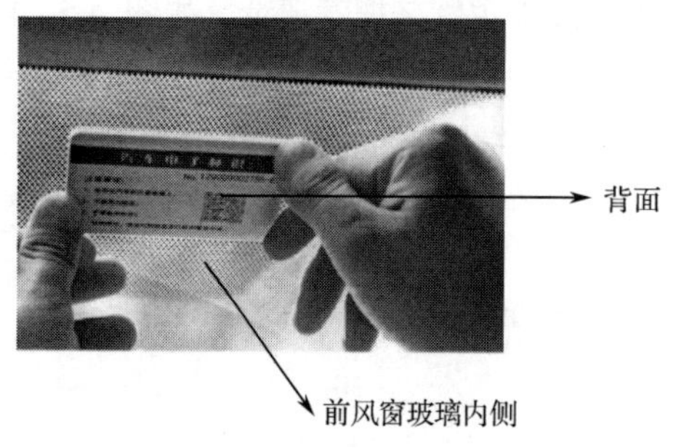

图 4.5.26　电子标识安装的总体方位

（2）有电波窗口的车辆

汽车前风窗玻璃含有金属离子，能对超高频和微波产生一定的阻挡。汽车生产厂家在前风窗玻璃的后视镜位置预留了一块不含金属离子的部分，这部分称为电波窗口。机动车电子标识宜安装在电波窗口居中靠右的位置，外边沿与电波窗口边沿间隙应不小于 1cm，其中，上边沿与前风窗玻璃上沿距离 a 应大于或等于 4cm，左边沿与前风窗玻璃垂直中轴线距离 b 宜小于或等于 10cm，如图 4.5.27 所示。

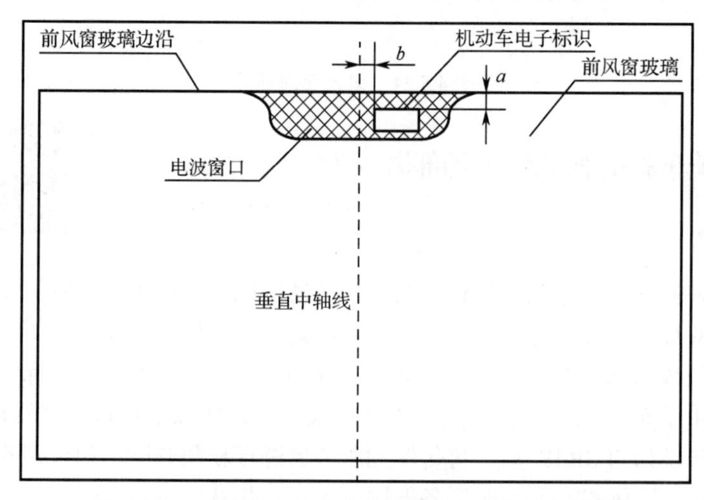

图 4.5.27　有电波窗口的车辆电子标识安装具体位置

（3）无电波窗口的车辆

① 小型客车、中型客车及小型货车。

机动车电子标识宜安装在后视镜背部靠右的位置，上边沿与前风窗玻璃上沿距离 *a* 应大于或等于 4cm，左边沿与前风窗玻璃垂直中轴线距离 *b* 宜小于或等于 10cm，如图 4.5.28 所示。

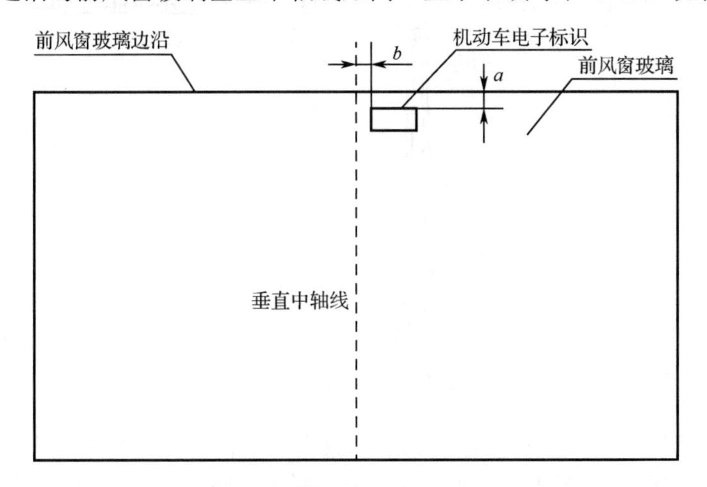

图 4.5.28　无电波窗口的中小型车辆电子标识安装具体位置

② 大型客车、中型货车、大型货车及低速载货汽车。

机动车电子标识宜安装在后视镜背部靠右的位置，上边沿与前风窗玻璃上边沿距离 *a* 应大于或等于 15cm，左边沿与前风窗玻璃垂直中轴线距离 *b* 应小于或等于 10cm，如图 4.5.29 所示。

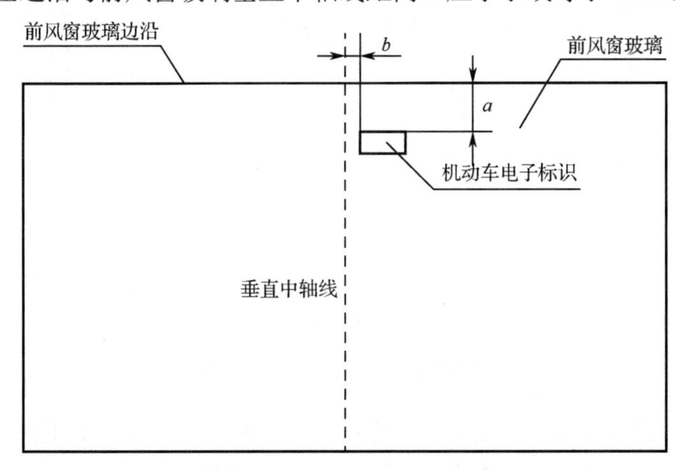

图 4.5.29　无电波窗口的大中型车辆电子标识安装具体位置

（4）读写设备（电子车牌阅读器）的安装

根据安装及使用环境的不同，读写设备的安装方式主要分为悬臂式、门架式、柱式、移动式四种。《机动车电子标识读写设备安装规范》（GB/T 35785—2017）规定安装环境需满足如下条件：

- 避开强电磁场的干扰。
- 在安装点 50m 范围内的其他 920～925MHz 无线射频信号场强低于 7μV/m。
- 安装后读写设备射频信号不被遮挡，不影响其他交通设施。
- 读写设备及安装杆件不侵入道路通行净空限界范围。

① 悬臂式。读写设备安装在与立杆顶部连接的横向悬臂上，悬臂横跨路面上空，常见于城市道路、公路和高速公路，如图 4.5.30 所示。安装在立杆上时，净空高度宜大于等于 2.5m；安装在横杆上时，净空高度大于等于 5.5m。

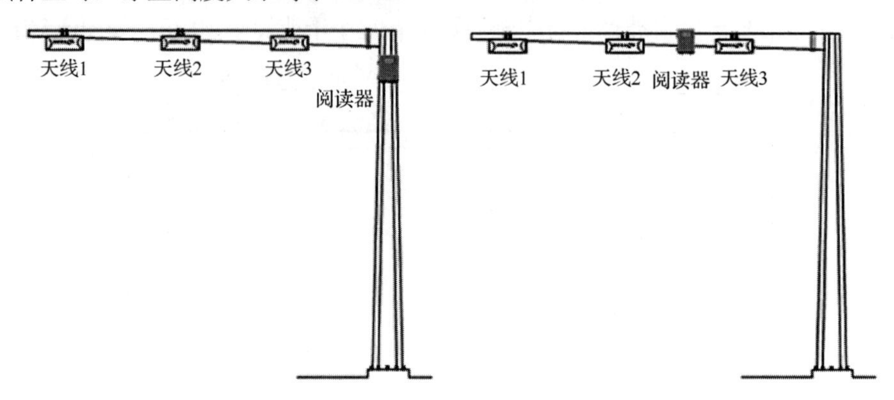

图 4.5.30　悬臂式安装示意图

② 门架式。读写设备安装在门形支架的横梁上，纵向支撑杆分别固定在道路两侧，常见于公路和高速公路路段，如图 4.5.31 所示。安装于桥梁、隧道、涵洞中时，净空高度不得低于道路限高；天线单元净空高度不宜大于 7m。

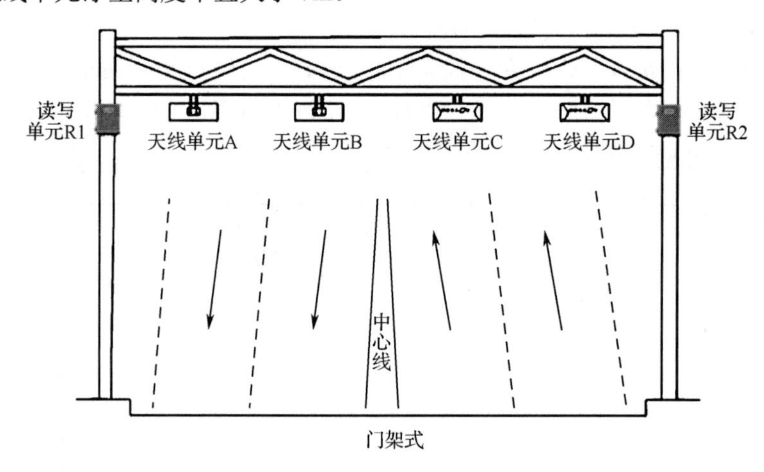

图 4.5.31　门架式安装示意图

③ 柱式。读写设备直接固定安装在路侧的柱式立杆上。柱式安装的最大优势是占用空间小，常见于社会区域，如小区停车场出入口，如图 4.5.32 所示。

④ 移动式。该种安装方式极其灵活，读写单元固定在汽车内，天线单元通过杆件固定在汽车顶部，常用于车辆信息的移动采集、缉查布控等，如图 4.5.33 所示。

（5）超高频阅读器的接线

对于基于车牌识别的智能停车场管理系统而言，本系统新增了 UHF 阅读器的接线，因此其余部分的接线不再赘述。UHF 阅读器的接线方式如图 4.5.34 所示。

为了与车牌识别一体机统一接口，方便程序开发，UHF 阅读器使用了串口服务器，将串口转换为 TCP/IP 连接，其连接实物图如图 4.5.35 所示。

至此，该停车场同时支持车牌图像识别与电子车牌识别两种方式，如图 4.5.36 所示。

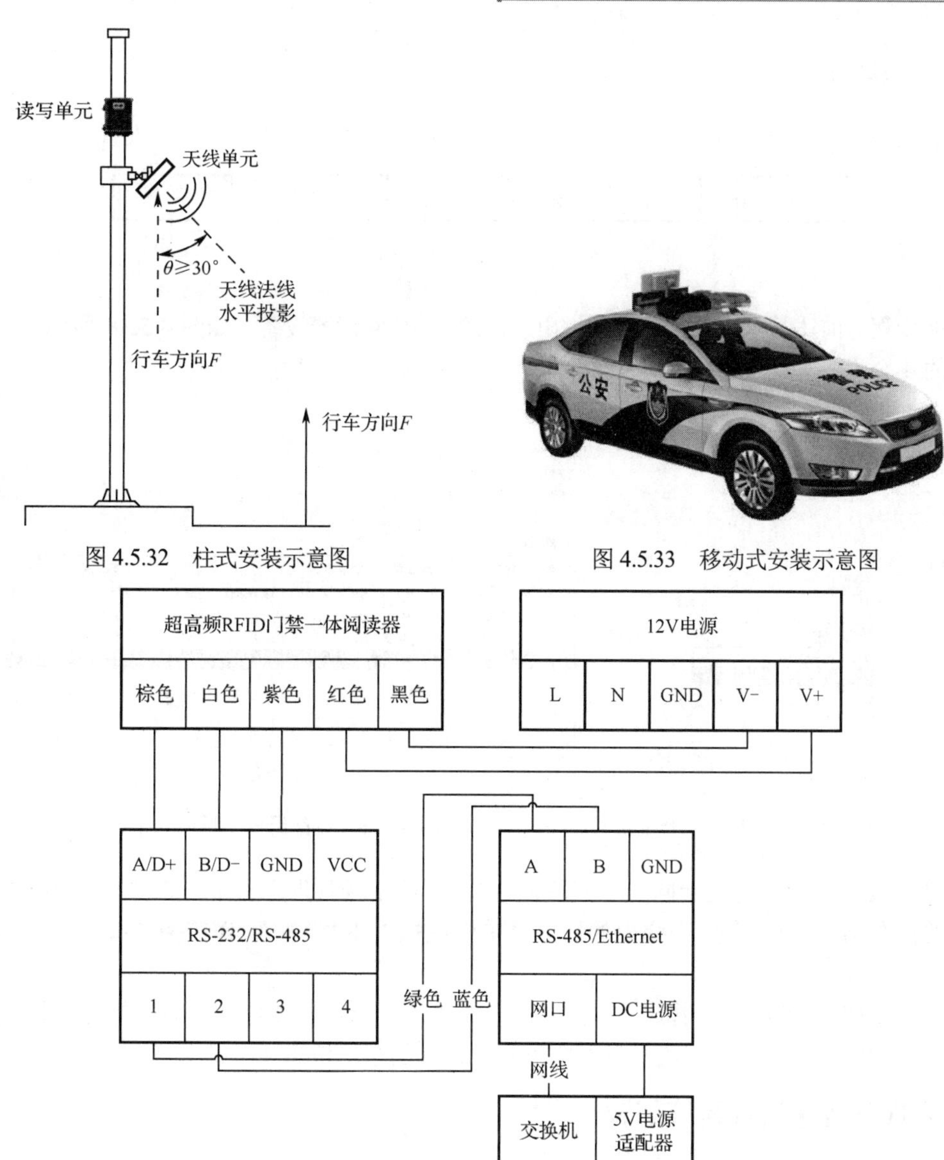

图 4.5.32　柱式安装示意图

图 4.5.33　移动式安装示意图

图 4.5.34　UHF 阅读器的接线方式

图 4.5.35　UHF 阅读器的连接实物图

图 4.5.36　支持图像识别和电子车牌识别的道闸

3. 系统联调

为了完成电子车牌识别系统的调试，需按照图 4.5.37 所示步骤进行相应设置。

图 4.5.37 系统联调步骤

联调步骤与前述基本一致，仅需添加出入口的 UHF 阅读器设备，如图 4.5.38 所示，分配给停车场的 4 个设备如图 4.5.39 所示。

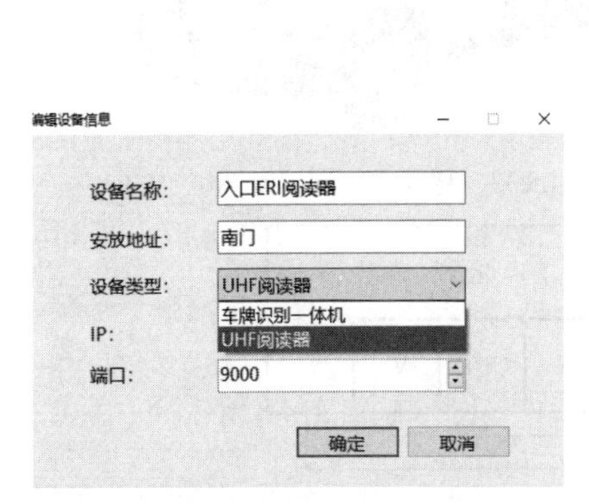

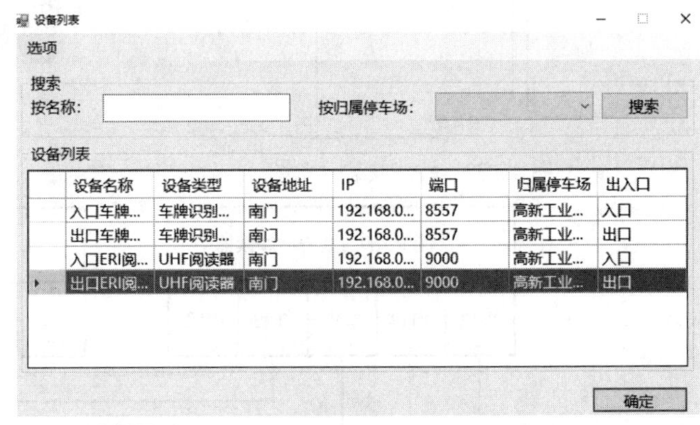

图 4.5.38 添加出入口的 UHF 阅读器设备

图 4.5.39 分配给停车场的 4 个设备

为确保设备与上位机处于同一个网段，选择 “停车场管理” 菜单，在停车场列表中选中刚添加的停车场，单击右键，在弹出的快捷菜单中选择“启动监控”，在监控界面上单击“启动”按钮。

将一张 UHF 标签贴在车牌后面，同时置入车牌识别摄像机视野和 UHF 阅读范围内，如配置正确，道闸将开启。同时在监控界面中可看到识别的车辆信息（包括 ERI 信息）。

4.5.5 ETCP 停车管理系统部署

1. 网络架构

将 ETC 系统安装于停车场出入口，则可实现不停车即收费的无感支付，其网络架构如图 4.5.40 所示。

2. 安装与接线

（1）OBU 的安装

OBU 是指由路侧设备（OBE）与 IC 卡组成的，通过 DSRC 与 RSU 通信的微波装置。IC 卡用于 ETC 的支付，作用类似银行卡。OBE 既是电子标签（相对于 RSU），又是阅读器（相对于 IC 卡），可采用接触式或非接触式（HF 频段）读写 IC 卡数据，再通过 DSRC 传输到 RSU。OBE 外部的主要部分如图 4.5.41 所示。

与电子车牌类似，OBU 同样应安装在电波窗口适合的位置。部分车主自行贴的防爆膜含有金属丝，同样会降低微波通信能力。在这种情况下，需要用小刀在防爆膜上割下一小块用作电波窗口，如图 4.5.42 所示。

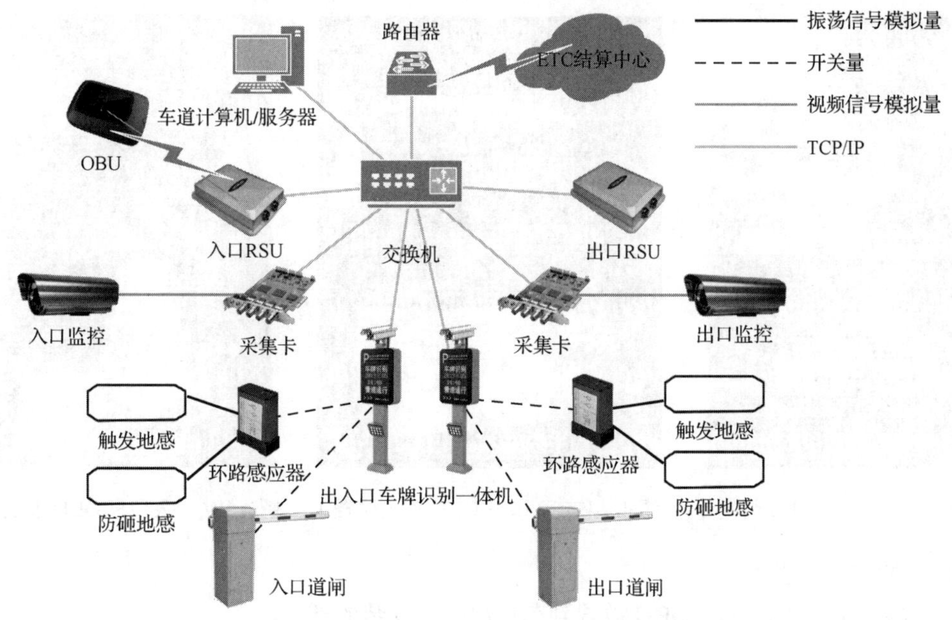

图 4.5.40 ETCP 停车管理系统网络架构

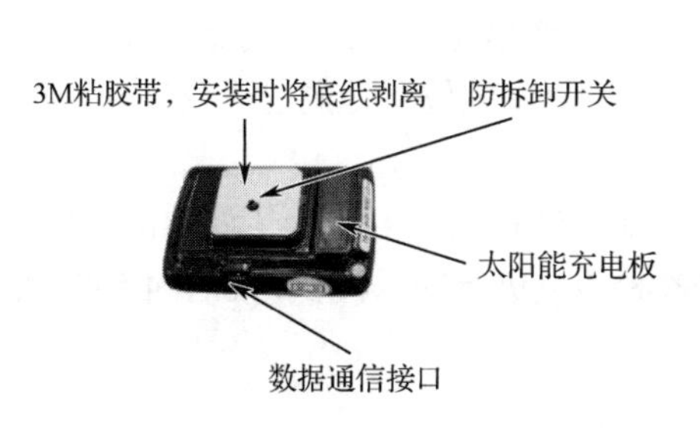

图 4.5.41 OBE 外部的主要部分

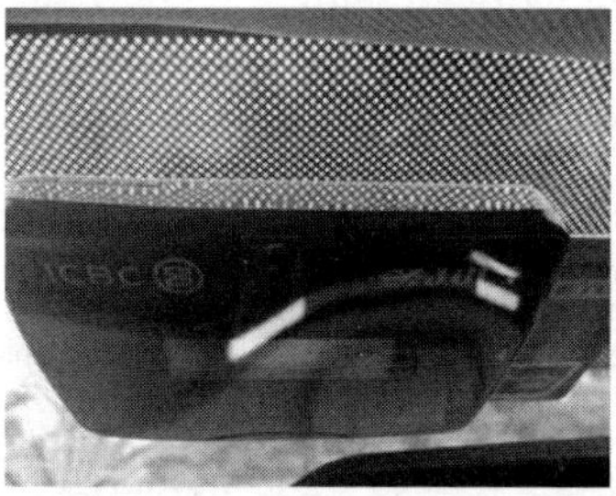

图 4.5.42 OBU 安装在电波窗口适合位置的示意图

小型汽车的 OBU 安装参数如图 4.5.43 所示。

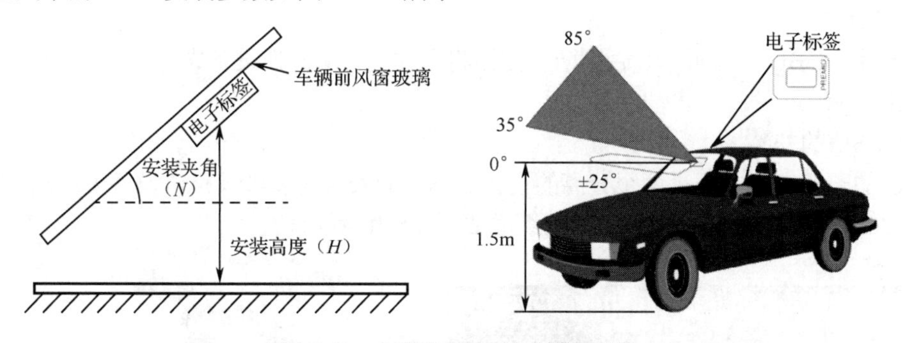

图 4.5.43 小型汽车的 OBU 安装参数

中型车辆建议将电子标签安装在前风窗玻璃的中间上方、后视镜后面，如图 4.5.44 所示。

大型车辆可以将电子标签安装在前风窗玻璃的中间上方、后视镜后面，如图 4.5.45 所示；同时为方便驾驶员插拔 IC 卡，也可将电子标签安装在雨刷器上方，如图 4.5.46 所示。

图 4.5.44　中型车 OBU 安装位置

图 4.5.45　大型车 OBU 安装位置 1

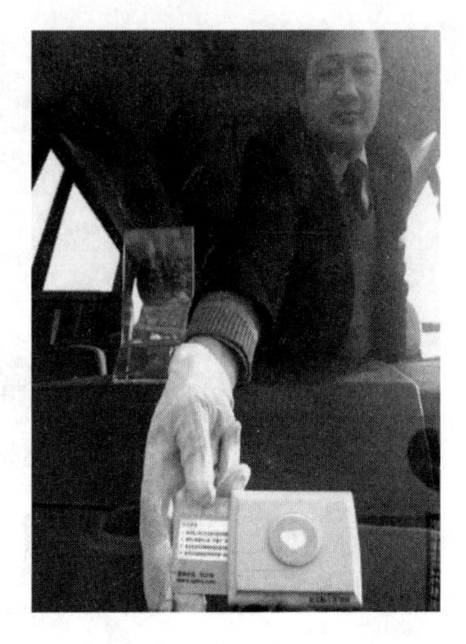

图 4.5.46　大型车 OBU 安装位置 2

OBU 的安装步骤如下：

① 安装 OBU 前，先将 OBU 放置到车辆内将要安装的部位。

② 用便携式 ETC 终端对 OBU 进行交易测试，查看车辆前风窗玻璃是否会减弱或阻挡微波通信链路的信号传输。

③ 用便携式 ETC 终端对 OBU 进行检测，其正常通信距离应能达到 2～4m。

④ 用无水酒精（乙醇浓度 95%～99.5%为佳）喷洒安装位置处的前风窗玻璃，再用干布或者纸巾擦拭，确保安装位置干净无灰尘。

⑤ 把 3M 粘胶带底纸剥下，将电子标签小心地安装在已经测试确认过的部位。

OBU 安装完成后，需要工作人员用手持设备激活及进行交易测试，如图 4.5.47 所示，具体步骤如下：

① 将 IC 卡插入 OBU，检测 OBU 是否正常工作。

② 用便携式 ETC 终端完成 OBU 的防拆卸激活。

③ 用便携式 ETC 终端对 OBU 进行交易测试，确认已安装的 OBU 工作正常，OBU 内信息与车辆相符。

激活后的 OBU 不可拆卸，否则防拆按钮将会弹起，从而使设备失效，此时 OBU 需要重新安装后再次激活。

（2）RSU 的安装

RSU 的天线与控制器是两个分离的设备，RSU 的安装主要涉及路侧设备天线端、支架及若干 M10×20 的螺钉等部件，天线支架的组成如图 4.5.48 所示。

图 4.5.47　工作人员激活 OBU

图 4.5.48　天线支架的组成

RSU 天线的安装由以下步骤组成：

① 将支架通过 4 个 M10×20 的螺钉固定在杆上，如图 4.5.49 所示。

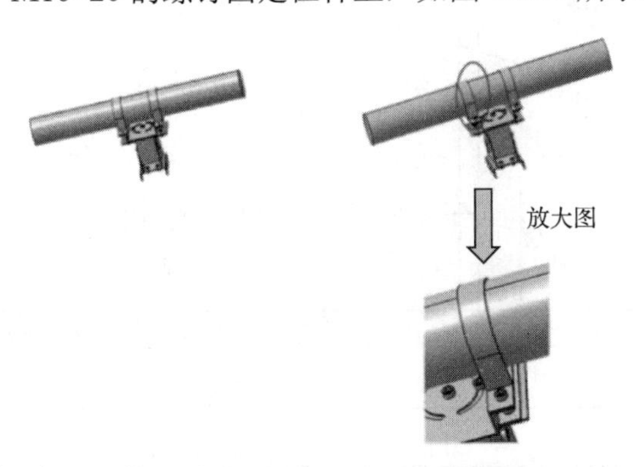

图 4.5.49　支架的固定

② 将 RSU 天线端固定到支架上，如图 4.5.50 所示。

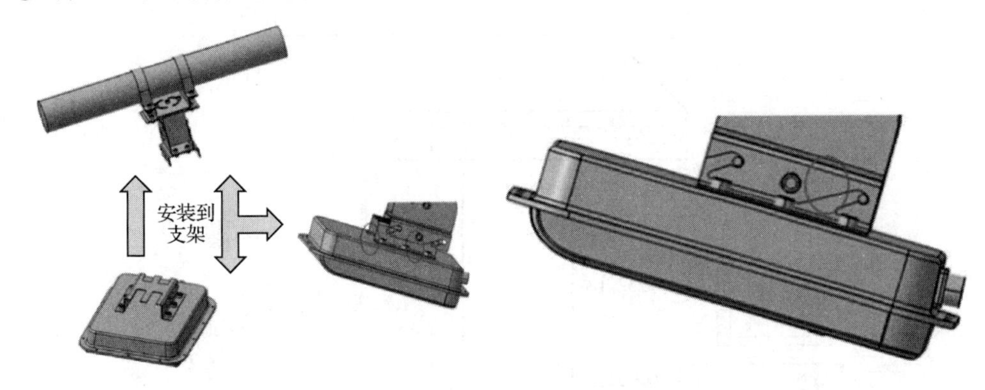

图 4.5.50　天线端的固定

③ 按如图 4.5.51、图 4.5.52 所示调试天线的辐射角度，以满足通信的需要。

图 4.5.51　天线辐射角度的调整方式

（3）RSU 的接线

由于 RSU 是远距离读写设备，为了供电充足保证发射功率，需要调整发射方位以便正对来车方向，因此将 RSU 设计成天线与控制器分离的形式。天线与控制器的接线方式如图 4.5.53 所示。

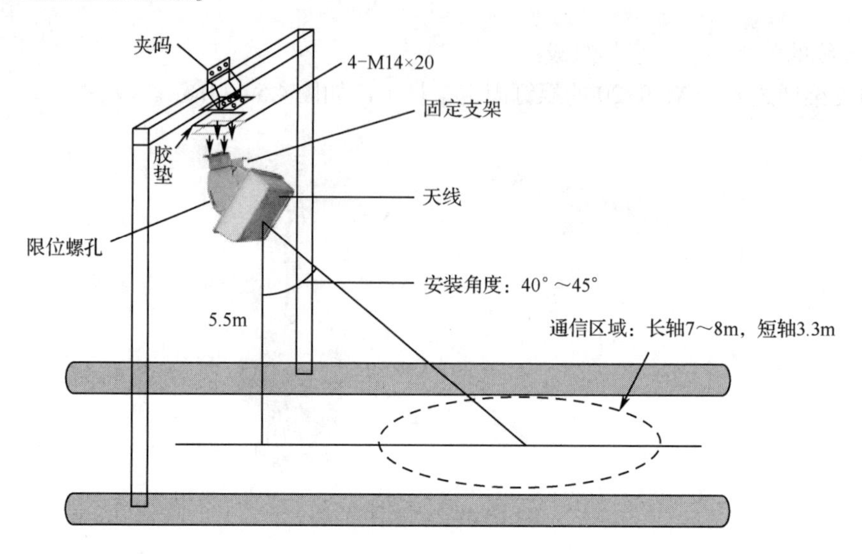

图 4.5.52　天线安装参数

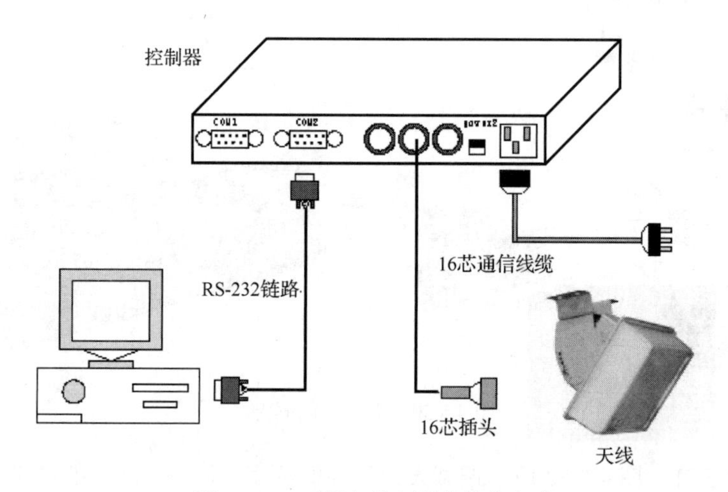

图 4.5.53　天线与控制器的接线方式

3. 通信的调整与测试

（1）通信范围的调整方法

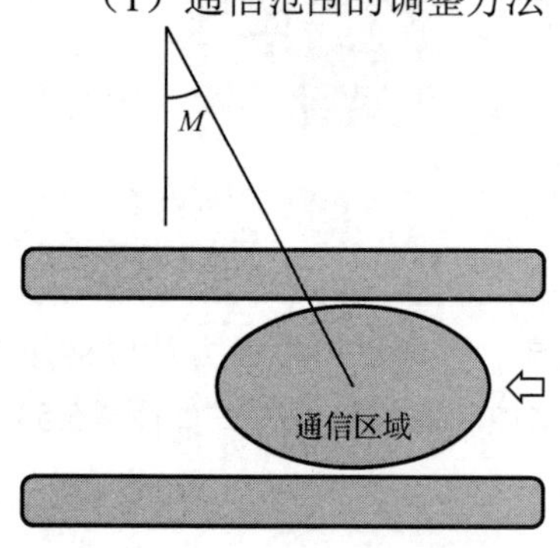

图 4.5.54　通信范围示意图

RSU 的通信范围与天线和垂直方向的夹角及发射功率相关，如图 4.5.54 所示，因此通信范围的调整应按如下思路进行：

① 夹角（*M*）的范围为 40°±15°，同时天线应正对车道。

② 通信区域在地面的范围形成一个不规则的椭圆。

③ 夹角 *M* 增大，整个椭圆通信区域就向前平移，通信区域就更大，但相应的通信区域的通信强度减弱。

④ 在夹角固定的条件下，通信区域的大小和信号的强弱与 DSRC 微波天线的功率强度有关。功率强度可以通过软件来设置，范围为 0～30dBm，功率强度值越大，通信强度和可通信范围越大。

（2）通信的测试方法

测试人员沿正对天线的方向逐渐远离天线，每隔 0.5m 进行一次测试，观察能否识别到标签，到离天线 3m 处为止。以 3m 为半径画圆，在圆周上每隔 0.5m 为一个采集点进行测试，通信测试示意图如图 4.5.55 所示。

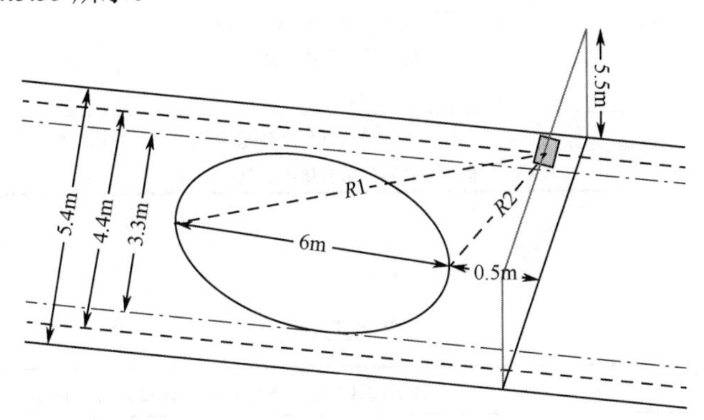

图 4.5.55 通信测试示意图

如可通信半径过小，则应当增大天线夹角；如最远端信号较弱，则可增大发射功率，但最大功率不得超过 30dBm，否则会对人体造成损害。

【小知识】分贝

分贝是度量两个相同单位的数量比例的单位，主要用于度量声音强度，常用 dB 表示。在无线电领域功率用毫瓦分贝表示，毫瓦分贝（dBm）为一个指代功率的绝对值，不同于 dB，dB 只是一个相对值。功率（P，mW）与毫瓦分贝的换算关系为：

$$\mathrm{dBm}=10\lg\frac{P}{1\mathrm{mW}} \quad 即 \quad P=(1\mathrm{mW})10^{\frac{\mathrm{dBm}}{10}}$$

则 RSU 的最大发射功率为：

$$P_{\max}=(1\mathrm{mW})10^{\frac{30\mathrm{dBm}}{10}}=10^3\mathrm{mW}=1000\mathrm{mW}=1\mathrm{W}$$

【任务实施】

根据任务计划，按照任务实施方案，并完成任务实施。

任务实施单

项目名称	智慧园区智能停车场管理系统设计与实施	
任务名称	智能停车场管理系统部署	
序　　号	实 施 步 骤	步 骤 说 明
1	学习智能停车场设备安装规范及步骤	（1）智能停车场管理系统部署准备与施工计划 （2）基于车牌识别的智能停车场部署 （3）基于电子车牌的智能停车场部署 （4）ETCP 停车场管理系统部署
2	制订安装计划	（1）清点设备 （2）列举安装计划 （3）列举工具清单及调试软件

续表

序　号	实施步骤	步骤说明
3	系统部署	（1）设备定位 （2）管线预埋 （3）设备安装与接线 （4）网络配置与上位机安装 （5）系统联调
4	功能测试	以表格的形式列举系统功能测试点、测试过程、预期结果、输出结果、测试结果，经实际测试后填写表格

【任务工单】

任务工单

项目	智慧园区智能停车场管理系统设计与实施		
任务	智能停车场管理系统部署与实施		
班级		小组	
团队成员			
得分			

（一）关键知识引导

1．停车场出入口有哪些布局？不同布局下的各种设备安装位置是什么？

2．停车场出入口施工需要满足哪些要求？

3．基于车牌识别的智能停车场网络拓扑结构是什么？如何进行安装与接线？有哪些安装要求？如何进行系统联调？

4．基于电子车牌的智能停车场网络拓扑结构是什么？如何进行安装与接线？有哪些安装要求？如何进行系统联调？

5．ETCP 智能停车场网络拓扑结构是什么？如何进行安装与接线？有哪些安装要求？如何进行系统联调？

（二）任务实施完成情况

步　骤	任务内容	完成情况
学习智能停车场设备安装规范及步骤	（1）智能停车场管理系统部署准备与施工计划 （2）基于车牌识别的智能停车场部署 （3）基于电子车牌的智能停车场部署 （4）ETCP 停车场管理系统部署	
制订安装计划	（1）清点设备 （2）列举安装计划 （3）列举工具清单及调试软件	
系统部署	（1）设备定位 （2）管线预埋 （3）设备安装与接线 （4）网络配置与上位机安装 （5）系统联调	
功能测试	以表格的形式列举系统功能测试点、测试过程、预期结果、输出结果、测试结果，经实际测试后填写表格	

续表

（三）任务检查与评价

<table>
<tr><th rowspan="2">评价项目</th><th rowspan="2" colspan="2">评价内容</th><th rowspan="2">配分</th><th colspan="3">评价方式</th></tr>
<tr><th>自我
评价</th><th>互相
评价</th><th>教师
评价</th></tr>
<tr><td rowspan="4">方法能力
（20分）</td><td colspan="2">能够明确任务要求，掌握关键引导知识</td><td>5</td><td rowspan="4"></td><td rowspan="4"></td><td rowspan="4"></td></tr>
<tr><td colspan="2">能够正确清点、整理任务设备或资源</td><td>5</td></tr>
<tr><td colspan="2">掌握任务实施步骤，制订实施计划，时间分配合理</td><td>5</td></tr>
<tr><td colspan="2">能够正确分析任务实施过程中遇到的问题并进行调试和排除</td><td>5</td></tr>
<tr><td rowspan="5">专业能力
（60分）</td><td colspan="2">能列举系统部署的步骤</td><td>5</td><td rowspan="5"></td><td rowspan="5"></td><td rowspan="5"></td></tr>
<tr><td colspan="2">能列举部署所需要的工具及调试软件</td><td>5</td></tr>
<tr><td colspan="2">能识读安装接线图，正确完成接线，满足相关要求</td><td>30</td></tr>
<tr><td colspan="2">能安装上位机软件并使系统整体可运行</td><td>10</td></tr>
<tr><td colspan="2">能进行系统测试并填写测试结果</td><td>10</td></tr>
<tr><td rowspan="6">职业素养
（20分）</td><td rowspan="2">安全操作与工作规范</td><td>操作过程中严格遵守安全规范，注意断电操作</td><td>5</td><td rowspan="2"></td><td rowspan="2"></td><td rowspan="2"></td></tr>
<tr><td>严格执行6S管理规范，积极主动完成工具和设备的整理</td><td>5</td></tr>
<tr><td rowspan="2">学习态度</td><td>认真参与教学活动，课堂上积极互动</td><td>3</td><td rowspan="2"></td><td rowspan="2"></td><td rowspan="2"></td></tr>
<tr><td>严格遵守学习纪律，按时出勤</td><td>3</td></tr>
<tr><td rowspan="2">合作与展示</td><td>小组之间交流顺畅，合作成功</td><td>2</td><td rowspan="2"></td><td rowspan="2"></td><td rowspan="2"></td></tr>
<tr><td>语言表达能力强，能够正确陈述基本情况</td><td>2</td></tr>
<tr><td colspan="3">合 计</td><td>100</td><td></td><td></td><td></td></tr>
</table>

（四）任务自我总结

任务实施过程中遇到的问题	解 决 方 式

【任务拓展】

1. 将电子车牌与车牌图像识别结合，实现查验套牌车的功能，简述实现思路。
2. 如果设备与上位机不在同一个局域网内，如何实现互通？列出配置步骤。

任务4.6 智能停车场管理系统验收与维护

【任务描述与要求】

任务描述：本任务需要对已完成部署的智能停车场管理系统进行内部预验收，以确保能通过甲方的正式验收。交付甲方后，在维护期内需要对出现的问题进行排查、诊断与修复。

任务要求：

- 列举验收所需资料清单；
- 对设备功能正常性、系统功能正常性进行检测；
- 根据检测过程填写相关验收资料；
- 现场演示系统的操作。

【任务资讯】

4.6.1 智能停车场管理系统工程验收方法

1. 验收流程

正式验收前需规划好验收流程。首先，由乙方准备测试大纲，在内部进行测试，做好问题记录并修复；其次，进行系统的试运行，进一步排查故障，并记录问题；最后，确定系统能稳定运行后，组织甲方和有关人员进行系统验收，并做好培训、售后维护等工作，同时应将测试大纲、测试报告、问题记录、试运行记录、培训记录等文档一并交付。

2. 验收内容

（1）验收要点

① 严格遵照合同和国家的有关规定，对系统的全部指标进行检验，并出具验收测试内容清单。如系统的任意部分在测试中不合格，乙方都需进行改正，并按要求测试直至没有问题。

② 停车场管理系统设备应全部进行检测，检测结果符合设计要求为合格，被检设备的合格率应为100%。

③ 护套线材全部为铜芯线缆，线缆上要有清晰的长度计量标识，所有线缆要有检测报告。护套线缆按《电线电缆燃烧试验方法》（GB 12666—1990）标准及《电工软铜绞线》（GB/T 12970.2—2009）的标准进行检测。额定电压 450/750V 及以下聚氯乙烯绝缘电缆需加印“CCC”认证标识。

④ 设备材料应根据设计要求选型，必须附有产品合格证、质检报告、安装及使用说明书等。并经国家3C认证，具有3C认证标识。如果是进口产品，则需提供进口商品商检证明。

（2）交付文档

在施工图的基础上，将系统的最终设备，终端元器件的型号名称、安装位置、线路连接正确标注在系统设备分布图上，同时要向甲方提供完整的系统框图、系统试运行日登记表等技术资料，以便为以后系统的提升和扩展、系统的维护提供有据可查的文字档案，以下是需向甲方提供的系统验收文件的目录。

① 工程验收书。

② 系统框图。

③ 设备布置图。

④ 系统管线图。

⑤ 系统各设备接线图。

⑥ 系统说明书。

⑦ 各设备说明书。

⑧ 系统测试报表。

⑨ 系统设备合格证。

⑩ 设备清单表。

⑪ 设备配件表。

⑫ 设备保修卡。

故障排除

4.6.2 智能停车场管理系统维护

与门禁管理系统类似，智能停车场管理系统故障排查方法包括软件测试法、硬件指示灯法、替换排除法、分离排除法等，下面就智能停车场常见故障的解决办法进行介绍。

（1）车牌号识别正确，但开闸不稳定，会出现不能开闸的情况。可能的原因有：

① 线路遇到强烈干扰（如将通信线与交流电源线共管敷设）。

② 传输开关量的线路过长，超出有效通信距离（200m），信号严重衰减。

③ 读卡机控制主板接地端（信号地）与交流电源地（电源地）短路，造成通信干扰。

（2）上位机监控界面无图像。可能原因有：

① 视频卡安装不正确（注意检查驱动程序是否安装正确）。

② 摄像机没有通电或摄像机与视频卡的连线不正确。

③ 停车场软件参数（如IP地址、功能）设置不正确。

（3）将车牌靠近车牌识别摄像机，可以听到“嘀嘀”的叫声，但不能开启道闸，中文显示屏显示“无效车牌”。可能的原因有：

① 车牌号没有授权。

② 道闸与读卡机之间的起闸控制线连接不正确或没有连接。

（4）车辆经过防砸地感后，道闸不落下。可能的原因有：

① 地感线圈埋设不正确或线圈损坏、折断。

② 环路感应器的电源功率不足或感应灵敏度调节不当（过高或太低）。

③ 地感检测器的“COM”端与道闸控制器的“GND”公共地端断开或接触不良。

（5）系统断网或者客户端与服务器软件出现时断时续的脱网现象。可能的原因有：

① 服务器IP有变化。

② 服务器上的停车场管理软件未打开。

③ 客户端与服务器之间网络不正常，如有通信掉包和延时等现象，网络水晶头或交换机接口未压好，以及接触不良等。

（6）显示屏时间和信息没有更新，没有显示车牌号码和播报语音（如有该功能）。可能的原因及查找故障方法有：

① 车道显示屏和服务器网段未在同一区域网中，通过PING命令检查车道显示屏与服务器的通信状态，如网络不通或出现掉包、延迟过长，需整改网络。

② 检查显示屏线缆和语音线缆（如有）是否接好。

③ 使用万用表检查扬声器是否呈开路状态，如果是开路状态，则表明扬声器损坏。

④ 检查扬声器音量电位器或者软件设置是否处在静音状态。

（7）数据库连接失败，无法登录管理软件。可能的原因和查找故障方法有：

① 如图4.6.1所示，以Windows验证的方式登录SQL Server Management Studio，查看服务器登录名、数据库名、登录账户、登录密码后，再在上位机的数据库设置中输入正确的信息，注意不允许有汉字。

② 如图 4.6.2 所示，在 Windows 服务管理中，检查 SQL Server 服务器是否处于启动状态。

图 4.6.1　Windows 验证登录

图 4.6.2　SQL Server 服务器状态

③ 如图 4.6.3 所示，在 SQL Server 配置管理器中，检查 SQL Server 是否启动了 TCP/IP 协议。

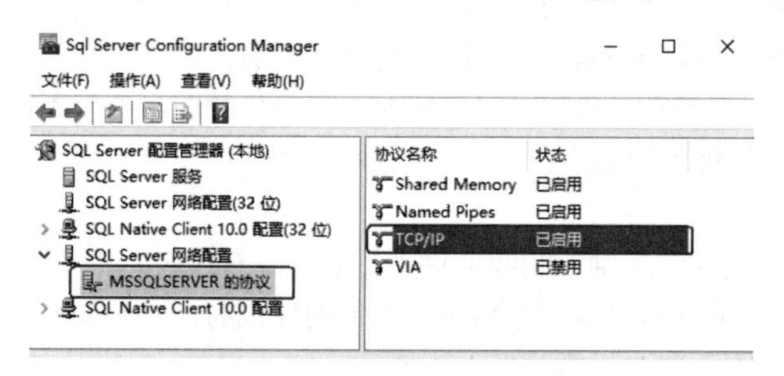

图 4.6.3　SQL Server 协议配置

④ 检查服务器防火墙、路由器等是否开放了 1433 端口。

⑤ 检查网络是否连通。

【任务实施】

根据任务计划，按照任务实施方案，并完成任务实施。

任务实施单

项目名称	智慧园区智能停车场管理系统设计与实施	
任务名称	智能停车场管理系统验收与维护	
序　号	实 施 步 骤	步 骤 说 明
1	学习智能停车场管理系统工程验收方法	（1）智能停车场管理系统工程验收流程 （2）智能停车场管理系统工程验收内容
2	准备验收文档	（1）列举验收时需要提供的文档 （2）对系统的功能进行测试，根据测试结果完善相关文档
3	现场演示	现场演示智能停车场管理系统的功能，要求一边演示，一边进行讲解

【任务工单】

任务工单

项目	智慧园区智能停车场管理系统设计与实施		
任务	智能停车场管理系统验收与维护		
班级		小组	
团队成员			
得分			

（一）关键知识引导

1. 智能停车场管理系统验收有哪些流程？需要准备哪些验收材料？
2. 智能停车场管理系统智能停车场管理系统有哪些关键验收要点？
3. 智能停车场管理系统智能停车场管理系统的常见故障及排查方法分别是什么？

（二）任务实施完成情况

步　骤	任 务 内 容	完 成 情 况
学习智能停车场管理系统工程验收方法	（1）智能停车场管理系统工程验收流程 （2）智能停车场管理系统工程验收内容	
验收文档检查	（1）列举验收时需要提供的文档 （2）对系统的功能进行测试，根据测试结果完善相关文档	
现场演示	现场演示智能停车场管理系统的功能，要求一边演示，一边进行讲解	

（三）任务检查与评价

<table>
<tr><th rowspan="2">评价项目</th><th rowspan="2" colspan="2">评 价 内 容</th><th rowspan="2">配分</th><th colspan="3">评 价 方 式</th></tr>
<tr><th>自我评价</th><th>互相评价</th><th>教师评价</th></tr>
<tr><td rowspan="4">方法能力（20 分）</td><td colspan="2">能够明确任务要求，掌握关键引导知识</td><td>5</td><td rowspan="4"></td><td rowspan="4"></td><td rowspan="4"></td></tr>
<tr><td colspan="2">能够正确清点、整理任务设备或资源</td><td>5</td></tr>
<tr><td colspan="2">掌握任务实施步骤，制订实施计划，时间分配合理</td><td>5</td></tr>
<tr><td colspan="2">能够正确分析任务实施过程中遇到的问题并进行调试和排除</td><td>5</td></tr>
<tr><td rowspan="4">专业能力（60 分）</td><td colspan="2">能列举验收时需要准备的文档清单</td><td>5</td><td rowspan="4"></td><td rowspan="4"></td><td rowspan="4"></td></tr>
<tr><td colspan="2">能描述验收要点</td><td>5</td></tr>
<tr><td colspan="2">能进行故障的排查并修复</td><td>30</td></tr>
<tr><td colspan="2">能熟练使用系统，做到演示与讲解结合</td><td>20</td></tr>
<tr><td rowspan="6">职业素养（20 分）</td><td rowspan="2">安全操作与工规范</td><td>操作过程中严格遵守安全规范，注意断电操作</td><td>5</td><td rowspan="6"></td><td rowspan="6"></td><td rowspan="6"></td></tr>
<tr><td>严格执行 6S 管理规范，积极主动完成工具和设备的整理</td><td>5</td></tr>
<tr><td rowspan="2">学习态度</td><td>认真参与教学活动，课堂上积极互动</td><td>3</td></tr>
<tr><td>严格遵守学习纪律，按时出勤</td><td>3</td></tr>
<tr><td rowspan="2">合作与展示</td><td>小组之间交流顺畅，合作成功</td><td>2</td></tr>
<tr><td>语言表达能力强，能够正确陈述基本情况</td><td>2</td></tr>
<tr><td colspan="3">合　　计</td><td>100</td><td></td><td></td><td></td></tr>
</table>

续表

（四）任务自我总结

任务实施过程中遇到的问题	解 决 方 式

【任务拓展】

假如验收时甲方认为我方开发的系统有某些功能不满足其要求，该如何应对？

反侵权盗版声明

举报电话：（010）88254396；（010）88258888

传　　真：（010）88254397

E-mail：　dbqq@phei.com.cn

通信地址：北京市海淀区万寿路 173 信箱

　　　　　电子工业出版社总编办公室

邮　　编：100036